中国**农业**产业技术发展报告

2017

农业农村部科技教育司
财政部科教司　　　　　主 编
农业农村部科技发展中心

U0306110

中国农业科学技术出版社

图书在版编目（CIP）数据

中国农业产业技术发展报告.2017／农业农村部科技教育司，财政部科教司，农业农村部科技发展中心主编.—北京：中国农业科学技术出版社，2018.11

ISBN 978-7-5116-3563-1

Ⅰ.①中…　Ⅱ.①农…②财…③农…　Ⅲ.①农业产业-技术发展-研究报告-中国-2017　Ⅳ.①F320.1

中国版本图书馆 CIP 数据核字（2018）第 238946 号

责任编辑	穆玉红　周丽丽
责任校对	贾海霞

出 版 者	中国农业科学技术出版社
	北京市中关村南大街 12 号　邮编：100081
电　　话	（010）82106626（编辑室）　（010）82109702（发行部）
	（010）82109709（读者服务部）
传　　真	（010）82106626
网　　址	http://www.castp.cn
经 销 者	各地新华书店
印 刷 者	北京富泰印刷有限责任公司
开　　本	787mm×1 092mm　1/16
印　　张	17
字　　数	450 千字
版　　次	2018 年 11 月第 1 版　2018 年 11 月第 1 次印刷
定　　价	88.00 元

前　言

　　收集、整理、分析产业及技术发展动态信息，为政府决策提供咨询，为社会发布技术成果信息和技术需求信息是现代农业产业技术体系（以下简称"体系"）的重要任务之一。为了进一步促进体系对产业发展基础信息资料的收集与总结，强化体系对产业发展的技术支撑作用和效能，2017 年，我们又一次组织水稻、玉米、小麦、大豆、大麦青稞、谷子高粱、燕麦荞麦、食用豆、马铃薯、甘薯、木薯、油菜、花生、特色油料、棉花、麻类、糖料、蚕桑、茶叶、食用菌、中药材、绿肥、大宗蔬菜、特色蔬菜、西甜瓜、柑橘、苹果、梨、葡萄、桃、香蕉、荔枝龙眼、天然橡胶、牧草、生猪、奶牛、肉牛牦牛、肉羊、绒毛用羊、蛋鸡、肉鸡、水禽、兔、蜂、大宗淡水鱼、虾蟹、贝类、特色淡水鱼、海水鱼、藻类 50 个体系的首席科学家牵头编写了《中国农业产业技术发展报告 2017》，供各级农业及相关行业行政主管部门、科研教学单位、推广机构和各类企事业单位参考和借鉴。由于水平所限，书中如有疏漏和粗糙之处，敬请读者指正。

编　者

2018 年 3 月

目　　录

2017 年度水稻产业技术发展报告

（国家水稻产业技术体系）

一、国际水稻生产与贸易概况

1. 生产

据联合国粮农组织（FAO）《作物前景与粮食形势》报告，预计 2017 年全球稻谷产量达到 7.15 亿吨左右，与 2016 年相比基本持平，略减 40 多万吨。主要原因是受不利气候条件影响，亚洲的孟加拉国、非洲的马达加斯加等国水稻减产，但亚洲的缅甸、巴基斯坦、菲律宾等主产国水稻生产形势较好，特别是菲律宾政府推出了一系列发展水稻生产的新举措，有力推动水稻播种面积扩大和单产提高。

2. 贸易

预计 2017 年世界大米进口总量达到 4 385 万吨，比 2016 年增加 297 万吨，增幅 7.3%；出口总量 4 532 万吨，比 2016 年减少 64 万吨，减幅 1.4%。在主要出口国家中，印度出口 1 160 万吨，比 2016 年增加 38 万吨；泰国出口 1 020 万吨，减少 80 万吨；越南出口 650 万吨，减少 10 万吨；巴基斯坦出口 380 万吨，增加 20 万吨。预计 2017 年世界大米库存量达到 14 073 万吨，比 2016 年增加 272 万吨，增幅 2.0%；库存消费比为 29.3%，比 2016 年提高 0.6 个百分点。

3. 市场

2017 年国际大米市场波动剧烈，价格先涨后跌，整体表现仍然较为低迷。以泰国含碎 25% 大米 FOB 价格为例，市场价格先是快速上涨至 6 月份的 444.6 美元/吨，但随后快速下跌，至 11 月份跌至 387.5 美元/吨，但仍要比 2016 年同期上涨 34.0 美元，涨幅 9.6%。2017 年，国际大米市场平均价格仅为 379.8 美元/吨，比 2016 年同期下跌 4.9 美元，跌幅 1.3%。

二、国内水稻生产与贸易概况

1. 生产

2017 年中国水稻种植面积 3 017.6 万公顷，比 2016 年略减 0.12 万公顷；单产 6 912 千克/公顷，提高 49.5 千克，创历史新高；总产 20 856.0 万吨，增产 148.8 万吨，再创历史最高水平。其中，早稻总产 3 277.7 万吨，比 2016 年减产 103.7 万吨；中晚稻总产 17 578.3 万吨，增产 252.5 万吨；南方双季稻产区"双改单"、早稻面积减少 15.6 万公顷，东北地区继续调减玉米面积、"旱改水"增加部分水稻面积。

2. 贸易

2017 年，国内外大米差价仍然较大，中国大米进口量继续稳定增加，同时为了加快稻谷"去库存"，大米出口量较快增长。据国家海关统计，全年中国进口大米 402.6 万吨，同比增长 13.0%，其中从越南、泰国分别进口大米 226.5 万吨、111.7 万吨，占比分别高达 56.3% 和 27.7%；出口大米 119.7 万吨，同比增长 2.0 倍，主要原因是大幅增加粳米出口至科特迪瓦、莫桑比克等非洲国家，如仅科特迪瓦就达到 30.9 万吨，占出口总量的 25.8%。

3. 市场

2017 年国内稻米市场走势仍然低迷、价格平稳偏弱。据监测，12 月早籼稻、晚籼稻、粳稻收购价格分别为 2 636.8 元/吨、2 747.7 元/吨和 2 992.7 元/吨，早籼稻价格比 1 月份上涨 1.2%，晚籼稻、粳稻价格分别下跌了 0.1% 和 2.1%；与 2016 年同期相比，早籼稻、晚籼稻价格分别上涨了 0.9% 和 0.1%，粳稻价格下跌了 1.2%。

三、国际水稻产业技术研发进展

1. 遗传改良

日本研究人员以日本特早熟粳稻品种 Kitaake 为受体材料，利用快中子辐射诱变产生多样突变类型，创建了突变体库，可在数据库 KitBase 中查询突变基因序列及所存储的种子信息，对功能基因组研究和利用基因编辑技术进行品种改良具有重要意义；发现水稻 SMOS1 和 SMOS2/DLT 形成蛋白质复合体，以调控生长素和油菜素内酯信号的交互作用，完善了植物激素协同调控水稻株型的分子机理，研究结果分别发表于 *Plant Cell* 和 *Molecular Plant*。

2. 栽培与施肥

保护性耕作技术与旱作农业技术进行融合，如美国的免耕模式、留茬耕作模式、条带垄作模式、少耕模式，加拿大的粮草轮作模式等；重视非化学除草技术的研究，如机械除草、覆盖压制除草、轮作控制杂草、生物除草等，加快从少耕向免耕的过渡。在肥料高效利用方面，采用先进工艺技术、科学配方，研发新型肥料，如德国的复混肥料、以色列的控释肥等，能促进根系发达，增强作物综合抗逆能力。在施肥手段上，日本、韩国、美国、意大利和澳大利亚等国主要是采用机械深施肥、精确施肥、改土培肥等手段，提高肥料利用率和土壤肥力。比较成熟的节水技术有水稻半旱作技术和旱作孔栽法，前者强调前期以"露"为主、中后期浅水灌溉结合，只需常规用水量的 30% 左右；后者是在湿润免耕的田块用小巧的打孔播种器（机）在土中打孔、播种，播完后以土肥覆盖，并在孔中灌满水，一般只需常规用水量的 15%~20%。

3. 病虫害防控

在水稻病害方面，国外学者发现 TBF1 蛋白在植物启动免疫反应后快速产生，并启动下游的免疫通路，表达含有 uORF 的 DNA 序列驱动的 NPR1，水稻表现出对稻瘟病及其他细菌病害的显著抗性，但对水稻品质并没有影响。水稻黄单胞菌株在种内形成了新的进化枝且快速变异，可能是造成水稻白叶枯田间发生和流行差异的主要原因；发现了新抗病生防资源，如萎缩缩芽孢杆菌、多黏芽孢杆菌等。在虫害方面，鉴定了一些抗褐飞虱的 QTLs，开发了一批携带 10 个褐飞虱抗性基因近等基因系；发现专食性和广食性害虫对水稻的间接防御具有不同的诱导作用；构建了能够较为准确地预测天气与稻纵卷叶螟爆发高峰期关系的模型，以及盲蝽为害与土地利用关系的空间模型；发现了新的生防资源，如白僵菌、寄生性线虫等，开发新的杀虫剂 Flupyrimin。

4. 产后处理及加工

欧美国家对稻米贮藏安全及营养成分等方面的关注度提高，如美国 Sara 发现稻米类大宗产品的黄曲霉毒素污染风险与稻米加工与否呈正相关，测定呼吸比率可预测黄曲霉毒素 B1 的风险；爱尔兰 Amagliani 研究米蛋白的组成及其蛋白谱，明确米蛋白谱可预测其组分的功能性质；日本的 Shoujiro 发现在米曲霉发酵的发芽糙米中，生成的可预防疾病的对羟基苯甲酸和羟基苯甲酸（植物型抗氧化剂）含量均有所增加。秸秆炭化还田重点用于稻田温室气体减排，生物炭有利于减少稻田甲烷排放。利用近红外、高光谱遥感成像、电子舌、电子鼻等技术，高效、快速和无损评价稻米理化成分、米饭质构和食味等；利用高分辨质谱，进行通量、高精度检测技术研发，检测重金属、农药残留和生物毒素等污染物和筛查未知物；利用分子印迹、生物芯片等进行快速、在线检测方法的研发。

5. 设施与设备应用

水稻生产机械技术向着作业高效的方向发展，智能化农业机械发展迅速。欧美水稻种植采用条播机直播和飞机撒播两种方法，田间管理机械主要是高地隙喷药机和农用飞机，水稻收获机械和耕整机械向着大型联合作业的方向发展，大大提高了作业效率，减轻了劳动强度。在以插秧为主的东南亚地区，机械插秧发展较快，日本、韩国和中国台湾机械收获以半喂入联合收割机为主，收获损失较小，秸秆粉碎效果好。在机插秧方面，日本为了减少育秧和搬运秧苗的成本，提出了密苗育秧的新方法，插植的秧苗是 2~2.3 叶的幼苗，秧盘的播种密度比传统要多一倍，可以减少机插秧的用盘量约 1/3，大大减少了机械化插秧的秧盘用量，减少了育秧成本和机插秧的成本，该机插秧技术也在韩国进行试验和推广。

四、国内水稻产业技术研发进展

1. 遗传育种

从源于农家品种的育种材料中鉴定了一个广谱抗瘟性新位点 *Pigm*，并进行了功能机制的系统解析；通过大数据分析与遗传、生化、病理等实验方法和技术手段相结合，挖掘了对稻瘟病的新型广谱高抗的水稻遗传资源，阐明了新型广谱持久抗病的分子机理；开发了新一代高效多基因载体系统 TGS II，并成功把花青素合成的 8 个关键基因转入水稻，创造出首例富含花青素的新种质"紫晶米"。龙粳 31 和中嘉早 17 2016 年推广面积分别为 95.2 万公顷和 65.7 万公顷，是中国粳稻和籼稻推广面积最大品种。

2. 栽培与施肥

水稻叠盘暗出苗育供秧模式与技术，为水稻机插育秧提供新方法；不同水稻育秧基质的研发，开拓了因地取材、规范化配制、工厂化生产、产业化应用新模式；革新水稻机直播配套施肥技术，将缓释肥与复合肥按比例混合后一次性深施，省工节本。水稻精量穴直播技术创新提出了同步开沟起垄穴播、同步开沟起垄施肥穴播和同步开沟起垄喷药/膜穴播的"三同步"，在国内 26 省（区、市）推广应用，获国家技术发明二等奖；机收再生稻丰产高效栽培技术研创再生稻专用收割机，改变了传统中稻蓄留再生稻的种植模式，累计推广近 600 万亩，获湖北省科技进步一等奖；创新毯苗机插和杂交稻钵苗机插育秧新技术，研发毯、钵苗高速插秧机和水旱两用旋耕施肥播种平整复式作业机，集成精量稀播毯形小龄壮苗少本机插和少粒穴播钵体中龄壮苗精准机插技术新模式，获江苏省科技进步一等奖。

3. 病虫害防控

在水稻病害方面，发现编码 C2H2 类转录因子基因 *Bsr-d*1 的启动子自然变异后对稻瘟病具有广谱持久的抗病性；发现利用 uORF 在翻译水平上精准调控抗病蛋白 NPR1 的表达，提高水稻对病害的广谱抗性。发现层出镰刀菌为穗腐病的主要病原，可通过三唑类杀菌剂防治。建立了 PCR–RFLP 快速检测水稻白叶枯和条斑病菌 rpsL 基因的突变的方法。发现假单胞菌、芽孢杆菌、变棕溶杆菌、链霉菌、毛壳菌、弯孢霉等新的生防资源。在虫害方面，发现了一批参与稻飞虱生长发育繁殖的功能基因，如褐飞虱 Tor、PLRP2，白背飞虱 SfCht7 等；解析了害虫中一些抗药性机理，如 CYP6FU1 可能是褐飞虱抗醚菊酯的关键基因，N1AChE1 中 G119S 和 F331C 能减少褐飞虱对毒死蜱的敏感性。开发出稻田飞虱智能检测与虫龄识别技术，改进了监测稻纵卷叶螟的两种主要技术田间赶蛾和灯下诱蛾；预测和分析了稻飞虱两种重要捕食性天敌黑肩绿盲蝽和中华淡翅盲蝽的发生与分布；开发了若干生物防治技术，如利用阿维·苏云菌防治稻纵卷叶螟等。

4. 产后处理及加工

研发热点是稻米加工产品升级及价值提升和稻米产业资源化利用，稻米储藏技术、功能性米制品等研究呈上升趋势。研究发现，电子束辐照技术可保持稻米的品质和营养，延长储藏期；发芽糙米多糖对 DPPH 自由基、超氧阴离子自由基以及羟基自由基均具有较强的抗氧化作用。秸秆炭化还田改良土壤技术及其产业化应用日益受到关注，稻壳炭化多联产技术应用较多，但水稻秸秆炭化十分少见。国内稻米品质评价新技术发展迅速，形成了基于高光谱图像的稻米水分及淀粉含量等的无损检测技术，基于图像处理和化学计量学的稻米粒型、垩白度等的快速精准检测等评价技术；基于固相萃取、分散固相萃取的色谱–质谱联用技术，被列入粮谷中污染物测定方法标准，农产品污染物快速检测逐步实现了从技术源头创新到终端产品创制。

5. 设施与设备应用

水稻侧深施肥机、高地隙喷药机、育秧铺盘播种覆土一体机等在农村中推广较快，受到广大农民的欢迎；水稻机械产品质量快速提高，大型高地隙宽幅喷药机和多旋翼无人驾驶喷药机有了较大发展。高速插秧机增长较快、类型较多，农机企业研发积极性提高。与高速插秧机底盘配套的水稻直播机和与拖拉机配套的水稻旱直播机发展很快，机具采用施肥、播种联合作业方式。钵苗移栽机有所发展，但由于其专用秧盘价格高，育秧过程复杂，其发展受到影响。稻谷烘干机技术发展较快，尤其是生物质燃料稻谷烘干设备在农村中推广迅速。

（水稻产业技术体系首席科学家　程式华　提供）

2017 年度玉米产业技术发展报告

（国家玉米产业技术体系）

一、国际玉米生产与贸易概况

1. 全球玉米产量保持较高水平，供给较为充足

据美国农业部预计，2017 年美国玉米播种面积为 3 363.7 万公顷，低于上年度的 3 510.6 万公顷；单产为 11.01 吨/公顷，高于上年度的 10.96 吨/公顷；总产量为 37 928.6 万吨，低于上年度的 38 477.8 万吨。

预计 2017/2018 年度（2017 年 10 月至 2018 年 9 月）全球玉米产量为 10.45 亿吨，低于上年度的 10.75 亿吨；全球玉米饲用消费量为 6.52 亿吨，高于上年度的 6.33 亿吨；玉米期末库存为 2.04 亿吨，低于上年度的 2.27 亿吨。尽管期末库存下调，但仍处于历史高位，本年度全球玉米供应依然宽松。

2. 国际玉米价格较为平稳

2017 年国际玉米价格较为平稳，年末价格较年初略有下降。美国芝加哥短期期货价格由 2017 年 1 月的 142.45 美元/吨降至 12 月份的 138.23 美元/吨，降幅 3%。美国墨西哥湾玉米出口价格由 2017 年 1 月的 161.34 美元/吨上升至 12 月的 168.48 美元/吨，涨幅 4%。从全年总体情况来看，无论是芝加哥玉米期货价格还是墨西哥湾玉米出口价格，2017 年价格与 2016 年价格均基本持平。

3. 2016/2017 年度全球玉米贸易较为活跃

主要进口国为欧盟、日本和墨西哥，其中欧盟国家累计进口量为 1 525 万吨，占比 11.2%；日本累计进口量为 1 517 万吨，占比为 11.2%；墨西哥累计进口量为 1 457 万吨，占比为 10.7%。2016/2017 年度全球玉米总出口量为 1.64 亿吨，同比增加 37.1%。主要出口国为美国、巴西和阿根廷，出口量分别为 5 824 万吨、3 600 万吨和 2 550 万吨，分别占全球玉米总出口量的 35.5%、22% 和 15.5%。受船期运输时间影响，统计时间内总出口量比总进口量高 2 800 万吨。

二、国内玉米生产与贸易概况

1. 玉米面积和产量下降，单产水平提高

在农业供给侧结构调整政策推动下，近年中国玉米种植面积和产量均有所下降。2017 年中国玉米总产量 2.16 亿吨，比 2016 年减少约 366 万吨；玉米播种面积 3 545 万公顷，比上年下降 3.60%；单产 6.09 吨/公顷，比上年增加 2.01%。

2. 玉米饲用和工业需求均有所增长，库存下降

受 2017 年饲料企业补贴政策影响，一些大型养殖企业在东北建厂，使生猪存栏总体回升、畜禽养殖规模扩大，增加玉米饲料消费需求。此外，由于玉米小麦价差扩大，小麦饲料用量处于历史低水平，也导致玉米饲料消费增长。2016/2017 年度（2016 年 10 月至

2017年9月）玉米饲料消费量1.21亿吨，比上年增长180万吨；受收储制度改革的影响，玉米价格大幅降低，加之东北三省一区玉米加工补贴政策的影响，加工企业开工率和产能均大幅提高。2016/2017年度玉米工业消费为6 400万吨，较上年度增长900万吨。

由于产量下降而饲料及工业需求增加，2017年国内玉米供需形势偏紧，价格比2016年提高。2017年新粮上市初期，东北地区新玉米收购均价为1 600元/吨，华北地区收购均价为1 800元/吨，均比上年同期高100元/吨左右。

3. 中国玉米进口数量有所减少，玉米替代品进口量也明显下降

虽然2017年新季玉米价格高于上年，但相对于2015年玉米临时收储政策改革之前仍下跌近300元/吨。国内玉米价格下降，导致了玉米进口减少。海关数据显示，2017年中国累计进口玉米282.5万吨，同比下降10.8%。从进出口情况来看，中国从乌克兰进口比重最大，占比64.4%；美国为中国第二大玉米进口国，占比26.5%。2017年中国累计出口玉米8.5万吨，上年同期仅0.4万吨，其中出口至朝鲜5.1万吨，占总出口量的60%。

随着国内外玉米价差缩小，进口杂粮的价格优势已不明显，加上中国对玉米干酒糟（DDGS）进口实施"反倾销、反补贴"措施，DDGS进口也大幅减少。2017年进口高粱、大麦和DDGS总量为1 431万吨，同比下降3.4%；其中DDGS累计进口39万吨，同比下降87%。

三、国际玉米产业技术研发进展

1. 生物技术引领现代育种技术发展

基因组编辑技术、全基因组选择技术研究取得突破，已成为玉米育种技术的创新热点，并应用于种质创新。单倍体（DH）育种技术改变了传统育种技术流程，缩短了育种年限；组培单倍体+EH技术实现了一年内从基础材料到组配杂交种。以单核苷酸序列（SNP）多态性差异为基础的分子标记选择技术已成为跨国种业集团玉米分子育种的主导技术之一，并应用于育种全过程。全程机械化、信息、智能化技术广泛用于育种测试，全面提高了育种的管理水平和数据处理能力。不育化制种技术逐步在杂交种种子生产中得到应用。种质创新备受重视；产量、品质、抗逆性与资源高效利用同步改良成为新的玉米育种目标并得到持续关注。

2. 资源高效利用的绿色可持续生产技术持续强化

欧美发达国家继续重视在提高玉米单产的同时，保持生产体系可持续性。重视玉米秸秆深翻或覆盖还田、与豆科作物轮作、增施有机肥、采取少耕、免耕和地面植物覆盖等保护性耕作措施培肥地力，保育合理耕层，提升土壤质量。合理施肥，应用新型控释肥料，不断提升养分和水分利用效率，在不增施化肥的前提下，持续稳定提高玉米产量，降低对环境的负效应。

3. 采用生物防治和生物技术提高病虫草害防控水平

基于寄主—病害动力学研究，建立低成本防控玉米叶斑病扩展数学模式，应用抗性品种结合种子处理实现低成本防病。采用生防微生物防治大斑病。发现咪鲜胺+环丙唑醇可有效控制镰孢穗腐病，显著抑制伏马毒素积累。利用人工智能实时识别和诊断玉米等作物病害技术已发展到商业化前阶段。先正达和孟山都公司推出种子解决方案并与转基因抗虫玉米配合应用控制玉米病虫害。利用转基因技术将多种抗虫基因和耐除草剂基因导入玉米以控制全生育期多种鳞翅目和鞘翅目害虫。欧美发达国家通过与其他豆类等作物轮作减少

草害发生。多年来，德国、法国和俄罗斯等国一直采用赤眼蜂防治欧洲玉米螟。

4. 精准高效全程机械化技术发展迅速

以全球定位系统（GPS）、地理信息系统（GRS）和遥感技术（RS）进一步融合为代表的玉米生产精准高效机械化技术发展迅速。播种和施肥随产量等因素而进行变量作业的智能播种机械走向应用；变量喷药技术大面积推广应用；以降低籽粒破碎率为核心的玉米纵轴流脱粒技术更加完善，依据收获时籽粒含水率、喂入量等而进行脱粒工作参数自动调控的智能化技术开始起步；玉米土壤条件实现播深自动控制技术、秸秆粉碎还田条件下的节能型机械化耕作技术与装备得到持续关注。

5. 深加工新技术得到规模化应用

2017 年国际玉米深加工产品仍以淀粉及变性淀粉、淀粉糖、多元醇、燃料乙醇、食用酒精、有机酸、氨基酸和玉米功能食品等为主。美国在玉米加工基础理论研究、新技术开发及应用均处于世界领先地位，其中 75% 的科研投入来自企业，阿丹米（ADM）公司、美国玉米制品国际有限公司（CPI）、国民淀粉化学公司等企业都拥有独立的高水平研发队伍。ADM 公司实现玉米加工过程中各组分的完全转化利用，整个生产过程中无污染物排放。以日清公司为代表的日本玉米深加工企业则更注重一定分子量产品的开发与应用。

四、国内玉米产业技术研发进展

1. 种质与育种技术创新推进种业技术提升

2017 年，持续规模化开展玉米种质扩增、改良与创新。以国内骨干自交系为核心，采用外引耐密、抗倒、籽粒脱水快等欧美优良种质，通过循环育种等方式，创制一批熟期适宜、耐密抗倒、籽粒脱水快育种新材料；持续改良玉米群体，创制一批优质抗逆新种质，不断扩展中国玉米种质基础。单倍体组培鉴别与加倍技术取得突破，工程化育种技术得到规模化应用；抗丝黑穗病和粗缩病分子标记辅助选择技术应用于种质创新；优化基于 CRISPR-Cas9 基因编辑技术，开始用于玉米糯性、早熟、株型等定向改良。

2. 籽粒直收和绿色高效新品种选育取得突破

以早熟、耐密、收获期含水量低和抗逆性强等为特点的宜机收品种选育取得突破，首批 8 个适宜机械化籽粒收获的新品种通过国家审定，示范推广效果明显，带动了中国玉米新品种选育发展。抗病虫、抗非生物逆境、养分高效利用绿色高效新品种选育工作逐步开展，一批新型杂交组合已开始测试。

3. 玉米全程机械化高效生产技术得到应用

困扰多年的东北玉米秸秆还田技术取得突破，建立并完善了东北雨养区和灌溉区的玉米机械化秸秆还田土壤培肥与耕作技术体系，为农业部*"东北黑土地保护提升"行动提供了有力支撑。玉米控释肥一次性机械化施用技术研发和示范取得显著进展。控释肥一次性机械化施用技术氮磷钾养分投入量平均减少 9.1%；每亩平均增产 38 千克，单位籽粒施肥成本由平均 0.26 元/亩（1 亩≈667 平方米。下同）降低到 0.21 元/亩。机械籽粒收获关键技术取得显著进展，面向新型经营主体，形成了四大主产区玉米全程机械化高效生产技术模式，并开始应用。

---

* 2018 年 4 月后改称为农业农村部，全书同

0

4. 病虫草害绿色防控技术取得新进展

研发出系列生物制剂，引领绿色防控技术发展。研发出甲基营养芽孢杆菌，对玉米茎腐病防效达 61.2%~78.8%。采用木霉菌生防制剂、绿色种衣剂及其组合可系统诱导玉米抗全株性病害，同时防控镰孢菌茎腐病、纹枯病和镰孢菌穗腐病和叶斑病（大斑病菌、小斑病菌），防效 55% 以上。应用棘孢木霉菌颗粒剂播种时穴施对穗腐病的田间防效能达到 48.69%。防治玉米线虫矮化病化学药剂硫双威等产品上市，缓解了防治线虫矮化病药剂单一的局面。利用生态调控夏玉米苗期二点委夜蛾和利用高效、安全种衣剂控制地下害虫和苗期害虫的苗期安全用药技术已在黄淮海区应用。利用无人机释放赤眼蜂控制玉米螟技术在东北玉米区开始示范。研发和优选无害化除草剂助剂及其制剂工艺，使玉米田常用苗后除草剂减量使用 20% 以上。

5. 全程机械化技术不断发展

集成高速单粒精量排种技术、电机直驱和智能控制技术，实现对播种作业过程参数的实时采集和播量的实时调控，达到高速作业时播种粒距均匀一致、作业过程可控可视，田间高速作业 13 千米/小时条件下，粒距合格指数达 97% 以上。研发出东北区玉米种子抗冷处理、条带耕作、推茬清垄和密植精播集成的"玉米条带耕作密植机械化技术"，明显提高出苗质量和群体整齐度。研发黄淮南部区侧位深松+坐水种+精量播种+分层施肥集成的播种技术，使玉米出苗率、出苗速率和幼苗整齐度较常规播种分别提高 9.9%、25.3% 和26.1%。创新开发双层异向清选装置，通过虚拟仿真技术对清选系统结构参数和工作参数进行优化，使机收籽粒破碎率由 14.73% 降至 8.35%，籽粒清洁度达到 99.62%。

6. 玉米加工技术创新应用进一步深化

中国玉米加工技术研发取得长足发展。60 万~120 万吨/年的大型化、自动化玉米淀粉生产线已实现国产化生产和成套出口；新型淀粉变性手段取得突破；玉米淀粉酶法制备功能性糖技术得到发展。淀粉糖国产装备普遍实现机械化和自动化控制，色谱分离装备和多效蒸发浓缩节能技术开始成套出口。高压加氢装备和三元催化剂技术迅速发展，推动中国淀粉糖醇产业达到国际领先水平。酶技术在生产功能性多肽制品和利用玉米芯生产木糖和低聚木糖技术应用进一步深化。

五、产业技术发展建议

提高玉米质量效益和竞争力仍然是中国玉米产业发展的重要任务，科技创新与进步是提高玉米生产力和降低成本的根本途径。

1. 加强玉米育种技术和产品创新

继续实施玉米种业科技创新计划，加强优质、抗病虫、抗逆、养分高效等重要性状的分子解析，发掘优质绿色新基因，持续发展玉米育种理论和方法；创新完善玉米单倍体育种、分子标记育种、全基因组选择、基因编辑等育种关键技术，提高育种效率；加强优质抗逆高效、高配合力育种材料创新，不断拓展玉米种质基础；推进优良品种的研发和升级换代，培育适宜机械化作业的高产稳产广适绿色新品种。

2. 加强栽培与土肥技术研发创新

继续研究不同生态区玉米产量潜力及突破技术途径，努力提高单产水平；转变生产方式，围绕籽粒生产效率，以提高水、肥资源利用效率和劳动生产效率为目标，加强水分高效利用技术和产品、缓控肥料研制，降低生产成本、增强玉米市场竞争力；围绕玉米可持续绿色生产，应对全球气候变化，开展抗逆、减灾、稳产的适应性理论和技术研究；实施保护性耕作、秸秆还田，提升地力，控制污染，实现玉米可持续绿色生产。

3. 加强病虫草害绿色防控和加工技术创新

面向区域玉米生产需求，继续加强绿色植保技术、生产管理和机械化技术创新与应用。加强人工智能和信息化技术在病虫害诊断、测报和防治中的应用研究，提高防治的决策水平，降低生产成本和农药使用量。适度扩大规模化经营水平，加强玉米生产和产后加工、干燥及储存技术的研发和升级。

（玉米产业技术体系首席科学家　李新海　提供）

2017年度小麦产业技术发展报告

（国家小麦产业技术体系）

一、国际小麦生产、市场与贸易概况

产量居高不下。据联合国粮农组织报告，2017年全球小麦产量达到7.53亿吨，总产量略有下降，比2016年减少700万吨，减少1%，仍为历史第二高产年，供给较充裕。其中，欧盟产量有所增加，2017年为1.5亿吨，同比增长3.8%；印度产量9840万吨，同比增长6.6%；俄罗斯产量8360万吨，同比增长14.1%；乌克兰产量2660万吨，同比增长2.0%。美国和加拿大小麦产量分别为4740万吨和2710万吨，同比减少24.6%和14.5%；澳大利亚为2160万吨，同比减少38.3%。

价格低位上行。2017年世界小麦库存处于较高水平，受美国、加拿大和澳大利亚等主产国减产及天气等因素影响，国际市场价格总体低位上行。美国墨西哥湾硬红冬麦（蛋白质含量12%）平均离岸价从1月份的207美元/吨，2—4月低位震荡，5月为211美元/吨；6—7月回升至253美元/吨，8月下跌至218美元/吨，9—11月保持为232美元/吨，12月上涨至244美元/吨，全年均价为227美元/吨，同比上涨11.5%。

贸易量略有下降。2017年世界小麦贸易量为1.75亿吨，同比减少1.2%。主要原因是亚洲国家的进口需求有所降低，抵消并超过高于预期的欧洲和北美地区小麦进口数量。

二、国内小麦生产、市场与贸易概况

总产稳中有增。据国家统计局数据，2017年中国小麦播种面积2398.8万公顷，比上年减少20万公顷，下降0.8%；小麦单产5410.1千克/公顷，比上年增加82.7千克/公顷，增幅为1.6%；小麦总产量为12977.4万吨，比上年增加92.4万吨，增幅为0.7%。总体来看，当前国内小麦消费稳中略降，主要由于饲用消费有所减少，总体供需平衡有余，国内供应较为充足，为市场稳定奠定了良好基础。

价格稳中有升。在国内小麦供应充足形势下，下半年受市场有效粮源日趋消耗的影响，2017年国内小麦价格总体呈上升态势，普通麦价格略增，优质麦价格略降，价差有所缩小。郑州粮食批发市场普通三等白小麦价格1—4月小幅震荡，5月涨至2360元/吨，6—12月价格逐月上涨，12月为2590元/吨；全年均价为2405元/吨，同比上涨2.7%。优质麦价格1—4月稳中上升，4月为2670元/吨，5—7月小幅震荡，8月之后总体呈缓慢上涨趋势，12月涨至2759元/吨；全年均价为2662元/吨，同比下跌1.8%。优质麦与普通麦价差由年初的316元/吨扩大至4月的350元/吨，之后逐步减少至12月的169元/吨。

进出口同比增加。2017年中国累计进口小麦产品442.2万吨，同比增长29.6%；进口额为10.8亿美元，同比增长32.7%。小麦进口以澳大利亚、美国和加拿大为主，进口量分别为190.4万吨、155.5万吨和52.4万吨，合计占小麦进口总量的90%。中国累计

出口小麦产品 18.3 万吨，同比增长 61.9%；出口额为 0.85 亿美元，同比增长 38%。小麦出口以朝鲜和香港为主，出口量分别为 8.2 万吨和 7.9 万吨，合计占小麦出口总量的 88%。由于小麦进出口量占国内消费量的比重很小，对国内市场影响不明显。

三、国际小麦产业技术研发进展

根据中国科学院文献情报中心资料，以小麦为主题词检索，2017 年的小麦 SCI 研究论文共 9 054 篇，比上年增加 922 篇。其中，中国（包括港、澳、台地区）学者发表论文数仍为最多，共 2 474 篇，比上年增加 375 篇；美国、印度、澳大利亚、德国分列第二至五位，分别为 1 505 篇、717 篇、592 篇、486 篇，排名与上年度一致，数量也无明显变化。发表论文数量前三名的期刊是 *frontier in plant science*、*plos one* 和 *scientific reports*，分别是 267 篇、179 篇和 166 篇。涉及的学科领域前三名为植物科学、农学和食品科学技术，分别为 1 853 篇、1 489 篇和 1 342 篇，总占比为 51.7%。以专利公开年为检索依据，2017 年全球公开的小麦相关专利 9 485 件。其中，发明专利 9 038 件，新型专利 447 件；发明专利中，申请 7 765 件，授权 1 273 件。

1. 小麦遗传育种研究

随着国际小麦全基因组测序联盟（IWGSC）宣布六倍体普通小麦模式种"中国春"的物理图谱 RefSeq v1.0 构建完成，2017 年出版的多篇研究综述认为小麦基因组研究进入了新时代。以色列特拉维夫大学等 24 家单位合作完成了对野生二粒小麦 14 条染色体共 10.1 千兆碱基序列的组装，美国马里兰大学等单位获得了几近完整的六倍体小麦基因组序列，美国加州大学利用一系列最新的基因组测序和拼接技术获得了与小麦基因组最接近的粗山羊草亚种 *Aegilops tauschii subsp. strangulata* 的基因组图谱。中国农业科学院等单位把近 30 年来三代分子标记和之前检测到的重要农艺性状基因和 QTL 定位到小麦 D 基因组上，获得一个整合图谱。由于六倍体小麦包含 A、B、D 三个基因组，有冗余功能的同源基因相对较多，美韩两国科学家构建了六倍体面包小麦的基因网络，并将其开发成一个整合 20 个基因组数据，包含了 15 万共表达数据链接的在线分析工具"WheatNet"（www.inetbio.org/wheatnet），可清晰地呈现基因网络关系。

中国农业科学院、山东农业大学分别克隆了中国的特有资源太谷核不育基因，并对功能进行了验证。北京大学与首都师范大学合作克隆了雄性不育基因 *Ms*1，并对该基因的形成及作用机制进行了详细分析。西班牙和美国科学家选取醇溶蛋白中引起过敏的重要抗原表位 33-mer 区域作为靶标，设计了 2 个 sgRNA 进行 *CRISPR/Cas*9 编辑敲除，培育出非转基因的低麸小麦，引发的免疫反应活性降低了 85%，可以满足当今无麸质饮食潮流的需求。

澳大利亚和英国科学家提出加速育种进程的方法，可以实现春小麦、硬粒小麦和大麦一年培养 6 代。加拿大的研究人员发现曲古柳菌素 A 能够诱导小麦孢子体的出愈率，并探索了不同培养条件下的最佳剂量，进而显著提高出愈率和绿苗产生率。日本科学家以小麦成熟胚分生组织为受体材料，利用基因枪方法获得稳定转基因植株，不需要愈伤诱导、再生等繁琐步骤，解决了小麦遗传转化一直以来受受体材料限制的问题。

2. 小麦栽培技术研究

生殖生长期是作物对干旱最敏感的时期。耐旱性强的品种具有较强气孔调节能力，通过调节穗部器官的气孔密度降低蒸腾速率，同时保持较高穗光合速率，进而增加水分利用效率，可提高植株整体抗旱能力。早期干旱锻炼可以提高小麦对花后干旱胁迫的耐性，减少干旱胁迫下的减产幅度，并提高氮肥农学利用效率。在干旱胁迫下，经过渗透胁迫浸种的小麦植株具有较高的相对生长速率、干物质积累及籽粒产量，这与其较强的活性氧清除能力及光合能力有关，从而减轻了细胞膜脂过氧化伤害，增强了植株耐旱性。

采用蛋白质组学研究表明，灌浆期高温胁迫诱导小麦叶片差异蛋白主要参与了叶绿素合成、固碳、蛋白质周转和氧化还原调节等过程。在转录因子响应高温胁迫方面的研究表明，TaMYBs 均定位在小麦原生质体细胞核中，且均含有与胁迫相关的 MYB 转录因子的分支，其中 TaMYB80 在拟南芥中表现出较强的耐热性。

拔节期低温胁迫对二倍体和四倍体小麦的叶片光合及荧光特性影响较小，但显著降低了六倍体小麦光合荧光特性，从而显著降低了其干物质积累。外源喷施适宜浓度的脱落酸、一氧化氮、过氧化氢等物质可以激活植物的抗逆反应，例如诱导抗氧化酶活性升高、冷响应基因的表达等，从而有效提高小麦的抗寒性。

3. 小麦病虫害防控技术研究

2017 年，小麦病害研究取得了里程碑式突破。美国和澳大利亚科学家分别鉴定了小麦秆锈病菌无毒基因 *AvrSr35* 和 *AvrSr50*，为利用现代植物病害流行学方法保护小麦免受祖先的病原菌侵害奠定了基础。人类历史上第一次可以通过检测病原菌 DNA 的方法来预测病原菌是否会侵染正在使用 *Sr50* 抗性基因的小麦品种。这个信息对于在生产实践中是否需要迅速喷洒昂贵的杀菌剂至关重要，并为育种家比病原菌变异领先一步培育小麦抗病品种提供了理论依据。

由 *Magnaporthe oryzae* 引起的麦瘟病是一种毁灭性小麦真菌病害，过去仅在南美流行，2016 年首次在亚洲出现并带来重大潜在威胁。日本和美国科学家从致病菌中图位克隆了麦瘟病无毒基因 *PWT3* 和 *PWT4*，其表达产物能够诱导小麦基因 *Rwt3* 和 *Rwt4* 发挥麦瘟病抗性。何心尧等对该病害的病原生物学和流行学、抗性材料筛选、抗病性机制、综合治理等进行了综述。

小麦条锈菌频繁变异常常导致小麦品种抗病性不断"丧失"，西北农林科技大学发现小麦条锈菌在与小麦长期斗争中进化产生了一种特异小 RNA，命名为 Pst-milR1，能跨界进入寄主调控植物的防卫反应，从而帮助病菌侵染定殖并危害植物。该研究结果对开发病害新的防控策略具有重要的指导意义。

白粉病菌无毒基因 *AvrPm2* 被克隆。转座子在候选效应子基因中的复制和缺失决定了白粉菌不同寄主专化型效应子的多样性。有趣的是，目前克隆的小麦白粉菌无毒基因 *Avr-Pm3a2/f2* 和 *AvrPm2*，大麦白粉菌无毒基因 *Avra1* 和 *Avra13*，以及小麦白粉菌无毒基因的抑制基因 *SvrPm3a1/f1* 都从一个编码核糖核酸酶的共同祖先基因进化而来。白粉菌的不同专化性与它们寄主植物的共同进化、宿主跳跃和快速辐射分散是导致禾谷类白粉菌多样化的原因。

4. 小麦加工技术研究

小麦制粉技术研究水平及设备制造水平仍以瑞士、意大利两国居世界领先地位，特别是技术装备的自动化、智能化程度越来越高，以此来提升小麦加工技术水平。同时，为适应行业加工企业规模越来越大的需求，开发了一系列产量更大的设备。

小麦资源综合利用方面，发达国家愈加重视小麦的营养均衡加工技术创新，如小麦糊粉层的提取工艺与技术、全谷物加工技术、全谷物食品加工技术等，其中全麦粉加工技术及生产应用进展较为明显。另外，发达国家愈加重视小麦加工产品的安全、方便和增值化加工利用技术的创新，如小麦麸皮增值利用技术。

四、国内小麦产业技术研发进展

2017 年中国学者发表有关小麦 SCI 论文数量，中国科学院、中国农业科学院、西北农林科技大学、中国农业大学和南京农业大学占前五位，分别是 388 篇、215 篇、214 篇、166 篇和 138 篇，排序与上年相同。根据知网数据服务平台（www.cnki.com.cn）用小麦为关键词的检索结果，2017 年国内中文期刊发表与小麦相关研究论文共计 1 632 篇，比上年减少 246 篇。

1. 遗传育种研究

2017 年中国审定小麦品种 305 个，其中国家审定 77 个，省级审定 228 个。河南、河北和安徽省审定小麦品种数量相对较多。

国家小麦产业技术体系与国家小麦良种重大科研攻关联合体建立了 8 个专项鉴定平台，其中包括抗旱节水特性、耐寒性、耐热性、抗穗发芽等抗逆特性鉴定平台，抗条锈病、白粉病、赤霉病等抗病性鉴定平台，以及养分高效利用特性鉴定平台。2017 年共鉴定材料 2 300 多份，包括当前生产品种、苗头品系、地方品种及各类种质资源等，对促进中国小麦育种研究具有重要意义。

中国小麦高产育种水平不断提升，品质结构逐渐调整。2017 年，河南焦作修武县郇封镇小位村、山东淄博临淄区朱台镇朱西村，以及山东烟台龙口市新嘉街道王格庄村，均出现平均单产超过 12 吨/公顷的高产典型。河南漯河郾城区新店镇庄店村还创造了中国优质高产强筋小麦的高产记录，平均单产超过 10.5 吨/公顷。

2. 小麦全程机械化栽培技术研究

2017 年中国小麦耕种收综合机械化率达 95%。农业部发布了 3 项小麦生产主推技术（小麦赤霉病综合防控技术、冬小麦节水省肥高产技术、西北旱地小麦蓄水保墒与监控施肥技术）。围绕小麦前茬秸秆处理、耕整地、播种、田间管理、收获、产地处理六大环节的机械化技术及装备取得一系列研究成果。前茬秸秆处理环节，主要针对机械化秸秆粉碎质量不理想、抛撒不均匀和腐解速率慢等问题，研发出可调节式秸秆粉碎抛撒还田机、秸秆捡拾粉碎掩埋复式还田机等系列机具，提出了机械化技术与催腐剂喷施相结合的新思路。耕整地环节，重点研究了秸秆还田条件下破茬、深松、旋耕等相结合的复式机械化耕整技术，研制出深松旋埋联合整地机、反旋深松联合作业耕整机等复式作业机具。播种环节，在优化播种机上现有排种、防堵等关键部件的同时，结合区域特点研发出宽苗带精量播种机、免耕防堵撒播机等播种装备。田间管理环节主要包括植保、灌溉和中耕，其机械化技术及装备的研究主要集中在雾滴防漂移技术与无人机植保、水肥一体化应用与便捷灵活灌溉，以及中耕机具关键部件优化。小麦机械化收获水平较高，研究主要集中于全喂入式纵轴流收获技术和丘陵山地机收装备研发，系列机具已推广应用。在产地处理方面，符合区域特点、伤种率小和成本低的烘干、清选、收储机械化装备的研发及优化是研究重点。解决各环节关键技术难题，实现宽幅作业、自动化智能化控制、绿色节能安全生产是未来小麦全程机械化的主要发展方向。

3. 小麦病虫害防控研究

2017 年中国大部分地区为强暖冬天气，小麦条锈病发生面积 520 万公顷，略低于大发生年份 2002 年。小麦赤霉病发生面积 321 万公顷，是近 5 年来最低的一年。小麦白粉病发生面积 611 万公顷，比 2016 年减少 22%。小麦纹枯病发生面积 829 万公顷，接近2001 年以来的平均值。小麦叶锈病在黄淮、华北、江淮、西南和西北麦区整体偏轻发生。小麦蚜虫总体偏重，发生面积 1 521 万公顷。麦蜘蛛发生面积 588 万公顷，低于近 5 年来的平均值。小麦吸浆虫发生面积 108 万公顷，明显低于近 5 年来的平均值。蛴螬、金针虫、蝼蛄等地下害虫发生面积 399 万公顷。小麦其他害虫发生面积为 260 万公顷。

西北农林科技大学研发出"铲、遮、喷"三字法小檗—小麦条锈病防控关键技术，即铲除麦田边 10 米范围小檗、遮盖感病小檗周围的麦垛、对麦田周围小檗实时喷施化学杀真菌剂，通过三道防线阻断条锈菌的有性生殖，减少病菌变异，阻止越夏易变区菌源向东部麦区传播，保证全国小麦生产安全。

浙江大学科学家发现中国自主研发的新型药剂氰烯菌酯通过特异性抑制 I 型肌球蛋白ATP 水解酶的活性，进而抑制小麦赤霉病菌毒素小体形成与毒素合成，为科学使用氰烯菌酯防控赤霉病及其毒素提供了重要理论依据。

4. 小麦加工技术研究

主要就小麦后熟、蛋白质组织化、冻藏、湿热处理、和面等过程中小麦（面粉）品质/面团流变学特性的变化进行了广泛研究。系统研究了马铃薯—小麦粉混合面团加工特性及面条、馒头、饼干等制品品质改良，为马铃薯粉在面制食品中的应用提供了理论依据。针对中国小麦品质基本状况和国内面粉市场需求情况开展一系列技术创新，开发低温分离与剥刮加工技术、强化分级与特性重组技术、物料适度纯化技术、面粉粒度适度控制技术、面粉返色控制技术、真菌毒素和污染物控制技术、降低微生物活性调质技术、车间有序供风技术、虫害控制技术等，为提高小麦面制品质量安全及其加工适应性提供了技术支撑。

2017 年小麦秸秆肥料化利用量为 9 795 万吨，占可收集资源量的 63.1%。利用方式主要包括小麦秸秆墒沟埋草还田和小麦秸秆粉碎还田。饲料化利用小麦秸秆经发酵复合菌剂微贮处理，粗蛋白含量提高，中性和酸性洗涤纤维含量降低，营养价值和利用率得到很大提高。能源化利用小麦秸秆的固体成型燃料技术，解决了功率大、生产效率低、成型部件磨损严重和寿命短等问题。秸秆成型燃料专用供热锅炉也取得长足进步，相继出现了一些规模化开发生物质炭化技术的企业。

（小麦产业技术体系首席科学家　肖世和　提供）

2017年度大豆产业技术发展报告

（国家大豆产业技术体系）

一、国际大豆生产和贸易概况

1. 种植面积大幅增加，单产大幅下降

2017年全球大豆播种面积有较大幅度提升，达到18.97亿亩，较2016年增加0.93亿亩，但大豆单产水平184千克/亩，有所下降，比2016年低10.67千克/亩，降幅为5.48%。2017年全球大豆总产量较2016年低0.03亿吨，为3.48亿吨。

在全球大豆主产国中，美国大豆产量达到历史新高1.2亿吨，较2016年增加352万吨；巴西和阿根廷大豆总产均有小幅度减少，分别为1.08亿吨和0.57亿吨，较2016年分别减产610万吨和80万吨。此外，中国和加拿大大豆产量也分别较去年增加166万吨和144.8万吨。

2. 国际大豆贸易继续增长

2017年全球大豆进口总量达到1.5亿吨，较上年增加607.7万吨；出口总量达到1.52亿吨，较2016年增加519.1万吨。主要进口国家和地区仍然是中国、欧盟、墨西哥、日本、泰国等。大豆出口方面，巴西（6 550万吨）首次超过美国（6 055.5万吨），阿根廷大豆出口进一步减少，仅为850万吨。巴西、美国、阿根廷和加拿大大豆出口较2016年有所增加，分别增加236.3万吨、139.8万吨、147.7万吨和90.9万吨。

二、国内大豆生产和贸易概况

1. 大豆生产继续恢复性增长，生产成本下降，但企业加工利润低

2017年中国大豆播种面积有较大幅度的上升，达到1.17亿亩，比2016年增加871万亩；总产量达到近年来新高，达1 420万吨，比2016年增加166万吨；单产为120.67千克/亩，比2016年增加1.1%。随着玉米价格持续下跌，东北地区地租价格在2017年出现大幅度回落，农民种植大豆的成本有所下降；以黑龙江省为例，2016年大豆种植成本大约为549元/亩，2017年则降为367元/亩。

2017年国内大豆加工依然以大豆食品加工、大豆压榨与精炼豆油、大豆生化提取为主，三者消耗大豆的比例分别为12%、85%和1%。压榨和大豆精炼依然是中国主要大豆加工方式。全年累计消耗大豆9 500万吨，较上年增加700万吨。2017年中国新增大豆压榨产能1 270万吨/年，全年产能利用率在60%左右。但随着国内外市场行情的变化，企业生产利润大部分时段仍处于亏损状态。

2. 大豆进口再创新高

2017年中国依然是世界第一大大豆进口国，占世界大豆进口量的64.49%。中国海关数据显示，2017年1—12月中国累计进口大豆9 554万吨，与2016年同期相比增加13.9%。从进口来源看，巴西、美国和阿根廷仍是主要来源国，俄罗斯大豆进口继续快速

增加。出口方面，2017 年中国食用大豆出口量为 15 万吨，较 2016 年增加 2 万吨。

三、世界大豆产业技术研发进展

1. 精准农业技术助力美国大豆生产发展

美国农民在农业生产过程中利用电脑规划种植过程、作物种类、品种、化肥、农药型号，确定用量，这些分析结果可以直接发送到农民农机上的电脑或手头的智能手机。农民可以及时掌握田间变量信息，分析种子生长表现，高效做出农田管理决策，调整化肥和杀虫剂的使用量和施用时机，提高利用效率，实现增产与节本增效。至 2017 年，美国 50%以上的大豆种植面积使用上了精准农业技术。精准农业技术的广泛应用，使得美国大豆单产进一步提升，成本进一步下降。

2. 巴西和阿根廷先后批准种植新的转基因大豆

巴西技术安全委员会于 2017 年 8 月份批准了新的 Bt 抗虫转基因大豆的种植，这种抗虫转基因大豆还同时抗三种除草剂（草甘膦、草丁膦和 2,4-D），新的转基因大豆是通过现有转基因大豆杂交转育获得的。阿根廷农业部也批准了抗草丁膦转基因大豆 SYN-000H2-5 的种植。

3. 大豆病虫害化学防治、生物防治、农业防治技术进展明显

普渡大学和陶氏益农公司的研究人员克隆了一种可以抗大豆疫霉菌多个小种的新基因 *Rps*11，并证明了 GmCHRs、HaRxL23、PsAvh73 等效应子调控寄主的免疫反应。其他科研团队发现细胞壁降解酶在根腐病菌侵染过程中起重要作用，其中几丁质还原酶、纤维素酶、聚半乳糖醛酸酶和果胶甲酯酶在侵染过程中活力会发生变化。评估了高效氯氰菊酯、烟碱类农药噻虫嗪对刺吸类害虫的影响。研究了翅蚜对异色瓢虫数量、3 种生防菌对大豆蚜影响。发现作物的丰富度、大豆前茬作物对大豆蚜数量有影响。证明（E）-2-Hexenyl acetate 和（Z）-3-hexenyl acetate 能引起雄虫强烈的趋向反应以便诱杀。明确芽孢杆菌属、Brachyphoris、P. chlamydosporia 为防治大豆胞囊线虫（SCN）的生防菌株，cqSCN-006、Rhg4、茉莉酸（JA）、水杨酸（SA）、钙离子参与了不同的抗 SCN 反应。发现大豆花叶病毒（SMV）只能系统侵染茄葫芦科、豆科等 5 类植物。miR168a，miR403a，miR162b，miR1515a，miR1507c 等能削弱大豆对 SMV 的防卫反应。

4. 大豆生产机械化向着全程化、自动化、信息化、智能化方向继续稳步推进

发达国家综合运用传感、"3S"、遥控、机器视觉和物联网等技术，针对育种、种子处理、耕整地、播种、田间管理、收获及收后处理各环节的零部件和整机开展关键技术优化研究及精细、高可靠性加工制造工艺升级。高度自动化、智能化、信息化的育种机械、联合耕整地机械、精准变量免耕播种施肥机、松土除草机、变量液体施肥喷药机、监测植保无人机、平移式喷灌机械、挠性低割轴流式联合收获机械和基于大数据的生产管理系统等在大豆生产中广泛应用。无人驾驶耕整地、田间管理、收获机械、智能化信息化生产管理系统和"人—机—环境"系统是当下研究的热点，机械化生产系统的总体协调性和综合效益是下一步发展目标。

5. 大豆加工产业技术研发进展

在传统豆制品研究方面，日本发明了通过光学系数评价豆腐品质的新方法，还研究了豆腐胶体中水分子的动态变化；韩国鉴定了影响豆腐货架期的微生物；印度研究了从豆浆中回收功能性脂氧酶和蛋白酶抑制因子的方法；巴西研究了开菲尔发酵豆乳的成分变化；

波兰研究了强化绿咖啡酚豆浆的抗氧化和营养特性。此外，很多研究机构对大豆萌芽后的营养成分和性质的变化进行了研究。在副产物综合利用方面，巴西科学家开展了高压和酶法水解黄浆水蛋白及其肽类等成分变化的研究；新加坡开展了应用酵母菌发酵黄浆水制备大豆酒精性饮料的研究；巴西研究了冷冻干燥和纳滤对黄浆水抗氧化性的影响。在现代大豆加工技术方面，美日等国已经开展安全、高效、营养、环保的油脂制备新技术研究，并且取得了突破性进展，美国开展了酶法制油的中试生产，解决了部分关键性技术难题。在质量安全与营养品质评价方面，大豆主产及贸易大国和国际组织制定了大豆质量安全标准。

四、中国大豆产业技术研发进展

1. 轮作在改良土壤、提高中国大豆生产能力方面发挥重要作用

中国人均耕地仅 0.1 公顷，为世界人均数量的 42%，这一耕地资源背景决定了中国必须通过不断提高土壤生产力和扩大耕地面积来满足人口不断增长的各种需求。但是，过度的开垦及超负荷的利用导致土壤资源大面积退化，而且水土流失、土壤沙化、酸化和盐渍化现象在继续扩展，直接威胁着中国粮食安全和农业的可持续发展，也成为农业增产、农民增收和农业生态环境改善的"瓶颈"。中央为此提出了要"加强资源保护和生态修复，推动农业绿色发展"的口号。除"大规模推进高标准农田建设""大规模推进农田水利建设"和"土地流转，推进农业现代化"等重大措施外，又针对"粮食库存量大"和耕地生态环境问题提出积极推进大豆与玉米轮作的措施，这对于减少土壤障碍，提高地力等级方面都有重要的作用和意义。实行粮豆轮作，不仅减少了玉米种植面积，扭转大豆种植面积持续下滑的态势，还可以保护耕地。

2. 明确了大豆特异的光周期调控开花遗传网络

大豆是典型的短日照作物。通常，当高纬度地区大豆品种引种到低纬度区域时，由于其对光周期极其敏感，成熟期大大提前，导致大豆植株生物量和产量降低，这极大程度限制了低纬度地区的大豆种植。大豆长童期（Long Juvenile，LJ）性状在 20 世纪 70 年代被发现，并成功应用于低纬度地区大豆育种，LJ 性状的导入，突破了大豆在低纬度地区产量极低的限制，使大豆在低纬度（尤其是南美地区）得以快速扩张和推广。20 世纪 90 年代，研究发现 J 是控制大豆 LJ 性状的关键位点，然而其编码基因和分子调控机制一直未明确。中国农业科学院作物科学研究所与华南农业大学等研究人员率先克隆了控制长青春 J 基因，将长童期性状定位到 GmELF3 基因上。中科院东北地理与农业生态研究所与中科院遗传与发育研究所、在长童期品种"华夏 3 号"中，该基因缺失了一个碱基，导致基因序列移码和所编码的蛋白失活，从而延迟开花，产生了长童期性状。将来自"中黄 24"的 GmELF3 基因转入"华夏 3 号"能够实现功能互补，使"华夏 3 号"开花提早，从而进一步证明 GmELF3 突变导致长童期性状的产生。揭示了大持异的光周期调控开花的 PHYA（E3E4）-J-E1-FT 遗传网络，J 基因的克隆是中国科学家在大豆光周期反应这一重要研究领域独立完成的突破性成果，为将中高纬度地区的优良大豆品种改造成可在热带亚热带地区种植的材料提供了可靠的技术途径，对拓展大豆品种种植区域、发展低纬度地区大豆生产具有重大意义。

3. 大豆病虫害防控技术研发取得重要进展

中国在抗病基因挖掘、抗病品种筛选、种衣剂和生防菌的筛选、抗病机制等研发方面

取得了一定的进展。中国科学家发现，在植物与病原物互作过程中，病原菌分泌蛋白分子–效应蛋白，通过调控寄主的免疫来帮助自身的侵染。大豆疫霉中的 Avh23、PsXEG1 通过不同的机制调控寄主免疫反应。黑龙江省的野生大豆资源、黄淮海地区的主栽品种均含有丰富的抗大豆疫霉根腐病。抗源利用微生物多样性及诱导抗病性理论，可以安全有效地解决大豆苗期根部多种病害复合侵染的问题。生物种衣剂 SN102、拮抗细菌菌株 Bacillus siamensis KCTC 13613T 和 Bacillus amyloliquefaciens subsp. plantarum FZB42T 均对根腐病有一定的防效。70% 噻虫嗪 WDG、60% 吡虫啉 FS 对蛴螬均有较好的防效。沙阿霉素链霉菌、草酸青霉、生物种衣剂 SN102 为 SCN 生防菌。异黄酮类、2–烷氧基–2–苯基乙硫醚类、邻苯二甲酸二丁酯有杀线虫活性。在大豆病毒防控研究方面从野生大豆中分离了 7 个新 SMV 分离物，重组型大豆花叶病毒可侵染本氏烟草。筛选出抗大豆花叶病毒株系 SC3、SC7 的高抗品系 64 份。将抗病基因 $Rsc18$ 定位到大豆 6 号染色体 $Satt286$ 和 $Satt277$ 之间。

4. 大豆生产机械化装备技术向绿色、自动化、智能化、信息化方向快速发展

大豆生产机械化装备技术研究围绕"两减一控"和"高产、优质、高效、生态、安全"发展目标，向多功能、节能、高效、环保和可持续方向快速发展，大豆生产机械化装备技术向全程方向发展势头凸显。高性能、高质量育种、耕播、田间管理和收获机械产品及其部件仍是研发和生产的主要内容，秸秆回收处理和主动式防堵免耕精密播种机具的研发与制造是重点和难点，基于传感、自控、北斗定位等技术的精准作业技术装备及无人机在农情监测和植保方面的应用研究是热点，基于大数据和物联网技术的大豆生产机械化管理系统研究是新的亮点，装备技术和生产管理技术研究并举，强调节约资源、绿色、环保、可持续发展。但无论是技术性能还是产品制造质量与国际先进水平相比仍然存在一定差距。

5. 大豆加工产业技术研发进展

在传统豆制品研究方面，河北科技大学探讨了有机酸凝固剂加工豆腐的理化特性；西南大学科研人员通过壳聚糖/果胶逐层包覆改变了包含豆渣的豆腐的保水性和理化特性；台湾研究了卡拉胶对豆腐保水性和物性的影响。发酵豆奶成为国内的一大研究热点，如国家大豆产业技术体系加工研究室研究了益生菌发酵豆奶对高脂饮食导致的高血脂和肝损伤的作用；相关科研人员还针对漂汤工艺对豆浆粒子、成分和蛋白质和脂肪互相作用的影响进行了研究。在大豆加工副产物综合利用方面，对豆渣的研究主要集中在采用鲜湿豆渣为原料进行发酵改变其品质同时制备酶的关键技术方面；华南理工大学和南京农业大学研究人员分别研究了采用乳酸菌发酵黄浆水的相关技术；台湾地区有人对黄浆水中的植酸回收进行了研究。在现代大豆加工技术方面，攻克了生物制油过程中乳状液破除、磷脂脱除等关键技术难题，取得了一批原创性研究成果，建立了中试生产线，开发出在温和条件下，制备高品质油脂新技术。中国大豆蛋白产业仍然存在能耗高、污染重、功能性不稳定、产业链短、产品研发能力弱等关键性技术问题，这也是今后中国科研工作者的重点工作内容。在质量安全方面，开展了大豆草甘膦风险评估研究和对国产和进口大豆中草甘膦质量安全状况进行摸底普查。但中国大豆农药残留等限量标准与国际标准或国外先进标准相比数量较少，不足欧盟的 1/3，在营养品质方面，主要评价并筛选高油、高异黄酮、低亚麻酸含量和脂肪氧合酶缺失品种，同时分析不同大豆品种与其加工产品品质变化关系，建立大豆食材营养品质标准和分类指标体系。

五、稳定发展中国大豆生产的政策建议

一是需要注意国家水稻保护价、玉米临储价、大豆目标价和其他作物市场价收购政策对种植结构的影响。目前种植 1 亩水稻的收益相当于 1.5 亩玉米、2~3 亩大豆和 4~5 亩的小麦，2018 年需要重视大豆与其他作物的比价，防止因比价不合理导致大豆种植面积大幅波动。

二是大力推动大与玉米轮作。大豆是禾谷类作物的最好茬口，在大豆茬种植玉米、小麦等作物可比禾本科作物连作增产 10% 以上。在东北地区，要建立以玉米—大豆为主体的粮豆轮作体系，扩大大豆种植面积，提高玉米单产水平；在黄淮海冬麦区，建立夏大豆、夏玉米隔年种植，麦豆、麦玉相结合的两熟制轮作体系；在南方间套作地区，建立大豆与玉米、小麦的微区带状轮作。在建立合理轮作制度的基础上，大力推广深松整地、秸秆还田等土壤培肥措施，大力提高土壤有机质含量，增强土地自身的生产力，减少化肥和农药施用，实现绿色提质高产高效目标。

三是农机、农艺紧密结合，发展农机、喷药、施肥专业合作社或服务公司，建设完善社会化服务体系，实现技术配套标准化作业，提高大豆生产机械化率。

四是重视施肥、喷药设备和使用方法创新，提高肥药效率，减少化肥与农药使用量。

（大豆产业技术体系首席科学家　韩天富　提供）

2017 年度大麦青稞产业技术发展报告

(国家大麦青稞产业技术体系)

一、2017 年世界大麦生产与贸易概况

根据美国农业部的预测数据，2017/2018 年度全球大麦收获面积约为 4 766 万公顷，比上年度减少 42 万公顷；其中，乌克兰、美国、阿根廷和澳大利亚的大麦收获面积减少较为明显。2017/2018 年度全球大麦平均单产预计为 2.98 吨/公顷，比上年度减少 0.08 吨/公顷。其中，大麦单产减少最多的国家或地区是澳大利亚，从 2016/2017 年度的 3.32 吨/公顷，减至 2017/2018 年度的 2.05 吨/公顷。虽然 2017/2018 年度俄罗斯和土耳其等主产国的大麦产量将有所增长，但由于全球总收获面积和平均单产的减少，全球大麦总产量将下降到约 1.42 亿吨，比上年度减少 532 万吨，降幅为 3.6%。

2017/2018 年度全球大麦需求量预计约为 1.47 亿吨，比上年度减少约 180 万吨。根据美国农业部的预测，主要由于中国和沙特阿拉伯大麦进口量减少，2017/2018 年度全球大麦贸易量预计为 2 584 万吨，比上年度将减少 381 万吨；大麦期末库存预计为 1 883 万吨，比上年度减少 555 万吨。全球大麦出口 2017/2018 年度排名前五位的出口国或地区依次为：欧盟（620 万吨）、澳大利亚（580 万吨）、俄罗斯（480 万吨）、乌克兰（470 万吨）和阿根廷（170 万吨）；主要进口国家依次是：中国（886.3 万吨）、沙特阿拉伯（850 万吨）、伊朗（130 万吨）、利比亚（130 万吨）和日本（110 万吨）。

2017 年大麦国际市场价格价格持续平稳上行。根据谷鸽久久网提供的法国鲁昂港口饲料大麦 FOB 价格数据，2017 年大麦均价为 264 美元/吨，每吨比 2016 年增长 102 美元，增幅为 63.90%。

二、2017 年中国大麦（青稞）生产与贸易概况

根据国家大麦青稞产业技术体系的统计，2017 年中国大麦（青稞）的总收获面积为 107.76 万公顷，较上年减少 7.18 万公顷；总产量为 447.72 万吨，较上年减少 23.38 万吨；平均单产为 4.15 吨/公顷，较上年增加 0.06 吨/公顷。其中，皮大麦收获面积为 68.22 万公顷，较上年减少 7.00 万公顷；产量为 311.15 万吨，较上年减少 25.29 万吨；平均单产为 4.56 吨/公顷，较上年增加 0.09 吨/公顷。裸大麦（青稞）收获面积为 38.93 万公顷，较上年减少 0.79 万公顷；产量为 135.69 万吨，较上年减少 0.08 万吨；平均单产为 3.49 吨/公顷，较上年增加 0.01 吨/公顷。

根据中国海关统计数据，2017 年中国大麦进口量为 886.3 万吨，较上年增加 381.3 万吨，同比增加 77.1%；进口额为 18.16 亿美元，较上年增加 6.74 亿美元，同比增加 59.05%。中国大麦进口的主要来源国分别为澳大利亚、加拿大、乌克兰和法国。其中，从澳大利亚进口 648.04 万吨，占中国大麦总进口量的 73.1%，进口均价为 195 美元/吨；从加拿大进口 135.86 万吨，占 15.3%，进口均价为 237 美元/吨；从乌克兰进口 79.09 万

吨，占 8.9%，进口均价为 184 美元/吨；从法国进口 22.28 万吨，占 2.5%，进口均价为 233 美元/吨。

2017 年中国大麦进口平均 CNF 价格为 200.3 美元/吨，低于上年同期的 231.5 美元/吨。月度价格变化趋势总体上以跌为主，10 月份开始出现较为明显的上涨。以江苏大丰的大麦厂家收购价格为例，2017 年的平均价格为 1.64 元/千克，比 2016 年的 1.49 元/千克上涨 10.8%；月度价格波动趋势表现为，1 月份到 8 月份平稳上涨，9—12 月份基本保持稳定。

三、国际大麦（青稞）产业技术研发进展

1. 育种技术研发

品质改良是大麦育种的基础，Bregitzer 选育出低植酸春大麦饲料品种 Sawtooth。Cozzolino 等研究表明，果聚糖与麦芽浸出率存在极显著的正相关，而与黏度值存在极显著的负相关。Fan 等利用高密度遗传图谱和重组自交系，定位了大麦籽粒蛋白质相关的 QTL，发现 6 个环境稳定的主效 QTL，其中有 3 个是新的位点。Malthe 等采用全基因组关联标记进行麦芽品质性状选择，发现全基因组选择可以增加选择压和缩短育种年限。淀粉是大麦（青稞）籽粒的主要成分，含量可达干重的 70% 以上，加工产品的质量主要取决于籽粒的淀粉特性。Saito 等利用全基因组基因测序信息，图位克隆出 1 个与淀粉粒形成相关的基因 *fra*，可能参与异淀粉酶（ISA1）的代谢过程，束缚 ISA1 形成淀粉颗粒。现有植物表型性状的遗传图谱一般都集中在固定的单一时间节点，但植物在发育过程中生物量是不断累积的。Neumann 等通过图像分析，揭示了二棱春性皮大麦生物量积累的遗传结构和时间模式。鉴定出 7 个主要的生物量 QTL，可解释幼苗期 55% 和孕穗期 43% 的遗传变异。发现 3 个生物量相关基因或 QTL 与物候学有关，但有一个最重要的生物量相关位点却独立于物候期，位于大麦（青稞）7HL 染色体 141 cM 的位置。该位点可解释约 20% 的生物量变异，并在长时间内显著表达，与 *HvDIM* 基因连锁。Castro 采用大麦（青稞）加倍单倍体群体（DH），分析在南美洲条件下控制抽穗期的遗传因子。双亲抽穗期相同，但 DH 群体出现超亲分离。亲本 Baronesse 和 Full Pin 携带的 2 个基因 *eps2S* 和 *sdw*1，分别位于大麦（青稞）2H 和 3H 染色体，解释了大部分的抽穗期变异。分生长期研究发现，*eps2S* 控制拔节到开花，*sdw*1 控制分蘖到拔节的时长，未发现基因和播种期的互作。干旱是限制世界许多地区大麦（青稞）生产的一项关键环境因素。Ferdous 测试了 11 个 miRNA 在大麦中的表达，在 4 种基因型中分别观察到 4 种 miRNA 的积累差异，发现干旱胁迫条件下大麦不同基因型的特异 miRNA 调控靶基因的间接表达。Robert 研究指出，由于农业的集约化生产，最近几十年来，叶锈病在温带大麦种植区变得越来越重，在病害流行年份，感病品种的产量损失高达 62%。种植抗病品种是防控大麦（青稞）叶锈病最环保的方法。Kavanagh 等从中国大麦品种 Fong Tien 中，鉴定出了抗叶锈病新基因 *Rph*25，位于 5HL 上，发现抗病基因 *Rphq*1 编码磷脂过氧化氢谷胱甘肽过氧化物酶。

2. 植保技术研究

（1）气候和栽培措施对病毒和蚜虫的影响。大麦（青稞）的黄矮病毒（BYDV）对包括大麦（青稞）、小麦、燕麦在内的重要粮食作物的产量和质量均造成危害，蚜虫是 BYDV 的生物传媒。研究表明，高浓度 CO_2 条件生长的大麦（青稞）等作物，叶片中的 BYDV 病毒滴度升高 36.8%，虫媒病毒传播扩散的可能性显著增大。而施肥方式对蚜虫种

群数量和天敌数量具有不同影响。与施常规肥相比，施缓释肥或不施肥处理组更能吸引蚜虫；常规施肥区麦蚜天敌食蚜蝇的虫卵分布较多。

（2）品种的抗病机制。活性氧在调控植物对活体营养型病原菌的抗性反应以及腐生及兼性寄生病原菌的感病反应中发挥重要作用。编码细胞质 CuZnSOD 基因 *HvCSD*1 参与由兼性寄生菌大麦（青稞）抗网斑菌的侵染过程，但对活体营养型白粉菌不起作用。RACB 是调控大麦与白粉菌亲和互作中的高感病因子，参与调控一系列信号传递基因的表达。UDP-葡糖基转移酶通过对镰刀菌产生的脱氧雪腐镰刀菌烯醇糖基化，提高大麦和小麦赤霉病抗性。有研究发现大麦（青稞）的几丁质受体激酶基因（*HvCERK*1）具有抗赤霉病功能。

（3）田间杂草防治。长期以来大麦（青稞）的田间杂草防除一直是依赖于化学防治。最近发现利用大麦（青稞）自身较强的化感能力，防治田间杂草具有很大的发展潜力。大麦（青稞）的化感物质主要包括酚类化合物和生物碱类，田间杂草能被其较强的化感能力得到有效抑制。大麦（青稞）的化感保护物质也可用来防治其他作物的田间杂草。通过育种手段提高大麦（青稞）品种的化感潜力是一条实现杂草防控的绿色环保途径。

3. 耕作栽培技术研发

（1）可持续发展栽培。随着环境保护和资源高效利用要求的不断提高，以及相关理念的进一步强化，大麦（青稞）生产越来越重视可持续性发展，包括种质、种苗以及栽培措施。与此同时，食品、饲料、制麦和酿造工业对原料质量安全的要求，也对大麦（青稞）生产的可持续发展提出了新的栽培技术要求。传统上，普遍采用轮作和保护性耕作为主的栽培措施，比如在欧洲大麦产区普遍使用少耕技术，在干旱季节或是土壤砂性较强地区则选择免耕方式。澳洲大麦产区一般采用免耕技术，且尽量保持最大的秸秆保留量和较大的行距，但在西澳州等土壤易于板结的地区，大麦种植者则普遍采用深耕措施。在肥料管理上，各个大麦主产区普遍采用测土配方施肥技术，磷钾肥一般根据大麦产量目标计算，应用复合肥及新型缓释肥，在大麦播种时作为基肥一次性条施于种子附近，以此控制肥料用量，减少养分淋失。

为应对一些新的病虫害危害，农业科研工作者和生产者提出了一些新的可持续生产方式。以澳大利亚的蜗牛危害为例，在收获时蜗牛混杂在大麦籽粒中，严重影响大麦籽粒的外观和贮存品质，进而影响售价。为减少蜗牛危害，生产者在大麦收获后，通过利用机械手段在田间直立的麦秆或者杂草顶端，破坏越夏蜗牛的生存环境，以减少田间蜗牛的生存与繁衍，从而大幅度减少第二年大麦田的蜗牛发生率。

（2）面向市场需求栽培。大麦（青稞）栽培中，氮肥的施用多分为两个阶段，即播种时作基肥和生育期作追肥。氮素追肥管理根据土壤硝态氮水平和水分含量实时调整。因为氮素的施用显著影响大麦籽粒的蛋白质含量，因此要按照大麦生产用途决定氮肥运筹方式。在国外，为保证啤酒大麦生产品质，一般在拔节期施用氮肥，既保证了大麦的产量，又可使大麦籽粒的蛋白质含量控制在适宜的范围内。对于饲料大麦生产，普遍强调生育后期追肥。近来出现一种新趋势引起大麦生产者的关注，有些制麦和啤酒企业开发出新的加工生产工艺，突出了对啤酒大麦原料中相关水解酶活性的要求，而对蛋白质含量的要求并不苛刻。这样，高蛋白不再影响啤酒大麦的加工品质，可以在大麦生长后期施用较多的氮肥，更好地发挥高产品种的增产潜力。

除酿造啤酒外，大麦在许多国家还用于生产威士忌。在澳大利亚，以大麦为原料生产威士忌的产业正在蓬勃发展。而这种新型酿造业态的出现，不仅在育种上而且在栽培措施上，都大麦生产提出了新的要求，因为不同风味的形成同样需要栽培管理措施的改进。在大麦栽培研究中，包括施肥技术等对威士忌风味与口感品质的影响引起了广泛的重视。

4. 加工技术研发

大麦（青稞）中的 β-葡聚糖具有降血脂、降胆固醇、调节血糖、抗肿瘤和预防心血管疾病的作用，得到了美国 FDA 和欧洲食品安全协会（EFSA）的认可。国外开发的 β-葡聚糖胶囊、片剂、粉剂和咀嚼片等产品已经上市。Seiichiro Aoe 等临床研究发现，用大麦代替大米可以有效减少日本人内脏脂肪所导致的肥胖。营养分析发现大麦（青稞）越冬幼苗中含有 200 多种营养和活性物质，其中 70 多种矿物质、100 多种活性酶、各种维生素、植物黄酮、可溶性膳食纤维、二十六烷醇等，被称为"碱性食物之王"。露那辛（Lunasin）是一种活性肽，含 43 个氨基酸，相对分子质量 4 800。不仅对转移性结肠癌和乳腺癌具有预防作用，还是一种新型的治疗黑素瘤的靶向药物，在抗类风湿关节炎和提高免疫力方面也有一定功效。大麦（青稞）品种间露那辛含量变异为 12.7~99 微克/克。目前，国外正在以大麦（青稞）为原料进行露那辛产品开发。Gustavo Franciscatti Mecina 等研究了大麦（青稞）秸秆降解提取物及其组分对铜绿微囊藻生长、氧化胁迫、抗氧化酶活性和微囊藻毒素含量的影响，发现秸秆降解物中多酚类化合物，例如肉桂酸、对香豆酸、芥子酸、阿魏酸、咖啡酸和醌等能够抑制藻类和蓝细菌的生长。D. S. Ikuomola 等以小麦粉和大麦麦芽麸皮为原料，开发出脆度好、蛋白质高的高膳食纤维饼干，非常适合儿童食用。Rosanna De Paula 等用富含 β-葡聚糖的糯大麦面粉，研制出功能性意大利面生产工艺及产品。

四、国内大麦青稞产业技术研发进展

1. 多元专用新品种选育

针对造成中国大麦（青稞）性价比低和市场竞争力差的生产栽培品种缺陷，培育出了 28 个产量高、抗病抗逆性强、养分利用效率高以及食用、饲用和啤酒酿造等专用营养和加工品质好的啤酒、饲料、饲草和粮食等专用大麦（青稞）新品种，满足了中国不同生态区大麦（青稞）生产的品种需求。特别是育成了红 09-866 等生长速度快、耐刈割、再生性好、植株繁茂、抗病性好、抗倒伏性强、株高 1.4~1.5 米、单季每亩鲜草产量 4~5 吨的大麦青稞专用饲草品种，填补了中国大麦青稞专用饲草品种选育的空白，补齐了大麦青稞春季青饲生产缺乏专用品种的短板，为发挥大麦青稞在粮改饲和种植业结构调整中的优势作用提供了主导品种。

2. 耕作栽培模式创新

基于中国有数亿亩的内陆盐碱地、水涝地、旱坡地、果园林下地、冬闲田和沿海滩涂的现状，针对中国农区草食畜牧业发展中，规模化养殖存在的冬春季青饲料短缺与家畜粪便处理困难的两大问题，在黄淮和南方地区，研究创制出大麦（青稞）"冬放牧、春青刈、夏收粮"生产，与牛、羊等草食牧畜生态养殖相结合的新型耕作栽培模式和农牧一体化生产技术，平均每亩青饲料产值 1 350 元，较单纯粮食生产增收 500 元，适宜黄淮和南方地区推广应用。与养羊结合，冬季放牧每头节约养殖成本约 100 元。同时，大麦（青稞）生物质经家畜过腹直接还田，减少了粪便堆积和秸秆焚烧造成的环境污染。大麦

（青稞）青饲（贮）种养结合生产技术，2017 年被农业部遴选为 100 项农业主推技术之一。研究建立了青贮大麦（青稞）—青贮玉米一年三收栽培技术模式，较"小麦—常规青贮玉米"种植模式每亩增收 300 元以上。在内蒙古和东北地区，研制出大麦（青稞）复种燕麦优质饲草和秋菜等生产技术；在青藏高原地区，建立了"大麦（青稞）→蚕豆"两年高效轮作和冬大麦（青稞）复种豆科牧草技术模式，为解决高原、高寒地区优质豆科饲草缺乏和大麦（青稞）连作问题，提供了技术支撑。在西南地区，研究集成高原粳稻生态区稻茬免耕大麦（青稞）优质高产栽培技术，2017 年度生产应用 12.25 万亩，每亩节约用工成本 260 元。研究建立的大麦（青稞）春播青饲（贮）生产技术，在山东商河县现代牧业公司奶牛养殖场示范应用，平均亩产 1.85 吨，较冬小麦每亩增产鲜草 300 千克，增加效益 138 元。种植面积从 2016 年 2 300 亩，增至 2017 年的 13 000 多亩，使山东省中断 20 多年的大麦（青稞）生产，开始重新恢复种植。研究建立了大麦（青稞）耐盐、节水、降减氮增产栽培技术，降低氮肥用量 50%，产量提高 10%。此外，构建了适宜规模化生产的啤酒大麦病虫草害综合防控和全程机械化高效生产技术及装备体系。

3. 营养分析与加工产品、技术和设备创新

通过食用和饲用全营养成分分析，发现大麦（青稞）的新鲜绿苗和风干绿苗在植物中的营养成分最丰富，每百克干物质蛋白质含量高达 28%，赖氨酸等必需氨基酸含量高达 1.23%，是大麦（青稞）、小麦、谷子、玉米等禾谷类籽粒含量的 4 倍，钙和钾含量分别是禾谷类籽粒的 300 倍和 25 倍；灌浆腊熟前期，大麦（青稞）全株干草料的蛋白质含量达 16.22%，较燕麦干草含量高 2 倍；具有很高的健康营养食品开发和优质饲草生产利用价值。研制出大麦绿苗即食天然营养食品等新产品及其制作方法。发明了一种大麦茶烘烤机和一种用微波超声波提取紫青稞色素的方法。合成了草甘膦分子印迹聚合物，研制出分子印迹传感器，基于石墨烯纳米材料电信号传，建立快速检测大麦（青稞）等农产品中草甘膦残留量的电化学检测技术。为保障中国大麦青稞的绿色生产和食品安全，及国外大麦进口质量检验提供了检测技术。

4. 农机、农具新发明

设计发明了多种农业科研和生产实用价值的小型设备装置和农机具。包括一种大麦（青稞）试验小区开沟器、一种反转精整地旋耕机、一种双轴式深旋旋耕机、一种反转灭茬旋耕机用偏置直翻旋耕刀、一种开沟划行器、一种作物种子萌发培育装置和作物种子量取装置等。

（大麦青稞产业技术体系首席科学家　张　京　提供）

2017 年度谷子高粱产业技术发展报告

（国家谷子高粱产业技术体系）

一、国际谷子、高粱、糜子生产与贸易概况

2017 年世界高粱播种总面积 4 160 万公顷，总产 5 916 万吨，平均产量 1.42 吨/公顷，较 2016 年分别减少 41 万公顷、0.08 吨/公顷和 405 万吨。美国总产量居世界第一。世界高粱进出口总量 835 万吨，较 2016 年增加 66.2 万吨。美国、澳大利亚和阿根廷出口量分别为 670 万吨，60 万吨和 60 万吨，仍居世界前 3 位，比上年增加 9.1%~31.3%。谷子和糜子属于区域重要性作物，联合国粮农组织没有对谷子糜子的统计，只是将所有小粟类作物联合统计。

二、国内谷子、高粱、糜子生产与贸易概况

2017 年国内谷子、高粱种植面积扩大明显，糜子种植面积稳定。全国谷子播种面积 150 万公顷，同比增长 20%；糜子播种面积 60 万公顷，主产区种植面积与去年持平；高粱种植面积 58 万公顷，高粱总产 285 万吨，居世界第 8 位；单产 4.9 吨/公顷，列世界第 3 位，是世界平均单产水平的 3.5 倍。年底收购价谷子 3.0~4.0 元/千克，高粱 2.2~2.5 元/千克，糜子收购价 2.4~3.5 元/千克。1—9 月全国出口谷子 3 548.77 吨，出口额 330 万美元，出口单价 0.988 美元/千克。截止 2017 年 10 月，全国高粱进口总量 454 万吨，较去年有所减少。

三、国际谷子、高粱、糜子产业技术研究进展

1. 基因组学与遗传研究

由美国 Doust 教授和中国刁现民研究员主编的《谷子遗传与基因组》，系统介绍了谷子基因结构、分子标记发展、比较基因组学、遗传转化及在谷子资源发掘和改良中的应用，是国际上第一本谷子专著，也是谷子高粱界 2017 年一件大事。美国重新对高粱 BT× 623 参考基因序列进行了组装注释，发表了大小 655.2 Mbp 由 34 211 个注释基因组成的高粱参考基因组序列第三版，为高粱品种改良提供了信息。Tang 等分析了干旱胁迫下抗、感谷子在生理和转录水平上的差异并鉴定出 20 个与苗期和萌发期抗旱相关的 QTL，抗、感基因型谷子转录组内源激素和信号传导相关基因被正向调控。Ren 等研究了谷子 NAC 转录因子，表明 ABA 诱导其在谷子衰老叶片中积累，*SiNAC*1 正向调控 ABA 生物合成和叶片衰老。Zhang 等研究发现谷子 *SiCBL*4 和 *SiCIPK*24 基因受盐、ABA、MV 和热胁迫诱导表达。Pandey 等用表观遗传学方法研究了不同耐盐谷子品种甲基化的差异，发现耐盐品种 DNA 甲基化水平比敏感品种显著降低，盐胁迫可能诱发全基因组 DNA 去甲基化进而调节相应基因表达。Wang 等分析了 20% 聚乙二醇胁迫下两种糜子基因型的 RNA-Seq，获得 42 240 个功能基因，鉴定出 2 301 个 SSR 和 1 447 148 个 SNP 标记。Hou 等用 Illumina 测序技术从黍子转录组中获得 25 341 个独特基因序列和 4 724 个 SSR 位点，开发的转录组测

序数据和特异性 SSR 标记为基因挖掘奠定了较好基础。

利用重组自交系群体和突变体开展的谷子、高粱和糜子遗传研究对品种改良具有一定指导作用。Feldman 等解析了谷子×狗尾草重组自交系群体在发育阶段、种植密度、水分三个处理下株高的表型差异，发现株高受多基因控制并受环境影响，明确了多个株高相关 QTL 及不同发育阶段的作用。Doust 等研究了狗尾草、谷子及 182 个狗尾草×谷子重组自交系群体光周期遗传调控，表明 C_4 模式植物狗尾草属于短日照植物但伴有次级长日照，不同染色体都存在光周期相关 QTL 位点，候选基因包括 PEBP 蛋白家族。Mccormick 等以 97 个重组自交系群体及两亲本为材料，利用测距成像重构的高粱 3D 图像数据成功鉴定出高粱株型相关 QTL，为株型研究提供了新技术。Fan 等利用 EMS 诱变获得的矮化突变体 Sid-warf3，鉴定出一个谷子矮化突变基因并将其定位于第 8 染色体；Xiang 等利用 EMS 诱变获得松码隐性突变体 LP1，将松码基因定位于第二染色体的 Seita. 2G369500，发现松码突变是 Seita. 2G369500 基因第五内含子发生 G-A 转换引起剪切紊乱造成的。Yang 等研究 Bsl1 突变体，揭示了油菜素内酯在谷子刚毛和小穗发育中的作用，解析了 BRs 调控狗尾草花序形态建成的机理。Parra-LondonoS 等对高粱早期耐寒性进行了遗传分析，在 SBI-06 染色体定位一个低温条件下可提高出苗率的 QTL。遗传转化方面，Antony 以 *S. italica* 'Max-ima' 谷子胚芽为外植体，利用农杆菌介导转化获得了稳定转基因植株，转化效率达 10%，该方法不受受体材料限制，且不需愈伤诱导。

2. 种质资源与育种研究

Maulana 等研究发现，世界冷凉地区收集的高粱品种资源耐寒性遗传差异明显；Up-adhyaya 研究发现喀麦隆和尼日利亚高粱资源更抗霜霉病，遗传多样性也更丰富。Habi-yaremye 等对来自世界各地 20 个糜子种质资源进行了鉴定，结果 *GR 665* 和 '*Early bird*' 在灌溉条件下表现最好，655 和 '岷江' 在非灌溉条件下产量最高。品种改良方面，国外高粱依然以饲料品种选育为主，同时兼顾抗旱、耐热和抗除草剂。Perazzo 等在半干旱条件下对青贮高粱杂交种进行农艺评估，Habiyaremye 等讨论了糜子的遗传学和可用于育种适应品种的基因组资源。以上研究对高粱、谷子、糜子种质保存、评估和利用以及品质改良具有重要意义。

3. 栽培生理与土肥养分研究

谷子、高粱和糜子应对干旱、盐碱、重金属等非生物胁迫的抗逆栽培研究备受关注。研究发现，高粱叶面积减小能够提高其耐旱性；营养生长早期短期干旱胁迫能提高收获指数和籽粒产量；盐胁迫能促进叶片诱导 NO 合成进而保护光合 PEPCase 免受氧化，保证不良条件下高粱较好生长。Yuan 等研究表明，喷施 0.1 毫克/升油菜素内酯后可改善谷子对阔世玛胁迫的能力；遮光处理后低光照能减少谷子光能吸收和转换，限制电子转移，降低气孔导度，随遮光强度的增加穗重、产量、光合色素含量、净光合速率、气孔导度等降低。HAO 等研究发现高浓度二氧化碳因提高光合速率、气孔导度、胞间 CO_2 浓度和蒸腾速率提高造成黍子株高、茎粗和地上生物量增加。研究也发现，高粱具有较强的重金属吸附能力；使用堆肥和硫能够影响冲积土中镉和镍对高粱的生物有效性，而硫促进了两种元素在高粱植株内的累积。

土壤养分对产量和品质的影响研究也是栽培关注的热点。Worland 等研究表明，高粱花后 N 吸收对高粱产量和籽粒形成非常关键，叶鞘是高粱硝态 N 主要储存器官；研究发现，50 千克/公顷施氮量时高粱 N 利用效率最高；较低施肥水平时 Zn 能够提高高粱籽粒产量和 Zn 含量。Jin 等研究了谷子根际微生物群落结构与谷子生产力的潜在关系，鉴定出谷子根际有益微生物群落；Niu 等分离筛选出产生 ACC 脱氨酶和具抗旱能力的四种菌株，证明干旱胁迫下接种这些菌株能促进种子萌发和幼苗生长，这为生物肥料开发提供了依据。

Tian 等证明开花后暂时性和永久性倒伏可导致春谷减产 25% 和 51.1%，夏谷减产 19.3% 和 41.2%。Habiyaremye 等认为有机灌溉条件促进了黍子成熟，出苗率和株高也显著提高。Nielsen 等研究糜子长期轮作发现，提高耐热性和自然降水利用率可以提高糜子产量。

4. 病虫草害研究

美国、印度等世界高粱主产区粒霉病、茎腐病、炭疽病和豹纹斑病严重影响了籽粒品质和产量，曲霉和镰刀菌毒素问题也倍受关注。西班牙发现玉米黄化斑驳病毒侵染高粱，中国发现豹纹斑病侵染高粱，甜高粱分离的炭疽病菌株致病力较强，可侵染幼苗和叶鞘。Das 等发现镰刀菌和弯孢菌是印度高粱粒霉菌的优势菌，镰刀菌茎腐和炭腐病可致高粱产量下降。Andersen 等鉴定了 242 个含卷曲螺旋或核酸结合位点-富亮氨酸重复的抗病性相关基因及进化关系，证明这些基因多数在谷子基因组中以基因簇形式存在。

2017 年高粱蚜虫为害在美国引起广泛关注，麦二叉蚜和甘蔗黄蚜均严重危害高粱。Wang 等深层测序揭示麦二叉蚜和甘蔗黄蚜与植物源 miRNAs 互作，并分别检测到 72 和 56 个 miRNA 候选基因。Rooney 等鉴定发现 32 个高粱品种甘蔗蚜耐性、抗生性和抗异种性有差异。Bhoge 等研究认为叶片表面湿度、光泽度、毛密度、幼苗活力等是高粱抗芒蝇的关键。Kwiatkowski 等研究了糜子分蘖期叶面施用除草剂的耐受性，证明 2，4-D+氟草烟和苯磺隆+氟草烟可有效防治糜子杂草，提高糜子生产力。

5. 品质与加工利用研究

Yang 等检测谷子不同品种和收获期叶黄素含量，分析不同生态区谷子黄色素含量及其组分遗传变异，揭示了叶黄素在保持米粒色泽中的作用，对谷子品质育种具有指导作用。ZHU 等研究了热水和酸性水溶液对糜子中多糖提取的影响，发现酸提取率（42.13 毫克/克）高于热水提取率（20.07 毫克/克），并得到了最佳提取条件。Sweeney 等研究了去皮谷子加工饼干、蒸粗麦粉、粥和挤压小吃让实验人群食用后的血糖反应，发现血糖反应不依赖于颗粒类型，而依赖于产品基质。Kim 等在混合谷物米中添加一定量黄米，通过普通和高压蒸煮，研究了添加率（0%，5%，10%，15% 和 20%）和烹饪方法对食味的影响，发现除崩解值外所有黏滞特性均随着糜子添加量增加而降低，总黄酮含量随添加量增加而增加，DPPH 自由基清除活性也随着添加量增加而增加。

四、国内谷子糜子产业技术研究进展

随着国家谷子高粱产业技术体系研究工作的深入开展，中国高粱、谷子和糜子遗传研究、种质资源与育种、栽培生理与土肥管理、病虫害、品质与食品加工等研究都取得了良好进步。

1. 遗传与进化研究

2017 年白春明等利用重组自交系群体，开展高粱子粒单宁和粒色基因定位，筛选出 118 个 SSR 和 8 个 INDEL 标记用于定位群体株系基因型，检测到 3 个单宁含量相关和 6 个

粒色相关 QTL 位点。李欧静等分析甜高粱茎秆相关性状遗传，表明糖锤度和出汁率均表现为 2 对主基因+多基因遗传，服从加性-显性效应；茎叶鲜重百分比表现为 2 对主基因+多基因遗传，加性效应大于显性效应。中国农业科学院作科所通过 960 个核心种质持续 6 年的基因型筛选，建立了谷子易转化的胚性愈伤组织诱导和高效遗传转化体系，促进了谷子遗传学和功能基因组学的发展；对 130 份糜子野生种质连续两年观察鉴定，明确分蘖性、茎秆强度、植株形态、穗型等多个方面存在明显差异，发现内蒙古赤峰的糜子野生性更为原始，为认识糜子起源进化提供了依据。

2. 品种资源与育种研究

2017 年《中国农业科学》发表"十五年区试数据分析展示谷子糜子育种现状"等 7 篇系列文章，在国家谷子高粱产业技术体系首席科学家刁现民研究员的组织下，这个专栏梳理了中国谷子和糜子育成品种产量与育种性状变化及存在问题，指出谷子糜子育种的突破有赖于关键性亲本的发现和利用，以及有益产量性状的累加、育种技术突破，商品性、食味和功能性优质专用和中矮秆适合机械化轻简化栽培的品种是未来育种重点方向。

2017 年坚持问题导向，有效开展了育种材料创新和新品种选育。对 50 663 份次的种质资源抗病性、抗旱性、抗倒伏性和耐盐碱进行了鉴定，筛选出可供育种利用资源 101 份；采用常规杂交技术、60Co-γ 和 EMS 诱变、分子标记辅助选择技术和杂种优势利用等方法，创制抗除草剂、抗病、抗旱性、抗倒伏、优质、雄性不育等种质 1 786 份。有 39 个谷子糜子新品系参加了区试，19 个较对照增产；从 649 个材料中鉴定出中矮秆谷子 8 个，抗除草剂谷子 13 个，优质米谷子 5 个，适合主食加工谷子 2 个，中矮秆糜子 2 个；鉴定出 12 个商品和食味品质兼优的品种。开展了品质育种方法研究，建立了咪唑乙烟酸、烟嘧磺隆、拿捕净三种除草剂基因分子标记辅助选育方法，并用于育种指导。育成了高油亚比、优质、抗拿捕净、适合主食加工的冀谷 42，广适、抗除草剂、优质的豫谷 31、豫谷 32，夏播春播兼用杂交种两优中谷 5 等一批突破性品种。糜子杂种优势利用取得突破性进展，利用 60Co-γ 诱变首次创制出由隐性单基因控制的可遗传的"无花粉型"糜子核基因雄性不育突变体；利用雄性高度不育两系法选育出黍子不育系 16s19-5-2、16s19-5、16sby261、16s19-9 和 16sby261-3 田间表现高度不育，育性相对稳定，具有实用价值，配制的 5 个黍子杂交种纯度达到 96% 以上，符合生产用杂交种纯度要求。

2017 年收集、鉴定适宜机械化生产酿造高粱种质 128 份，育成适宜机械化栽培矮秆不育系、保持系、恢复系各 1 个，配制杂交组合 2 382 个，筛选出 96 个表现优良组合，20 个组合参加了区域试验，7 个品种申请登记；收集、鉴定籽粒饲料高粱种质 148 份，创造抗倒、锤度高的甜高粱亲本系和 PS 饲草高粱恢复系等种质 3 份，筛选出适于饲料用的粒用高粱品种 7 个，配制杂交组合 1 034 个，筛选出 68 个表现优良组合。高粱机械化品种选育得到加强，品质育种成为育种重点，籽粒饲料、饲草和甜高粱品种的选育取得了较大进展，育成适合黑龙江种植的龙杂 12 号、龙杂 13 号和龙米粱 1 号；适宜吉林种植的吉杂 130 和吉杂 305 等；适宜辽宁种植的辽杂 27，适宜北方春播晚熟区及黄淮春、夏播区种植的晋夏 2 842，适宜南方春播区种植的川糯粱 5 号，适宜北方春播晚熟区及黄淮春、夏播区种植的辽糯 11。

2017 年利用逐步低温处理法从 631 份高粱材料中筛选到 7 份耐低温较强的高粱材料，诱变获得黍子矮秆不育材料和抗咪唑乙烟酸糜子材料；获得了综合农艺性状较好的新型抗烟嘧磺隆谷子材料；通过转基因和 EMS 诱变获得高粱抗草胺磷转基因株系 4 个，筛选到抗除草剂农达 Btx623EMS 突变体 1 株；还利用 CRISPR 技术编辑高粱 Wx 基因，开展了创制高粱糯质新材料的尝试。

3. 栽培生理与土壤营养研究

2017 年研究了谷子、高粱、糜子的水分生理、营养生理、光温反应特性和新型调节剂调控机理。初步明确了谷子不同叶片对产量的贡献大小；研究了谷子水分胁迫下脯氨酸含量变化和关键酶 P5CS 和 P5CR 活性的关系；提出谷子垄沟精量穴播等保苗技术；优化确定了谷子轮作、间作模式；提出化肥减半增施有机肥的提质增产技术和适宜指标；集成了谷子膜覆盖精量穴播、机械精量条播、覆膜加滴灌、免间苗精量穴播等 4 项配套技术，为谷子主产区提供了生产技术支撑；研究了生物酵素对谷子生长发育的影响，不同土壤对谷子叶酸、维生素、氨基酸、晒、矿物质等品质的影响和不同配比施肥与谷子生长发育、品质的影响。提出了糜子与豆类作物间作适宜比例和麦茬复种糜子模式，宁夏引黄灌区麦田复种糜了高产高效种植模式；明确了糜子根际主要细菌群落及干旱胁迫对糜子根际微生物群落的影响。初步明确高粱耐氮性与叶片中硝酸还原酶活性有关；认为适当提高种植密度是促进矮秆高粱籽粒产量提升的关键；明确施氮量高于 5～15 千克/亩高粱籽粒单宁含量明显增加，随施氮量增加蛋白质含量也增加；研究发现密度对高粱粗脂肪、粗蛋白、单宁含量影响较大，对淀粉含量影响较小；初步明确了籽粒饲料高粱栽培中除草剂施用、播种方式、养分需求等的量化指标。发现不同养分胁迫对高粱根系生长和养分吸收表现不同，长期不施 N 高粱总根长增加 18.29%，总根体积降低 26.52%；不施 P 显著抑制根系生长，总根长、总根表面积和总根体积分别降低 24.03%、27.48% 和 41.29%；不施 K 对细根生长有明显抑制作用。养分的吸收、积累和转运与根系形态有关；施用有机肥能提高高粱中土壤中微生物群落功能多样性指数及其利用碳源能力。

4. 病虫草害研究

2017 年鉴定谷子资源白发病、黑穗病、谷瘟病和锈病抗性，筛选出高抗白发病材料 22 份、黑穗病材料 121 份，谷瘟病材料 40 份，锈病资源 2 份；鉴定了高粱品种资源抗炭疽病、黑束病、丝黑穗病、靶斑病抗性；鉴定了糜子黑穗病资源抗性，筛选出免疫资源 34 份，高抗资源 145 份。对谷子、糜子、高粱病虫草害发生动态进行了调查，首次在河北承德发现谷子线虫病，在辽宁朝阳报道高粱豹纹斑病发生，在辽宁阜新和内蒙古赤峰等地报道了高粱粗斑病发生。研究了不同地区谷瘟病病原菌致病相关基因和分子标记，明确了谷子主产区病原菌群体的多样性和遗传分化；鉴定出参与谷子抗锈病途径的 R2R3－MYB 类转录因子和 NAC 转录因子，完善谷子抗病鉴定技术。开展了高粱炭疽病生理生化研究和分子生物学鉴定，明确中国高粱炭疽病菌生理分化与小种分布，建立了炭疽病菌鉴别寄主体系；初步发现了 30 多个引起高粱籽粒病害的真菌，明确了高粱籽粒带真菌的种类、数量及丰度。研究了糜子感染黑穗病后内源激素含量的变化，发现 IAA、GA、ABA、SA 和 JA 均与糜子抗病性相关。

建立了以病虫害分类及常规防控技术为基础、病虫害特异关键防控技术为重点，种子处理和封垄期与成株期一喷多防的谷子病虫害防控技术并进行了示范；开展了高粱主要病虫草害化学防控技术研究，发现播种期 60% 吡虫啉悬浮种衣剂（10 毫升/亩）包衣种子、喇叭口期 20% 氯虫苯甲酰胺悬浮剂（10 毫升/亩）喷雾处理可有效防治高粱主要虫害；苗后 3~5 叶期 75%氯吡嘧磺隆水剂 4~5 克/亩或 30%二氯喹啉酸·莠去津油悬浮剂 160~180 克/亩茎叶处理，可以防治一年生禾本科杂草和部分阔叶杂草；64%噁霜·锰锌可湿性粉剂和戊唑醇等 4 个杀菌剂对镰刀菌、黑束病菌、靶斑病菌和炭疽病菌有效好抑菌效果；选择二氯喹啉酸、莠去津及两种药剂的混配剂、氯吡嘧磺隆等 4 种药剂，苗后 3~5 叶期喷雾可防治高粱杂草。研究了糜子草害防控技术，苗前 60%丁草胺悬乳剂、40%苄嘧·丙草胺可湿性粉剂和苗后除草剂 42%二甲·氯氟吡乳油对糜子田均无药害作用，杂草防除效果良好。

5. 农机研究

2017 年结合不同生态区栽培模式，研制、改进成功 2BF-7 型、2BGL-5、2B（F）-（4-10）A 系列谷子（糜子）精量条播机，比传统播种机调节播量更方便、可靠，播种更精确，播深一致性和整机稳定性明显提高。通过大量调研，引进和改进约翰迪尔 W210 等收获、明悦 4G120A 等割晒和不同型号谷物联合收割机，降低了机械收获过程中割台损失和夹带损失，对改进后的机型推荐用于谷子、高粱和糜子联合收获，并进行了技术培训和现场指导。研制成功谷子精量覆膜穴播机，集旋耕、镇压、开沟、覆膜、打孔、播种、覆土、镇压等八道工序于一体；研制改进自走式、拖拉机负载式和 1YZ-2.1 三种谷子镇压器，镇压轮附着力强，不易粘土，镇压宽度可根据播种机宽度进行调节，镇压力度均匀，利于抗旱、提高出苗率。此外，研制、改进了谷子高粱糜子施肥施药机和中（微）耕机械。

6. 产后加工利用

2017 年谷子糜子加工和功能特性相关研究主要集中在小米营养成分分析、产品开发工艺配方和功能组分提取条件优化等方面；高粱加工和功能特性相关研究主要集中在酿酒高粱的风味、产品开发的工艺配方等方面。通过分析前处理方式对高粱籽粒多酚含量影响，明确了适宜的前处理方式；分析了不同高粱茎秆中高级脂肪醇含量，不同高粱籽粒中淀粉含量；发现青贮菌剂可以提高甜高粱秸秆和酒糟营养品质；研究小米不同极性提取物抗氧化、胰岛素抵抗 HepG2 细胞糖吸收的影响，明确主要功能性组分为正己烷提取物；检测到 64 种黍米黄酒风味成分，有 7 醇、14 酯、12 含苯衍生物、12 烃、5 醛、5 酮、2 酸、2 烯、3 酚和 2 杂环类化合物，确定醇为黍米黄酒主要风味成分。开发出谷子胚芽油、小米糠营养软胶囊和粟米精油系列化妆品，为谷子深加工向精细化工领域拓展奠定了基础；分析了甜高粱青贮营养品质及其对不同月龄绵羊体重影响，对秸秆与酒糟青贮品质变化及饲喂效果进行了评价；明确了高粱茶研制工艺籽粒萌芽产生总酚含量最高条件；明确了高粱茶加工多酚含量损失最低工艺参数。

（谷子高粱产业技术体系首席科学家　刁现民　提供）

2017年度燕麦荞麦产业技术发展报告

（国家燕麦荞麦产业技术体系）

一、国际燕麦荞麦生产与贸易概况

2017年全球燕麦种植面积947.2万公顷，总产量约2 289.3万吨，比去年减少了3.0%；全球燕麦总产量前6位的国家和地区分别是：欧盟（800.2万吨）、俄罗斯（490万吨）、加拿大（370万吨）、澳大利亚（105万吨）、中国（90万吨）和美国（71.7万吨）。全球燕麦进口量227.9万吨，比去年上升3.7%，主要进口国为美国（172.4万吨）、中国（20万吨）、墨西哥（10万吨）。全球燕麦出口量240.9万吨，主要出口国和地区为加拿大（180万吨）、澳大利亚（25万吨）、欧盟（20万吨）。燕麦消费量大的国家和地区是：欧盟（780万吨）、俄罗斯（490万吨）、美国（271.2万吨）、加拿大（190万吨）、中国（100万吨）和澳大利亚（80万吨）。2017年中国进口燕麦干草总计30.81万吨，进口金额8 622.73万美元，平均到岸价格279.8美元/吨。

2017年世界荞麦种植面积约246万公顷，总产量预计可达303.3万吨左右，比上一年度增加约3.7%，基本保持平稳。荞麦生产量前6位的为俄罗斯（140万吨）、中国（95万吨）、哈萨克斯坦（25.4万吨）、乌克兰（15.6万吨）、法国（14.9万吨）和波兰（10.5万吨）。全球荞麦出口量30万吨，中国、美国、加拿大是净出口国，主要出口到日本、韩国和东欧。中国出口荞麦约10万吨，俄罗斯出口量显著增加，约8万吨。分析显示，中国荞麦出口的显示性比较优势指数持续下跌：1997—2012年的指数是16.09，到2013—2017年则只有1.22，在世界市场中由极强优势产品变为中等优势产品。

二、国内燕麦荞麦生产与贸易概况

据国家燕麦荞麦产业技术体系统计，2017年中国的燕麦种植区面积约为80万公顷，其中燕麦草种植面积大大增加，约26.7万公顷，商品燕麦草产量约120万吨，总产值约10亿元。燕麦籽粒种植面积约53.3万公顷，总产量约90万吨，企业总加工能力约80万吨，总产值约65亿元。2017年中国荞麦种植面积约85万公顷，产量约95万吨；其中苦荞种植面积约35万公顷，产量约47万吨；甜荞种植面积50万公顷，产量约48万吨；企业总加工能力约60万吨，总产值约60亿元。2017年，俄罗斯阿穆尔州和车里雅宾斯克州获得对中国出口小麦、荞麦和燕麦的资格，对中国燕麦荞麦产业发展将带来较大挑战。据测算，中国燕麦草市场总需求724万吨，目前燕麦草进口供给30.8万吨，国内供给约120万吨，缺口较大，有待深入开发。

为了满足消费者对"健康、营养"功能食品不断增长的需求，中国各燕麦荞麦主产区和新兴产区在国家燕麦荞麦产业技术体系的推进下积极进行产业提升。吉林白城全面规划中国—加拿大燕麦国际产业园建设；河北省西麦集团定兴工厂稳定生产，冬奥会推进张家口燕麦传统产业升级并带动荞麦订单生产；内蒙古通过技术创新、模式创新和观念创新促进了燕麦荞麦产业全面升级，其中，乌兰察布、兴安盟成立燕麦院士工作站，通辽荞麦产业规范标准出台，阿鲁科尔沁旗燕麦草业从零开始合理布局，发展迅速；四川凉山州依托承办第二届中国燕麦荞麦产业大会助推苦荞产业走出大山；陕西安康苦荞健康产业快速发展助力精准扶贫；青海燕麦种业草业相辅相成、良性互动；甘肃定西打造西部草都，燕麦种子企业和燕麦草加工企业快速成长，宁夏盐池荞麦食品加工企业不断发展壮大；贵州六盘水苦荞产业孕育提升。

三、国际燕麦荞麦产业技术研发进展

2017 年国内研发主要集中在燕麦荞麦加工营养、生理功能、育种栽培等方面，在燕麦抗寒、耐盐碱机制、燕麦青干草品质方面的研究有所增加，病虫草害防治领域的报道相对较少。国外主要集中在燕麦荞麦加工功能和育种研究上。

产业经济研究岗位测算结果发现，"一带一路"沿线国家是荞麦种植集中地之一，其种植面积的变化是引起世界荞麦种植国家播种面积波动的主要原因。独联体区域国家中，俄罗斯种植面积继续保持世界第一。依托"一带一路"现有的双边、多边机制，中国与沿线荞麦种植国、需求国展开技术合作、贸易往来，有助于重新恢复国际竞争力。

遗传育种领域，亮点是转基因技术、芯片技术等现代分子生物学技术和近红外快速检测技术开始在燕麦育种上应用，将会提高燕麦育种效率。燕麦光照不敏感基因 SSR 分子标记的引物筛选、利用 RT-PCR 结合 RACE 技术克隆了的 Na+ 不敏感性 KUP/HAK/KT 转运蛋白基因 AsKUP1 在拟南芥中过表达，探讨了该基因的功能。使用了两个重组自交系利用基因芯片对燕麦籽粒的皮裸性进行了遗传作图研究，发现皮裸性受到一个主效基因（N1）控制，并存在一个贡献率大于 50% 的主效 QTL。国内饲用燕麦需求增势迅猛，饲用燕麦育种必将成为中国燕麦育种的重点方向。荞麦研究主要涉及荞麦资源品质评价、SSR/SNP 分子标记、种间杂交、转录组学分析、基因组分析、蛋白质含量和种子落粒性等相关基因研究。在苦荞与金荞麦种间杂交成功并培育出新品种上取得重大进展，种间远缘杂交已开始成为荞麦育种不可忽视的重要方法。此外，有报道提出建立在多年生粮食作物基础上的高效懒农业模式即一次栽培、季季收获将是未来粮食作物生产的重要方式，多年生苦荞麦在这一模式上优势明显。中国燕麦荞麦体系团队成员对灌浆期薄壳苦荞不同发育时期籽粒进行了动态转录组分析，结果发现多达 24 819 条表达基因在米苦荞种子发育期间表达，其中有 11 676 条基因表达存在显著差异，从中筛选出 20 个与黄酮合成有关的差异表达基因。特别是中国研究人员完成的苦荞基因组精细测序，首次获得了苦荞高质量（489.3Mb）的参考基因组序列，拼接后苦荞基因组全长 489.3Mb，对其中 33 366 个基因（93.4%）进行了注释和定位，研究还发现苦荞中存在大量可能与植物耐铝、抗旱和耐寒相关的新基因，为苦荞遗传育种研究奠定了重要基础。

燕麦栽培与生产技术方面，主要集中在产量潜力和抗旱性评价、不同基因型品种的抗逆性生理研究、不同地域栽培措施优化等方面。美国、加拿大、波兰和澳大利亚开展研究较多，其中加拿大农业部研究实力雄厚，单一机构发表论文 16 篇；而中国学者只发表 2 篇论文。加拿大农业部研究提出要针对不同的品种制定相应的施氮策略，同时建议在生产中通过施用氮肥来弥补由于育种中因追求高品质和抗逆性带来的产量不足问题；澳大利亚利用 29 个燕麦品种的干旱适应性和产量潜力，发现在多样的环境条件下，选育高表型可塑性品种可以同时改善产量潜力和干旱适应性；国内兰州大学研究发现水分亏缺下新育成

的裸燕麦品种较老品种籽粒产量更高，原因是干物质向籽粒分配更多与耐脱水性更强。国内研究领域趋于多样化，涵盖品种生态适应性评价、不同栽培耕作措施（播期、密度、施肥、水分、种植模式等）对产量和品质的影响，抗逆性（旱、盐碱）研究、饲草栽培模式等。

荞麦栽培与生产技术方面，中国、波兰、日本和立陶宛在本领域的开展研究较多。日本东京大学研究发现自交系和杂交品系的结实率和种子成熟度较普通自交不亲和品种显著提高，并且与是否虫媒授粉无关；澳大利亚研究了家禽粪便与无机氮来源对荞麦与苦豆间作下种子产量和生产力的影响，得出在半干旱地区，荞麦与苦豆 1：2 间作并施用家禽粪便具有明显的增产潜力。国内的研究主要集中在引种与生态适应性评价、新品种栽培技术、不同栽培耕作措施（播期、密度、施肥等）对产量和品质的影响、高产优质栽培模式等。中国西南大学研究了不同肥料配比及施用量对云荞 1 号光合特性和产量的影响。

2017 年国际上研究燕麦荞麦病虫草害的报道共有 19 篇文献，其中燕麦 10 篇，荞麦 9 篇。病害方面，完成了燕麦抗冠锈病的全基因组关联定位，分析了 424 个春燕麦中镰刀菌和脱氧镰刀菌烯醇积累的遗传变异，确定了不同镰刀菌属物种在大麦和燕麦根表和根际定殖的差异，详细报道了美国荞麦主产区华盛顿州由 *Peronospora cf. ducometii* 引起的荞麦霜霉病，发现了短小芽胞杆菌的一个菌株 MSUA3 能够拮抗荞麦根腐和尖孢镰刀菌。虫害方面，荞麦由于花期长、花色鲜艳，具有吸引蓝莓田中的节肢动物以提高天敌对害虫的控制和吸引沟卵蜂采粉和产卵，以提高其在椿象上的寄生率从而将其杀灭的优势，以及花生与荞麦、棉花、大豆间作对椿象的生物防控效果。杂草方面，燕麦通过根际直接（41%）和间接（37%）作用控制杂草籽粒苋的生长，报道了草甘膦及其主要转化产物氨基甲基膦酸在燕麦中的残留规律。荞麦与芥菜在有机可持续耕作系统中对杂草和自生苗的抑制作用。通过向日葵与蜗牛苜蓿、荞麦、毛苕子间作对杂草的作用研究，发现向日葵与荞麦间作对杂草生物量和密度的抑制作用最强。

国内分离到 3 株燕麦内脐蠕孢菌，有性态为燕麦核腔菌，将云南燕麦白粉病菌鉴定为禾本科布氏白粉菌燕麦白粉病菌专化型，比较了具有不同抗蚜性的燕麦品种对麦二叉蚜连续 2 个世代若蚜和成蚜主要生命参数的影响，对 213 份燕麦种质进行了白粉病，135 份燕麦种质进行坚黑穗病的田间抗性鉴定，综述了燕麦抗蚜性鉴定技术、抗蚜机制、耐蚜性鉴定、燕麦抗性基因的分子标记进展。杂草防除方面，发现田普对藜科、蓼科、禾本科、苋科杂草效果较明显，对马齿苋科、菊科、旋花科杂草效果不好，莎稗磷、氟乐灵、苄嘧磺隆、异丙甲草胺等 4 种除草剂能控制燕麦苗后田间杂草，氟磺胺草醚、烟嘧磺隆没有效果。

燕麦、荞麦主要种植区域机械化水平差异大，经济相对发达、地块面积较大的地区机械化程度较高，地块面积小、经济相对落后的丘陵山区机械化程度低，甚至沿用传统的手工操作进行生产。燕麦荞麦机械化生产主要环节缺乏专用的装备，绝大多数是借用水稻、小麦等作物机械装备，作业质量差，适应性差，如播种、收获、产后加工、种子生产等。适合于丘陵山地小块地作业的燕麦、荞麦播种机、收获机基本属于空白。燕麦荞麦种子生产加工机械属于空白，大都依赖人工作业，生产效率低，劳动强度大，与产业体系的发展不相适应。国外有关设备较成熟，但价格高，不适于中国的经济条件。中国燕麦荞麦专用生产装备的研制处于起步阶段。

加工与营养一直是研究的热点。芬兰及中国专家研究报道了转谷氨酰胺酶和酪氨酸酶对燕麦蛋白酶学改性以增加其胶体稳定性和起泡性，燕麦 β-葡聚糖对蛋白质体外消化的影响、燕麦麸皮球蛋白的糖基化结构修饰及功能性变化、燕麦抗冻蛋白的分离纯化及对冻藏面团品质的影响。法国 AMS 公司开发的流动注射和间断化学分析测定啤酒、麦芽和大麦中 β-葡聚糖含量测定，该方法还没有用于燕麦 β-葡聚糖含量检测；国内运用溶胀指数法预测 β-葡聚糖含量，方法简单快速，结果与国际标准方法相关性高。荞麦加工营养方面，关于苦荞黄酮、蛋白对糖尿病的防治机制研究成为新的热点。重庆师范大学研究了苦荞黄酮对高果糖诱导的小鼠胰岛素抵抗的改善作用，以及缓解与胰岛素信号和 $Nrf2/HO-1$ 通路相关的氧化应激作用。香港中文大学完成了苦荞蛋白降胆固醇活性的研究，证实芦丁及其苷元槲皮素并没有降低血浆总胆固醇（TC）活性，而苦荞蛋白才具有良好的降低血浆 TC 功效。山西省农科院研究证实 D-手性肌醇一方面通过 AMPK/Drp1/NOX4 通路抑制内皮细胞的氧化应激；另一方面通过保护线粒体功能、抑制细胞凋亡、进而改善内皮功能紊乱。此外，部分学者还将目光转向了以荞麦为材料的食品保鲜、杀菌和保质研究中。利用发酵工程手段开发新型荞麦发酵制品也是目前荞麦加工研究的重要内容之一。

燕麦草及副产物综合利用方面，国外主要开展黑燕麦青贮机械和化学脱水方法、青贮罐类型和添加剂对燕麦青贮营养组成和发酵影响、玉米高粱和燕麦草混合青贮、青贮饲料添加剂对燕麦草 TMR 有氧稳定性的影响、添加甲酸和植物乳杆菌添加剂及木糖醇对大麦、燕麦草、菜籽粕等发酵和消化率研究。中国主要开展不同地区、不同品种燕麦草饲用价值评定、燕麦草青贮技术及对动物瘤胃的影响等研究。荞麦草及副产物综合利用方面，国外主要开展补充膳食苦荞麦提取物（TBE）对母羊羔羊生长性能、肉质和抗氧化活性的影响，结果增加了体重、平均日增重、胴体重等，羔羊肌肉总抗氧化能力和谷胱甘肽过氧化物酶 4（GPx4）活性增加。TBE 可作为羊肉生产中的饲料成分，以改善生长性能，减轻氧化应激，增加肉的持水能力。研究表明金荞麦不适宜单独青贮，需要配合一定比例的玉米淀粉进行混合青贮，植物乳杆菌、布氏乳杆菌和屎肠球菌的复合乳酸菌制剂更有利于金荞麦青贮品质的提升。

（燕麦荞麦产业技术体系首席科学家　任长忠　提供）

2017 年度食用豆产业技术发展报告

（国家食用豆产业技术体系）

一、国际食用豆生产及贸易概况

根据 FAO 统计数据，2016 年世界食用豆收获面积为 8 238.20 万公顷，同比增长 0.94%；总产量为 8 180.00 万吨，同比增长 5.45%。其中，芸豆 2 939.28 万公顷（含绿豆、小豆等），产量 2 683.33 万吨；鹰嘴豆 1 265 万公顷，产量 1 209.30 万吨；豌豆 762.57 万公顷，产量 1 436.31 万吨；干豇豆 1 231.69 万公顷，产量 699.12 万吨；小扁豆 548.11 万公顷，产量 631.59 万吨；木豆 541.00 万公顷，产量 448.99 万吨。

2016 年世界食用豆主产国依次为印度、加拿大、缅甸、中国和尼日利亚。其中，印度产量最多的是鹰嘴豆，其次是芸豆；加拿大产量最多的是豌豆，其次是小扁豆；缅甸产量最多的是芸豆；中国产量最多的是蚕豆，其次是豌豆、绿豆、芸豆；尼日利亚产量最大的是干豇豆。

世界食用豆进出口贸易总额比上年增长了 3.92%，为 229.24 亿美元。大宗贸易品种依次为豌豆、小扁豆、鹰嘴豆、芸豆、绿豆，其贸易总量分别约为 1 177 万吨、568 万吨、413 万吨、385 万吨、201 万吨。

世界食用豆进口贸易额为 111.60 亿美元，较去年增长 2.14%，以小扁豆、干豌豆、芸豆、绿豆和鹰嘴豆等豆种为主，占进口贸易总额的 88.17%。其中，干豌豆进口贸易额为 28.82 亿美元，占 23.14%；小扁豆为 22.22 亿美元，占 19.91%；芸豆为 16.87 亿美元，占 15.12%；绿豆为 13.00 亿美元，占 11.65%；鹰嘴豆为 15.18 亿美元，占 13.60%。其中，印度、巴基斯坦、阿拉伯联合酋长国、中国、美国是世界排名前五位的食用豆进口国。

世界食用豆出口贸易额为 115.47 亿美元，较去年增长 3.72%，以小扁豆、干豌豆、鹰嘴豆、绿豆、芸豆、蚕豆、红小豆等为主。其中，小扁豆出口贸易额为 26.46 亿美元，占 22.92%；干豌豆 21.70 亿美元，占 18.79%；鹰嘴豆 19.75 亿美元，占 17.10%；绿豆 16.77 亿美元，占 14.52%；芸豆 15.47 亿美元，占 13.40%。其中，加拿大、澳大利亚、缅甸、美国、中国是世界食用豆主要出口国。

二、国内食用豆生产与贸易概况

受农业供给侧改革及"镰刀弯"玉米调减政策的影响，2017 年食用豆播种面积和总产量总体较去年均有所增加，其中绿豆播种面积增加，芸豆、蚕豆与上年基本持平，小豆、豌豆同比有所减少。据不完全统计，2017 年食用豆播种面积比上年增加 7.13 万公顷，增长 2.9%；总产量增加 3.4%，单产约为 1.58 吨/公顷。

2017 年 1—9 月，中国食用豆出口数量为 32.00 万吨，同比减少 38.0%；出口额约为 4.35 亿美元，同比减少 20.3%；平均出口价格为 1 359.51 美元/吨，同比上涨 28.6%。日本、越南、印度、古巴、韩国是中国食用豆出口的前五大市场，占出口总量的 50.3%，出口额占 58.0%。前五大出口省份是黑龙江、辽宁、吉林、山东和河北，出口量占 81.0%，出口额占 80.7%。对出口创汇贡献最大的依然是芸豆，其次是绿豆和小豆。其中芸豆出口量为 18.46 万吨，同比减少 49.8%，出口大省是黑龙江和辽宁，出口市场主要是印度、古巴、意大利、委内瑞拉等。绿豆出口量为 7.35 万吨，同比减少 12.7%，吉林是出口大省，出口市场主要是日本和越南。小豆出口量为 4.15 万吨，同比增加 25.6%，出口大省是黑龙江和河北，出口市场主要是韩国和日本。蚕豆出口量为 6 859.93 吨，同比减少 22.3%，出口市场主要是日本和泰国，出口大省是河北和甘肃。

同期，中国食用豆进口数量为 87.43 万吨，同比增加 20.4%；进口额为 3.29 亿美元，同比增加 10.1%；平均进口价格为 375.95 美元/吨，同比下降 20.2%。加拿大、美国、印度、澳大利亚、缅甸是前五位进口来源国，占中国进口总量的 97.99%，进口额占 95.12%。山东依然是第一大进口省，其次是广东和天津。豌豆仍是进口用汇最多的品种，为 81.9 万吨，同比增加 21.4%，进口金额 2.76 亿美元，同比增加 10.1%；平均进口价格为 336.85 美元/吨，同比下降 9.3%，进口国主要是加拿大、美国，山东是第一大进口省。绿豆进口量为 2.37 万吨，同比增长 7.0%，进口主要是缅甸和澳大利亚，山东是进口大省。小豆进口量为 4 434.00 吨，同比增加 106.6%，全部来自泰国，进口省份是广东、天津、河北。芸豆进口量为 2 096.68 吨，同比减少 63.6%，进口主要来自缅甸，进口省份是辽宁、山东和吉林。总的来说，2017 年 1—9 月，中国食用豆在出口价格大幅度上涨的情况下，出口量下滑明显，进口量继续增长。

三、国际食用豆产业技术研发进展

1. 遗传育种研究

Kang 等利用 VC1973A 和 V2984 进行绿豆全基因组 DNA 甲基化分析，发现 2 个品种间基因的表达差异具有不同的甲基化类型。Satyawan 等对绿豆 mRNA 中可变剪接研究，发现至少有 37.9% 的基因存在可变剪接。印度科学家筛选出对根结线虫（*Meloidogyne incognita*）免疫的绿豆基因型 *NCM-255-2* 和 *NCM-251-16*，及高抗和抗性基因型。Sai 等筛选出 13 个抗绿豆黄花叶病毒病资源，并在 KMG189 的 3 号染色体上鉴定出一个新的隐性抗病基因。Kaewwongwal 等利用 355 个 $BC_{11}F_2$ 单株对 V2709 的抗豆象特性进行 QTL 定位，在第 5 染色体上 2 357.55kb 区间内检测到 1 个主效 QTL 位点，包含 8 个基因，其中 *VrPGIP*1 和 *VrPGIP*2 与豆象抗性相关。Kumar 等利用农杆菌介导法在绿豆中转入拟南芥的 *NHX*1 和 *BAR* 基因，耐盐性、抗氧化胁迫和抗除草剂能力显著增强。

澳大利亚选用两个在抗病性、生长习性、生长适应性等方面存在较大差异的品种 Doza 和 Farch 进行 RNA-seq 分析，在 NCBI 中发现，尽管蚕豆基因组高达 13Gbp，但其功能基因数量与其他豆类均有相似。西班牙利用基于转录组 SNP 方法，将位于功能基因编码区的一系列 SNP 标记挑选出来，鉴定了 92 个与蚕豆抗枯萎病相关的 SNP 标记，获得了迄今为止最全的蚕豆图谱 29H×Vf136。

国外已在豌豆资源中鉴定了 2 个独立遗传的隐性抗白粉病基因 *er*1 和 *er*2。*er*1 表现高抗或免疫，已在欧洲、北美洲及澳大利亚的豌豆育种中广泛应用。最近又在豌豆野生种 *Pisurn fulvurn* 中鉴定了一个新的显性抗白粉病基因 *Era*。抗病基因 *er*1 已经被定位到第 VI

连锁群，er2 被定位到第Ⅲ连锁群。由于 SSR 标记 A5 是一个共显性标记，能够对 F_2 后代群体中含有 er1 抗病基因的纯合（er1er1）和杂合（Er1er1）体进行标记。因此，SSR A5 可以作为豌豆抗白粉病分子辅助育种的标记使用。豌豆锈病已成为一种毁灭性病害，标记等位基因分析表明，SSR 标记（aa446、aa505、ad146 和 aa416）可用于豌豆锈病抗性的标记辅助选择。西班牙科学家通过多环境田间鉴定，筛出荚和种子抗豆象豌豆 P665（Pisum sativum ssp. syriacum），证明环境条件对豌豆象侵染有重要影响。

Andrew 等通过全基因组连锁和关联分析定位了 2 个菜豆抗晕疫病病菌（Pseudomonas syringae pv. phaseolicola）6 号小种 QTLs，其中位于 Pv04 染色体上的 HB4.2 为一个主效 QTL，且具有广谱抗性。Duncan 等发现普通菜豆 US14HBR6 对晕疫病菌 Psp race 6 的抗性是由两个独立的隐性基因控制；Tock 等利用 GWAS 在染色体 Pv04 上检测到一个对菜豆晕疫病具有广谱抗性的主效 QTL（HB4.2），在 Pv05 上检测到一个影响籽粒产量的抗病 QTL（HB5.1）Xie 等在 Pv03 上检测到抗 CBB 的 QTL 位点，与 Pv08 上的主效 QTL 位点 SU91 相互作用能够明显抑制发病程度；Miklas 等对 CBB 的抗性研究中则发现 CBB 抗性位点 BC420 与 SU91 影响菜豆籽粒产量、粒重和装罐质量。

Campa 等利用不同生理小种对菜豆抗炭疽病材料 AB 136 和 MDPK 进行基因检测，各检测到 2 个位于不同染色体上的基因簇，说明普通菜豆-炭疽菌互作中存在小种特异性抗病基因；Castro 等将一个新的菜豆炭疽病基因 Co-Pa 定位在 Pv01 染色体的 390 kb 区域，与两侧 SNP 标记 SS82 和 SS83 的距离分别为 1.3 和 2.1cM。Odogwu 等利用表型与 22 个位于染色体 Pv04 上的 SSR 标记，对 138 份菜豆资源进行遗传多样性分析，获得与锈病抗性紧密关联的 SSR 标记 3 个、15 份新抗锈病资源；Hurtado-Gonzales 等利用 BSA 结合 SNP 芯片将抗锈病基因 Ur-3 定位到 Pv11 染色体短臂上，并找到与基因 Ur-3 紧密连锁的 KSAP 标记 SS68。Campa 等在染色体 Pv04 上检测到一个抗白粉病的显性基因，并获得编码一种延伸因子的候选基因 Phvul.004G001500；Singh 等证明来源于安第斯的 se152-6 和 se155-9 是所有基因型中对白粉病最具有抗性的。Vasconcellos 等利用 14 个重组交配双亲组合确定了 37 个 QTL 物理位置，其中 9 个 meta-QTL 在 0.65 到 9.41 Mb 的置信区间范围内，在 5 个 meta-QTL 的置信区间内找到了候选基因。

Azizoglu 研究发现 Akdağ，Akman-98，Noyanbey-98 和 Kırıkkale 基因型对菜豆象具有更强的抵抗力，可作为土耳其田间种植的推广品种；Edson 等发现常见的菜豆基因型 Arc.1、Arc.2、Arc.1S、Arc.3S 和 Arc.5S 对菜豆象 A. obtectus 均具有抗性。

2. 病虫害防控研究

印度科学家 Hashem 等初步解释了内生细菌 Bacillussubtilis（BERA 71）减轻绿豆炭腐病（Macrophomina phaseolina）的机制，发现 B. subtilis 通过互作调控植物的色素、激素、抗氧化剂和营养因子的代谢，诱导绿豆抗病性。印度科学家 Kumar 等通过 RNA 干扰策略控制绿豆黄花叶印度病毒（MYMIV）侵染豇豆获得成功。美国 Cooper 和 Campbell 将 5 个编码菜豆锈菌致病性决定因子基因的小片段插入到菜豆荚斑驳病毒，用重组病毒侵染菜豆植株，之后接种菜豆锈菌（Uromyces appendiculatus），结果暗示在植物中产生的 RNA 穿过真菌吸取沉默了对致病性有重要作用效应子基因，4 个菜豆锈菌基因编码致病性决定因子和真菌 RNA 在植物中表达可能是一个防治菜豆锈病有效方法。Wang 等通过从绿盲蝽的肠道组织中提取叶绿体 DNA，分别用于棉花和绿豆的各 2 对 PCR 引物进行扩增分析，发现绿盲蝽有从棉花向绿豆迁移的趋势。

2017 年世界新病虫害不断出现，病原菌复杂化、多样化。在巴西，首次报道埃塞俄比亚根结线虫（*Meloidogyne ethiopica*）为害普通菜豆；在古巴首次报道番茄褪绿斑病毒（*Tomato chlorotic spot virus*）侵染普通菜豆；在美国首次报道大豆孢囊线虫为害普通菜豆。在塞尔维亚鉴定一个引起豌豆壳二孢疫病（Ascochtya blight complex）的新病原菌 *Peyronellaea lethalis*，使该病害病原菌达 7 个之多。Price 等发现经过 300 代强制食物专化性繁殖的四纹豆象（*Callosobruchus maculatus*）对新寄主有异乎寻常的适应性，且这种特性是可遗传的，表明四纹豆象可能具有丰富的加性遗传变异以应对快速的寄主转移。

绿色病虫草害防控技术持续发展，Torres 等发现解淀粉芽孢杆菌（*Bacillus amyloliquefaciens*）PGPBacCA1 抑制普通菜豆内生和土传病害真菌，明确表面活性肽 *Surfactins*、脂肽类抗生素 *Iturins*、抗菌肽 *Fengycins* 拮抗真菌，脂肽致死损伤 *Sclerotinia* 和 *Fusarium* 的关键结构。德国波恩大学正在研发机器人识别杂草系统，利用图像识别和统计模型对杂草进行检测和分类，并通过短激光脉冲照射杂草叶片，减弱其活性以达到控制田间杂草的目的。

3. 栽培研究进展

Das 等研究了水分胁迫下脱落酸介导的绿豆幼苗根和芽的不同生长响应，结果表明在外源 ABA 和干旱胁迫下根的生长可能与非原生质体活性氧增加从而激活质膜的 NADPH 氧化酶活性有关。在下胚轴中则与之相反，其生长受水分胁迫或 ABA 抑制则与 NOX 活性或 ROS 积累没有相关性。Hakim 等利用 16S rRNA 和 nifH 基因测序研究与绿豆根瘤形成相关的根瘤菌，发现慢生根瘤菌（*Bradyrhizobium*）和剑菌（*Ensifer*）在绿豆根瘤形成过程中起主要作用，能成功诱导绿豆根系产生根瘤。Mahawar 等研究表明，绿豆苗期可利用血红素氧化酶（*heme oxygenase*）减轻重金属铬和镍对细胞的毒害作用。Chen 等对绿豆中耐冷性基因研究，认为绿豆品种 NM94 苗期耐冷性可能受脂质转移蛋白（LTP）、脱水蛋白（DHN）和植物防御素（PDF）调节。Sengupta 等研究表明，多胺可以部分减轻绿豆在遭受伽马射线辐照后引起的氧化损失。Nahar 等研究表明外源精胺可通过减少活性氧积累、降低细胞膜脂质化程度，增强绿豆耐热性和耐旱性。

Li 等通过 RNA-Seq 测序分析，了解过氧化氢对诱导绿豆幼苗产生不定根的作用，结果表明处理 6 小时、24 小时分别检测到 4 579 个、3 525 个差异表达基因，有 78.3% 和 40.8% 上调表达，21.7% 和 59.2% 下调表达。且大多数差异表达基因与胁迫响应、细胞氧化还原反应过程、氧化应激响应、细胞壁修饰、代谢过程及转录因子等相关。

摩洛哥分析不同蚕豆品种其根瘤菌的表型多样性，获得 106 种根瘤菌菌株，16SrDNA 分析显示其中 102 个属于根瘤菌属，4 个属于草木栖剑菌，所有菌种都具有抗氯化钠表型，菌株抗渗透胁迫性能与海藻糖含量呈明显正相关。

4. 加工研究

Zhou 等研究表明，外源多胺尤其是亚精胺可诱导绿豆内生性多胺和植物激素合成，加速植酸降解，从而促进豆芽生长。Jin 等研究表明外源柠檬酸钠、乙酸钠及酒石酸钠能显著降低绿豆芽中植酸含量，增加抗氧化酶活性。Liu 等研究表明利用超声波、结合酸性电解水，是一种减少绿豆芽中微生物种群的有效方法。Ebert 等研究表明绿豆芽中维生素 C 含量是籽粒的 2.7 倍，一些古老绿豆资源中蛋白质、钙、铁、锌、类胡萝卜素和维生素

C 含量优于育成品系。Basha 等从发芽 5 天的绿豆根中纯化出热稳定及酸碱稳定的过氧化物酶，可有效去除废水中酚类化合物。Kapravelou 等研究表明发芽 4 天的绿豆芽粉配合有氧间歇性训练能够有效改善非酒精性脂肪肝和其他的一些代谢性疾病。

Meenu 等研究表明利用红外线在 70℃ 条件下处理 5 分钟（强度 0.299 千瓦/平方米）可减少绿豆储存过程中的霉变损失。Benil 等利用大鼠饲喂实验，表明绿豆芽粉配以魔芋粉具有显著的降血脂作用。Sing 等研究利用超生波辅助从整个绿豆籽粒及分别从种皮和子叶中提取多酚类物质，发现种皮中含有多酚类物质最多。Hashiguchi 等研究认为绿豆种皮和子叶中的脂质和黄酮类物质可能与生物学活性有关，并利用来自中国、泰国和缅甸的 4 个绿豆品种构建了 1 个绿豆蛋白和代谢物数据库，在种皮中鉴定出 449 种蛋白和 210 种代谢复合物，在去皮籽粒中鉴定出 480 种蛋白和 217 种代谢复合物。

膨化加工后的豌豆籽粒植酸和单宁显著降低，适口性好。豌豆浓缩蛋白的提取原料是圆粒白豌豆或麻豌豆，提取方法有两种，一种是利用空气分选机，可得到含量 60% 的蛋白粉；另一种是 pH9.0 石灰溶液溶解法，可得到含量达 90% 以上的蛋白浓缩粉。豌豆蛋白粉可做面包等食品的增强剂，提高面包等食物的蛋白质含量和生物价。

受粮食可持续发展、素食主义、非转基因等概念影响，国际上以豌豆蛋白为代表的植物蛋白倍受关注。据 Future Market Insights（FMI）数据调查，全球豌豆蛋白市场规模已达到 3 440 万美元，复合年增长率接近 12%。法国 Roquette（罗盖特）公司 2017 年追加近 4 亿欧元投资，在加拿大、法国分别新建、扩建 2 个豌豆蛋白加工厂，以应对全球对豌豆蛋白快速增长的市场需求。Beyond Meat 公司以豌豆蛋白制成的超级汉堡自去年研发成功后，目前已进入 600 多家超市。

本年度美国 Hampton Creek 公司还推出了一款以绿豆蛋白为主要成分的仿炒蛋食品（Just Scramble），产品在味道上与鸡蛋无异，但具有不含抗生素、胆固醇，生产更节水、节能、环保等，符合健康、可持续发展的概念。在豆类及其制品营养功效成分研究方面，有一些关于小豆提取物在减肥、抗癌、抗氧化、改善糖尿病等生理功能上的报道。日本信州大学的米仓教授团队揭示了 40% 小豆乙醇提取物基于抑制细胞有丝分裂、抑制脂肪细胞分化的抗肥胖机制。

5. 机械化生产研究

为适应机械化生产需求，加拿大、美国、澳大利亚等国家，豌豆新品种选育多以半无叶半蔓生类型品种为主，其中加拿大以黄子叶圆粒、绿皮绿子叶圆粒豌豆为主，主要用于干籽粒生产。其中，半无叶品种占全部品种的 63%，其植株在幼苗期生长势较强，加之其半无叶株型抗倒伏性较强，非常利于机械化收获。

食用豆机械化收获作业模式主要分为联合和分段收获两种。美国、加拿大等国由于农业机械发展起步较早，大都为规模化种植，适宜机械化收获，且相关的政策配套完善，当前机械化收获水平较高。约翰迪尔和凯斯公司以谷物联合收割机为基础改进开发出相应的大型豌豆联合收割机具。

四、国内食用豆产业技术研发进展

1. 遗传育种研究

（1）种质资源研究。收集引进国内外食用豆类资源 855 份，评价鉴定 3 544 份，筛选出一批抗性突出、品质优良、易机械化管理的优异种质。徐宁等采用人工气候箱培养，以混合碱 NaHCO$_3$：Na$_2$CO$_3$（摩尔比）为 9：1 模拟典型东北地区碱胁迫环境，在萌发期以 50mmol/升溶液处理 34 份绿豆品种资源，鉴定出白绿 11 等 9 份耐碱材料。梁喜龙等利用 10℃ 低温处理，鉴定出洮绿 5 号、吉林 153、绿珍珠等耐低温能力较强的绿豆品种。任红晓等对 90 份中国传统名优绿豆品种进行适应性鉴定，经对 21 个形态性状综合评价，筛选出 13 份丰产、17 份大粒、8 份抗病、1 份多荚、2 份大粒丰产、1 份丰产多荚材料。云南省农业科学院对 6 849 份国内外豌豆资源进行自交纯合研究，获得适宜中国生态环境下直接或者间接利用的创新性自交系种质/品系 1 956 份。

（2）遗传研究。构建食用豆遗传研究群体 18 个，定位绿豆抗豆象基因、抗旱基因和菜豆细菌性疫病、蚕豆子叶颜色和籽粒大小等基因 10 个。刘长友等利用 F$_6$ 代 RIL 群体构建出一张包含 313 个标记的绿豆遗传连锁图谱，并利用水、旱条件下的表型数据，对株高、最大叶面积、生物量、叶片相对含水量和产量 5 个性状进行了 QTL 定位。刘长友等从 3 000 多对 SSR 引物中筛选出均匀分布于绿豆 11 条染色体上且扩增稳定的 30 对 SSR 引物组合，并利用该技术体系构建了 29 份主栽绿豆品种的指纹图谱。王健花等利用绿豆花叶 1 号×紫茎 1 号杂交后代衍生的 208 个 F$_2$ 家系，构建了含有 95 个 SSR 标记位点的遗传连锁图谱，利用复合区间作图法对株高、幼茎色、主茎色、生长习性、结荚习性、复叶叶形和成熟叶色等农艺性状进行 QTL 分析。陈红霖等利用生物信息学的方法，鉴定到 122 个绿豆 bHLH 转录因子，并对其理化性质、保守结构域、基因结构、在染色体上的分布、系统进化及部分典型基因的组织表达差异等进行分析。

孙素丽等分析了云南省选育的 3 个豌豆品种中白粉病抗性基因，发现云豌 8 号的抗性是由 psmlo1 位置的一个点突变（c->g）引入终止密码子，导致蛋白质合成提前终止，抗病基因为 er1-1。云豌 21 号和云豌 23 号白粉病抗性是由 psmlo1 中相同的碱基插入或缺失引起，抗性等位基因为 er1-2。陈明丽等精细定位了一个新的普通菜豆抗炭疽病 Co-1 等位基因 Co-1^{HY}，预测了 4 个候选抗病基因并开发出与抗病基因紧密连锁或共分离标记。武晶等通过全基因组关联分析，鉴定出与炭疽病和普通细菌性疫病相关的 NBS-LRR 编码基因。薛仁风等发现过氧化酶 PvPOX1 参与了菜豆对枯萎病菌防卫反应，并通过农杆菌根毛转化验证其功能，揭示了 PvPOX1 通过 ROS 激活抗性机制加强寄主抗性。陈新等与泰国合作在抗豆象绿豆资源 V2709 中，鉴定和精细定位了 2 个新的编码多聚半乳糖醛酸酶抑制蛋白等位基因 VrPGIP1 和 VrPGIP2，这两个基因位于绿豆 5 号染色体上，与抗豆象基因 Br 位点紧密连锁，可介导对豆象的抗性。

（3）育种与资源创新研究。2017 年，国家食用豆产业技术体系育成新品种 9 个，分别为冀绿 15 号、渝绿 1 号、渝绿 2 号绿豆，冀红 17 号、渝红 1 号、渝红 2 号小豆，云豆 459、凤豆 21 号、凤豆 22 号蚕豆，其中冀绿 15 号为抗豆象品种。创新出目标性状突出的新种质 81 份，其中绿豆具抗豆象、抗枯萎病、抗细菌性疫病、抗白粉病等特性，小豆具有抗病、高产、适宜机械化收获特性，芸豆具有高产、抗细菌性疫病、抗炭疽病特性，蚕豆具有抗褐斑病、抗锈病、抗赤斑病等特性。

通过联合鉴定，筛选出适宜北方春播区、北方夏播区、南方区种植的高产、广适、宜机械化生产的绿豆新品种冀绿 0816、JLPX02、品绿 2011-06、保绿 201012-7、宛绿 2 号等；高产广适小豆新品种 6 个，另有适宜北方春播区种植的 7 个、北方夏播区种植的 5 个、南方区种植的 3 个；高产广适芸豆新品种中芸 3 号、龙 12-2614、龙 12-2578、中芸

6 号；适宜西北区种植的临蚕 9271、青海 14 号和西南与华东区种植的凤豆 01105、08119、成胡 9407-1、成胡 200304-2；高产广适豌豆新品种巫山紫花豌、青豌 3 号，及苏豌 1 号、巫山紫花豌等抗褐斑病，蚕豆云豌 53 号等抗白粉病新品种（系）等。

2. 耕作栽培研究

经对株型、结荚高度、熟性、抗性及产量，及机械、收割、脱粒损失率，经济效益等综合评价，鉴定筛选出白绿 11、冀绿 0816、1015-52-8-6、1015-38-1 等绿豆，白红 9 号、冀红 0015、唐红 2010-12 等小豆，龙芸豆 5 号、龙芸豆 15 等芸豆，启豆 2 号、青蚕 15 号、青蚕 14 号、青海 13 号、马牙等蚕豆，W09（54）-22，W10（61）-111 豌豆等优质多抗适宜机械化生产的食用豆新品种（系）。

绿豆、小豆、蚕豆减施 N 素化肥技术研究表明，施入少量 N 肥能促进根瘤形成，高浓度 N 抑制根瘤形成；氮肥对单株结荚数、单株产量影响较大；产量、氮肥偏生产力及吸收利用率随 N 肥增加呈先增后减趋势；N 肥施入量为常规用量 40%~60% 时，氮肥利用率、产量和效益最高。

研究了生产主栽绿豆品种的耐旱性。发现在 15% 的 PEG 浓度下，中绿 10 号、白绿 10 号、晋绿豆 1 号、JLPX02、大鹦哥绿 93 的抗旱性较强；叶片生理指标研究发现，中绿 10 号、白绿 10 号、晋绿豆 1 号的 SOD 活性及 POD 活性明显较其他品种高，而丙二醛含量相对偏低。

收集 15 个省、自治区、直辖市的根瘤菌共 168 份，分离提纯并保存 152 份，分离成功率 90.5%。测定了 161 份土壤样品的 pH 值和部分土样速效氮含量，及 133 份土壤样品未测的部分指标。

3. 病虫草害防控研究

病害防控岗位科学家朱振东等首次遴选出一套绿豆枯萎病菌鉴别寄主，完善绿豆抗枯萎病鉴定评价方法，筛选出一批高抗枯萎病资源。发现潜在抗绿豆晕疫病品种中绿 4 号、张绿 3 号、科绿 2 号。鉴定出高抗豌豆枯萎病和白粉病资源。

孙素丽等通过多年系统调研，明确中国绿豆晕疫病病原菌（*Pseudomonas syringae pv. phaseolicola*）及病害分布。Wang 等在中国首次报道番茄褪绿病毒（*Tomato chlorosis virus*，ToCV）侵染豇豆。Zhang 等解析了侵染豇豆和蚕豆的紫云英矮宿病毒（*Milk vetch dwarf virus*，MDV）分离物全基因组特征。王倩等通过特异性植物 DNA 检测方法，获得绿盲蝽（*Apolygus lucorum*）成虫从棉田向绿豆田迁移的直接证据，证明绿盲蝽偏好取食绿豆。

刘一鸣等研究对羟基苯甲酸胁迫下间作对蚕豆枯萎病发生和根系抗氧化酶活性的影响，解释了小麦与蚕豆间作通过提高蚕豆生理抗性而减轻对羟基苯甲酸引起的枯萎病危害，是缓解对羟基苯甲酸自毒效应的有效措施。

4. 产品加工研发

鉴于食用豆籽粒的蒸煮特性，中国农业科学院农产品加工研究所等单位利用微波、冷冻处理等技术，研发出可与大米同煮同熟的半熟性豆类方便产品。在烘焙产品加工中，发掘出豆沙新用途，如用白芸豆豆沙替代传统奶油制作蛋糕裱花，赋予产品高纤、低脂等健康特征，较天然奶油节约成本、易操作。中国农业大学研发了富硒功能性绿豆芽苗菜、食品小盒栽培豆芽菜等生产技术。

罗磊等微波辅助提取绿豆皮中黄酮类物质，并进行抗氧化研究，结果表明绿豆皮黄酮类物质有较强的自由基清除和还原能力。李侠等通过响应面法优化黄酮提取工艺，黄酮类化合物得率提高 18.54%。利用超高效液相色谱分析得出，发芽后绿豆皮中主要含有牡荆素和异牡荆素 2 种碳苷类黄酮化合物，含量分别占总黄酮量的 51.99% 和 45.42%。

5. 机械化生产研发

根据中国食用豆生产特点，机械化收获需联合收获和分段收获同时进行，而相关的配套机具极度缺乏。部分地区采用适度改进的稻麦联合收割机或谷物脱粒机进行食用豆联合收获或分段脱粒作业，但破损率、含杂率和损失率均较高，无法满足使用要求。农业部南京农业机械化研究所开发研制出蚕豆联合收割和移动双驱式蚕豆脱粒专用机具，初步试验取得了较好的效果。

（食用豆产业技术体系首席科学家　程须珍　提供）

2017年度马铃薯产业技术发展报告

（国家马铃薯产业技术体系）

一、国际生产与贸易概况

1. 生产概况

据 FAO 统计数据，2016 年全球共 163 个国家和地区种植 1 926.67 万公顷，较上年增加 26.67 万公顷，总产 3.77 亿吨，与上年持平。亚洲和欧洲的面积分别占全球的 52.94% 和 28.48%，十大主产国是中国、印度、俄罗斯、乌克兰、美国、德国、孟加拉国、波兰、法国和荷兰，生产重心继续由发达地区向发展中地区转移。世界平均单产 1 304.50 千克/亩，较上年减少 18.30 千克/亩。

2. 贸易概况

据联合国商贸数据统计，2016 年世界马铃薯及其制品国际贸易总额为 272.71 亿美元，其中出口额 136.06 亿美元、进口额 136.65 亿美元，分别比上年增加了 12.10% 和 18.48%。冷冻马铃薯、鲜或冷藏马铃薯（种用除外）和鲜薯制品等三种产品占据绝对主导地位，出口额占比分别为 48.05%、22.37% 和 15.46%，进口额占比分别为 45.03%、23.04% 和 14.57%。总体来看，2016 年世界马铃薯国际贸易形势要好于 2015 年。

二、国内生产与贸易概况

1. 生产概况

据体系专家调查统计，2017 年中国总面积和总产量为 664.25 万公顷和 13 434.33 万吨，分别较上年增加 0.76% 和 5.02%。其中，超过 60 万公顷的有贵州、四川、甘肃、内蒙古和云南，33 万~60 万公顷的有陕西和重庆，33 万公顷以下的有黑龙江、湖北、河北、山西、山东、宁夏和吉林。全国平均单产 1 348.30 千克/亩，较上年增加 4.23%。各地生产水平差异比较大，山东和吉林平均单产达 2 500 千克/亩以上，而山西和陕西不足 1 000 千克/亩，主产省份中贵州、四川、重庆、甘肃、陕西等亩产均低于全国平均水平。马铃薯种植的区域化、规模化、机械化水平进一步提升。

2. 贸易概况

（1）市场价格。全国商品薯田间价格整体低于上年，较上年平均下降 5% 以上，同时价格下降时间比往年早。各产区价格下降程度不同。冬作区与上年基本持平，其中 1—2 月比上年同期高 12.79%，3—4 月较上年同期低 11.70%；中原二作区尤其河南 5—6 月价格比上年同期下滑 66.21%；北方一作区 9—11 月较上年同期下滑 17.78%；西南混作区 1—12 月云南丽江较上年同期下滑 7.53%。

（2）国内贸易。各地销售速度不如往年，冬作区至 3 月上旬销售量只有往年的一半，山东、河南经销商数量骤减、少数地块无法收获，北方产区大多数直接入库存储。初步估计，全年鲜薯异地销售约 4 600 万吨，占总产量的 33.5%；储藏量 4 200 万吨，占总产量的

34.86%。商品流通比上年差，尤其东北和华北产区贮藏量占总产量的 62.43%。

（3）国际贸易。2017 年，马铃薯及其制品国际贸易总额达到 5.41 亿美元，较上年增加 0.46 亿美元，贸易顺差为 1.13 亿美元。其中，出口额 3.27 亿美元，较上年增加 21.16%；进口额 2.14 亿美元，较上年减少 4.79%。出口以鲜薯为主，共 51.01 万吨、27 999.92万美元，占出口总额的 85.73%，薯条、薯片等制品占 7.68%，冷冻制品占 5.32%，全粉及淀粉、种薯等其他制品占 1.27%。进口主要为速冻薯条和淀粉等制品，其中速冻薯条等制品 12.58 万吨、共14 472.27万美元、占 71.35%，全粉及淀粉类制品 7.35 万吨、共6 119.69万美元、占 28.59%，其他制品只占 0.06%。

三、国际产业技术研发进展

1. 遗传育种

过表达或抑制 *StSP6A*、*StBEL5 RNA*、*miR*172 和 *GAS* 可改善马铃薯块茎形成过程，发现了一些有助于保护薯皮的基因，挖掘出数百个控制薯块产量和淀粉含量基因，定位了休眠相关和内热坏死相关 QTL；在墨西哥品种中在 7 号染色体发现一个新的单显性晚疫病抗性基因 *Rpi*2；建立了淀粉含量和薯片品质的基因组预测模型；通过对野生种、地方品种和栽培种重测序研究，确定了马铃薯驯化和遗传变异中的 2 622个受选择基因，揭示了野生种在适应长日照的四倍体马铃薯遗传多样性的作用；转基因马铃薯中油分的积累影响淀粉质量和营养谱，基因编辑敲除 *GBSS* 基因改变了马铃薯淀粉品质。

2. 栽培与作物生产

水肥需求特性、水分高效利用机制、干旱/高盐/高温等逆境胁迫生理机制、化学调控作用、轮作倒茬效应和气候适应性评价等方面开展了大量研究，水肥管理调控对产量和品质的影响是研究热点。早期干旱增加匍匐茎长度、减少地上部分生物量，对早熟的结薯时间影响不明显，干旱使晚熟品种提早结薯；低水分灌溉条件下，增加灌溉次数可提高水分利用率；开发了水分管理决策系统 FAO-Cropwat 4，并显著提高块茎产量；报道了土壤水分指数是评价水分、土壤特性与块茎产量等性状之间关系的有效工具。施用磷肥增加了氮、钾、钙、镁、铜和铁等元素的吸收，但植物中这些元素的含量并不增加；常耕作下土壤矿质氮浓度随时间递减；土壤深翻较常规翻地增加土壤孔隙率及渗透阻力并增产 36% 以上，深耕起垄可减少草害。

3. 病虫害防控

晚疫病病原菌生物学、群体遗传、致病机理和防御机制，*R* 基因的开发利用、新药剂的开发与综合防控等是研究热点。晚疫病菌群体在世界范围内出现了有性生殖，群体变异加速、群体多样性高；明确了致病疫霉菌通过分泌大量效应蛋白控制寄主植物的细胞活动，抑制植物免疫应答。建立了马铃薯 X 病毒、黑胫病、根结线虫等新检测方法；报道了一些新病原或新菌株。非致病链霉菌株 272、侧孢短芽孢喷施氟啶胺、泥炭和螯合铁等可有效抑制疮痂病。黄曲霉菌代谢产物可控杂草生长和种子发芽，呋喃并色酮、甲氧呋豆素可作为潜在的生物除草剂；地中海芳香植物普通萜类化合物和植物提取物对马铃薯甲虫具有拒食效应。

4. 田间机械

美国 LOCKWOOD 公司研制了播深一致性自动调控、超声波种箱料位控制和 GPS 控制的液压驱动等系统，提高株距的精度和零速精确投种功能；将气动装置应用在马铃薯联合收获机上，利用现有的液压系统驱动，节省了 1 套动力及传动系统，料斗装载重量可达 9 吨。

5. 贮藏与加工

美国的 Yang 等研究了油炸薯片的微观结构并分析了其对水分吸收的影响；意大利的 Lerna 等报道了微量元素肥料对鲜薯和轻度加工薯、抗褐变剂对轻度加工薯整体质量的影响；加拿大的 Liu 等研究了用香草酸处理过的淀粉理化性质和体外消化的特点，日本的 Al Riza 等将薯表皮的漫反射特征技术用于块茎外观缺陷的筛选；丹麦的 Schmidt 等报道了加工汁水两步色谱法分离回收蛋白的技术；智力的 Mariotti-Celis 等提出了减少油炸薯片中呋喃和丙烯酰胺生成的真空油炸技术；波兰的 Kmiecik 等报道了冷冻油炸马铃薯产品中抗营养物质，伊朗的 Mohammadi、Alizadeh 等构建了一种高效、灵敏的测定马铃薯加工产品中丙烯酰胺的方法。

四、国内马铃薯产业技术研发进展

1. 遗传育种

评价了引进资源和中国主要品种的抗旱性、早疫病田间抗性、块茎品质和遗传多样性等；开发了熟性分子标记，定位了雾培马铃薯块茎建成相关 QTL，发现 *StPIP* 1 基因可提高马铃薯耐旱性，研究了块茎休眠与发芽调控的分子基础；建立了耐盐评价方法；分析了不同品种淀粉及蒸食品质和块茎矿质营养品质的差异，马铃薯地上部苦涩组织中的糖苷生物碱合成调控；提出了以耐弱光系数和耐弱光指数为主要结合形态、生理和产量等指标可有效地综合评价不同品种的耐弱光性全国登记新品种 11 个。

2. 栽培与作物生产

整体上以应用研究为主，侧重于高产施肥方案构建、旱作高产栽培的水分高效利用原理及调控、新型肥料应用评价、干旱/盐分等逆境胁迫下生理变化和种植制度/模式优化等研究，膜下滴灌条件马铃薯水分调控机制、品种高产高效协同生理机制等研究成为热点。块茎膨大期水分供应严重影响薯块产量，是需水关键期，低量定额外源水分补给有利于水分利用效率的提高，不同时期灌水对株高、茎粗和块茎生长等影响不同；开展了主推品种的养分需求特性、植株营养诊断技术、生物菌肥等新型肥料应用和水肥一体化技术等研究和应用。氮磷是薯豆套作中首要的限制因子、而目前氮肥食用过量、磷肥不足，提出了最优施用方案，马心灵等指出玉米-马铃薯间作可增加氮磷钾吸收，微生物菌肥可提高根际土壤含水量和根系活力；

3. 病虫害防控

*StBAG*3 基因参与晚疫病抗性建立，建立了晚疫病 LAMP 检测方法，筛选了大量的防治晚疫病菌药剂；建立了早疫病菌的半巢式 PCR 检测方法；报道了 3 个疮痂病新菌株，调查分析了疮痂病发生的影响因子。筛选出对黑痣病有拮抗作用的生防芽孢杆菌 *Bacillus axarquiensis*，齐苗和现蕾期用 20% 辣根素灌根可防治粉痂病和黑痣病，二氧化氯能有效控制干腐病的发生；根茎类专用菌肥、几个微生物制剂可降低疮痂病发生，喷施噬菌体制剂可防治黑胫病。全球变暖将增加马唐等杂草的危害，合成了一种新型芽前除草剂。

4. 田间机械

智能导航（GPS、GRS）应用于马铃薯耕整地机械上，研制了新型的有机肥后抛和侧抛两种撒肥车、高速气吸式马铃薯精播机、大型联合收获机以及输送出入库、除杂和分级等机械；全国公开马铃薯机械专利共计 111 项，其中播种机相关专利 38 项，收获机械授权专利 51 项，收获机（挖掘机）相关发明专利 23 项，其他类型机械授权专利 22 项。

5. 贮藏与加工

研究了采用真空低温法制备马铃薯生全粉的方法，块茎在发芽过程中 ROS 的生成及其抗氧化能力；郭华春等报道了超高效液相色谱-三重四极质谱法检测块茎中糖苷生物碱含量的方法；研制了鲜切薯块褐变抑制技术及其机理，添加纳米纤维素晶体提高氧化马铃薯淀粉交联度的技术，在感应电场下酸水解粒状马铃薯淀粉的特征；黄越等对不同品种淀粉及蒸食品质的差异进行了分析。

（马铃薯产业技术体系首席科学家　金黎平　提供）

2017 年度甘薯产业技术发展报告

（国家甘薯产业技术体系）

一、国际甘薯生产与贸易情况

据联合国粮农组织统计，2016 年全球约有 120 个国家和地区种植甘薯，种植面积为 862.4 万公顷，比 2015 年增加 3.39%；总产 1.05 亿吨，比 2015 年增加 1.26%；单产仅为 12.20 吨/公顷，单产水平降低 2.06%，面积的增加与单产水平的降低直接与非洲有关。

据 ITC（International Trade Center）官方的统计数据显示，2016 年世界甘薯的出口贸易总量和总额分别为 53.8 万吨和 4.42 亿美元。世界甘薯贸易的主要输出国包括美国、荷兰、越南、西班牙等国家和地区。其中美国的出口贸易量和贸易额在全世界占比分别达到了 44.21% 和 38.95%，排名前 5 位的国家出口贸易量和贸易额占到世界出口总量的比重分别为 64.18% 和 66.42%，集中度较高。

二、国内甘薯生产与贸易情况

2017 年中国甘薯种植面积、总产、单产均小幅提高，单产水平相当于世界平均的 1.7 倍。据专家调研分析全国种植面积约为 400 万公顷，总产为 1.0 亿吨左右。

2016 年中国甘薯出口贸易量 2.02 万吨，贸易额为 2280.9 万美元，分别占当年世界甘薯贸易总量和总额的 3.76% 和 5.16%。近年来中国甘薯贸易均价与国际平均水平之间的差异正在逐渐缩小，2016 年甚至超过世界平均水平。出口产品中甘薯干的单价最高，其次是冷冻甘薯，最低的是其他非种用鲜甘薯，70% 以上的甘薯出口销往中国香港地区，其次是日本、德国、荷兰、加拿大等国家和地区。值得注意的是中国非种用鲜甘薯的出口比例快速提升，甘薯干出口比例下降，实际上中国淀粉及其制品应该占有较大比例，但统计数据未显示。2016 年中国进口甘薯总量仅为 31 吨，进口总额仅为 8.7 万美元。主要进口国家和地区为美国、中国台湾和加拿大，实际上中国鲜食市场上越南非种用甘薯占有一定比例。甘薯进出口数据的不完整性为产业生产和贸易分析带来了困难。

三、国际研发进展

1. 生物技术

利用组学技术，对甘薯及其野生祖先 *I. trifida* 的根部进行转录组比较分析；对低温贮藏过程中甘薯的块根进行了转录组分析；选取对根结线虫病害抗感品种，对其须根进行了比较蛋白组学分析；对盐生二倍体甘薯野生种进行转录组分析，来揭示其块根发育、耐逆、抗病等机制。

利用转基因技术，表明 *IbOr*、*IbCBF3* 等以及外源基因可提高甘薯的耐低温、耐高温、耐旱性以及缺铁胁迫；不同基因的 RNAi 可提高转基因甘薯的 β-胡萝卜素的含量、对非生物胁迫的抗性以及非洲甘薯象甲的抗虫性。

利用分子标记技术，构建整套同源连锁群的甘薯高密度 SNP 和 EST-SSR 标记遗传图谱。鉴定出与甘薯蚁象和病毒抗性相关的 SSR 标记。使用 12 个 SSR 标记评估了 132 个西非甘薯栽培种的多样性。综述了甘薯中连锁分析的研究进展，并描述了未来甘薯遗传分析和分子标记辅助育种的研究方向。

2. 甘薯营养施肥和耕作栽培

研究发现适量施氮促进产量形成，但施高氮降低产量；干旱胁迫降低单株薯数和块根鲜重，降低叶面积和叶片干重，同时叶片光系统 II 和光合作用受抑制。耐盐性品种在高盐浓度下具有较低的死亡率，盐浓度为 200mmol/L，各品种指标差异较为明显。

大型机械以美国农场应用的较为先进，小型机械以日本为代表，发展中国家的机械化普及率低，机械化生产技术未见实质性进展。

3. 病虫害防控

研究发现薯块表皮羟基肉桂酸是产生甘薯蚁象抗性的主要物质，蚁象对生防菌绿僵菌会做出躲避反应；蚁象精巢中精子供应系统有助于连续多次地交配。烟粉虱对碳化二亚胺和四个烟碱类农药抗性显著增加，烟粉虱中分离到两种新病毒。分离到 50 株黑斑病菌并筛选到苯醚甲环唑等药剂。首先证实甘薯卷叶病毒（*Sweet Potato Leaf Curl Virus*，SPLCV）在非洲和肯尼亚部分地区的存在。南非和韩国开展了甘薯病毒发生和种类调查。适当高温、广泛的双亲杂交及新型剥尖技术有助于病毒防控，并筛选到 4 个高抗甘薯病毒病（*Sweetpotato Virus Diseases*，SPVD）的甘薯品种。甘薯茎叶精油可以抑制常见致病菌和真菌，并确定芳樟醇和对羟基苯甲酸为主要活性成分。

4. 甘薯贮藏与加工

在甘薯储藏过程中，ABA 降解和 ROS 响应机制有重要调控作用；新鲜甘薯储藏 21 天后，葡萄糖、麦芽糖和果糖含量显著下降，而淀粉和蔗糖含量无显著变化。

开发出无添加剂甘薯条、红心甘薯面包、添加甘薯胡萝卜素的高粱饼干、草药提取液-紫甘薯的发酵乳制品、紫薯发酵酒等产品。进行加工工艺研究：热水和退火处理、高流体静压对甘薯淀粉理化特性有影响；应用脉冲电场对甘薯及油炸制品、超声预处理对油炸甘薯、热和超高压对甘薯粉及面包制品等品质特性、物化性质和发酵特性均有影响；明确峰值黏度是评价甘薯粉最具鉴别性的特性指标；研究了热空气炸锅加工对甘薯条品质的影响，并与油浴油炸进行比较。重金属氧化物的工程纳米颗粒对甘薯产量和食品安全有一定的影响。评价了甘薯及其提取物保护血管、调节脂代谢、抗癌的保健作用。

四、国内研发进展

1. 生物技术

组学研究进展迅速。*Nature Plants* 上报道了六倍体甘薯的基因组有 30 条染色体来源于其二倍体祖先种，另外 60 条染色体来源于其四倍体祖先种，揭示了甘薯的起源，并绘制了甘薯基因组图谱，为甘薯基因组学和遗传学的挖掘和研究打下了良好的基础；通过分析盐处理的甘薯根系转录组发现茉莉酸途径对甘薯的耐盐性具有重要意义；通过比较转录组揭示了蔗糖代谢相关的酶类在甘薯贮藏根的淀粉积累中具有关键作用；通过转录组分析表明类胡萝卜素和萜类物质生物合成途径相关基因在不同肉色甘薯中存在较大差异；通过高通量深度测序揭示了甘薯中 microRNA 在低温贮藏期间的重要作用；通过利用 Illumina-HiSeq 技术发掘出甘薯中一系列参与尖孢镰刀菌防御反应的基因；使用 iTRAQ 技术对甘薯苗期根系全蛋白组差异蛋白进行了分析，并克隆了一个与胁迫密切相关的 MADS-box 基因，基于 SLAF 测序对甘薯核心种质资源进行群体结构和遗传多样性全基因组评估。

基因结构及功能研究进展顺利，并利用转基因技术提高甘薯 β-胡萝卜素和叶黄素含量、耐盐性、尖孢镰刀菌的抗性，改变甘薯淀粉特性和干旱胁迫耐受性、花青苷含量和铁利用率。对甘薯等 10 种作物中参与抗病耐逆的 NaC1 转录因子蛋白特征进行了预测和分析。采用 tetra-primer ARMS-PCR 等技术开发甘薯 SNP 标记。

2. 资源利用与品种改良

野生种 *I. triloba* 具有良好抗旱性和更易开花结实。采用 SRAP 分子标记绘制甘薯及其近缘种进化树。分析徐薯 18 及野生 *I. lacunosa* 的种间体细胞杂种的特性和遗传组成。

γ 射线辐照可改良甘薯耐盐性、抗蔓割病性等。部分学者创新了甘薯育种和种薯种苗繁育方法，甘薯实生种子快速育苗的方法，种薯种苗脱毒快繁方法。

初步统计，2017 年中国有广薯 87、苏薯 24、黔薯 1 号等 18 个甘薯品种获得新品种保护权，徐薯 32、万薯 9 号、漯薯 10 号等 6 个品种申请新品种保护权，万薯 9 号、南紫薯 018、彭苏 3 号等 10 个甘薯品种通过省级审（鉴）定。

3. 甘薯营养施肥和耕作栽培

在同氮素水平下，耐氮性较强的品种具有较高的光合产物供应能力和源库间转运能力；适时追施氮肥能获得较高产量；施用铵态氮素提高土壤活跃微生物量和生物量碳，促进前期根系发育，提高单株薯数。有关钾素利用报道较多，低钾胁迫降低甘薯叶片数和叶绿素含量，降低产量，改变甘薯块根淀粉组分及粒径，导致糊化特性变化；施钾显著影响甘薯产量形成和淀粉理化特性，且品种间的钾吸收效率、利用效率存在显著差异；钾肥促进前期根系发育，提高光合产物积累和运转；钾肥分期施用可增加产量。与氮钾肥的单独施用相比，肥料配施改善甘薯叶片光合特性，改善块根品质。

逆境胁迫的研究仍然主要集中在干旱和耐盐胁迫方面的研究。不同时期干旱胁迫均导致甘薯产量下降，并影响甘薯内源激素；干旱胁迫下喷施脱落酸提高叶片净光合速率，降低气孔导度和蒸腾速率，提高甘薯的抗旱性；耐盐甘薯根部积累 Na^+ 较多，叶片部 Na^+ 较少；硝态氮的供应可缓解盐胁迫对甘薯根系生物量、根系活力以及叶绿素荧光系统的抑制作用。

地膜覆盖在春季雨水较多的年份可有效降低土壤含水量，尤其是黑膜覆盖，可增强光合速率，进而提高甘薯产量。与单作相比，甘薯与芝麻间作显著提高了土地利用效益。遮阴造成弱光胁迫，影响了甘薯的产量和品质形成。早收栽培下不同胡萝卜素甘薯品种的食用品质差异较大。

中国北方甘薯机械化进展较快，剪苗机、移栽机、联合收获机研发取得新进展。甘薯种植机械化岗位创制出多用途自走式甘薯苗尖采收机，山西运城试制起垄打孔浇水结合人工扦插一体机，河南、河北等地研制回收藤蔓机等，各地申报相关专利多项，但缺少实体机械面市。甘薯收获机械化岗位还完成适合黏重土壤区作业的碎蔓挖掘收获复式作业机的样机优化提升。在农机农艺结合方面，徐州甘薯中心提出的大垄双行全程机械化模式较好地解决了压垄伤垄问题。

4. 病虫害防控

2017 年发布了《甘薯茎线虫病综合防治技术规程》《脱毒甘薯种薯（苗）病毒检测技术规程》等 2 个行业标准和多个地方标准，为病虫害防控和种薯种苗安全生产提供技术保障。

发现多种病害发生规律。甘薯腐烂茎线虫具有向南、向北扩散的风险；不同基因型腐烂茎线虫侵染不同甘薯品种后的发病规律有所差异，薯块表皮对抵御茎线虫侵入具有重要作用；多种病菌可引起甘薯茎基部腐烂病害；腐霉菌 *Pythium ultimum var. ultimum* 可引起甘薯根腐病。

防治药剂筛选也取得了一定进展。研究发现阿维菌素对 B 型烟粉虱成虫仍有较高毒力，溴氰虫酰胺对烟粉虱蛹有很高的毒力，但卵和幼虫已产生较高抗性；云南元谋县发现甘薯蚁象新的分支；筛选到对甘薯斜纹夜蛾具有较高毒力的复配药剂组合；氯虫苯甲酰胺等对甘薯斜纹夜蛾、麦蛾和烦夜蛾等鳞翅目害虫均有较好防效；多菌灵和噻森铜浸薯苗对蔓割病有较好防效；阿维菌素是防治茎线虫病较为理想的药剂；四霉素对黑斑病生防效果较好。

针对 SPVD 开展了多项研究。采用多重 PCR，可同时检测和区分多种病毒；采用单克隆抗体可用于田间甘薯样品的检测；SPLCV 是近几年引起中国甘薯叶片上卷以及减产最严重的甘薯双生病毒（*Sweetpovirus*），研究表明其外壳蛋白基因具有遗传多样性，需有针对性地检测和防治。

5. 贮藏与加工

开发出能保持红薯品质和风味的保鲜方法、甘薯贮藏保鲜窖技术。成功开发甘薯纳米淀粉、甘薯淀粉磷酸双酯、甘薯交联淀粉等淀粉衍生物。复合干燥甘薯片、甘薯（紫）全粉、甘薯饼（球）、紫甘薯饮料、紫甘薯清酒等的加工特性及工艺得到优化。研究了加工工艺对营养物质的影响，韧化处理、添加副干酪乳杆菌对甘薯淀粉糊化特性、物化特性等有一定的影响；经不同的预处理及膨化干燥条件处理后，甘薯多酚、酚酸、黄酮含量变化明显，花色苷含量变化不明显；酶解产物浓度和油相体积分数对甘薯蛋白酶解产物乳化特性有一定影响。评价了甘薯膳食纤维物化特性及铅清除能力以及紫甘薯花青素对肥胖、脂肪肝、炎症的保健作用。

（甘薯产业技术体系首席科学家　马代夫　提供）

2017 年度木薯产业技术发展报告

（国家木薯产业技术体系）

一、国际木薯、辣木生产及贸易概况

1. 国际木薯生产

近年来，世界木薯生产规模不断扩大。2010—2016 年，世界木薯收获面积从 1 971.83 万公顷增加到 2 348.21 万公顷，世界木薯产量从 2.41 亿吨增长到 2.77 亿吨，年均增长率分别为 2.95% 和 2.35%。尼日利亚、泰国、加纳和越南是世界主要的木薯生产国家，2010—2016 年，这四个国家木薯产量分别从 4 253.32 万吨、2 200.57 万吨、1 350.41 万吨和 859.56 万吨增长到 5 713.45 万吨、3 116.10 万吨、1 779.82 万吨和 1 104.52 万吨。按照近 3 年来木薯生产发展的速度预计，2017 年世界木薯收获面积约为 2 362.06 万公顷，产量约为 2.78 亿吨。

目前，非洲和亚洲的木薯生产规模正在逐步扩大，拉丁美洲的木薯生产规模正在萎缩。2016 年，非洲和东盟木薯产量分别占到了世界木薯总产量的 56.76% 和 28.72%，与 2010 年相比，分别增长了 1.83 个百分点和 2.95 个百分点；而巴西木薯产量占世界的比重为 7.61%，与 2010 年相比，下降 2.76 个百分点。可见，世界木薯生产进一步向非洲和东南亚地区集中。

2. 国际辣木生产

辣木种植广泛，非洲、阿拉伯半岛、东南亚、太平洋地区、加勒比诸岛、南美洲等地都有种植，印度是世界上最大的辣木生产国。目前全球辣木种植面积约 4.7 万公顷，亚洲占绝大多数，其次是美洲和非洲。其中印度种植面积最大，约有 3.8 万公顷，占 80.85%，年产鲜果荚 130.0 万吨，每公顷收益 1 500 美元左右。古巴约种植 0.667 万公顷，占世界种植面积的 14.21%，排名全球第二。

3. 国际木薯贸易

2000 年以来，世界木薯贸易发展迅速，规模不断扩大。2000—2016 年，世界木薯干片的出口量从 390.31 万吨增长到 857.48 万吨，出口额从 2.52 亿美元增加到 14.76 亿美元，年均增长率分别为 5.04% 和 11.68%；同期，木薯淀粉出口量从 98.33 万吨增长到 412.29 万吨，出口额从 1.56 亿美元增加到 14.22 亿美元，年均增长率分别为 9.37% 和 14.81%；世界木薯干片进口量从 2000 年的 476.84 万吨增长到 2016 年的 1 082.61 万吨，年均增长 5.26%；木薯淀粉进口量从 103.84 万吨增长到 403.36 万吨，年均增长 8.85%。

泰国和越南是世界上主要的木薯干片和木薯淀粉出口国。2016 年，泰国木薯干片出口量达到 641.8 万吨，占世界木薯干片出口总量的 74.85%；越南木薯干片出口量约为 150.45 万吨，占世界木薯干片出口总量的 17.55% 左右；2016 年，泰国木薯淀粉出口量达到 321.62 万吨，占世界木薯淀粉出口总量的 78.01%；越南木薯淀粉出口量约为 76.19 万吨，占世界木薯淀粉出口总量的 18.48%。

4. 国际辣木贸易

目前全球辣木总产值高达 40 亿美元。辣木最早在亚非不发达国家主要作为蔬菜、粮食补充以及粗饲料，辣木产品较少，主要进入欧美等发达国家。随着国际社会对辣木营养价值的认可，市场销售多样化的格局已产生。现在国际市场对新鲜和罐头豆荚需求量稳定增长。印度是辣木产品的主要输出国。日本和美国对辣木产品的需求正不断增加。

二、国内木薯、辣木生产及贸易概况

1. 国内木薯生产

2000 年以来，广东省、广西壮族自治区（以下简称广西）木薯种植面积和产量总体呈下降趋势。广西木薯种植面积从 2000 年的 26.43 万公顷，下降到 2016 年的 20.69 万公顷，年均下降幅度为 1.52%，木薯产量从 2000 年的 132.56 万吨增长到 2014 年的 182.82 万吨，随后，连续两年下滑，2016 年下降到 172.12 万吨，同比下降幅度为 5.85%；同期，广东木薯种植面积从 12.41 万公顷下降到 8.21 万公顷，年均下降幅度为 2.55%，产量由 209.37 万吨下降到 170.75 万吨，年均下降幅度为 1.27%。根据 FAO 数据显示，2016 年中国木薯收获面积为 29.11 万公顷，产量为 479.43 万吨。2017 年，预计中国木薯收获面积为 24.74 万公顷左右，产量约为 407.52 万吨。

2. 国内辣木生产

19 世纪，中国云南最早引种种植辣木。目前常食用的品种为印度辣木、印度改良辣木和非洲辣木。主要种植区域分布在云南、海南、福建、广东、广西、贵州、四川及重庆等地，种植面积达 0.667 万公顷，其中云南种植面积占到全国种植面积的 60% 以上。种植以露地种植和大棚种植为主，每公顷生产鲜叶 22.5~45 吨，嫩梢 7.5~18 吨，每公顷产值达 15 万~30 万元。

3. 国内木薯贸易

中国是世界上最大的木薯干片和木薯淀粉进口国。2016 年，中国进口木薯干片和木薯淀粉分别达到 770.43 万吨和 207.31 万吨，占世界木薯干片和木薯淀粉进口总量的 71.16% 和 51.04%。2017 年，中国木薯干片、木薯淀粉和鲜木薯进口量分别为 799.53 万吨、233.10 万吨和 13.22 万吨，其中木薯干片和木薯淀粉同比分别增长 3.78% 和 12.44%，木薯淀粉进口量突破历史新高，鲜木薯进口量同比下降 10.07%。

从进口市场结构来看，泰国和越南仍然是中国两大木薯制品进口来源国。2017 年，中国从泰国进口木薯干片 661.28 万吨，进口额为 11.95 亿美元，分别占中国木薯干片进口量和进口额的 82.71% 和 82.87%；中国从越南进口木薯干片 134.84 万吨，进口额为 2.4 亿美元，进口量和进口额分别占中国木薯干片进口量和进口额的 16.86% 和 16.64%。同期，中国从泰国进口木薯淀粉 159.41 万吨，进口额为 5.31 亿美元，进口量同比增长 6.05%，进口额同比下降 0.93%；从越南进口木薯淀粉 68.13 万吨，金额为 2.19 亿美元，同比分别增长 27.39% 和 20.99%。

4. 国内辣木贸易

目前，中国有 100 多家企事业单位从事辣木的生产、销售与研发，产品涉及食品、医药、饲料、水质净化、化妆品原料及植物生长促进剂和杀菌剂等方面。2011 年，中国辣木市场规模为 4.8 亿元，到 2015 年市场规模达到了 7.9 亿元，同比增长了 39.24%。预计到 2020 年中国辣木市场规模将达到 12.1 亿元左右。

三、国际木薯、辣木产业技术研发进展

1. 遗传育种技术研究发展动态

利用木薯基因组测序技术，对重要因子如木质部和形成层的调控因子、氰化物的代谢、开花位点开展了初步研究。深入研究了胡萝卜素含量、延缓采后生理性衰变等农艺性状。全球范围对木薯花叶病、褐条病、细菌性枯叶病的研究日益引起重视。发现两个褐条病 CBSD 和 CMD QTL 位点。建立 VIGS 评价木薯 CMD 的抗性体系。在马拉维发现不同的乌干达木薯褐条病病毒。在哥伦比亚报道了一种新型感染木薯的马铃薯病毒。构建了木薯基因组中蛋白互作网络和木薯单倍型图谱。实现 CRISP/Cas9 技术对木薯基因的编辑。利用同源重组和非同源重组末端连接 DNA 修复通路，精确将目的基因导入木薯基因组。

辣木依其树形，13 个种可分为 4 类，包括瓶状树、匀称树、苗条树、块茎灌木，分别原产于印度、红海流域以及包括马达加斯加在内的非洲各地。辣木科（Moringaceae）与番木瓜科（Caricaceae）处于同一进化分枝。世界范围种植面积较大的是多油辣木 *M. oleifera* 和窄瓣辣木 *M. stenopetala*。多油辣木有两个栽培品种：PKM1 和 PKM2，由印度泰米尔纳都农业大学园艺学院选育。

2. 栽培技术发展动态

木薯栽培方面，Polthanee *et al.* 在泰国东北部雨季后期种植木薯表明，与水平种植比较，垂直种植更有利于木薯植株吸收 K 养分，并能显著增产鲜薯。在印度西南部喀拉拉邦的木薯定位施肥试验表明，不同土壤类型的定位养分管理比常规施肥增产 5 吨/公顷以上，更有利于吸收 N、P、K 养分及提高其养分的农学利用率，从而降低施肥成本。Bobobee 等人在加纳研究了木薯机械化收获与种床准备及木薯品种的影响关系，田间试验证明起垄种植机械化收获效果要优于平地种植，而 Nkabom 品种较其他品种可获得更好的机械化收获效果。

辣木栽培模式，国际上以纯作为主，也存在作物间作等模式。根据辣木用途，采用不同的种植模式和种植密度。肥料方面系统研究相对较少，还没有专用肥配方。辣木机械化程度普遍不高。

3. 病虫害草防控技术发展动态

国外木薯病虫草害研究主要集中在木薯细菌性萎蔫病新发病区的病原鉴定、病原菌致病机理、种质抗性机理，褐条病毒不同株系的遗传多样性、田间发病规律、病毒粒体数量与症状、抗性分子机理、转基因植株抗病机理、组织结构抗性机制，新发根腐病病原鉴定、种质抗性评价、组织结构抗性，木薯粉蚧适生范围预测，木薯抗单爪螨分子鉴定技术，抗感木薯品种受绵粉蚧危害后的分子反应机理，新发储藏期害虫等方面。草害方面研究主要集中在尼日利亚地区通过改进田间管理措施控制机械化种植条件下的杂草危害情况，筛选出环保除草剂并评价其效果。

辣木方面，据报道，截至 2016 年，有 78 种害虫为害辣木，且有很强的区域性。如印度主要害虫为鳞翅目幼虫、果蝇，非洲为螨类和蚜虫。辣木病害研究较少，主要集中在真菌上。如在南印度，主要为白粉病和根腐病。

4. 加工与综合技术发展动态

木薯广泛推广应用于微量元素缺乏症的地区，薄脆饼干、比萨饼、面包和 Gari 等传统食品仍然是主流。澳大利亚、尼日利亚的研究均表明，木薯对具有血糖病症的人群有一

定的调理作用。此外，国外已经从酵母 UV 突变株系中筛选出水解木糖活性较高的株系和从草酸青霉菌分离出来的新型糖化酶 PoGA15A，为乙醇加工新工艺研发奠定基础。在废液利用方面，巴西的分阶段处理技术、微藻处理技术和酿酒酵母处理技术有望实现变废为宝；而木薯皮能源化利用技术可为今后微生物燃料电池原料开发提供技术支撑。木薯渣的饲料化利用技术广泛应用山羊、绵羊等动物饲养中。

辣木加工主要集中在在辣木油、蛋白饲料、水净化剂（辣木籽油渣）、软化剂、辣木饲料、辣木饮品、蛋白酶抑制剂和功能性食品等方面的开发，在治疗三高、抗癌、抗炎方面开发了相关药品；辣木种子油可以加工成高级食用油和润滑油，也可用于日用化妆品。辣木种皮主要用于开发净水剂。

四、国内木薯、辣木产业技术研发进展

1. 遗传育种研究

木薯遗传育种方面，利用基因组信息对 HD-Zip、MAPKKK、MeMYB、己糖激酶基因家族、质体分裂蛋白等进行表达分析。分析干旱、冷胁迫下基因表达和长非编码 RNA 的变化和响应通路的交互作用。鉴定出 miRNA-like RNAs。采后生理性衰变涉及信号、ROS 和程序性死亡。构建甲基化多态性图谱开发非生物胁迫相关的 EST-SSR 分子标记。开展了多个基因功能的研究。协同表达 SOD 和 CAT 可提高转基因木薯对抗朱砂叶螨抗性。木薯 *MeWRKY20* 与 *MeATG8* 互作，激活自噬作用调控木薯的抗病作用。鉴定木薯 T-DNA 插入突变体 *srd*，该基因是参与淀粉磷酸化的关键基因（*GWD1*），缺失后导致储藏根发育延缓。过表达 *MeCBF1* 基因可增强转基因拟南芥和木薯的抗冷能力。

19 世纪，辣木从印度传到中国。台湾是中国最早引种辣木的地区，目前中国引种栽培的有 *M. oleifera* 和 *M. stenopetala*。辣木育种，台湾早年成立了 AVDRC 研究辣木，大陆收集辣木种质资源共计 45 份，包括 *M. oleifera*、*M. stenopetala* 和 *M. drouhardii* 共 3 个种。生产中 *M. oleifera* 辣木瑙螟危害重，正在开展分子育种培育抗虫辣木新品种研究。

2. 栽培技术研究进展

魏云霞等研究木薯块根 P、K、Mn、可溶性糖含量与施钾量呈极显著或显著正相关。吴昌智等研究不同灌溉方式的木薯根区剖面土壤水分分布。林学佳推荐了木薯高效节水灌溉指标。苏必孟等发现 2% 石灰水浸种的抗旱效果好。徐小林等在间作中覆盖稻草可显著增产花生、木薯。韩全辉等发现宽窄行比等行距间作更有利于木薯生长和增产。设计并示范宽窄行种植模式的起垄式双行木薯种植机。崔振德等设计木薯种植机切秆试验台。杨望等构建薯土抖动分离装置的动力学仿真模型。王伟等提出木薯茎秆含水率对收获机的影响参数。刘浩等研究木薯收获机的拔起控制系统。

中国辣木种植主要集中于云南、广东、福建、海南等省，中国北方地区已出现大棚种植模式。中国辣木种植方式以单一种植为主，部分采用间作的方式。中国各辣木研究机构在辣木育苗方法、栽培模式、土壤肥料及产后处理等方面形成了一系列的行业标准和地方标准，但仍缺乏系统性研究。中国辣木大部分种植于山坡地带，机械化程度不高，目前主要靠人工完成农事操作。

3. 病虫害防控技术研究进展

国内在木薯病虫害研究方面取得了一定的进展。在细菌性萎蔫病防控方面，分析了部分抗铜、致病相关基因；分析不同抗感木薯种质在组织结构、生理生化等方面的特性，克

隆并鉴定了 *MeRAV*1 等 3 个抗病相关基因。在虫害防控方面，调查发现中国木薯害虫（螨）增至 65 种（其中外来有害生物增至 12 种）。明确木薯单爪螨发育与繁殖的适宜湿度条件，以及保护酶、热激蛋白等防御酶的生理生化作用机制；克隆获得 4 个木薯抗螨相关基因。在木薯草害防控方面，调查发现主产省区的木薯种植地杂草共有 42 科 228 种杂草种类，优势杂草为阔叶丰花草和胜红蓟等。

据报道，中国辣木害虫种类约 40 余种。关于辣木病害研究较少，且尚未形成可行的防治操作规程。

4. 加工与综合技术研究进展

在国内，木薯生料发酵、混合发酵和清液发酵工艺不断发展，极显著提高了原料酒精转化率，达 38.63%。木薯食品化利用方面，完成建设小型木薯（全）粉中试生产线 1 条并顺利投产，研发了木薯饼干、木薯面包、木薯馒头等食品。副产物利用方面，茎秆基质化利用和还田技术研发持续得到关注；利用木薯渣的处理技术日新月异；木薯酒糟回收利用技术也得到优化。木薯渣、木薯茎叶还广泛应用于饲料、堆肥、生物炭、复合材料等产品研发。此外，国内木薯食品标准化体系正在得到充分认识和稳步发展。

以辣木嫩叶为重点研究辣木的营养价值和保健价值。市场产品主要有辣木汤料、营养粉、酒、精片、胶囊、茶、软糖、活性肽、发酵食品、饼干和糕点等，主要技术包括超微粉碎技术、酶解技术、超声波和微波技术、微胶囊技术、焙烤技术、发酵技术等。关于辣木籽，采用了二氧化碳超临界萃取技术、亚临界流体萃取技术等提取辣木籽油，同时开展辣木籽脱壳去皮分离机的研制。

（木薯产业技术体系首席科学家　李开绵　提供）

2017 年度油菜产业技术发展报告

（国家油菜产业技术体系）

一、国际油菜生产与贸易概况

1. 世界油菜收获面积、产量均增加，单产稍有减少

据 USDA 统计，2017 年世界油菜总收获面积为 5 3541 万亩，较 2016 年的 50 956.5 万亩增加 2 584.5 万亩。加拿大、中国、欧盟和印度仍然排在前四位，中国占 19.05%。世界油菜籽总产量为 7 285.5 万吨，较 2016 年的 7 021 万吨增加 264.5 万吨，其中，欧盟仍然排名第一，加拿大排名第二，中国和印度分别排名第三和第四，中国占 17.98%。世界油菜平均单产为 136 千克/亩，比 2016 年的 138 千克/亩减少 2 千克/亩；智利仍为单产最高的国家，为 276 千克/亩。

2. 世界油菜籽、菜籽油贸易总量稍有上升

据 USDA 统计，2017 年世界油菜籽出口总量为 1 669.3 万吨，比 2016 年的 1 593.3 万吨增加 76 万吨。其中，加拿大、澳大利亚和乌克兰排在出口国前三位，加拿大占 68.9%。世界油菜籽进口总量为 1 661.8 万吨，比 2016 年 1 583.5 增加 78.3 万吨。其中，中国、欧盟和日本排在进口国前三位，中国为 470 万吨，占世界市场的 28.28%。

2017 年世界菜籽油出口总量为 454.0 万吨，比 2016 年的 446.8 万吨增加 7.2 万吨。其中，加拿大占世界出口份额 69.8%。世界菜籽油进口总量为 451.4 万吨，较 2016 年的 433.3 万吨增加 18.1 万吨。其中，美国、中国和挪威排在进口国前三位。

二、国内油菜生产与贸易概况

1. 国内油菜生产概况

根据 USDA 数据，2017 年中国油菜收获面积为 10 200 万亩，比 2016 年的 10 500 万亩减少 2.86%；全国油菜籽总产量达 1 310 万吨，比 2016 年的 1 350 万吨减少 2.96%；2017 年中国油菜平均单产为 128.67 千克/亩，和 2016 年持平①。由于油菜种植效益仍旧较低，农户种植积极性低迷，因此，加速相关机械研发、发掘规模种植户种植潜力将是油菜产业重要发展点。另外，油菜多用途开发得到进一步加强，尤其是近年来"美丽乡村建设""乡村振兴战略"等实施，农旅结合，使得油菜在创意农业、休闲观光农业、油蔬两用、油饲两用等方面取得了长足的发展。

2. 国内贸易概况

由于油菜籽持续减产，农户惜售等造成的供给不足，本年度油菜籽价格总体呈现上升趋势。上半年，由于新油菜籽即将上市，陈油菜籽尽管存量不多，但贸易商或农户急于清

---

① 根据 USDA 数据（所涉及数据为 USDA2018 年 1 月份所公布数据），2016 年、2017 年中国油菜籽平均产量均为 128.67 千克/亩。https：//apps. fas. usda. gov/psdonline/app/index. html#/app/downloads.

理库存，油菜籽价格呈现稳中有降的趋势，由 1 月份的 4 756 元/吨下降为 5 月份的 4 740 元/吨。5 月份之后，新菜籽上市，但供给依旧不足，油菜籽价格在经过短期调整后整体呈现上升趋势，到 12 月份达到本年度的峰值 5 075 元/吨（见图 1）。

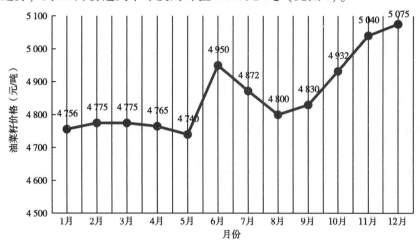

图 1　2017 年 1—12 月油菜籽月度价格
注：油菜籽月度价格根据中华油脂网相关数据整理得出

受进口量增加、替代品强势、库存清理与油菜籽减产、成本上升的共同作用，本年度中国菜籽油价格总体呈现先降后升的趋势。第一季度下降趋势明显，由 1 月份的 8 007.81 元/吨降为 3 月份的 7 347.80 元/吨。第二季度整体平稳，价格在 7 032.12～7 108.97 元/吨之间波动。6 月份之后，菜籽油价格呈现缓慢上升趋势，于 11 月份达到 7 361.43 元/吨，虽然 12 月份价格小幅下跌，但第四季度整体依然平稳（见图 2）。

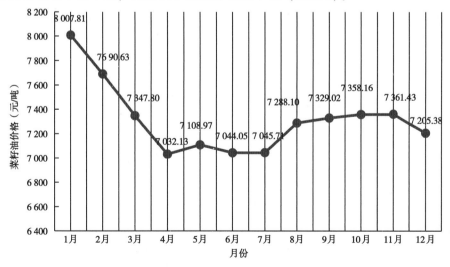

图 2　2017 年 1—12 月菜籽油月度价格
注：菜籽油月度价格根据中华油脂网相关数据整理得出

三、国际油菜产业技术研发进展

1. 遗传改良与品种改良

加拿大、澳大利亚以及欧洲油菜效益的实现主要依靠规模化、机械化与品种优质高产稳产的结合。西方国家（加拿大、澳大利亚以及欧盟国家）油菜产业主要以几种不育系统为依托，重点通过依靠资源创新等途径使油菜杂种优势利用的水平不断提高，同时特别注重抗倒伏、抗裂角、抗除草剂、抗根肿病、高油酸等新品种的开发和利用，以及通过基因工程手段培育具长链不饱和脂肪酸的油菜品种。这些产品的开发为显著提高油菜的产值具有重要的意义。

2. 栽培与生产技术

养分研究方面，国外许多油菜生产国家开始注重硫肥的施用，研究表明，硫肥对油菜具有很好的增产作用，而硼肥的过量施用则容易导致硼中毒，但是喷施外源钙、硅或水杨酸可显著缓解硼过量造成的危害。鉴于油菜苗期土壤养分供应及植株养分吸收利用对其后续的生长发育至关重要，国外开发了一种基于叶绿素荧光检测的低廉、快速的油菜植株养分无损快速诊断技术来替代传统的化学检测。

环境胁迫研究方面，国外普遍采用外源生长调节剂提高油菜抗逆性，如通过增加腐殖酸，能够显著促进油菜生长，提高油菜产量。

自生苗研究方面，国外学者研制了一套在半干旱条件下基于热量时间（Thermal Time，TT）预测油菜自生苗的出苗模型，并且明确了油菜出苗 50% 和 95% 的热量时间分别为 86.3TT 和 105.4TT，该模型的建立对油菜自生苗的发生具有一定的预防作用。

3. 植保技术

加拿大油菜产业同样受到根肿病的严重困扰，目前该国在资源创新和抗病基因定位方面取得了较好的研究进展，已经从芸薹属白菜种、甘蓝种和甘蓝型油菜中筛选出一批抗根肿病资源，并定位出抗病 QTL，但同时也发现油菜根肿病抗性的丧失，这表明一些地区的病菌优势生理小种已发生变化。除了抗病品种外，加拿大防治油菜病虫害的主要措施是对种子进行包衣，而且包衣的比例达到了 70%，具体做法是将杀菌剂、杀虫剂与肥料按配方配比成一定浓度药液，均匀喷洒在油菜种子上。

欧洲方面，德国科学家也对根肿病进行了大量的研究，发现了根肿病抗病基因的表达受土壤氮素水平的影响。英国洛桑研究所在油菜花露尾甲触角形态特征、感器分类、气味结合蛋白（OBPs）基因克隆以及利用天敌昆虫、病原微生物、信息素、生物农药、RNAi 技术等进行生物防控方面做了大量卓有成效研究，并取得一些突破性的进展。

4. 机械化装备

种植机械方面，加拿大、欧盟和澳大利亚等发达国家由于油菜种植集中、面积大、一年一熟旱作，便于实现机械化作业，因此普遍采用大型牵引或半牵引式播种机，气送式播种与施肥，且排种器由机械驱动发展为电驱动，排种管增加气力加速功能，耕整地、播种、施肥、覆土、镇压一次完成，具有播深、漏播自动检测和漏播报警、播种量自动调节功能，少部分播种机还可根据土壤肥力、墒情、前茬作物产量分布，实施精准变量播种、施肥作业。

收获机械方面，欧州、加拿大等油菜主要种植区域多采用大型收获机械规模化作业，但由于气候、地理位置等原因，加拿大多采用分段式收获，欧洲则仍然以联合收获作业为主。这些大型收获机械具有更高的生产效率，最大功率可达 515kW（700hp）；采用脱粒分离效率高的纵轴流脱粒滚筒，具备超大型粮箱和超长卸粮搅龙；智能化和信息化水平不断提升，通过将人工智能应用于收割机控制系统，该系统可自行调整和优化各作业部件的工作参数，还可综合 GPS 定位数据、地形、地力、以往作物产量及收获作业参数等数据确定当季收获作业的最优作业参数。

植保机械方面，日本、韩国是农用无人机发展较早的国家，对植保无人机的接受程度较高，日本农业航空施药作业面积占总作业量的 54%，其中无人机作业面积占航空作业的 38%。美国也高度重视航空植保和精准农业遥感技术方面的研究，采用有人驾驶固定翼飞机，年喷洒面积高达 3 200 万公顷，占总耕地面积的 50% 以上。

5. 加工和检测技术

菜籽加工产业技术研发方面，国际上主要集中在低温压榨和低温精炼技术研究方面。目前国内外研制的低温压榨技术残油率均较高，同时在设备自动化与智能化研究方面也相对滞后，限制了低温压榨技术的推广应用。低温吸附脱胶和脱酸等油脂精炼技术具有操作简便、无溶剂污染、无废水排放以及低耗能等优点，随着吸附材料的进一步发展，低温吸附精炼技术将具有良好的工业化应用前景。未来，以油脂安全和营养为基础，以油菜高效、提质、低耗、节能加工与高效资源化利用为目标，进行油菜籽低温、提质、净洁优质油脂与蛋白制备技术，研究适宜油菜产地化加工、高效资源化利用且营养、安全的成套技术，开发高附加值油菜精深加工和综合开发利用技术与产品将会成为研究的热点。

质量安全与营养品质评价技术研究方面，国际专家越来越重视油菜籽、菜籽油中植物甾醇、多酚、生育酚等营养功能成分检测与评价，其中油菜籽多品质参数速测和营养功能成分精准检测技术的研究成为该领域的优先发展方向。

四、国内油菜产业技术研发进展

1. 遗传改良与品种改良

据不完全统计，本年度完成登记品种 13 个，且尚有一批新组合在各级区试之中。经过近些年的不断努力，目前所培育适合机械化生产的新品种所占比重越来越大，为最终全面实现中国油菜产业全程机械化奠定了重要基础。此外，油菜新品种的含油量水平越来越高，高油酸新品种在全国各地崭露头角，抗根肿病新品种获得突破。同时，油菜品种的功能不断得到拓展，油菜多功能利用研究及其水平在中国异军突起，在国际上处于引领地位。饲料油菜、绿肥油菜、适合观光（不同花色、花期较长）、油蔬两用类型油菜品种已在生产上大规模进行利用，特别是药食兼用型油菜品种以及耐高盐碱、抗除草剂、抗裂角、抗倒伏油菜等各类新资源的发掘，为中国油菜产业健康高效可持续发展提供了重要途径。

2. 栽培与生产技术

栽培管理措施方面，研究了油菜机械起垄栽培技术的高产机理，明确了垄作提高了油菜氮素有效利用，从而达到增产的目的；比较了不同种植模式下油菜轮作的生态效应，揭示了稻稻油轮作体系下促进水稻显著增产的根际特异代谢物组分的物质可能是邻苯二酚和硬脂酸，明确了油菜水旱轮作较其他轮作模式在提高土壤肥力，促进其他作物产量上具有显著优势，为油菜进行水旱轮作的优点提供了科学依据；开展了油菜基于光谱特征的营养诊断和估产研究；建立了基于多重分形特征参数的油菜氮营养诊断模型和数码相机与低空无人飞机相融合，实现冬油菜氮素营养的区域化和便捷化监测。

营养和施肥方面，研发了冬油菜不同区域以及春油菜区专用缓控释肥产品，并且进行了大面积应用与推广；明确了与油菜籽同播硼肥的用量为 0.6 千克/亩；开展了不同生态区油菜产量的差异与光、温、水、热以及土壤等因子之间的关系，明确了油菜在苗期肥料损失大，后期叶片脱落大量氮素未能及时转移和有效分配至其他器官；明确油菜高产区土壤微生物群落如硝化菌丰度高有利于促进油菜生生长，提高产量；开展了氮、磷和钾元素的协调与油菜抗倒伏机制，为高密、抗倒、高产油菜栽培技术建立了基础。

3. 植保技术

菌核病方面，构建了油菜菌核病早期诊断技术体系与预测模型，建立了油菜菌核病监测数据标准和数据规范；筛选出多份抗菌核病品系，并提供给育种单位进行抗病育种；发现了核盘菌在致病过程中可分泌效应子参与其致病过程，为菌核病分子抗病育种提供新的线索；进一步完善了利用核盘菌弱毒菌株处理种子防控菌核病以及利用生防真菌盾壳霉防治菌核病的体系；进一步完善了油菜菌核病飞防技术体系，其防病效果相继通过了全国农技推广中心和湖北省植物保护总站组织的现场鉴定。

根肿病方面，初步建立了根肿菌快速检测及生理小种鉴定技术体系，明确了中国根肿菌分布的多样性；开展了根肿菌与寄主互作以及油菜抗病基因 QTL 定位研究，初步明确了根肿菌侵染早期的分子机理，挖掘出含有不同抗根肿病基因的种质资源；育成了中国首批具有应用价值的两个抗根肿病品种"华双 5R"和"华油杂 62R"，2017 年推广面积达10 万亩；建立了集适当晚播、培育无菌苗进行育苗移栽以及利用迭氮化钙进行土壤改良等多种技术手段的油菜根肿病绿色防控技术体系。

黑胫病方面，建立了快速检测油菜黑胫病菌的 LAMP 技术体系；在进口油菜籽加工企业厂房附近油菜自生苗上检测出黑胫病强致病种 *Leptosphaeria maculans*；对中国 150 份油菜种质资源对黑胫病强致病种的抗病性进行了评估，发现其中存在 *Rlm*1、*Rlm*2、*Rlm*3、*Rlm*4 等抗病基因。

虫害方面，利用刺探电位图谱（EPG）技术，筛选出 2 个对蚜虫表现出较好抗性的材料；研制出两种安全高效防控蚜虫和跳甲的油菜专用杀虫种衣剂；进一步揭示了油菜蚜虫与真菌病害之间的互作关系；深入研究了油菜叶露尾甲与寄主间的互作分子机制，获得与气味结合蛋白（OBPs）相关基因 28 个、与化学感受蛋白（PBPs）相关基因 3 个、与气味受体（ORs）相关基因 21 个。

4. 机械化装备

直播技术装备方面，完善了集灭茬、旋耕、精种、施肥、覆土、开畦沟、封闭除草等功能于一体的精量联合直播机；开展了组合式船型开畦沟装置、后置旋转开沟装置及其他土壤工作部件的研发，提高了播种性能及适应性；根据长江中下游地区水旱轮作油菜、小麦播种毗邻的主要种植模式，开展了油麦兼用型排种技术和机具研发。

毯状苗机械移栽技术装备方面，开展了独立单元式油菜毯状苗移栽联合作业机的研发，集旋耕、开窄沟/平地压实、取送栽、覆土镇压等功能于一体，采用自控电液系统实现机组前进速度与栽植速度匹配，进一步提高了栽植质量、效率和适应性。

收获技术装备方面，创新研制了两节齿带式捡拾脱粒机，空气阻尼自平衡式地面仿形系统实现了捡拾台与地面自动仿形，同时捡拾带速度与机具前进速度自动匹配，实现了高效低损捡拾收获；研制了轮式纵轴流油菜联合收割机，配置有液压驱动割台以及拨禾轮转速电液比例控制系统，增设了竖割刀气力回收装置，改进了脱粒滚筒结构形式和清选筛推送辅助装置，有效降低了割台损失和脱粒清选损失，同时性能优越的轮式底盘提高了机具转移速度，降低了操作人员的劳动强度，提高了作业效率。

植保技术装备方面，开展了油菜窄雾滴谱航空喷嘴的研究，研制了适合油菜航空施药的窄雾滴谱离心雾化喷嘴并进行了两轮样机试制。通过分析农业航空发达国家的现状、农业航空产业体系的标准，结合中国的农业特点和发展趋势，起草了《植保无人飞机质量评价技术规范》。

5. 加工和检测技术

油菜籽加工品质特性方面，对中国油菜主产区代表性油菜籽品种的基础理化、营养生化、酶系特征、风味特征、风险因子等 59 项指标进行系统剖析，研究发现不同区域和品种间油菜籽中维生素 E、甾醇、多酚等功能活性成分含量差异显著，如维生素 E 含量范围 170~700 毫克/千克（4 倍），植物甾醇含量范围 5 600~9 956毫克/千克（1.5 倍），β-胡萝卜素含量范围 2~5 毫克/千克（2.5 倍），总酚含量范围 190~700 毫克/千克（3.6 倍）。系统研究了微波物理场下油菜籽细胞中脂肪酶活、芥子酶活、天然活性成分、细胞壁等的变化，总酚、Canolol 含量增加 8 倍以上，抗氧化能力增加 2~4 倍。建立了油菜籽身份档案信息数据库，为优质油菜籽品种的定向选育和高效加工提供理论支撑。

菜籽产地加工方面，联用组合筛、风选、磁选、比重等组合净选方法，建立了油菜籽精选技术，菜籽含杂率低于 0.05%；研究提升低温压榨机的自动压榨控制系统，菜籽压榨残油小于 8.0%；研究建立了油脂同步物理脱胶—脱酸工艺，能耗降低 35%，产能提高 50%；开发了基于物联网技术的油料加工基地云端管理平台，研究突破了高品质菜籽油高效绿色加工工艺技术，形成具有自主知识产权的油料脱皮（壳）、调香、低残油低温压榨和低温物理炼制油脂制备技术与成套装备，总体居国际领先进水平，制定了高品质菜籽油产品质量标准。新技术在湖北枝江天清合作社、湖南沅江港湾现代农业合作社、江西瑞昌上湖村油菜种植合作社等地建立了 5 吨/天的生产线，取得了显著的经济、社会和生态效益。

油脂营养与功能产品开发方面，针对中国亚健康人群和慢性病人群特征，研究了 Canolol、高品质菜籽油和甾醇酯等的营养功能，重点以富含油菜籽油和番茄红素、维生素 A、D、E、K 等脂类伴随物为原料，与富含黄酮、多酚、皂甙等活性小分子的油菜花粉、蜂胶等天然产物协同作用，通过系统的原料真实性成分鉴别、制剂工艺、稳态化控制和功效评价，采用低温超微粉碎、微囊化等技术，解决了软胶囊易凝聚、分层和片剂活性物质易氧化降解、稳定性差等难题，研制出了具有增强免疫力的中油牌康华片，产品已通过卫生学、稳定性、安全性和功能评价。

（油菜产业技术体系首席科学家　王汉中　提供）

2017年度花生产业技术发展报告

（国家花生产业技术体系）

一、国际花生生产与贸易概况

从 2017 年 12 月份美国农业部发布的 *Oilseed：World Markets and Trade* 和 *Crop Production* 可以看出，印度是世界上花生收获面积的第一大国，2017 年花生收获面积 500 万公顷；中国是世界上花生收获面积的第二大国，收获面积为 485 万公顷；尼日利亚排在第三位，花生收获面积为 250 万公顷；苏丹和塞内加尔的花生收获面积分别为 180 万和 125 万公顷，分别排在第四、第五位。

2017 年世界花生生产总量为 4 434 万吨。其中，中国花生产量为 1 750 万吨，居于第一位；印度花生产量为 650 万吨，美国花生产量为 347 万吨，尼日利亚花生产量为 300 万吨，苏丹和塞内加尔的花生产量均为 140 万吨。

2017 年花生出口量前五名的国家分别是印度、阿根廷、美国、中国和塞内加尔。印度一直是花生出口第一大国，2017 年花生出口量 100 万吨；阿根廷是花生出口第二大国，2017 年花生出口量 82 万吨；美国、中国和塞内加尔的花生出口量分别 68 万吨、65 万吨和 42 万吨。2017 年欧盟花生进口量最多，为 92 万吨，排名 2~5 位的分别为中国、印度尼西亚、越南和墨西哥，进口量分别为 35 万吨、35 万吨、28 万吨和 21 万吨。

二、国内花生生产与贸易概况

国家花生产业技术体系各试验站的调查以及相关数据库资料显示，2017 年大部分花生主产省花生种植面积均有不同程度的增加。今年花生种植形势大体上可以总结为南减北增，主产区种植面积增加明显，非主产区花生种植面积有所减少。

本年度花生播种季节，北方降水稀少，东北、华北北部、山东半岛等地出现不同程度的干旱，辽宁、内蒙古东北部等地的部分地区甚至达到了特旱级别。河南花生整体长势不错，局部地区花生坐果率出现下降，主要原因是花生下针期遭遇干旱天气；部分地区在花生收获季节降雨频繁，影响了花生的正常收获。江西受 5 月份降雨频繁及 7 月份偏旱的影响，花生坐果率略下滑，果实饱满度不理想，果粒偏小。此外，今年东北地区提前进入冬天，对晚播花生的产量造成了影响。总体来看，本年度花生生长季节的不利天气因素仅出现在局部地区，未造成大范围的影响，根据各省农业部门上报的口径，全国花生平均单产为 248.15 千克/亩。

中国花生及其制品出口的种类有 10 种。从出口数量上看，烘焙花生的出口量最大，其次是去壳花生，再次是未列名制作或保藏的花生、其他未去壳花生、花生酱。

三、国际花生产业技术研发进展

1. 遗传改良方面

（1）基因组测序。2017 年世界花生科研取得重大进展，12 月下旬，国内外分别宣布完成了花生栽培种基因组测序。*Peanut Base* 网站栽培种基因组完整信息已提供下载。花生栽培种基因组序列信息的公布将极大地促进花生重要目标性状相关分子标记开发、基因定位和品种改良研究。

（2）遗传研究。目前，花生的遗传研究主要还是集中在基因定位方面。Hake 等利用 TMV2 和他的突变体 TMV2-NLM 构建的 RILs 群体，定位了与花生产量和分类特征相关的 QTLs；Adama 等利用单标记分析的方法分析了由抗病亲本 NAMA 和感病亲本 QH243C 构建的 F_2 分离群体，找到了与抗花生叶斑病性状相关的 SSR 标记；Wilson 等利用 BC_3F_6 群体对花生的含油量和品质性状进行 QTLs 定位，共定位到 17 个 QTLs 与脂肪酸含量相关。

（3）花生育种。印度利用与叶斑病抗性相关的 5 个标记对花生抗叶斑病和锈病育种进行分子标记辅助选择，经过多次回交，对杂交群体进行抗性选择，田间抗性评价进行前景选择鉴定获得一些较好的基因型，筛选获得 2 个回交家系抗叶斑病和锈病，产量分别比对照 TMV2 提高 71% 和 62.7%；美国对普通油酸品种和高油酸品种进行了叶斑病、黑腐病、菌核病在进行杀菌剂防治和不防治条件下的病害发生率和产量的比较，筛选获得了 1 个对叶斑病、黑腐病和菌核病具有较好耐性的高油酸品种，该品种在不同的种植条件下均具有较好的农艺性状、抗性、高油酸和高产的特性。

2. 病虫害方面

由 *Thecaphora frezii* 引起的花生 smut 病害（黑斑病或煤尘病）在阿根廷从一个次要病害上升为主要病害，该病害在阿根廷分布广泛，从南部到中部到整个阿根廷全境。该病害是属于 Ustilaginomycetes 亚门、lomosporiaceae 科，*Thecaphora* 属的新病害。NBS-LRR 类的新基因 AHRRS5 在抗、感青枯病的花生植株中都上调表达，利用植保素类似物如水杨酸、ABA、茉莉酸和乙烯等处理可以增强该基因在抗、感植株中的表达，干旱和低温也影响该基因的表达。下调的叶绿体基因和上调的 WRKY 转录因子在抑制与生长相关的植物激素的表达方面共同发挥作用，从而促进了花生病程相关蛋白基因（PR）高水平表达，提高花生晚斑病抗性。

在巴西，蓟马（*Enneothrips flavens* Moulton）和红颈花生虫（*Stegasta bosquella* Chambers）对花生的危害十分严重。以往这两种害虫防治主要依赖于化学农药的控制，但在最新的研究中，科研工作人员通过 *A. magna* V13751 和 *A. kempff-mercadoi* V 13250 的不育二倍体杂交获得了抗蓟马和红颈花生虫的花生品种。进一步的研究显示，V7635（*A. vallsii*），V13250（*A. kempff-mercadoi*），K9484（*A. batizocoi*），Wi1118（*A. williamsii*），V14167（*A. duranensis*）and V13751（*A. magna*）是获得抗虫性的新双二倍体的潜在品种。其中，An12（*A. batizocoi* x *A. kempff-mercadoi*）4x，An9（*A. gregoryi* x *A. stenosperma*）4x，和 An8（*A. magna* x *A. cardenasii*）4x 对蓟马有较好的抗性。

3. 栽培方面

美国在花生播种、施肥、灌溉等生产技术方面基本代表着世界花生产业的最高水平。花生种植集中，规模大，注重与玉米、棉花、高粱等轮作，实行标准化大垄平作，以匍匐和半匍匐品种为主。花生生产以优质、绿色、低成本、高附加值为发展目标。施肥特点是力求节肥增效，土壤 pH 值通常用石灰调至 5.8～6.2，该 pH 范围土壤可使大部分元素处在可被吸收状态，也可增加花生根瘤菌固氮；除氮、磷、钾大量元素肥料外，特别注意钙肥、锰肥、硼肥和钼肥的使用；在土壤耕作方面，近几年趋向于减、免耕作业。种植规格采用双行种植，垄距 91.5 厘米，单粒播种，株距 7.6~15 厘米。与单行种植相比，双行种植可以更多地截获光能，减少病害发生，提高花生产量；在技术应用方面，注重各项技术的集成应用，由技术推广机构对品种、施肥、植保等各项技术集成熟化，通过机械设备整合，实现了各个生产环节的标准化。

印度以农户为主，种植规模小，以畦作为主，种植方式多样；品种选择方面以直立型品种为主，部分地区为半匍匐，农业机械化水平不高。巴西、阿根廷种植规模大而集中，实行标准轮作和标准化平作种植，以匍匐型品种为主。

4. 机械方面

美国花生生产机械化技术已相当成熟，代表了当前世界最先进水平，其花生种植体系与机械化生产系统高度融合，耕整地、播种、施肥、中耕、灌溉、病虫害防治、收获、干燥、脱壳等各个环节早已全面实现机械化。

美国花生种植多采用大型机械进行单粒精量直播，且种子全部经过严格分级加工处理，并采用杀菌剂和杀虫剂包衣。风沙地条件下，为防止风蚀，常采取免耕播种作业。其播种设备多为气吸式或指夹式精量排种器，以降低伤种率，保证发芽率和种群数。美国花生收获技术以两段式收获为主，即先用花生挖掘机将花生挖掘、清土并条铺于田间，待花生干至一定含水率后，再用捡拾花生联合收获机捡拾摘果，相应的装备也早已实现了专用化、标准化和系列化。美国花生收获后干燥、脱壳加工等技术也相当成熟和完善，就车低温通风干燥、太阳能干燥、花生脱壳生产线广泛应用。近年来，GPS 卫星定位、自动导航等高新技术已逐渐应用在花生耕整地、播种和收获等作业环节。

总体而言，美国花生机械化生产技术模式与装备均已相当成熟，在成熟机具大面积应用的同时，企业作为技术创新的主体，还在不断对现有机型进行升级完善，使其产品向智能化、高效化等方向发展。

5. 产后加工方面

美国已经系统开展了花生加工特性与品质评价技术研究，基本确定了 Virginia Peanuts（弗吉尼亚型）、Runner Peanuts（兰纳型）和 Spanish Peanuts（西班牙型）的加工特性；印度学者零星开展了花生加工特性与品质评价研究，证实果形细长、末端尖细、单粒平均重量大约 0.55 克、种皮颜色为粉色或者浅棕色、蛋白质含量高（大于 25%）、脂肪含量低（小于 45%）、蔗糖含量高（大于 5%）的花生品种适合加工糖果；"Somnath"是当前印度最适合制做花生酱的加工专用品种。美国 Govindarajan 等建立了兰娜型花生品种的近红外水分模型，Sundaram 等建立了近红外法测定瓦伦西亚型和弗吉尼亚型花生的脂肪含量。但有关花生加工特性指标（O/L、球蛋白/伴球蛋白、精氨酸、蔗糖等）的快速无损检测技术尚不健全，制约了花生加工业健康发展。

美国北卡罗来纳州立大学 Tim Sander 教授团队采用中试规模的烘烤炉来模拟工业化生产，明确了烘烤条件对花生酱品质的影响；加拿大纽芬兰纪念大学 Adriano Costa de Camargo 研究了花生红衣中的酚类酸和类黄酮的抗氧化活性；波兰科学院报道了花生红衣原花青素的结构及其生物活性功能，包括保护心血管、治疗糖尿病、抑制肥胖、降血压等。由于消费习惯不同，国外在花生蛋白挤压、花生豆腐研究方面鲜有报道，以花生茎叶、花生根为原料开发功能性食品的研究也少之又少。

四、国内花生产业技术研发进展

1. 遗传改良方面

种质资源创制方面。2017 年共创制高油酸种质 107 份；抗青枯病材料 17 份。筛选到适宜盐碱地种植的品种（系）16 个；与脱壳机械相适应的品种（系）19 个；与机械化收获相适应的品种（系）7 个。筛选到适宜与小麦、棉花、玉米、水稻等轮作的花生品种（系）15 个；筛选到氮高效利用品种 5 个。这些种质的获得将会极大地提高优质、抗逆花生品种的选育效率、推进花生全程机械化生产发展进程、促进花生最优轮作模式创建以及助力花生减肥增效、绿色生产。

品种选育方面。共培育出花生新品种 14 个，其中高油酸新品种 4 个，抗白绢病新品种 1 个。

遗传研究方面。牟书靓等采用优先取样法结合最短距离法进行聚类分析，构建了包含 128 个样品的花生核心种质。采用 SSR 标记参数进行验证，表明 128 份初级核心种质可以代表原种质 80% 的遗传信息，较好地代表了原种质的遗传多样性；李丹阳等认为多数品质性状间有极显著或显著相关的关系。棕榈酸和油酸的相关系数最高为（$r=-0.887$），其次为硬脂酸和油酸（$r=-0.753$）。一些与花生主茎高。侧枝长、荚果大小、出米率、产量、叶斑病抗性等相关的 QTLs 已经定位，为花生重要农艺性状功能基因的挖掘奠定了很好的基础。

2. 病虫害方面

随着花生播种面积的扩大，花生连作造成的危害越来越严重，加之农户为了操作的简便，施肥时重化肥轻有机肥，导致土壤板结、通透性差、土壤酸化、土壤环境中有益菌的种群数量大幅度减少，土壤菌群失衡，花生病害发生日趋严重。广东花生主要病害为青枯病、根腐病、白绢病、叶斑病、网斑病、花生锈病。河南花生主要病害为根腐病、立枯病、冠腐病、茎腐病，花生白绢病，花生疮痂病，花生病毒病。河北主要发生的病害为根腐病、叶斑病、疮痂病。花生茎线虫病在中国河北、山东花生产区广泛分布，在河南省也有分布。在花生田昆虫群落结构及多样性研究方面，分别对吉林、辽宁、江苏等地区的花生田昆虫的种类、发生规律进行了全面、系统的研究。

研究发现，花生受疮痂菌侵染后，寄主体内苯丙氨酸解氨酶、过氧化物酶、多酚氧化酶、超氧化物歧化酶和过氧化氢酶活性均呈先升高后降低的变化趋势；抗病品种在接种后 24~36 小时出现防御酶活性高峰，感病品种的酶活性高峰出现在 48~72 小时。在花生叶部病害防治方面，筛选了对花生褐斑病防治效果较好的药剂。在 14 种药剂中，5% 己唑醇悬浮剂 1 000 倍液对花生褐斑病仿效最高，达 91.24%；43% 戊唑醇悬浮剂 5 000 倍液，25% 吡唑醚菌酯乳油 1 000 倍液、25% 嘧菌酯悬浮剂 1 000 倍液也能起到很好的防病效果，而且施用这些药剂可以提高花生产量。

3. 栽培方面

在国家供给侧农业产业结构调整及“一控两减三基本”等政策引导下，花生栽培技术围绕种植模式、轮作及减肥增效等方面开展研发和示范，取得了显著成效。除传统的轮作方式外，各主产区探索了新的轮作模式，如河南“夏花生—冬小麦—夏玉米—冬小麦—夏玉米—冬小麦三年六熟轮作”“西瓜—花生—玉米一年三熟”、山东“大蒜—花生一年两熟”、辽宁“马铃薯—夏花生一年两熟”、黑龙江西部寒地“花生—玉米轮作少耕"、广西"水稻—花生轮作""春花生—秋甜糯玉米—冬马铃薯一年三熟"、福建"花生—甘薯—冬玉米一年三熟"等轮作及多熟制模式。间套作方面，山东研究了"花生‖谷子""花生‖油葵""花生‖高粱"和"花生‖棉花"等间作模式、广西"甘蔗‖花生"间作模式。黄淮花生产区麦套花生面积继续减少，麦后夏直播面积继续扩大，河南研究比较了麦后平播、麦后起垄、麦后起垄覆膜、麦后起垄播种时喷液态膜、麦后起垄苗后喷液态膜等模式，认为麦后起垄覆膜、麦后起垄苗后喷液态膜两种模式分别比麦套花生增产 12.51%和 9.2%，适宜在河南推广。山东熟化示范麦后夏直花生机械化灭茬、花生机械化播种、机械化收获相协调的种植模式。新疆膜下滴灌栽培条件下，双粒播种的最佳密度为每亩 10 000~11 000 穴。

针对花生产区特点及供给侧结构调整的要求，开展了大量的花生综合高产技术集成与示范。花生适期晚播避旱增产栽培技术、淮河流域麦后直播花生高效种植技术、花生单粒精播节本增效高产栽培技术等被发布为农业部主推技术。

4. 机械方面

2017 年，花生机械化水平进一步提升，相关科研单位及农机企业就麦茬免耕播种、高效捡拾联合收获、高效半喂入联合收获、种用花生脱壳、荚果干燥等技术开展了大量的研发与试验示范工作，并已取得新的阶段性成果。完成了麦茬全秸秆覆盖地花生免耕洁区播种技术新一轮优化提升、产业化开发和试验示范工作，设备性能已可满足花生生产需求，并已在河南、安徽等主产区获得示范应用；针对现有花生收获机生产效率偏低，渐已无法满足规模化种植快速发展对高效花生收获设备的需求迫切现状，科研机构和农机企业相继研发出了多款花生捡拾联合收获机，部分机型已实现小批量生产，并已在河南、山东、河北、辽宁等主产区进行示范应用；半喂入四行花生联合收获机经过持续多年试验与改进，相关技术已经成熟；大中型全喂入花生摘果机可与农村保有量大的小型挖掘收获机相配套作业，在河南、山东、河北、东北等传统花生主产区广获应用，并已成为主产区应用最为普遍的一种花生收获机械；半喂入两行花生联合收获机已在黄淮海花生产区广泛应用，技术性能日趋成熟，已经能满足主产区规范化和一定规模化种植的花生机械化收获需求；设计并优化小型低速柔性花生种子脱壳设备，进一步提升了花生脱壳机的品种适应性及脱壳效果；对研发的换向通风干燥机机体结构、通风方式、匀风技术、热源、卸料方式等进行改进与提升，改进提升后的换向通风干燥剂拆装运输方便、干燥均匀性更好、烘干成本降低、人工辅助劳动强度减轻，并在江苏泗阳开展了花生干燥试验示范，作业效果良好。

5. 产后加工方面

国内在花生加工特性与品质评价技术方面，主要开展了以下工作：针对中国花生品种加工特性不明的问题，开展了花生原料特性分析，明确了中国花生原料的加工特性；针对传统检测方法分析速度慢、操作步骤繁琐、成本高等问题，构建近红外快速无损检测模型 18 个、高光谱快速无损检测模型 4 个、便携式近红外快速无损检测设备和模型 5 个，建立了基本特征指标和加工特征指标的系列快速无损检测方法；针对花生原料特性与制品品质之间关系不明晰，缺乏科学的原料与制品品质关系模型等问题，构建了不同品种花生原料特性和制品品质的数据矩阵，建立了原料特性与制品品质多重多元回归模型 $Y = ZB + E$，以及原料特性与凝胶型蛋白、溶解型蛋白、油、酱四类制品品质的一维关联模型（准确率 0.7~0.96），确立了四类制品加工适宜性评价技术方法、指标体系和等级标准，初步筛选出 13 个花生加工专用品种；通过考察花生原料水分、压榨温度、压榨压力、压榨时间等条件，结合脱脂率、碎粒量、生产效率及能耗等因素，确定了低温压榨制油技术与半脱脂花生联产工艺，出油率 28.0%、花生残油 17%，复形度 100%；开展了花生豆腐中试制备技术、发芽花生中白藜芦醇四种异构体的检测方法等研究；在副产物综合利用方面，开展了花生蛋白-多糖互作对其凝胶性的影响研究，以及使用 W/O/W 乳液运载体系包埋白藜芦醇，可提高花生中白藜芦醇的利用率。

（花生产业技术体系首席科学家　张新友　提供）

2017年度特色油料产业技术发展报告

（国家特色油料产业技术体系）

一、国际特色油料生产与贸易概况

1. 国际特色油料生产概况

世界芝麻种植面积1 067万公顷，总产量550万吨，分别比上年减少6.0%和4.0%。印度芝麻种植面积减少10%，总产65万吨；苏丹单产较高，总产达50.0万吨；缅甸黑芝麻种植面积增加约10%，但因降雨减产严重，总产仅30万吨。世界胡麻种植面积270万公顷，总产量285万吨，分别比上年减少2.0%和3.0%。加拿大胡麻面积比上年增加19%、美国减少16%；俄罗斯和哈萨克斯坦胡麻产量呈小幅缩减，合计总产量仍超过130万吨；北美总产量80万吨，与上年持平。世界向日葵年度种植面积2 538万公顷，总产量4 584万吨，分别比上年增加0.6%和11.0%。向日葵种植主要集中在乌克兰和俄罗斯，两国葵花籽产量之和占世界总产的50%；欧盟第三位，年度产量930万吨；中国向日葵生产发展迅猛，年度总产量已达285万吨。

2. 国际特色油料贸易概况

世界芝麻贸易量170万吨，比去年下降15%，但国际市场价格逐步回升，年底基本与2015年持平。世界芝麻主要出口国为印度、埃塞俄比亚、苏丹、缅甸等亚非国家；苏丹为年度最大出口国，出口量50.0万吨，占世界贸易量的29.0%。主要进口国为中国、日本、韩国、土耳其等国家。中国为第一进口大国，年度进口芝麻71.2万吨，占世界总贸易量的42%，但比去年减少23.6%；主要从埃塞俄比亚、苏丹、尼日利亚、坦桑尼亚等非洲国家进口。世界胡麻籽年度贸易量约130万吨，比去年下降10%。主要出口国为加拿大、俄罗斯、哈萨克斯坦等，俄罗斯为年度最大出口国，出口量46万吨；主要进口国为欧盟、中国、土耳其等国家，中国为年度最大进口国，进口量34万吨；世界葵花籽年度贸易总量371.5万吨，其中进口量187.2万吨，出口量184.3万吨。主要出口国包括欧盟、阿根廷、俄罗斯、乌克兰，其中欧盟年度出口量35万吨；主要进口国有欧盟、土耳其等国，其中欧盟年度进口60万吨。近年来，世界葵花籽需求稳步增加，国际贸易市场较为活跃。

二、国内特色油料生产与贸易概况

1. 国内特色油料生产概况

全国芝麻主产区年度种植面积稳步增加，河南、湖北、安徽、江西芝麻种植面积增加5%，东北、西北芝麻生产快速发展，全国种植面积52万公顷；黄淮、江淮主产区生育后期降雨多，不利于成熟与收获，减产约15%，品质下降；预计全国平均单产1 270千克/公顷，总产量约65万吨。全国胡麻年度种植面积31.3万公顷，比上年增加6.9%；平均单产1 435.5千克/公顷，比上年增加1.5%；总产44.5万吨，比上年增加8.5%。其中，甘肃气候有利于胡麻生长发育，单产较高；内蒙古、河北等产区受干旱影响，胡麻长势不良，单产比上年下降。全国向日葵年度种植面积 110 万公顷，总产量 285 万吨，比上年增长 10.2%。向日葵种植主要集中在内蒙、新疆、青海等西部地区。本年度特色油料作物生产中存在的突出问题是主产区自然灾害和病害发生频繁，机械种植水平低，生产成本较高。

2. 国内特色油料贸易概况

中国芝麻年度需求量仅 120 万吨，比上年下降约 20%，由于供给相对宽松，进口明显下降；年度进口芝麻 71.2 万吨，比上年减少 23.6%；主要从埃塞俄比亚、苏丹、尼日利亚、坦桑尼亚等非洲国家进口。中国年度出口芝麻 4.1 万吨，比上年增加 36.8%，主要出口到韩国、日本、东亚等国家。中国胡麻年度需求量 75 万吨，受国际市场价格上涨影响，贸易规模比上年缩减；年度进口胡麻 33.98 万吨，比上年减少 28.4%。加拿大、俄罗斯和美国是中国胡麻主要进口来源，分别占进口总量的 78.7%、15% 和 6.1%；其中，从俄罗斯进口胡麻连续两年显著增长。中国年度出口胡麻 3 986 吨，比上年增加 1.4%；主要出口至荷兰和德国，出口量分别占 46.1% 和 33.3%。中国葵花籽年度贸易总量 53.16 万吨，比上年增加 42.4%。其中，进口葵花籽 12.2 万吨，比上年增长 57.9%；从哈萨克斯坦进口量占 99%；年度出口葵花籽 40.96 万吨，比上年增加 38.4%；主要出口到伊朗、埃及、伊拉克等国家，分别占出口总量的 26.9%、18.2%、13.0%。

三、国际特色油料产业技术研发进展

1. 特色油料种质资源研究进展

年度以种质资源鉴定与评价、遗传多样性研究较为集中。主要进展包括：印度芝麻来自四个区域，Ⅰ. 喜马拉雅岛西部，Ⅱ. 干旱区域的东部和中印度的西部，Ⅲ. 中印度的东南部和北部半岛地区及东部沿海，Ⅳ. 印度东北丘陵区；利用 SRAP 标记对 52 份芝麻种质进行遗传多样性评价，发现遗传多态性高的种质在地理起源与标记间相关性较低；从大量芝麻种质资源中筛选出抗旱品种，发现抗旱为隐性性状；筛选出 6 个耐盐品种。对 130 个亚麻品种 26 个表型性状间及其与 37 个 SSR 标记的相关性分析，发现单株纤维重与株高、花期呈显著正相关，而单株种子产量与株高、纤维重量呈显著负相关；单株纤维重与 11 个标记位点相关，合并表型解释率为 62.4%。对加拿大保存的 391 份亚麻核心资源的农艺性状、纤维品质、抗病性状进行了评价，发现表性差异与地理分布相关性较小，但东亚地区资源多为纤维用亚麻，而南亚和北美地区资源多为油用亚麻；籽粒品质性状广义遗传力较高。

2. 特色油料遗传育种研究进展

开展了芝麻野生种 *S. malabaricum* 和 *S. mulayanum* 与栽培种种间杂交试验，发现这两个野生种与栽培种杂交的花粉管进入珠孔的比例分别为 60% 和 58%，未发现受精前存在杂交障碍。利用印度品种进行不同剂量 r-射线辐射处理，获得了抗裂蒴、早熟、有限型、矮生型、单秆型、多棱、长蒴等变异类型。以芝麻胎座附着力强弱为指标建立了芝麻落粒性评价模型，认为胎座附着力强、蒴果狭长是适于机械化收获的类型。利用 19 个 AFLP 标记和 69 个 RAPD 标记构建一张遗传图谱；利用 213 个 AFLP 分子标记构建构建一张遗传图谱；利用 13 个 RFLP、80 个 RAPD、1 个 STS 标记构建 1 张胡麻遗传图谱；对胡麻种皮颜色和花色进行了 QTL 定位。法国绘制出高质量向日葵参考基因组；通过 GWAS 分析确定了非加性遗传对向日葵杂交种开花时间的影响。

3. 特色油料病虫渍旱害防控研发进展

首次报道 *Phytophthora tropicalis* 能侵染芝麻，引起茎基腐病；芝麻链格孢叶枯病病原能够产生毒素，影响芝麻生长和发芽；芝麻两种病原菌菜豆壳球孢和尖孢镰刀菌没有拮抗作用，共同接种芝麻茎杆比单独接种发病重；芝麻品种对茎点枯病菌的抗性表达与 JA-ET 信号通路相关，抗病品种能够更快地对病原菌作出抵抗反应；通过芝麻抗旱转录组分析，发掘 61 个芝麻抗旱候选基因。从孜然种子中分离的枯茗酸对向日葵核盘菌表现出较高的抑制活性；在向日葵核盘菌中发现了一种呼肠孤病毒科的一个新分类的菌株（SsReV1），该病毒寄生核盘菌后显著降低其致病性。丙烷脒对向日葵核盘菌具有较好抑制作用。对产生抗药性的向日葵核盘菌株，其细胞膜渗透性、过氧化物酶和多酚氧化酶活性显著高于敏感菌株，且抗性菌株中 MAP 激酶基因 *SsPbs* 发生了点突变。

4. 特色油料耕作栽培技术研究进展

年度以逆境生理、抗逆栽培、肥水高效利用等研究较多。主要进展包括：明确了 NaCl 对芝麻萌发及幼苗生长的酶促及生化反应，筛选出耐盐种质资源。在印度 Vindhyan 地区施用硫和石灰能提高芝麻生产能力。在伊朗使用磷酸盐生物肥料和 Nitrogenxin 生物肥料可使磷酸盐化肥和尿素的消耗量分别减少 50% 和 25%。巴西学者发现使用海水灌溉，随灌溉量的增加向日葵叶绿素含量降低，开花延迟，但随着氮的增加而增加；向日葵在正常供水和水分亏缺时，使用 1% 的叶面钾肥可显著提高向日葵的产量。向日葵根部内生菌具有缓解镉毒性，利用向日葵根能吸收土壤中的镉并将其固定到根系中；外源抗坏血酸处理可以缓解盐胁迫对向日葵所产生的影响。在覆膜技术应用、环保型地膜应用、覆膜与节水灌溉等方面也有大量研究。

5. 特色油料加工技术研究进展

年度国际特色油料加工研究主要集中在饼粕蛋白利用、功能物质提取以及保健食品开发等方面，研究了乙醇萃取葵花籽油过程中不同脂溶性物质提取速率、冷榨芝麻油生产的最佳工艺条件、降低芝麻油中苯并芘含量的技术。探讨了酶法和高压水处理对亚麻籽蛋白改性的效果、固态发酵法降低胡麻籽饼中植酸的含量。明确了辐照技术对芝麻蛋白功能特性的影响，辐照对向日葵分离蛋白的结构、理化特性、抗氧化性的影响。发现碱法比酶法提取的亚麻蛋白具有更好的乳化效果、乳化活性和乳液稳定性。探讨了以葵花油磷脂为乳化剂制备了胡麻籽油乳化液、利用亚临界萃取芝麻中活性成分。对芝麻和亚麻中微量元素生物利用率进行了评价，对芝麻木酚素不同结构的抗氧化性能及其生理活性和抗肿瘤作用进行了研究。开发出系列新产品，如高木酚素亚麻籽油产品、亚麻籽蛋白粉、以亚麻籽为原料的植物蛋白饮料系列产品。

四、国内特色油料产业技术研发进展

1. 特色油料种质资源研究进展

年度收集各类芝麻、胡麻、向日葵种质资源 2 503 份，完成了 3 387 份种质资源重要农艺性状、抗病抗逆性状的鉴定与评价，筛选出高含油量材料 59 份、高蛋白材料 12 份、高抗病材料 67 份、高度抗逆材料 45 份。建立了芝麻、胡麻抗病抗旱等重要性状鉴定技术体系。利用 62 对 SSR 标记对 136 份食葵和油葵自交系进行了群体结构分析，发现食葵遗传多样性较油葵丰富。利用 SRAP 标记对国内外 161 份胡麻种质资源进行了聚类和遗传多样

性分析，将其划分为 2 大类 5 个亚类，遗传多样性指数为中国西北群体>中国华北群体>美洲群体>亚洲群体>欧洲群体。对向日葵资源抗列当进行鉴定，发现油葵中对列当表现出高抗水平的材料所占的比例显著高于食葵。通过遗传群体构建与连锁分析，获得与芝麻、胡麻、向日葵生长发育、产量、品质等相关的主效 QTLs 103 个；通过全基因组关联分析，获得与芝麻、胡麻重要性状显著关联的基因位点 22 个；开发出相关性状紧密连锁的分子标记 13 个。

2. 特色油料遗传育种研究进展

在优异种质创制方面，通过理化诱变、远缘杂交、群体改良等途径，创制出抗病抗逆、优质高产、新型不育等优异芝麻、胡麻、向日葵新种质 37 份，其中高抗病新种质 5 份、高油新种质 4 份、不育突变体 3 份。通过轮回选择，创造出高油材料 3 份，高木酚素材料 6 份。采用 0.5% EMS 浸种 24 小时、1.0% EMS 浸种 12 小时、1.5% EMS 浸种 6 小时处理芝麻诱变率较高。利用 17 个特异 BACs 区分了芝麻栽培种 13 条染色体，首次公布了芝麻栽培种染色体编号。将芝麻分枝（*SiBH*）和叶腋花数（*SiFA*）基因分别定位到 LG5 和 LG11 连锁群上。通过 KEGG 富集分析和基因共表达网络研究揭示了向日葵响应黄萎病菌侵染的分子机制。培育出芝麻隐性核不育保持系 WB7-1D。本年度体系共选育出芝麻新品种 20 个、胡麻新品种 9 个、向日葵新品种 14 个，其中有 32 个新品种增产幅度大于 10%，表现出较大的增产潜力。

3. 特色油料病虫草渍害防控研究进展

年度重点开展了芝麻、胡麻、向日葵病虫草害发生规律、病原菌致病机理及绿色防控技术研究。明确了甘肃省胡麻田间杂草群落结构以及危害严重的杂草种类。监测了黑龙江中西部向日葵田间菌核萌发和子囊孢子数量变化动态，明确子囊孢子主要通过管状花侵入向日葵花盘。筛选出对菌核病、黄萎病和黑斑病表现较抗的多抗性品种材料 14 份，对除草剂烟嘧磺隆和阿拉特津具有降解活性的降解细菌 3 株、高效防治芝麻茎点枯病化学药剂 5 种、防治叶部病害化学药剂 2 种。研制出芝麻枯萎病、茎点枯病、叶斑病防控技术 3 套。筛选出了对胡麻白粉病有较好防效的杀菌剂，即 50% 啶酰菌胺可湿性粉剂，适用于胡麻田播后苗前土壤处理的高效除草剂 3 种，苗期茎叶喷雾防除胡麻田芸芥的高效除草剂 1 个，对向日葵菌核病防效较高的化学药剂 3 种、无公害药剂 3 种、生防制剂 2 种，对盘腐有较高防效的用药组合 1 个。发现向日葵列当防治的最佳时期是在列当种子萌发寄生阶段，明确了应用抗除草剂向日葵品种结合对应的内吸性除草剂是防治向日葵列当的有效途径。

4. 特色油料耕作栽培技术研究进展

重点开展了芝麻、胡麻、向日葵需水需肥规律以及机械化种植技术研究。明确了向日葵品种对钾吸收利用规律、芝麻不同生育时期最佳施肥量、旱地胡麻减量施肥稳产增效作用。研制出胡麻高产高效专用肥配方 2 个、芝麻丸粒化配方 3 个、芝麻化学间苗剂 1 种，研制出芝麻、胡麻、向日葵节水减肥增效关键技术。明确了豆科作物、作物秸秆还田、牲畜粪肥对提升土壤肥力的作用。明确了轮作对胡麻土壤养分的调控效应，提出以马铃薯-胡麻-小麦-胡麻轮作经济效益最高。研制出芝麻多功能播种机、割捆机，向日葵机械化精量播种、中耕除草以及收获机，胡麻电动条播、气吸式双行膜上穴播、电动膜边循迹穴播、田间遥控喷药、防缠绕机械收获、山地双层割台收割、脱粒物料分离清选、全膜双垄沟残膜机械化回收等机械化作业装置。建立了夏芝麻高产高效机械化种植技术体系，实现了分段收获。建立了包括选用抗病抗旱品种、减量施肥增效技术、微垄+地膜覆盖栽培技术、旧膜重复利用免耕穴播技术、高效机械化生产技术等胡麻高产高效综合栽培技术体系。建立了包括选用抗病抗列当向日葵品种、病害和列当综合防控技术、控肥增效技术、机械化播种与收获技术等向日葵高产高效综合生产技术体系。

5. 特色油料加工技术研究进展

年度重点开展了特色油料高效加工技术、功能产品开发、生物活性物质功能评价等研发工作。发现微波预处理芝麻可提高冷榨芝麻油抗氧化物质的含量；研发出醇法制取浓缩蛋白生产技术、冷榨亚麻籽油膨润土吸附精炼技术及工艺，建立了芝麻、胡麻油脂低温制取技术体系以及油脂与蛋白联产技术及工艺。研制出亚麻籽中多种功能成分综合提取技术及工艺，应用新技术亚麻籽油得率 38.35%、亚麻蛋白 14.16%、亚麻胶 9.56%、木酚素 10.93%。开展了亚临界萃取芝麻饼粕中蛋白质与糖类技术，葵花籽热变性蛋白粉制备工艺、蛋白脱色技术、绿原酸分离纯化、总黄酮提取技术等研究，提升了饼粕蛋白综合加工能力。开展了芝麻、胡麻生物活性物质保健功能作用机理的研究，发现芝麻素具有抗氧化、延缓衰老、能改善氧化应激导致的肝脏损伤等功效；亚麻籽油联合虾青素对脂肪肝的形成具有很好的抑制作用。明确了芝麻、向日葵油脂加工过程中多环芳烃、塑化剂等风险成分形成规律，制定对风险成分精准控制的适度加工技术。开发出高钙芝麻酱、芝麻钙咀嚼片、芝麻蜜丸、亚麻籽酱、亚麻乳饮料、亚麻提取液酸奶等产品。

（特色油料产业技术体系首席科学家　张海洋　提供）

2017 年度棉花产业技术发展报告

（国家棉花产业技术体系）

一、国际棉花生产与贸易概况

1. 棉花产量大幅增加

2017/2018 年度全球棉花种植面积和产量大幅增加，单产持平略增。据国际棉花咨询委员会（ICAC）2018 年 1 月预测，2017/2018 年度全球棉花总产量为 2 543 万吨，同比增长 10.6%。分国别看，世界主要产棉国棉花生产均呈现不同程度的增加。美国由于播种面积和单产均增加，产量增加至 467 万吨，同比增长 24.9%。印度受棉红铃虫虫害影响，单产有所下降，但由于播种面积增加，棉花总产增加至 623 万吨，同比增长 8.7%，占全球棉花产量的 1/4 左右。受益于棉花价格恢复和棉花比较效益提高，中国棉花播种面积增加，产量同比增长 2.7% 至 548.6 万吨。巴西和巴基斯坦棉花生产均表现为单产均同比下降，面积同比增加，总产分别为 157 万吨和 185 万吨，同比增长 1.6% 和 11.5%。乌兹别克斯坦棉花产量为 80 万吨，同比增长 1.3%。

2. 全球棉花消费略有恢复

2017 年，世界经济回暖，全球经济增长速度达到 3%，棉花消费略有恢复。据 ICAC 2018 年 1 月最新预测，2017/2018 年度，全球棉花消费量为 2 522 万吨，同比增长 2.9%。中国、印度、巴基斯坦、孟加拉、越南是世界主要的棉花消费国，消费量均呈现增加态势，分别为 812 万吨、530 万吨、223 万吨、144 万吨和 131 万吨。中国仍然是世界第一大棉花消费国，2017/2018 年度消费量占全球棉花消费的 32.2%。

3. 国际棉价受经济形势影响呈"N"字形波动

2017 年棉花价格涨幅明显，价格好于往年，Cotlook A 指数年均价为每磅 83.59 美分，同比上涨 12.6%，但月度间变化不一。全年国际棉花价格波动呈"N"形，先上涨后下跌再上涨。1—5 月，受美棉出口形势较好，中国和东南亚国家用棉需求增加，美元指数下跌等因素影响，国际棉价持续走高，Cotlook A 指数（相当于国内 3128B 级棉花）月均价从每磅 82.33 美分上涨至 88.64 美分，上涨 7.7%；进入 6 月以后，受新年度全球主要产棉国棉花普遍增产，全球棉花供求宽松影响，国际棉价连续三个月下降；8 月 Cotlook A 指数月均价下跌至每磅 79.43 美分，与 5 月相比下降了 10.4%。9 月份，市场担心"哈维"飓风对美棉生产造成影响，刺激国际棉花价格小幅上涨至每磅 80.6 美分。10 月份，北半球新棉集中上市，"哈维"飓风对美棉产量影响消退，全球丰产预期进一步加强，国际棉价维持弱势，下跌至每磅 78.60 美分。11 月份以后，受国际石油价格攀升，美棉出口签约量创年度新高，印度和巴基斯坦棉花质量和产量低于预期等因素影响，国际棉花价格大幅上涨，12 月 Cotlook A 指数（相当于国内 3128B 级棉花）月均价每磅 85.19 美分。

4. 国际棉花贸易小幅上升

据 ICAC 数据，2017/2018 年度全球棉花出口 835 万吨，同比增 3.5%，进口 835 万吨，同比增 3.0%。美国、印度、巴西、澳大利亚和乌兹别克斯坦是世界主要棉花出口国，其出口量占世界出口总量的比重超过 70%。2017/2018 年度 5 个棉花出口大国中，澳大利亚、巴西和印度棉花出口增加，增幅分别为 23.7%、6.6% 和 8.1%。美国和乌兹别克斯坦棉花出口有所下降，分别减少 0.9% 和 2.9%。孟加拉、越南、中国、土耳其和印度尼西亚是世界主要棉花进口国，其进口量占世界进口总量的 70.1%。2017/2018 年度，除土耳其棉花进口减少 10.0% 外，孟加拉、越南、中国和印度尼西亚棉花进口均有所增加，进口增幅分别为 11.3%、19.2%、21.8% 和 5.3%。

5. 国际棉花库存持平略增

2017/2018 年度，世界主要产棉国棉花生产增加，消费略有恢复，棉花扭转了连续两年产不足需局面，全球棉花供应宽松。据 ICAC 数据，2017/2018 年度，全球棉花期末库存为 1 898 万吨，较上年度上升 1.1%，库存消费比从上年度的 77% 下降到 75%，除中国外的库存消费比由 49% 上升到 58%。中国继续处于去库存阶段，占全球棉花库存的比重由 57% 下降到 48%，中国棉花的库存消费比为 112%，同比下降 21 个百分点。

二、国内棉花生产与贸易概况

2017 年中国棉花播种面积 322.96 万公顷，比 2016 年减少 14.66 万公顷，下降 4.3%。全国棉花单产为 1 698.6 千克/公顷，比 2016 年提高 7.3%。全国棉花总产 548.6 万吨，比 2016 年增加 14.2 万吨，增长 2.7%。分地区看，新疆棉花播种面积 196.31 万公顷，占全国的比例从 2016 年的 53.5% 进一步扩大到 2017 年的 60.8%，比上年增长 7.3 个百分点，总产在 408 万吨左右，占全国的 74.4%，比上年提高 7.1%，黄河流域棉区面积较上年减少 21.5 万公顷，下降 24.3%，长江流域棉区减少 9.7 万公顷，下降 14.9%。

据中国棉花公证检验数据，至 2018 年 3 月 17 日，2017 年新疆棉花检验产量 494.8 万吨，比国家统计 408.2 万吨多 86.6 万吨，这样全国产量达到 635.2 万吨。农业部公布 2017 年 12 月中国农产品供需形势分析报告显示：2017 年度中国棉花产量 534.4 万吨，较上年减少 26.1 万吨，消费量为 828 万吨，进口量为 110 万吨，期末库存 875 万吨。2017 年储备棉投放成交量 322 万吨。据海关统计，2017 年累计进口 115.4 万吨，同比增长 28.9%。2016/2017 年度中国累计进口棉纱 193.96 万吨，同比下降 4.68%；累计出口 36.94 万吨，同比增长 9.27%。2017/2018 年度棉花进口量预计为 110 万吨，与上年持平，消费量为 822 万吨，期末棉花库存降至 700 万吨。

三、国际棉花产业技术研发进展

在遗传改良研究方面，世界棉花遗传育种工作由传统的杂交育种和杂种优势利用逐步向分子设计育种方向转变。美国的转基因技术及理论、抗旱机理研究、种质材料的基因图谱和分子标记技术均处于领先地位。近期美国农业部动植物卫生检验局（APHIS）批准了 "Roundup Ready Xtend" 新型抗草甘膦转基因棉花种植，旨在解决孟山都 Roiindup 转基因棉田杂草对草甘膦除草剂产生抗性的问题。此外，拜耳作物科学研究所的转基因棉花品种 Twinlink 获得美国国家环境保护局（EPA）批准，该品种含有 2 种蛋白毒素，分别是源自 T304-40 品系的苏云金杆菌 Cry1Ab 蛋白毒素和源自 GHB119 品系的 Cry2Ae 蛋白毒素，可以有效防治鳞翅目害虫，如棉铃虫、烟青虫、草地夜蛾等，同时其对除草剂草铵膦也具有很强的耐受性。澳大利亚种植的全部都是转基因棉花，其中 99% 为复合性状（抗虫和抗除草剂）棉花。

在耕作栽培研究方面，国际各主产棉国的植棉技术逐步实现机械化，机械化率以美国和澳大利亚最高，而且向大型化、信息化和智能化发展。以美国为代表的发达国家，棉花栽培技术的主题依然围绕着智能化信息化助推机械化技术；绿色生产和提升棉花产品质量为主，主要体现在合理轮作和耕作方式，开发应用保水、提温的农业机械；利用无人机监测棉花长势和决策管理的应用规模越来越大。绿色环保生产方面，主要表现在除草剂减量使用、量化灌溉、高效施肥技术等方面。

在棉花植保研究方面，针对病害，阿根廷首次发现由一种非典型棉叶卷矮病毒引起的棉花卷叶病害。在大丽轮枝菌中鉴定出效应分子 VdSCP7，证明该分子可以调节植物免疫反应，发现大丽轮枝菌的附着枝既是侵染结构又是独特的分泌结构，是大丽轮枝菌成功侵染植物的关键信号中枢；多聚半乳糖醛酸酶抑制蛋白 GhPGIP1 的过表达可以增强棉花对黄萎病和枯萎病的抗性。针对虫害，各国继续监测棉铃虫、烟芽夜蛾、金刚钻等靶标害虫对转 Bt 基因抗虫棉花的抗性演化趋势，探讨不同基因结合使用、RNAi 等技术在抗性靶标害虫治理中的作用。针对棉田杂草，由于抗除草剂棉花的长期运用，且棉田除草剂品种单一，杂草抗药性问题日益突出，杂草抗药性正朝着区域化、多样化、多元化方向发展；在全球一体化的进程中，杂草的人为扩散及外来入侵杂草的预警与防治仍是人们关注的焦点。

在棉副产品加工方面，各植棉国对棉籽等副棉产品的利用十分很重视。近年来，棉油脱酚精炼、棉籽蛋白提取等方面已取得重要进展，美国的脱酚脱色棉油和脱酚棉籽蛋白作为食品或食品添加剂已进入商业化应用。另外，棉籽油除食用外，还作为生物柴油、维生素 E 及其他营养成份提取等研究也已取得较大进展。在美国和澳大利亚等国，清花废料的加工利用也取得显著进展。对于以提高棉籽品质为目的的育种研究也有显著进展，集中于采用生物技术手段降低棉籽中的棉酚含量，以提高棉籽的利用价值。

在棉花机械研究方面，棉花生产机械化技术最先进的仍是美国、澳大利亚和巴西等国，以美国约翰迪尔公司和凯斯纽荷兰公司等大型公司为主，在采棉机上应用了 GPS 定位导航技术、自动驾驶技术、自动测产技术和自动打包技术，耕作、种植、田管等机械采用宽幅、大型机具提升作业效率，收获机械方面水平摘锭式采棉机已成为主流，约翰迪尔公司新研制开发的打圆包式采棉机逐渐成为用户首选。澳大利亚、巴西等国主要应用美国农机具产品。

在棉花产业经济方面，2017 年全球棉花经济信息研究咨询机构主要有：国际棉花咨询委员会（ICAC）、美国农业部（USDA）的世界棉花展望、英国利物浦棉花展望公司（Cotlook），以及一些国际著名跨国集团和贸易公司如路易达孚、嘉吉等。这些组织、机构与企业均建有自己的棉花经济信息数据信息库，并对全球以及主要国家的棉花生产、消费、进出口贸易、库存以及棉花大国的政策调整等密切关注，分析其对全球棉花市场的影响。国际棉花咨询委员会、美国农业部每个月定期发布全球棉花市场平衡预警报告。上述研究分析咨询报告对世界主要棉花生产国、消费国和贸易国的棉花产业发展以及棉花经营企业的经营决策具有重要的参考作用。

四、国内棉花产业技术研发进展

在遗传改良研究方面，随着棉花二倍体 A 基因组、D 基因组以及异源四倍体陆地棉、海岛棉基因组序列先后公布，棉花生物学研究迅速进入后基因组时代。大量的棉花 SNP 标记将会被开发，为复杂数量性状的遗传研究奠定有利基础。目前研究证明多数 SNP 变异与基因功能密切相关，通过基因定位、关联分析可以发掘棉花纤维品质、产量、抗逆性状的 SNP 位点信息并应用于作物遗传育种。在资源材料创新方面，已创制出一大批新型转基因材料，包括转 *GhJAZs* 基因的耐盐材料、转 *GhSnRK2* 基因的耐旱材料、转天麻抗真菌蛋白基因 *GAFP* 的抗病材料和转 *Ghpag*1 基因、转 *FBP*7：*iaaM* 基因的高衣分材料等。

在耕作栽培研究方面，随着农业供给侧改革的深入，棉花栽培技术逐渐发生变化，长江流域油后直播棉示范面积有所扩大，给轻简化栽培带来新的希望，但是，播种环节的天气和技术以及后期异常天气对产量和早熟性技术问题还待破解；黄河流域精量播种技术得到大范围的应用。从播种、植保等环节能够实现全程机械化生产，在山东、河北和天津得到大面积示范。机械打顶、化学调控打顶、肥水化控配套的免整枝免打顶技术也已取得了一定进展。绿色生产减肥减药、生物地膜、无膜棉和信息化栽培技术等研究逐步开展，其中无膜棉栽培在南疆取得重大进展。

在棉花植保研究方面，从中棉所 12 克隆出抗枯萎病基因 *GhTGA*2.2，证明该基因通过水杨酸信号传导途径参与对枯萎病菌的防御反应；克隆出一个参与棉花对大丽轮枝菌抗性调控的基因 *GhCOI*1；发现过量表达 *GhPFN*2 能够介导微丝骨架的重排，进而参与棉花抵御大丽轮枝菌的侵染过程。阐明了红铃虫对 *Bt* 棉花的抗性演化趋势及其生态学规律，首次证明了 *Bt* 棉花和非 *Bt* 棉花种子混合可以有效治理害虫的抗性，发展了害虫抗性治理的新方法和新策略。盲蝽绿色防控技术体系以及棉铃虫食诱剂使用技术、小飞机喷雾技术在生产上广泛应用。针对棉田杂草，研究热点仍集中在杂草抗药性评估、抗性机理挖掘及抗性防治对策等方面，转基因抗草甘膦棉花已经进入环境释放阶段，杂草与作物的互作竞争已从传统形态与生理指标的分析深入到分子机制的探索。

在棉副产品加工方面，作为蛋白质和食用油短缺的国家之一，充分利用棉籽及其副产品已成为中国棉业的重要任务。中国的棉油脱酚精炼、棉籽蛋白提取以及棉籽油作为生物柴油、维生素 E 及其他营养成份提取等研究均取得较大进展。在研究和技术创新方面，种子低酚的棉花育种也已取得较好的进展，并研发棉籽成分的高效分析技术，可对完整的种子进行蛋白质、氨基酸、油分、脂肪酸、植酸、棉酚等成分的快速而精确地分析。

在棉花机械研究方面，近年来中国棉花生产机械的技术水平持续提升，小型三行采棉机的研发成为行业热点，采收原理主要是基于水平摘锭式，部分企业的机型已经在生产中应用，但机具可靠性仍待考验。新疆地区棉花覆膜播种机根据种植农艺变化持续改进机架结构，配套机械式穴播器持续研发，作业可靠性提升明显。黄河流域棉区的山东滨州、东营等地区植棉大户涌现，耕作、种植、田管、收获加工及秸秆还田等环节的机械化管理水平逐步提升。长江流域棉区湖北荆门地区开展了棉花生产全程机械化技术的积极探索，由于受田块面积和耕作模式的限制，棉花种植机械化水平提升缓慢。耕作以旋耕浅翻为主，种植技术仍以钵体育苗、人工移栽为主。总体来看，国外先进术在国内机具上有部分体现，但国内机具比较国外先进技术仍有较大差距。

在棉花产业经济研究方面主要集中在三方面，一是加强棉花产业供给侧结构性改革研究，提高供给体系供给质量和效益，提升产业层次；二是继续完善棉花平衡表的支撑体系，建立棉花供需平衡表，构建科学合理的信息来源途径、预测分析方法；三是研究棉花产业科技贡献率，客观审视棉花科技创新对棉花产业发展的贡献。

（棉花产业技术体系首席科学家　喻树迅　提供）

2017 年度麻类产业技术发展报告

（国家麻类产业技术体系）

一、国际麻类生产与贸易概况

2017 年国际麻类生产和贸易仍然受到种植环境和国际市场的影响，麻类生产、贸易复杂性与多样性的特点没有发生本质改变，麻类产业的发展仍然集中于产品的深加工和产品多用途的开发。国际的亚麻、工业大麻和剑麻生产产区分布与去年基本一致，其中亚麻生产国家还是集中在亚洲、美洲和欧洲。总体来说，亚麻的主要出口国仍然是法国、比利时、埃及、荷兰和乌克兰等，其中法国出口中国亚麻数量占中国亚麻进口量的 59.7%；比利时出口中国亚麻数量占中国亚麻进口量的 24.67%。

二、国内麻类生产与贸易概况

1. 麻类作物种植

国内麻类种植面积持续稳步回升，其中 2017 年麻类作物达 160 万亩，较 2015、2016 年分别增加 29.2% 和 21.2%。黑龙江省继云南省之后通过了工业大麻种植许可相关条例，工业大麻的规模化种植成为热点，黑龙江省工业大麻种植面积新增 45.7 万亩，针对工业大麻产业的投资热度持续上升。企业自建基地规模化种植逐渐成为苎麻生产发展的主要趋势，形成了老产区麻农分散种植和新产区企业集中种植并进的格局。企业主导的东部沿海滩涂地黄/红麻规模化种植业逐渐起步，剑麻和亚麻种植面积保持稳定。

2. 产业投资

2017 年上半年纺织行业 500 万元以上固定资产投资项目完成额为 6 130.1 亿元，同比增长 9.1%，增速较上年同期提高 2 个百分点，呈逐步回升态势。规模以上麻纺企业投资方向侧重于麻纤维纺前加工、纺纱及麻织造加工行业，有助于麻纺织行业攻克污染环境等技术问题，对企业的发展产生积极影响。另外，新型生态城市建设中以麻类纤维、麻类副产物为主要原料的装饰、基材等新产业逐渐显现出来。麻类作物饲料化、生态修复产业的投入也在持续加大。

3. 市场与贸易

据中国纺织工业联合会统计中心数据显示，全国麻类纤维及麻制品进口总额与 2016 年基本持平，其中麻原料累计进口总额 4.53 亿美元，占 80.43%。苎麻、亚麻、黄麻织品进口总额分别下降 18.3%、11.5% 和 53.9%。2017 年 1—8 月中国麻类纤维及麻制品出口总额为 7.56 亿美元，同比下降 3.53%。这与国内麻类产业向产业链后端转变、竞争力相对增强及国际麻类产业竞争加剧等因素有关。

2017 年 1—7 月，全国 285 家规模以上麻纺织企业主营业务收入累计 333.16 亿元，同比增长 2.32%；主营业务成本累计为 299.30 亿元，同比增长 2.92%。但据商务部数据显示，1—8 月中国劳动密集型产品在欧盟和日本的市场份额分别下滑了 0.5 和 0.9 个百分点，东南亚国家产品所占份额明显上升。可知，麻纺的内需不断扩大，与此同时，促进麻类产业由劳动密集型向知识密集型转变越来越紧迫。

三、国际麻类产业技术研究进展

国际上麻类育种研究主要集中于麻类作物分子生物学方面。黄麻全基因组数据公布，研究发现绿原酸、槲皮素等 29 种复合物参与了黄麻耐重金属的调控。红麻叶、花、皮和种子中的化合物提取研究，为开发环保型天然药物提供了重要信息。亚麻研究领域深入探讨了抗病差异基因表达、生物进化、木质素生物合成、遗传多样性等内容。国际麻类作物栽培方面仅有液体有机肥与赤霉素配施等少量报道。

麻类病害研究主要集中于亚麻、红麻及大麻。研究发现三叶草提取物以及根菌处理可以推迟亚麻枯萎病的发病时间，尖孢镰刀菌侵染亚麻后会引起水杨酸苯甲酯表达量升高与苯丙酸途径被激活。证明了 *Cercospora malayensis*、*Coniella musaiaensiswas* 分别为红麻叶斑病、茎腐病的病原物。首次报道了瓜果腐霉可以引起美国工业大麻茎腐病和根腐病，证实了大麻隐潜病毒（*Cannabis cryptic virus*）是引起大麻条纹病的唯一病毒。国际农田杂草抗性研究发展迅猛，生产者对茎叶喷雾类化学除草剂的应用十分慎重，但针对麻类的研究较少。西孟加拉特莱区的研究发现除草剂喹禾灵较芽前秸秆覆盖具有更好的防效。

国际上主要在工业大麻收获及纤维加工机械方面开展研究。欧美种植大麻以药用成分提取和短纤维应用为主，研制与使用的大麻机械有美国、德国、波兰等国的茎秆收获机、茎叶收获机、茎叶籽收获机等。德国莱布尼茨农业工程与生物经济研究所研发了一种新型锤式短纤维剥制生产线，并基于旋转叶轮开发了一个简单但有效的清洁麻屑和纤维混合物分级技术。

麻类加工研究热点仍然集中在新型复合材料和纺织性能改良方面，少量研究报道了脱胶技术。如筛选出可用于红麻酶法脱胶的高产甘露聚糖酶菌株烟曲霉 R6，可用于麻纤维酶法脱胶的高产木聚糖酶菌株侧耳木霉菌等。工业大麻作为建筑材料的研发在澳大利亚、欧洲取得较快的进展，将工业大麻麻秆粉碎加上石灰混匀，浇灌成房屋墙体技术的成熟度得到提高，并部分进入实用市场。

四、国内麻类产业技术研究进展

1. 育种与资源挖掘

中国麻类作物育种目标继续向专用、兼用、多用深层次拓展，育种技术性分子水平提升，但选育机构仍然以公立科研院所为主。全年育成苎麻新品种 1 个、亚麻新品种 4 个、黄麻新品种 2 个、工业大麻新品种 1 个，配制红麻杂交组合 93 份。苎麻全基因组测序工作完成，并在全基因组关联分析、QTL 定位、稳定分子标记开发等方面取得重要进展。亚麻功能基因开展研究取得一定进展。黄麻研究集中在逆境种植转录组分析、抗逆基因克隆及验证方面。成功构建红麻运输抑制剂响应蛋白基因超表达和干扰载体，为探索红麻木质素合成调控分析提供了新数据。高大麻二酚含量工业大麻种质资源鉴定、评价、选育和应用成为热点。对 25 份剑麻种质进行了表型分析与倍性鉴定。

2. 栽培与土肥

抗逆调控和减肥增效成为麻类栽培与土肥研究的关注点。苎麻在水培驯化、荫蔽胁迫、低氮胁迫、钠盐胁迫、重金属胁迫、覆盖栽培等条件下的产量形成机理和栽培调控技术等方面均有报道。发现了亚麻高富集重金属镉的现象，并探讨了水分、钾肥在亚麻产量形成中的作用。开展了红麻抗旱基因分析及栽培技术研究。总结了豫南地区大麻-黄/红麻接茬栽培技术。分析了黄麻响应重金属镉及钠盐胁迫的特征。开展了工业大麻秸秆还田栽培技术及激励研究。筛选了剑麻组培苗的光色配比，进行了剑麻渣与化肥配施技术研究。总体来说，麻类作物在抗逆机理分析和技术研发上不断进步，并表现出突出优势，但参与种植业结构调整等战略部署的深度还不够。

3. 病虫草害防控

国内病虫草防控主要在抗病虫育种、分子水平上开发抗性基因、筛选获得抗性菌株、杂草抗药性监测等方面开展。获得 1 对与黄麻炭疽病抗性相关的 SNP 标记，为黄麻抗病育种亲本选配提供理论依据。对剑麻斑马纹病菌 EST-SSR 标记开发与评价。克隆出具有抑菌活性的剑麻防御素基因。分离到病菌层出镰刀菌（*Fusarium proliferatum*）和链格孢（*Alternaria alternata*）为剑麻叶斑病防治有重要的指导意义。获得剑麻紫色卷叶病抗性苗，并发现其是新菠萝灰粉蚧传虫毒引起。获得抗剑麻烟草疫霉菌（*Phytophthora nicotianae Breda*）的转基因植株。筛选得到多株对亚麻立枯病原菌具有拮抗作用的细菌。证实大丽轮枝菌（*Verticillium dahliae*）是引起新疆地区亚麻黄萎病的病原菌。通过养殖和田间调查亚麻象发生规律和生活史，亚麻象幼虫的空间分布型为负二项分布，应用聚集度指标分析表明亚麻象幼虫呈聚集分布。实时监测麻田小飞蓬、牛筋草和马唐的抗性水平，发现小飞蓬和牛筋草对草甘膦、马唐对高效氟吡甲禾灵目前处于低抗水平。

4. 机械设备

研制出 4LMZ-180 型苎麻收割机，并对该机进行了智能化研究，集成自动对行、割台地面仿形、拨麻装置高度自调控装置。针对南方空气湿度高、苎麻鲜茎含水率高等特点，进行了剥制机械改型与试制。对大麻茎秆进行了切割力学试验研究，获得大麻单茎秆切割和大麻往复式割刀台架切割最新的研究数据。开展了工业大麻、苎麻、黄红麻等麻类纤维收获与剥制机械选型研究。在现有茎秆收割机基础上，研制改装了 4GM-185 型饲用苎麻收割机。研制出了用于工业大麻、红麻、黄麻等纤维剥制加工的大型机器 4BM-780 型剥麻机。

5. 脱胶技术

国内脱胶领域的研究重点集中在高活力高稳定性脱胶酶的获得、新型脱胶方法的优化、不同脱胶方式对纤维性能的影响、新型脱胶微生物菌种的筛选以及脱胶过程的监测等方面。脱胶酶的研究热点依然是果胶裂解酶，提高热稳定性和耐酸碱性能是主要目标。提出了苎麻纤维分段脱胶技术、适度脱胶技术等，用以满足不同终端产品需求。分离出蜡样芽胞杆菌 P05、假单胞菌 X12 等可用于麻类纤维脱胶的微生物菌株。研究酶法改性、低温等离子体处理及 Fenton 助剂对苎麻纤维性能的影响。探讨了蒸汽爆破、碱处理对红麻纤维性能的影响。分析了地衣芽胞杆菌 HDYM-04 所产复合酶对亚麻纤维性能的影响。进行了 NaClO 用量在汉麻漆酶脱胶中对纤维性能的影响研究。

（麻类产业技术体系首席科学家　熊和平　提供）

2017 年度糖料产业技术发展报告

（国家糖料产业技术体系）

一、世界糖料及食糖生产与贸易概况

1. 全球食糖产量稳中有增，市场 2017/2018 年度供给过剩

2016/2017 年度全球食糖产量为 1.659 28 亿吨，较上年略增 50 万吨，食糖消费量约为 1.723 9 亿吨，较上年增长 1.22%，市场供给短缺 390 万吨。受气候和政策影响，印度食糖产量大幅减少，澳大利亚产量和出口量双降，全球食糖在巴西丰产下维持增产，中国、巴基斯坦、欧盟增产，泰国在天气利好下复产。中国和墨西哥库存下降抵消了巴基斯坦库存增加的影响，2016/2017 年度全球消耗掉 681 万吨库存糖，期末库存大约下降 7.67%，库存消费比同比下降了 4.57 个百分点。预估 2017/2018 年度，由于泰国、欧盟、印度和中国食糖增产，全球食糖市场可能供给过剩 500 万吨。2018/2019 年度全球糖市仍将供应过剩 300 万吨。

2. 全球食糖出口贸易微增，巴西是第一出口国

2017 年，全球食糖出口贸易约6 215万吨。泰国、欧盟、阿根廷、菲律宾、埃及食糖出口增加，印度、巴基斯坦、乌克兰、俄罗斯、马来西亚、摩洛哥、危地马拉、墨西哥食糖出口减少。从近年发展趋势来看，巴西、泰国、澳大利亚、危地马拉和墨西哥是主要食糖出口国，五国出口量约占 72%，巴西出口占 47.34%；中国（含走私）、印尼、欧盟、美国、马来西亚和印度是主要食糖进口国，六国进口量约占全球的 33.8%。世界食糖贸易量变化受到产量与政策变化影响。2017 年，欧盟、印度、泰国、中国等食糖主产国都处于政策多变期。欧盟：2017 年 10 月 1 日，随着欧盟糖生产配额制度的结束，生产和出口限制被取消。淀粉糖行业也不再受欧盟配额制的生产限制，对于欧盟炼糖业部门来说，新的市场机会可能会出现。印度：随着印度由国内高库存鼓励本国食糖出口，转向因减产避免本国糖价增长，印度糖业政策经历了鼓励食糖出口、上调食糖进口关税、限制糖厂囤积食糖数量、增加 30 万吨原糖进口、上调甘蔗指导价等政策。泰国：糖业面临市场化改革取向、东盟经济共同体有利于泰国出口、澳大利亚与泰国在印尼享有相同进口关税不利于泰国出口、新的含糖饮料消费税不利于食糖消费四个政策的综合影响。市场化改革取向是指，2016 年 10 月 11 日巴西就泰国糖补贴将其告到了 WTO，巴西认为泰国糖补贴及价格支持政策有利于泰国糖出口。为此，泰国政府向公众征求了修改《蔗糖法》的意见，旨在取消甘蔗生产补贴、废除国内糖价控制和食糖销售管理政策，2017 年 12 月 4 日内阁会议已通过了修改草案。因此，泰国放开糖价自由浮动，预计将有利于其出口，有利于消费者和企业用户，但不利于蔗农。2017 年 5 月 22 日，中国实行贸易保障措施，自动进口许可和贸易保障措施对于有序进口发挥促进作用。

二、中国糖料及食糖生产与贸易概况

1. 糖料与食糖两年减产后实现恢复性增产，食糖消费量同比持平

2014/2015 年度和 2015/2016 年度连续两年减产，2016/2017 年度中国食糖实现恢复性增产。据中国糖业协会统计，2016/2017 年度全国食糖产量为 928.82 万吨，较上年度 870.19 万吨增长了 6.74%，增产 58.63 万吨。其中，产甘蔗糖 824.11 万吨，较上年度的 785.21 万吨增加 4.95%，占食糖产量的 88.73%；产甜菜糖 104.71 万吨，较上年度的 84.98 万吨增加 23.22%，占食糖产量的 11.27%。全国食糖消费量与上年基本持平，消费结构中，民用消费：工业消费＝39%：71%。

2. 国储糖抛储 101.58 万吨食糖，多策并举下食糖进口有所下降

为保障食糖市场供应和价格平稳运行，国家发改委、商务部、财政部先后在 2016/2017 年度对国储糖进行抛储 101.58 万吨，广西也对地方储备糖进行了抛储 49.67 万吨。与此同时，随着糖价回升，得益于食糖进口自动许可管理、严厉打击食糖走私、配额外食糖进口实行贸易保障措施等政策，支撑了食糖销售价格平稳，2016/2017 年度成品白糖累计平均销售价格 6 674 元/吨。贸易保障措施相当于对配额外进口糖在 50% 的关税水平上收取"贸易保障税"，使得食糖进口量较上年明显下滑。2016/2017 年度中国食糖累计进口 228.19 万吨，同比下降 38.82%；2017 年中国食糖进口 229 万吨，同比下降 25.2%。

3. 食糖价格以下行震荡为主，库存处于低位

2016/2017 年度食糖产量为 928.82 万吨，消费量为 1 500 万吨，进口量 228 万吨，因 2016 年以来持续严打走私，走私糖明显减少，食糖产需差额主要消耗前期库存，去库存效果显著。从食糖价格来看，2016 年 10 月至 2017 年 12 月，国内食糖价格呈先上涨、后下滑、后区间震荡态势，期间最高涨到 7 040 元/吨，最低为 6 215 元/吨，上半年在 6 500 元/吨至 6 900 元/吨之间运行为主，下半年价格区间下移，在 6 200 元/吨至 6 500 元/吨区间震荡为主。

4. 2017/2018 年度糖料面积稳中有增，食糖产量可能回升至 1 020 万吨

随着糖料收购价格平稳或者略升，2016/2017 年度广西糖料蔗收购价二次结算后为 500 元/吨，云南、广东收购价分别为 420 元/吨、505 元/吨，内蒙古自治区（以下简称内蒙古）甜菜收购价为 500～530 元/吨，2017 年糖料种植面积稳中略增 1.55%，但因气候适宜和单产提升，产糖量约为 1 020 万吨，甘蔗糖和甜菜糖分别为 907 万吨和 113 万吨。

三、甘蔗产业技术发展动态

1. 世界甘蔗产业技术发展动态

甘蔗遗传改良创新方面，2017 年国外 50 多篇论文的研究涉及甘蔗种质利用和品种评价、抗病性遗传、分子标记筛选和开发、基因克隆与鉴定和转基因等。主要集中在：①甘蔗抗黄锈病连锁标记筛选和分子标记开发取得突破性进展，形成了成熟的辅助育种技术体系；②高通量 SNP 标记平台的建立和应用将极大提高育种效率、缩短育种周期；③转基因甘蔗商业化种植再次取得突破，巴西甘蔗育种技术公司 CTC 研发的转基因甘蔗 CTC 20 BT 已被批准商业化；④甘蔗全基因组测序进展顺利，有望推动全基因组选择育种技术体系建立和应用。

病虫防控技术方面，病害来看，印度、巴西和泰国等主要产蔗国，对甘蔗梢腐病、锈

病、草苗病、黄叶病、白叶病开展研究，主要进展包括：建立梢腐病、宿根矮化病危害甘蔗的产量损失评估模型，设计并获得检测草苗病的特异性引物，建立基于 RGAP 分子标记的甘蔗品种材料抗赤腐病的鉴定技术，试验证实梢腐病病菌可导致甘蔗枯萎和梢腐两种表观症状，建立甘蔗黄叶病、白叶病、黄褐色锈病的分子检测技术体系，印度发现草苗病新的传播寄主。虫害来看，巴西和印度等国针对甘蔗螟虫和甘蔗地下害，开展转基因甘蔗抗虫研究，并获得重要进展。印度还开展微生物制剂如绿僵菌和化学农药如氯虫苯甲酰胺等对金龟子防治试验，明确不同药剂的防治效果。法国的试验证实，合理施硅肥对防治甘蔗螟虫的效果显著。在生物防治方面，泰国开展了绒茧蜂防治甘蔗螟虫的示范，并评估其经济效益。

栽培耕作技术方面，精准农业是现代农业栽培的发展方向，需要有效的方法准确地测量土壤物理、化学性质及其动态变化。土壤表观电导率（ECA）是一个快速的间接测量土壤电导率传感器，不需要广泛的土壤取样就可用来确定土壤参数的空间变化。美国、巴西等先进国家通过对甘蔗不同时期的需肥量、需水量研究结果，通过 GPS、RS 和 GIS 技术相结合，建立起甘蔗生产的全方位物联网系统，更加有利于精准、集约化甘蔗生产方式的发展。

设施与设备方面，以澳大利亚和美国为代表的大规模甘蔗生产机械化模式下的甘蔗耕种管收作业技术与机具已成熟，其特点是大功率和高效率。技术发展的方向和热点是采用 GPS 导航技术的田间规划、作业规划和自动导航以实现固定轨迹和高效作业。以日本为代表的小规模甘蔗生产机械化模式下的甘蔗耕种管收作业技术具有差异化的特点，需要根据不同立地条件和农艺/工艺要求进行差异化设计，目前仍处于熟化和推广阶段。

2. 国内甘蔗产业技术研究进展

遗传育种与种业方面，体系成的柳城 05−136、桂糖 42 号、桂糖 46 号、云蔗 05−51、云蔗 08−1609、粤糖 60 号、海蔗 22 号、福农 38 号、福农 40 号、福农 41 号等品种成为中国广西、云南等糖料蔗核心基地建设的主推品种，比新台糖 22 号（ROC22）增产 10% 以上，糖分提高 0.5 个百分点。2017 年，体系育成的新品种在中国蔗区推广应用面积达 35% 以上。2017 年，糖料体系在国内配制了 250 多个甘蔗杂交组合，种植杂交分离群体超过 60 万苗，系圃鉴定选育出一批优异育种材料，38 个新品系继续进行以两宿的生态适应性与稳定性评价，3 个新品种通过广东省鉴定，7 个获国家、1 个获美国品种权保护；从 624 个亲本中，筛选出抗黑穗病 24 份、抗花叶病 19 份、综合抗病 4 份；对 263 份甘蔗品种系和野生种进行了抗褐锈病基因的分子标记鉴定，筛选出 81 份高抗材料；从 117 个组合中筛选出高抗 35 个、抗病 31 个；杂交创制一批含有新热带种血缘、新细茎野生种和大茎野生种及斑茅血缘的新材料，拓展了杂交育种的遗传基础。种质创新与应用获省级二等奖 1 项、三等奖 2 项，发表 SCI 论文 14 篇。

病虫害防控方面，病害来看，通过 PCR 分子检测手段，确认甘蔗检疫性病害在广西蔗区的分布及主要甘蔗品种材料的带毒情况；建立适合于田间甘蔗赤条病害的巢式 PCR 分子检测技术；采用分子标记技术和 RT−PCR 检测技术，对当前主要甘蔗品种材料的抗锈病潜力和抗花叶病进行评估，获得一批含抗褐锈病基因的甘蔗材料，明确一批甘蔗新品种材料对甘蔗花叶病致病病原的抗性，筛选出双抗花叶病的甘蔗新品种材料 10 份，为生产用种选择及抗病育种工作提供科学依据。

虫害来看，研究获得甘蔗螟虫、金龟子等主要害虫在甘蔗主产区的发生规律、生物学特性及其预测相关的数学模型，评估绵蚜为害和梢腐病发生对甘蔗产量及糖分含量的影响，研究明确噻虫胺、噻虫嗪、吡虫啉对甘蔗螟虫和蚜虫的防治效果，开展无人机飞防对甘蔗绵蚜、螟虫等的防治效果，获得无人机飞防的重要参数，为甘蔗病虫的高效轻简防控技术累积宝贵经验。

栽培技术方面，体系在主产区广泛开展测土配方施肥，深入研究甘蔗不同时期和不同科学施肥量，形成了氮、磷、钾科学配比的甘蔗专用底肥和甘蔗专用追肥，在主产蔗区光温特性和杂草类型研究基础上，运用现代工艺技术，研发开发应用了甘蔗降解除草地膜产品并产业化应用，形成以全膜覆盖为主的甘蔗轻简保水技术。根据甘蔗轻简施肥技术特别是两减一增技术的需要，在甘蔗上，重点开展缓施肥技术和一次施肥技术研究应用，研究发明了以氮为内层，磷为中层，钾为外层，前期释放外层磷、钾肥，中期释放氮素的甘蔗控缓释肥工艺生产技术。

设施与设备方面，以广西双高基地为代表的大规模甘蔗机械化生产技术模式下的甘蔗收获技术仍以进口机型为主，凯斯和迪尔是主打机型。甘蔗种植仍是以切种式甘蔗种植机为主，蔗段种植技术处于研发阶段。以洛阳辰汉为代表的小型切段式甘蔗收获技术逐步得到市场认可，目前需要进一步熟化和提升。国产甘蔗收割机生产厂家切段式以柳工农机、中联重工、贵州中首信为代表，整秆式以湖北神誉重工、湖北国拓重工为代表，整体技术水平仍是熟化与提升阶段。研发单位华南农业大学推出的三角履带切段式收割机和切段刀辊中置式物流通道技术，代表了国产技术的创新性和新的发展方向。

2017 年在糖料体系推动下，甘蔗产业发展特点如下：一是体系专家合力在甘蔗良种筛选及农机农艺节本增效技术集成与示范方面；二是提出以中大型甘蔗机械化应用为主的两广（广西、广东）模式技术，以中小型为主的西南（云南）模式技术，以地方政府和大型龙头企业为依托，支撑甘蔗全程机械化应用。2017 年，全国主产蔗区甘蔗机械化率达 46%，以机械化为主的生产方式正在推动中国蔗区的转型升级。

四、甜菜产业技术发展动态

1. 世界甜菜产业技术发展动态

品种选育方面，欧美日等主要发达国家在现代农业生物技术与传统育种技术结合方面取得良好成效。借助分子辅助技术在品种抗病虫、含糖率、根产量、耐低温等方面都有显著提升。在单倍体育种技术、转基因育种技术等方面都有新突破。选育出的遗传单胚种品种产质量性状及抗性等方面也有显著提高。另外，国外目前使用品种均为遗传单粒雄性不育杂交种，商品种均采用丸粒化醒芽加工处理，同时大部分品种具有抗除草剂特性，适应集约化、规模化、机械化生产要求。

品种商业化利用方面，国外近些年在种子加工上广泛使用 EPD 技术、3D 技术、醒芽技术和种子引发技术，大大提高了种子成品率，提高了成品种子质量，促进了品种种性的充分发挥。种子丸粒化醒芽和精量点播两项技术，保障了甜菜出苗期苗齐苗壮，减轻了甜菜病虫害的危害，为甜菜优质高产提供了重要的基础。

栽培方面，欧美日等国外甜菜主产国，甜菜种植全部实现机械化作业，充分发挥其雄厚装备制造技术优势，围绕甜菜耕作、栽培、管理等环节对机具的需求，研发出大量适用的机具，使耕、种、管、收全部实现机械化。大量新机具的研制与使用有效提高了作业精度和生产效率，降低了劳动生产成本。从种子加工分级及丸粒化包衣、种子精量点播、生育期间管理到起收全程实现机械化作业。机具农艺先进性和良种种性优势结合，节约了生产成本，保持了甜菜长期优质高产。

2. 中国甜菜产业技术研究进展

2017 年糖料产业技术体系根据中国甜菜主产区生产现状及发展趋势，确立了"十三五"甜菜产业发展目标：即西北产区实现稳产、提糖、增效平稳发展目标；华北产区实现提产、稳糖、增效可持续发展的目标；东北产区实现提产、提糖、增效恢复性发展的目标。围绕上述目标，2017 年度开展了以下研究工作。

遗传育种与种业方面，在甜菜适宜机械作业的优良品种筛选与推荐方面，对上年岗位专家品种筛选推荐的 20 个国内外品种进行 21 点次的品种多点精准鉴定，鉴定内容包括产质量、抗病性、品质，筛选出丰产性、含糖率、综合抗性、稳产性及适应性适宜中国不同生态区机械作业的优良单胚丸粒化杂交种各 4 个。进行了甜菜自育新品种选育示范与推广。近年来自育的甜菜单粒雄性不育杂交种 8 个，与国外同类型品种比较产量低 10%~15%、含糖高 0.5~1 度、抗病性明显强于国外品种，总体评价处于中等偏上水平。

综合栽培模式集成与示范方面，在甜菜节本增效综合栽培技术模式方面，体系专家通过对甜菜品种的精准鉴定和筛选，从灌水、施肥、生长调控、耕作管理、病虫草害防控、品种等方面进行研究集成，集成适宜不同生态区综合栽培模式 13 套，每站核心试验示范田面积不少于 200 亩。2017 年在西北产区结合诊断施肥技术、肥料增效技术、因需灌水技术及生长调控技术，形成了一套完整的甜菜节本稳产增糖栽培技术模式。在华北产区以纸筒育苗和全程机械化为核心，结合节水、减肥、减药，推进滴灌和机械化作业，重点推进了滴灌甜菜节本增效综合栽培技术模式。通过滴灌技术实现节水与肥药双减；增施生物有机肥，减少化肥用量；绿色防控实现减药；大力推进纸筒育苗移栽、收获等机械化作业，降低劳动强度，节约成本；提高甜菜产区的综合生产能力，实现农民增收和企业增效，确保甜菜产业的绿色、环保、健康和可持续发展，实现了甜菜产区提产增糖、节本增效的目的。在东北地区，形成五套模式。

病虫害防控方面，围绕"甜菜机械化节本增效综合栽培模式集成与示范"开展了甜菜病虫害发生情况调查监测，完善了甜菜病虫害防控技术方案；调研和指导综合试验站的示范工作，参与集成完善甜菜机械化节本增效综合配套栽培模式，参与建立相应的综合技术示范点 4 个以上；开展了 10 种甜菜主要病虫害种类、发生动态与分布调查，建立了病虫草害发生与危害数据库。

2017 年甜菜产业呈现几个发展趋势：一是由多种模式种植逐渐转向机械化作业模式；二是甜菜栽培过程中由普通化肥投入逐渐转向甜菜专用肥，甜菜专用肥的使用面积逐渐增加；三是栽培过程中节水特征明显，逐渐转向滴灌和机械化作业结合的滴灌甜菜节本增效综合栽培技术模式。

（糖料产业技术体系首席科学家 白 晨 提供）

2017 年度蚕桑产业技术发展报告

（国家蚕桑产业技术体系）

一、国际茧丝生产与贸易概况

1. 生产

目前继续保持以中国为主，并包括印度、乌兹别克、巴西、泰国及越南等其他国家在内的国际蚕桑生产格局，预计 2017 年世界桑蚕茧生产量为 75 万吨、降低 5%左右，其中，中国约占 76%，印度约占 17%，乌兹别克、巴西、泰国和越南等其他国家约占 7%。

印度是仅次于中国的第二大丝绸生产国，年产鲜蚕茧 10 万吨左右，年产桑蚕丝 1.6 万吨左右。同时印度也是茧丝绸消费大国，由于印度经济的快速增长，印度丝绸消费水平不断提高。印度年生丝需求在 2.6 万~2.8 万吨，缺口在 1 万吨左右。

2. 贸易

中国、美国、日本、印度、土耳其、巴西、马来西亚、澳大利亚、泰国和欧盟（简称 "9 国及欧盟"），是世界丝绸贸易最重要的参与者，其贸易额约占全球的 85%。根据美国 "全球贸易数据" 公司提供的各国（地区）统计部门的数据，2017 年上半年 9 国及欧盟丝绸商品贸易额为 161.85 亿美元（出口 82.90 亿美元、进口 78.94 亿美元），同比增长 3.55%。其中，欧盟 58.02 亿美元、美国 26.44 亿美元、中国 22.26 亿美元、印度 21.84 亿美元、土耳其 12.80 亿美元、日本 11.36 亿美元。主要出口者中，中国和印度分别增长了 80.55%和 13.54%，而欧盟、土耳其和日本降幅分别为 1.73%、10.07%和 7.22%。传统主要消费市场中欧盟、美国、日本和印度进口分别下降 6.42%、4.22%、0.39%和 13.74%。

据中国海关 1—11 月丝绸进出口统计，真丝绸商品进出口总额为 34.94 亿美元，同比增长 24.73%，占中国纺织品服装进出口总额的 1.31%。丝类出口 4.89 亿美元，出口数量下降 13.6%，出口单价同比增长 14.82%；真丝绸缎出口 5.64 亿美元，同比下降 5.59%，出口单价同比增长 10.1%；丝绸制成品出口 22.7 亿美元，同比增长 48.25%，出口单价同比增长 35.93%。

二、国内蚕桑生产与茧丝绸贸易概况

近 5 年中国蚕茧生产能力与产量持续缓慢下降。2017 年，浙江、江苏、广东、安徽等地区桑园面积继续下降，广西受沙糖橘等果品发展的影响，部分老蚕区出现桑园退出现象，新拓桑园与退出桑园面积基本均衡，预计全国桑园面积 78 万公顷左右，同比减少 5%。受华南、华东主产区夏秋季低温多雨气候灾害影响，发种量减少 8%左右，预计全年桑蚕茧产量 57 万吨、同比减产 8%左右，生丝产量 13.5 万吨左右，同比减少 8%左右。

茧丝绸产业由东向西转移继续推进，预期中西部蚕茧产量和桑蚕丝产量在全国的占比分别达到 80%和 72%。由于蚕茧产量持续下降，再加上国内丝绸消费市场好转，主产区丝绸加工原料茧供应缺口进一步加大，导致蚕茧市场抢购意愿强烈，全国蚕茧价格急升，生丝价格一路高扬。预期全国桑蚕鲜茧加权均价 46 500 元/吨，比上年上升 25%左右，预期全国桑蚕茧总收入达到 270 亿元，同比上升 20%左右，有望实现减产增收局面。

全国放养柞蚕面积 87 万公顷，预计柞蚕茧产量 8.5 万吨左右，柞蚕鲜茧加权均价 43 000 元/吨，柞蚕茧总产值 36.5 亿元左右、增加 7%左右。全国生丝产量前 4 大省区约占全国产丝量的 75%（广西 30.0%、四川 21.0%、江苏 16.0%、浙江 8.0%），形成了明显的产业优势与聚集度。中国纤维检验局 2017 年公布 2016 年桑蚕干茧全国平均质量为 4.28A3261II，同比小幅下降（2015 年为 4.35A3361II）。全国能够生产 5A 及以上及 6A 级别生丝的桑蚕干茧仅占 10.2%和 1%，主要集中在江苏省南通、盐城和四川省凉山、绵阳、德阳，产茧量占全国 40%以上的广西近五年的茧质在 4.00A3250II 左右徘徊，中国优质蚕茧原料供应质量短板问题日益突出。

主要丝绸出口省市位次稳定，前 5 位省市出口合计占全国出口总额的 89.17%，其中广东（16.52 亿美元，占比 49.71%）、浙江（7.32 亿美元，占比 22.03%）、江苏（2.96 亿美元，占比 8.9%）、上海（占比 4.83%）、山东（1.23 亿美元，占比 3.7%）。

从近 3 年的丝绸市场发展趋势看，随着国内社会经济发展和国民收入水平的快速提升，丝绸服装服饰、家纺产品逐步进入千家万户，国内丝绸消费潜力不断释放，国内消费所占份额不断提升，中国的茧丝绸产业已经由出口型产业转变为国内国际市场均衡发展的产业。由于国内丝绸消费市场的有效拓展，丝绸产销两旺，全行业盈利状况持续改善，行业下游企业承接消化能力明显增强，有利于蚕茧与丝绸生产与茧丝价格的提升与稳定，目前的景气状况有望延续，将有力的支撑蚕桑生产的稳定发展。

三、国际蚕桑产业技术研发进展

随着生物技术的发展和家蚕、桑树以及相关病原微生物基因组的解析，蚕桑产业相关技术研发也取得了重要进展。如，针对家蚕重大病害血液型脓病，通过分子标记定位技术及基因组测序技术，已经将华康系列核型多角体病毒（*Bombyx mori* nucleopolyhedrovirus，BmNPV）抗性主基因定位在第 27 连锁群 8.1 厘摩距离之内。同时，研究人员还建立了高效的病毒诱导型 CRISPR/Cas9 系统，该系统能够有效的避免脱靶和宿主毒性，并在家蚕体内构建了靶向 *BmNPV* 基因组 DNA 的抗病毒系统，家蚕抗 *BmNPV* 能力得到了显著提高，为抗 *BmNPV* 蚕品种创制提供了新的技术路径。

近年来，印度二化白茧蚕品种饲养量及茧丝产量不断增加，目前约占全国桑蚕丝产量的 10%。为了适应二化蚕茧生产高等级生丝的要求，印度正在积极引进中国的先进成套自动缫丝设备，最近几年进口自动缫丝机的生产企业都得到政府相应的价格补贴。

四、国内蚕桑产业技术研发进展

1. 遗传育种

育成桑树新品种 4 个，其中果桑新品种粤椹 28（粤审桑 20170001）获得广东省农作物品种审定证书；桑树新品种粤桑 69、粤桑 78 和粤桑 162 获国家植物新品种权；粤桑 11 号、粤桑 51 号、粤椹大 10 和 4 个家蚕品种粤蚕 6 号、粤蚕 8 号、粤蚕 9 号、粤蚕黄茧 1 号被列为 2017 年广东省主导蚕桑品种。新育成的 3 对抗血液型脓病蚕品种野三元（抗）、苏超二号、苏豪×钟晔（抗）通过了江苏省品种审定，可以满足长江流域和黄河流域蚕区春、夏、秋季节生产优质茧丝，尤其是苏超二号同时具有稳定生产 6A 级生丝的能力。已育成的华康二号、桂蚕 N 等实用型抗血液型脓病蚕品种合计年推广量突破 100 万张，抗血液型脓病三眠蚕优质丝新品种苏超二号蚕茧可以全年稳定生产超 6A 级 13/15 优质生丝。国际上首创的高孵化率雌蚕无性克隆系与平衡致死系杂交育成的专养雄蚕新品种，已经开始推广并产业化。雄蚕品种在全国多个省区饲养均证明了具有丝质优（5A~6A 级）、出丝率高的特点，年推广量突破 10 万张。近红外光谱进行蚕蛹性别鉴定技术持续取得突破，设备成本大幅度降低。

针对生产实际需求，确定了"十三五"果桑育种最主要目标为抗菌核病，通过多年的筛选，目前已筛选获得 1 份抗菌核病果桑资源，为进一步研究工作打下坚实基础。获得不同特性果桑资源 6 个，果桑新品种累计示范约 200 公顷，全国果桑栽培面积已经突破 2 万公顷。

2. 栽桑养蚕技术

全国各地利用果用桑品种、果叶两用桑品种，建立了多种果桑栽培技术模式，规模化开展了桑果业开发，建立了一、二、三产联动的经营模式，形成了新的产业发展方向。桑树高密度扦插繁育技术已经形成适合不同品种类型、不同发育阶段（硬枝、绿枝）、不同培苗技术模式（大棚、露地）的系列化技术。开发了高密度草本化桑树自走式伐条收获机及拳式养成桑树条桑收获机等机械化设备，已经进入试验示范。

小蚕电气化加温补湿器、切桑机等先进设备在小蚕饲养阶段广泛应用，小蚕商品化共育得到大面积推广。多种小蚕自动化综合饲育机研制不断完善，可以实现切桑、给桑、消毒剂喷洒、蚕匾转运的自动化，开始进入生产性试验。多种机械采茧技术在主产区开始推广，其中适合于木片方格蔟的顶压式采茧机、适应纸板方格蔟的辊刷式采茧机具有简易高效的特点。长江流域江苏、浙江、重庆等蚕区开始进行全年多批次养蚕与配套桑树收获技术的探索并取得进展，劳动生产率得到提高。进一步研发完善雌蛾集团取卵机，为雌蚕无性克隆系原种规模化、省力化生产与单交蚕品种产业化推广提供了配套设备。通过集成单交蚕品种、CCD 蚕卵雌雄自动分选机与雌蛾集团取卵机等配套设备，为省力高效原蚕饲养、蚕种制造提供了新技术、新模式。

在各个基地县开展蚕桑规模化生产模式及配套技术集成与示范，桑树快速成园技术、少免耕栽培、桑园秸秆覆盖盐碱土壤改良、地膜（布）覆盖、水肥一体化技术、多次条桑收获技术等多种形式的桑树省力化栽培技术广泛应用。蚕种自动控制高密度催青、小蚕温湿度自动控制标准化共育、小蚕 1 日 2 回育技术、小蚕人工饲育技术、大蚕省力化大棚饲育、大蚕简易蚕室育和方格蔟自动上蔟、室外预挂内营茧提高茧质技术、组合式蚕台饲养技术、可升降悬空上蔟技术在主产区逐步得到推广。蚕桑产业技术体系试验示范区综合劳动生产率提高 20%~30%，综合效益提高 20%~40%。

3. 病虫害防控技术

建立了以消毒为主的蚕病综合防治技术体系和以母蛾检验为主的微粒子病防治技术体系，蚕病损失率已经下降到 12% 左右。近年来，家蚕主要病毒病（家蚕核型多角体病毒和家蚕质型多角体病毒）与微粒子病的高效分子检测技术已经开始生产性应用，筛选出 1 种对家蚕微粒子病具有良好防治作用的新药物，在蚕种生产企业进行的规模化生产性试验结果表明利用叶面施药技术防控微粒子病效果良好、稳定。

在桑树病虫害专业化统防统治与绿色防控技术研发方面取得重要进展。桑园可降解地膜、黄板及太阳能灯光诱虫技术在桑园的推广应用，推进了绿色防控技术的集成组装和试验工作。针对华南蚕区多发的桑树病害，主要开展了桑园桑污叶病、桑里白粉病、桑青枯病、桑花叶型萎缩病、桑萎缩病等主要病原菌的分离、纯化和初步鉴定工作，发现发生桑树病害的桑枝、桑叶、以及土壤均存在致病菌，因此，提出在感病的桑园要加强清园、不留病样在田头的统防统治桑病技术要求。通过对桑园土壤进行高通量测序，初步建立了土壤微生物菌群数据库，为开展桑园土壤生物防治提供了实验基础。

根据适度规模生产的要求，研究试验了大中型植保新技术新装备在桑园保护中的实用技术规范，初步建立了采用无人机进行桑园治虫、自走式桑园治虫机械、烟雾机桑园治虫技术等，已经在主产区开始规模化应用。研制了虫螨腈与吡蚜酮复配防治桑蓟马，并完成了实验室复配相关研究。制定了桑园农药的减量应用模式，通过专业飞机统一防治方法的应用，减少用药量 20%。

4. 资源利用技术

近年来在蚕沙的无害资源化利用、蚕蛹加工生产蛹蛋白饲料、蚕桑资源食药用加工新技术和新产品研发、蚕桑资源饲料化肥料化利用、桑枝生物燃料和鲜蛹缫丝加工技术等多方面取得了重要进展。蚕沙饲料、桑枝叶蚕沙混合发酵饲料、桑叶饲料在草食性鱼类、滤食性鱼类饲养方面取得良好效果，尤其对降低脂肪率、改善品质与风味方面具有突出效果。蚕蛹肽蛋白饲料应用于畜牧业与水产养殖取得良好效果，已经进入商品化应用。蚕蛹呈味基料在潮式风味肉制品中配套应用技术及新产品研发与产业化取得进展。应用蚕桑多元化利用技术，以经济动植物立体高效种养、废弃物资源化利用关键技术，构建新型桑基鱼塘生态循环利用模式。桑叶作为牛、羊、猪、兔、鸡、鸭、鹅等大宗饲养畜禽中的应用技术规范基本确立，对生长、肉品质量的影响基本明确。

（蚕桑产业技术体系首席科学家　鲁　成　提供）

2017 年度茶叶产业技术发展报告

（国家茶叶产业技术体系）

一、国际茶叶生产与贸易概况

1. 国际茶叶生产

预计 2017 年全球茶叶产量与 2016 年基本持平，约为 550 万吨。其中，中国茶叶产量预计为 258 万吨，约占全球茶叶总产量的 50%；印度茶叶产量约可达 130 万吨，占比 23%，同比上涨 4.51%。据国际茶委会统计，2017 年 1—10 月，斯里兰卡茶叶产量 25.84 万吨，同比增加 8.86%；肯尼亚 34.70 万吨，同比减少 10.57%；印度茶叶产量 108.99 万吨，同比增加 1.44%（其中，北印度茶叶产量 89.42 万吨，南印度茶叶产量 19.56 万吨，分别同比变动-0.26%、10.00%）。据国际茶委会统计，2017 年 1—10 月，孟加拉、马拉维、乌干达、坦桑尼亚的茶叶产量分别为 6.33 万吨、3.78 万吨、3.70 万吨、2.27 万吨，分别同比变动-11.53%、2.76%、-17.28%、-0.88%。

2. 国际茶叶贸易

2017 年全球茶叶贸易预计继续保持稳定。据国际茶委会统计，2017 年 1—10 月，肯尼亚茶叶出口 35.16 万吨，同比下降 15.28%；斯里兰卡茶叶出口 23.27 万吨，同比下降 2.80%；印度前三季度茶叶出口 16.64 万吨，同比增长 4.54%。在进口贸易中，根据国际茶委会统计，2017 年 1—10 月，美国进口茶叶 10.68 万吨，同比减少 2.40%；英国进口茶叶 10.44 万吨，同比减少 2.49%；日本进口茶叶 2.53 万吨，同比增加 4.35%；2017 年 1—11 月，巴基斯坦进口茶叶 15.86 万吨，同比增长 5.09%。

3. 国际茶叶消费与价格

全球茶叶消费主体仍为红茶，占比达 60%以上。全球茶叶消费量已突破 500 万吨。2017 年全球调饮茶产品日趋丰富，在全球范围内持续增长，洋甘菊、木槿和薄荷等花草茶成为调饮茶的主力军。根据 *Zenith Global*，2011 年至 2016 年间即饮茶市场增长了 40%，预计到 2021 年全球即饮茶叶的消费量将超过 450 亿升。据国际茶委会统计，2017 年 1—9 月，斯里兰卡各产区茶叶价格均高于去年同期水平，平均售价达到了 608.01 卢比/千克，同比上升 47.58%；加尔各答拍卖市场叶茶拍卖均价为 158.89 卢比/千克，末茶为 151.14 卢比/千克；吉大港叶茶和末茶拍卖价格分别为 180.07 塔卡/千克和 201.18 塔卡/千克；科伦坡茶叶拍卖均价为 614.64 卢比/千克，蒙巴萨为 280 美分/千克。

二、国内茶叶生产与贸易概况

1. 国内茶叶生产

2017 年中国茶叶生产规模继续惯性扩张，但在政策与市场双重调节下，特别是在农业部关于"一稳定三提高"的指导方针下，生产面积的扩张速度开始放缓。根据茶产业经济研究室调研数据推算，预计 2017 年种植面积将达到 305.5 万公顷，同比增长 3.07%，增幅相较于 2013 年的 14%、2014 年的 5.7%、2015 年的 5.3% 和 2016 年 4.4% 继续降低。采摘面积预计同比增长 5.91%，达到 253.9 万公顷。茶叶农业总产值约为 1 899 亿元，同比增长 11.6%。全年茶叶总产量预计达 258 万吨，同比增长 5.6%，增速与去年基本持平。估计绿茶产量同比增长 4.93%，因天气影响，早期高档名优绿茶在全国范围均有不同程度的减产，后期大宗绿茶在良好的气候条件和面积增长影响下实现增产。乌龙茶产量约为 27.32 万吨，同比增长 0.74%。红茶、黑茶（含普洱）、白茶等小茶类产量增速预计均可达 10% 以上，产量分别达到 32 万吨、37 万吨和 2.7 万吨。

2. 国内茶叶贸易

海关进出口统计数据显示，2017 年 1—10 月中国茶叶出口 29.03 万吨，金额约 12.94 亿美元，分别同比上升 8.31% 和 6.73%。其中，绿茶出口 24.10 万吨，金额 9.21 亿美元，分别同比上升 8.74% 和 5.15%；红茶出口 2.87 万吨，金额 2.19 亿美元，分别同比增长 7.19%、5.88%；乌龙茶出口 1.35 万吨，金额达 0.93 亿美元，较去年分别增长 6.34% 和 33.71%；普洱茶出口量与出口额继续下滑，分别为 0.20 万吨和 0.20 亿美元，同比下降 14.22% 和 10.41%；花茶出口量较去年有所回升，达 0.50 万吨，出口金额为 0.41 亿美元，分别同比上升 10.94% 和 8.20%。估计全年茶叶出口量 34 万吨，同比增长 3.4%。在全球形势较为稳定的情况下，中国茶叶出口贸易保持稳定增长。

3. 国内茶叶消费与价格

今年中国茶叶销售市场开始复苏，整体销售比较平稳，伴随消费升级与结构调整，中档产品开始占主导地位。产业经济研究室产区问卷调研数据显示，2017 年中国 45% 产区茶叶销量上升，8% 产区销量下滑，47% 产区销量与去年持平。27% 的产区高端礼品茶销售较去年有所下滑，11% 地区下滑比例达到 10% 以上，湖北赤壁地区高档茶销售下滑较多，达到 50%。截至 11 月底，以中低价位产品为主的浙南茶叶市场交易总量 75 282 吨，交易总额 559 721 万元，交易量和交易额分别上涨了 0.21% 和 12.61%；以中档价位茶叶为主的中国茶市交易总量和交易总额分别为 14 288.52 吨、44.12 亿元，比去年同期增长 4.80% 和 20.23%。1—10 月份精制茶加工业工业生产者出厂价格指数平均为 101.95，同比增长 1.95%。凤凰网公布的前三季度茶叶生产价格指数分别为 105.02、101.6 与 102.6，预计全年茶叶生产价格同比增长 2.4%。2017 年全年干毛茶均价约为每千克 71 元；部分地区名优绿茶均价达到上千元；大宗绿茶出口产品价格较低，最低的不足 4 元/千克，内销茶品价格较高，可达 800 元/千克；乌龙茶整体均价继续保持平稳，每千克茶价在 100 元左右；红茶价格初步统计每千克 60 元及以下、每千克 60~200 元和每千克 200 元以上销量比为 10∶5∶3，相较去年的 5∶2∶1，60 元/千克及以下的红茶占比有所减少；黑茶（不含普洱茶）毛茶、普洱成品茶每千克均价分别约为 28 元和 89 元。

三、国际茶叶产业技术研发进展

1. 遗传育种

巴基斯坦育成茶树新品种 'Indonesian'，高抗茶轮斑病。开发精准的育种鉴定技术是提高育种效率的根本途径，肯尼亚利用 nSSR 分类和 cpDNA 测序鉴定不同种群的基因差异，斯里兰卡学者利用主成分分析研究不同来源品种的产量，并认为可用农艺性状及花的性状对非洲及斯里兰卡种质资源进行分类。

利用 RAPD、AFLP 等分子标记技术及 DNA 编码，韩国构建了茶树遗传图谱并区别本国与引进品种，意大利分析了茶树遗传多样性。印度学者开发了和农艺性状相关的小 RNA 前体。

此外，克隆了多酚氧化酶 PPO、休眠与萌发、抗旱基因 *CsCHi*、抗虫基因 *CsOPR*3、金属耐受基因 *DFR* 和 *ANR*，多抗基因 *DFR* 和 *ANR* 以及抗虫相关的小 RNA，为茶树抗性及功能育种奠定基础。

2. 栽培技术

在印度发现了 6 种茶园土壤溶钾菌（*Potassium Solubilizing Bacteria* KSB）。

3. 病虫害防治技术

印度研究显示外源施用苯并噻二唑可提升茶树对 *Lasiodiplodia theobromae* 病害的抵抗力；叶面施用壳聚糖溶液，可降低茶饼病的发病率。

4. 加工技术

印度采用超声波加湿、气体交换等技术处理鲜叶原料，并将远红外加温萎凋、远红外干燥等技术集成于 CTC 红茶生产线；还采用电子鼻、电荷耦合器件（CCD）对红茶在制品的香气和发酵叶色泽进行在线监测，实现在制品质量的精准控制。日本在负压条件下，将茶叶干燥气流设计成循环状态，达到加热、除湿的目的，有效提高了茶叶品质，还研制了基于互联网的蒸青制茶工程全自动控制系统，以达到无人制茶工厂的目标。

四、国内茶叶产业技术研发进展

1. 遗传育种

茶树资源鉴定取得新进展，开发了三维荧光检测法鉴定茶树品种及茶树叶片精准测色装置并用于稀有茶树种质鉴定。3 个绿茶品种通过省级审定，11 个品种获得农业部植物新品种权，加速了茶树无性系良种化进程。

克隆了一批与茶树抗性或品质相关的基因。克隆了 14 个与茶多酚、茶氨酸、香气物质等品质成份形成相关的基因、18 个抗性基因，并利用转录组及代谢组技术，筛选出一批与儿茶素合成、抗旱、抗虫相关的基因或小 RNA，为功能育种和抗性育种提供了理论基础。

分子育种技术有所进展。'云抗 10 号'的核基因组破译，获得了约 30.2 亿碱基对的高质量基因组参考序列，注释得到 36 951 个蛋白编码基因，揭示了决定茶叶适制性、风味和品质以及茶树全球生态适应性的遗传基础，必将加快优质、多抗茶树新品种的培育。

农杆菌介导的最佳遗传转化条件为子叶愈伤预培养 3 天后用 EHA105 侵染，暗处共培养 3 天。头孢霉素 400 毫克/升与潮霉素 15 毫克/升协同抑制农杆菌，可促进茶树体胚的增殖。

2. 栽培技术

茶树营养生理。初步明确茶树对铵态氮和硝态氮的偏性吸收机制，发现茶树对铵硝响应机制不同，不同形态氮素在茶树体内的迁移能力表现为：铵态氮>硝态氮>甘氨酸态氮。茶树根中氮转运蛋白相关的基因表达对 NH_4^+ 和 NO_3^- 信号分子都有高度的响应，而叶片中仅被 NH_4^+ 特异性诱导，茶树体内 NH_4^+ 作为 N 信号的传导能力要比 NO_3^- 更为重要。明确了茶树叶片失绿后碳氮代谢平衡关系及调控规律，类黄酮参与失绿叶片抗氧化胁迫的潜在机制，失绿茶树叶片中氨基酸积累的主要途径。通过克隆获得磷转运蛋白基因 *CsPT*4，并对其组织定位进行了分析。此外，还初步明确茶树氟的吸收可能与钙转运 ATPase 酶基因相关。

茶树逆境生理。验证了电性能表示临界寒冷温度的可行性，提出茶新梢中 $CsBAM3$ 是茶树调控淀粉水解的一个重要 β 淀粉酶编码基因，在受到不同低温胁迫时其表达可被快速诱导。在茶树对高温及干旱响应与防御方面，推测茶树几丁质酶基因 $CsChi$ 在干旱等逆境胁迫中起重要作用。探明遮阴后叶绿体中蛋白质的降解是茶树叶片游离氨基酸增加的主要来源。

茶园土壤与施肥技术。利用太赫兹时域光谱分析发现在化肥施用量较少的茶园土壤吸收光谱中有更多的吸收峰，折射率变化幅度更大，初步明确生物质炭对酸性茶园能显著降低氨挥发量和温室气体排放，并能提高土壤 pH 值。在茶园施肥技术方面，评价了机械施肥在茶园中的适用性。

茶园产地环境安全与污染控制。提出不同茶树品种对重金属的富集存在明显差异性，茶树对 Cd 和 Pb 的富集表现出季节性差异。茶园土壤温室气体排放随着茶园种植年限的延长，土壤 CH_4 排放量呈降低趋势，中、低龄茶园土壤 CH_4 以排放为主，高龄茶园土壤 CH_4 以吸收为主。

3. 病虫害防治技术

茶树病源种类鉴定。明确了福州茶树、长沙油茶、海南油茶炭疽病病原菌分别为 $Colletotrichum\ siamense$、$C.\ karstii$、$C.\ gleosporioides$。首次报道了真菌 $C.\ acutatum$、$C.\ gloeosporioides$ 以及细菌 $Acidovorax\ avenae$ 可引起茶云纹叶枯病，真菌 $Pseudopestalotiopsis\ camelliae-sinensis$、$Neopestalotiopsis\ clavispora$ 和 $Pestalotiopsis\ camelliae$ 可引起茶轮斑病。

茶树害虫生物学研究。明确了灰茶尺蠖、茶尺蠖混合群体后代的发生量会明显减少，其中灰茶尺蠖对茶尺蠖的生殖干扰作用更为明显。明确了北方 9 月下旬到 10 月上旬，绿盲蝽成虫大量回迁茶园，并以卵在茶园越冬。

茶树病虫害生物防治技术研究。从 EoNPV 中筛选出高效毒株 QF4。与原毒株相比，该毒株对灰茶尺蠖的致死率提高 51.5%，对灰茶尺蠖、茶尺蠖的致死中时间分别缩短 1.5 天、1.6 天。筛选出防治茶尺蠖高效微生物农药，短稳杆菌，防效在 90% 以上。

茶树害虫化学生态防治技术研究。明确了茶尺蠖性信息素含有 Z3，Z6，Z9-18：H、Z3，epo6，Z9-18：H、Z3，epo6，Z9-19：H 等 3 个组分，初步揭示了茶尺蠖性信息素特有组分 Z3，epo6，Z9-19：H 在灰茶尺蠖、茶尺蠖两近缘尺蠖求偶化学通讯种间隔离的作用。研制出多个茶小绿叶蝉植物源引诱剂配方；引诱剂主要成分与茶园背景气味中高浓度物质重叠，可造成茶园背景气味对引诱剂的干扰。

茶树害虫化学防治技术研究。茶小绿叶蝉 $Empoasca\ onukii\ Matsuda$ 对多种农药的敏感性分析显示，茶小绿叶蝉对茚虫威、唑虫酰胺、溴虫腈更敏感；吡虫啉、毒死蜱、茚虫威等农药间存在较高的交叉抗性风险。

4. 加工技术

绿茶加工技术研究。把乌龙茶和蒸青绿茶工艺结合以加工花香型蒸青茶，显著提升了夏秋绿茶品质；对 1 芽 2、3 叶为主的机采鲜叶加工，在二青环节采用振动分级处理，有利于将嫩度较好、品质较优的茶叶分离出来；催化式红外杀青联合热风干燥技术使干燥效率和品质得到了提升。

红茶加工技术研究。调温、调湿、人工控光萎凋，揉捻压力、转速、时间精准自动控制，控温、控湿、增氧自动发酵技术及装备研制成功，大大提升了工夫红茶自动化加工水平。

乌龙茶加工技术研究。乌龙茶的人工控光萎凋技术、振动做青技术、夏暑时节乌龙茶做青工艺及连续做青工艺均取得了新进展。

黑茶加工技术研究。普洱茶中有害微生物污染成为年度热议话题，普洱茶的渥堆发酵和贮藏条件控制技术有了新进展；橘普茶成为普洱茶年度热销产品。伏砖茶发花干燥智能控制技术取得突破，实现了黑茶加工技术参数的智能精准控制。

茶叶深加工技术研究。单级或多级逆流柱提取、双温度萃取、微波辅助双水相提取对提高速溶茶、茶饮料、茶多酚的原料浸提液品质有明显的作用；茶萃取液经酶解后过 0.1~0.2 微米有机膜或无机膜是茶饮料有效除菌的新方法。在不添加赋形剂的条件下，利用茶浓缩汁的起泡性采用压力喷雾干燥生产中空颗粒型速溶茶，有效解决了速溶茶的流动性、溶解性和抗潮性问题。

（茶叶产业技术体系首席科学家　杨亚军　提供）

2017年度食用菌产业技术发展报告

（国家食用菌产业技术体系）

一、国际食用菌生产与贸易

1. 生产

1961年以来，全球食用菌的种植面积、单产和总产量呈现不断增长趋势。联合国粮食及农业组织（FAO）统计的食用菌（双孢蘑菇和块菌等）数据显示，2016年的产量为1 079.1万吨，比1961年增长了20.79倍；单产为392.51吨/公顷，比1961年的167.84吨/公顷增长了1.34倍。近10年来，欧洲国家食用菌产量总体呈现上升态势，传统主产国规模变化不大，但受劳动力成本和环保等条件要求，部分国家产量小幅下降，与此同时，一些非主产国如意大利的食用菌生产规模有所增加，补充了欧洲市场的需求。在亚洲地区，中国、日本和韩国是食用菌的主要生产国，其中日本以金针菇、香菇、杏鲍菇、真姬菇、滑菇等为主要生产种类，近年来总产量一直维持在40万吨左右；韩国的食用菌则分为以金针菇等为主的农产食用菌和香菇为主的林产食用菌两大类，2000年以来，由于工厂化生产的普及，使韩国林产食用菌面积不断下降，但总体产量变化不大。在"一带一路"倡议下，非洲的纳米比亚、赞比亚、坦桑尼亚、肯尼亚、埃及等国食用菌生产规模得到较快扩张，主要是农法生产的平菇、香菇和工厂化生产的杏鲍菇和真姬菇等。

2. 贸易

在贸易方面，世界食用菌产品贸易额呈持续增长态势，联合国商品贸易统计数据库（UN Comtrade Database）数据显示，2016年世界各国食用菌产品出口总额54.05亿美元，较2015年增长2.32%。从国际市场空间分布来看，出口贸易集中度相对较高，排名前5位的食用菌出口国家分别为中国、荷兰、波兰、加拿大和意大利，其出口额之和占世界出口总额的80.48%，具有较高的国际市场占有率；德国、美国、英国、法国、日本、中国香港和意大利等为食用菌主要进口国（地区）。

二、国内食用菌生产与对外贸易

1. 生产

2016年中国食用菌产业呈现"产量持续增长"和"产业结构调整"两大特点。2016年食用菌产量达到3 596.66万吨，产值达到2 741.78亿元，较2015年分别增长3.47%和8.96%。从全国产业分布看，前十省（区）依次是河南、山东、黑龙江、河北、福建、吉林、江苏、四川、湖北和广西。从种类看，产量超过200万吨且排在前5的依次是香菇、黑木耳、平菇、双孢蘑菇和金针菇。2017年中国产业增速放缓，多数区域保持平衡，扶贫任务较重的省区产量增长相对较快。

2. 贸易

中国大陆地区食用菌产品出口势头依然强劲，稳居世界首位。据中国海关数据显示，

2017 年中国食用菌产品出口总量达 63.08 万吨，出口创汇 38.44 亿美元，其中干木耳等干制食用菌产品出口创汇达 27.89 亿美元，占出口总额的 72.56%。从出口产品结构上，中国大陆地区食用菌产品出口仍然以小白蘑菇罐头、干香菇、蘑菇菌丝和干木耳为主，出口量分别占总量的 27.30%、20.37%、14.03% 和 7.33%。出口市场主要是中国香港、越南、韩国、泰国、日本和马来西亚等亚洲国家和地区，出口额分别为 11.36 亿美元、10.35 亿美元、3.06 亿美元、2.72 亿美元、2.55 亿美元和 1.90 亿美元。同年有少量进口，进口 2 342.98 吨，进口值 616.18 万美元，进口产品主要为蘑菇菌丝、干伞菌属蘑菇、非醋方法制作或保藏的蘑菇及块菌，进口量分别占总量的 48.70%、35.92% 和 6.21%。

三、国际食用菌产业技术研发进展

1. 增产添加剂的全面使用

20 世纪 80 年代，美国双孢蘑菇生产率先使用了 spawnmate，有效提高了产量，此项技术一直沿用至今。日本在 20 年前研发了工厂化栽培食用菌的增产剂，21 世纪初形成了工业化产品，主要应用于金针菇生产。在此基础上不断创新和技术拓展，形成了适用于真姬菇、杏鲍菇等不同种类的增产剂。目前，以双孢蘑菇为代表的草腐菌和多种木腐菌生产都有了效果稳定的增产剂，增产效果显著。

2. 保健功能成分育种新动向

食用菌的诸多保健功能，日益受到关注。继 21 世纪初日本的高香菇嘌呤和高洛伐他汀榆黄蘑育种之后，高麦角固醇育种成为欧美的重要育种目标。紫外线辐照食用菌子实体的研究表明，紫外线辐射可以将双孢蘑菇、香菇等的麦角固醇转化为维生素 D_2。2017 年 8 月欧盟批准了经紫外线照射的双孢蘑菇作为富含维生素 D_2 的新资源食品，并规定了维生素 D_2 的限量值（≤10 微克/100 克鲜重）。另外，麦角固醇也是食用菌重要的抗氧化活性物质，这一物质在人类健康中发挥作用的同时，也有利于延长鲜品的货架寿命。

3. 菌种基质的创新

欧美国家双孢蘑菇菌种一直以谷粒为基质生产。谷粒种使用中的霉菌侵染一直困扰着栽培者，也对栽培基质发酵、发菌温湿度、品种抗性等诸多因素形成了较为苛刻的技术要求。美国蓝宝菌种公司研究谷粒替代基质多年，在美国、加拿大、荷兰等多地进行了生产性试验，并已在美国推广应用，大大降低了发菌期霉菌侵染风险。

4. 病虫害鉴定新方法和协同防控技术

多子实体分组的混合深度 RNA 测序，发现了双孢蘑菇 18 个 RNA 病毒。线粒体 DNA 测序成为螨虫种类鉴定的新方法。在食用菌虫害防治上，发现迟眼蕈蚊的不同种类对高温极限温度的适应力不同，为迟眼蕈蚊防控提供了新思路；创新形成的大蒜油、异小杆线虫、昆虫病原线虫和噻虫嗪协同作用技术，能够用于对眼蕈蚊和异蚤蝇的防控。

5. 新型产业技术装备

近年来，应用现代装备和先进技术提升食用菌产业技术构成水平进展较快。主要表现在：一是大型专业化设备应用越来越广泛；二是新技术新装备与新模式新工艺结合更加紧密；三是现代化装备成就了更加完善的全产业链物流系统。双孢蘑菇生产列装了大型设施和重型装备，出现了一次性堆肥能力可达 200 吨的大型发酵隧道、每小时作业能力可达 75 吨的拆包混料机、250 吨的隧道装料机、双孢蘑菇的隧道通气发酵技术、木腐菌的液体菌种技术、大口径瓶栽技术、酶诱导培养熟成技术。另外，信息技术在食用菌全产业链得到应用，大型工厂用网络化管理和自动化物流链接生产作业全过程，微电脑安排计划指令，光电眼负责监测识别，机械手执行堆桩卸载，传输链完成时空转移，全链条操作更加准确高效。

6. 现代化武装食用菌的加工业

一系列智能化检测技术广泛应用，基于高光谱、近红外无损检测技术，电子鼻、电子舌、气质联用仪的联用，大数据、物联网等信息技术，食用菌加工过程中营养风味物质、功能成分、有毒有害物质等的指纹图谱正在建立，加快了加工过程和加工产品智能化的可监控、可追踪、可溯源。在高值化精深加工上，基于深层发酵、定向酶解、精准干燥等深加工关键技术，开发了一系列健康保健产品或食品工业原料。

四、国内食用菌产业技术研发进展

1. 种质资源鉴定评价与育种技术创新取得突破

食用菌种质资源鉴定评价与定向高效育种技术取得重大进展，形成了"种—菌株—性状—菌种质量"的多层级精准鉴定评价技术体系，创立了结实性、丰产性和广适性的"三性"为核心的"五步筛选"定向高效育种技术，将食用菌育种几乎完全依靠田间筛选变为先室内后田间的试验筛选，育种周期缩短一半，田间筛选量减少79%。

在金针菇、平菇、白灵菇、双孢蘑菇等主要栽培种类的农艺性状研究上，构建了遗传转化体系，明确了周期、色泽、抗病性等重要农艺性状的 QTL 位点。在品种战略储备上，短周期、硬质地等不同农艺性状白灵菇品种获得发明专利授权，筛选出适宜工厂化生产的平菇品种，推出商品质量更优的香菇新品种"申香 215"。

2. 栽培技术不断创新

栽培种类不断增多，羊肚菌、牛肝菌、冬虫夏草等新种类的栽培技术日臻成熟，羊肚菌由露天栽培走向大棚设施栽培，稳产性显著提高。牛肝菌和冬虫夏草已经实现了工厂化栽培。

新型栽培基质产业化利用技术日臻完善，特别是玉米秸、大豆秸、棉柴、菌渣等资源的产业化利用技术已经成熟，分别在双孢蘑菇、平菇、黑木耳、草菇等种类上应用。新型材料与传统材料的复混配方广为应用，节本增效显著，受到产区欢迎。

黑木耳大棚立体栽培技术大规模推广，单位面积生产效率大大提高，实现了土地资源的节约利用。

将农业生产和工厂化生产技术相结合，平菇的设施栽培技术进入中试，有望近年成为中国特色的平菇节本增效系列技术，产业效益将大大提高。

3. 菌种问题破解与技术升级

中国固体菌种应用几十年，随着产业规模的扩大，劳动力不足导致操作的粗放，生产者科学素养不足导致多年来生产一旦出现问题，几乎全部归咎于一级菌种。2017 年的研究表明，二级种、三级种、栽培袋的制作中均存在培养料自然存放产生的有机酸，明确了菌种萌发差甚至不萌发不是菌种问题，而是培养料堆放产生的有机酸问题。在此基础上提出了培养料防止厌氧发酵的科学存放方法，提出控温养菌、增加通气提高菌种活力的菌种质量保证措施，使菌种生产走上了科学化道路。

在农业方式生产专业化的大趋势下，液体菌种设备和技术推广迅速，应用于专业化的菌棒厂，正在逐渐取代传统固体菌种，成为专业菌棒厂的重要核心技术。

4. 机械和装备技术改造升级

食用菌生产的机械和装备研发进展主要表现在以下几个方面：一是装备应用与普及程度越来越高，机械化已覆盖了制种、栽培、加工等各环节。适合于不同规模和投入水平的装袋机、灭菌设备等逐步配套。二是新技术与新装备不断研发并推广应用，研发了香菇长菌棒固体/液体菌种接种装备，实现了理袋、打孔、接种、贴膜等工序的机械化作业；黑木耳窝口菌包接种加塞装备，实现了自动取杆、接种、加塞作业，具有自动化程度高、接种量均匀可调等优点；短棒/长棒全自动装袋装备，大大提高了作业效率。三是装备智能化水平普遍提高，新型装备普遍采用智能控制、触摸屏液晶显示与参数动态调控技术，既提升了效率又降低了误差。

5. 病害的生物防控和害虫无害化防控取得新进展

筛选获得杏鲍菇和白灵菇红斑病病原菌掷孢酵母和粘红酵母的拮抗细菌。针对食用菌主要虫害的双翅目、鳞翅目、鞘翅目等的成虫，形成了物理阻挡和趋性、信息素等多种方法相结合的无害化综合防控技术，明确了除虫脲、噻虫嗪的使用方法。

6. 保鲜及加工副产品利用技术

较快采后生理活性导致平菇货架寿命短，其严重制约着平菇产业的发展。然而，平菇有着良好的消费认可度，因此，平菇保鲜成为食用菌产业保鲜技术研究的重点。经过连续2年的研究探索，形成了"采前微补水—早采收—保鲜处理器—冷链运输"的综合保鲜技术，实现了货架期延长、商品质量提高，销售价格提升和综合效益增大的目标。

随着电子商务发展和人们对市场流通效率的关注，食用菌在生产、运输和销售过程中对冷链保鲜的需求越来越高。将微胶囊包埋缓释、双层流延吹膜、纳米材料、智能标签等技术应用到食用菌加工业，形成了可降解活性包装、控温型热缓冲包装等新型材料，在冷链物流中推广应用。在加工副产品的利用上，利用食用菌加工副产物富含蛋白、多糖、膳食纤维等功能营养成分的特点，开发了添加食用菌副产物的休闲食品，受到消费者青睐。

（食用菌产业技术体系首席科学家　张金霞　提供）

2017 年度中药材产业技术发展报告

（国家中药材产业技术体系）

一、国际中药材生产与贸易概况

1. 国际中药材生产

2017 年全球草药市场规模估计为 783.1 亿美元，预计未来还会以每年 10% 的速度增长。据 WHO 统计，目前全球约有 40 亿人使用植物药治疗，为了满足广大的消费需求，日本、韩国、德国、美国、英国等都纷纷加入中草药的种植当中。其中，日本每年自产药材只有 0.5 万吨，85% 药材依赖于进口，目前日本已经建成了 3 公顷的药材科学专业种植园，其中栽培基地年产量可达 200 吨；美国在 2012 年成立了阿巴拉契亚植物性药物联盟，目前有 2.0 公顷的试验田，预计 2020 年，种植面积将达到 40.5 公顷；韩国自产中药材 230 种，其余均依赖进口，在自产药材中，较大规模栽培的品种有 35 种。

2. 国际中药材贸易

中国是世界上最大的中药材进口国，2017 年，进口量占全球进口总量的 71.8%。2016 年中国进口中药材约 4.56 万吨，与 2015 年持平；进口额 1.39 亿美元，同比下降近 20%。亚洲是中国进口药材的最大货源地，占进口额的 50% 左右。中国主要进口货源国包括加拿大、美国、哈萨克斯坦、印度尼西亚等，主要进口品种有西洋参、甘草、乳香、没药、血竭等。

中国拥有丰富的中药材资源，也是世界上最大的中药材出口国。2016 年，中国中药材及饮片出口总额 10.25 亿美元，同比下降 3.17%；量跌价升是 2016 年中药材出口的主要特点。

二、国内中药材生产与贸易概况

1. 国内中药材生产

目前，中国常用的 600 多种中药材中，有 300 多种为人工种养。50 余种濒危野生中药材也实现了人工种养，近 10 年选育并推广优良品种 230 多个，并集成组装一批绿色高效技术。根据预测，2017 年，中国中药材种植面积（不含林下种植面积）约 3 685 万亩，与 2016 年相比增长约 10%。各地立足资源禀赋，发展特色道地药材，形成了东北与华北、江南与华南、西南、西北等 4 个道地中药材优势产区。2017 年前三季度，中药材产量为 162.9 万吨，同比增长 18.23%，比 2016 年 10.36% 的需求增长率超出 7.87%。

2. 国内中药材贸易

在中药材及中药饮片进出口贸易方面，2017 年 1—6 月份，中国中药材及中药饮片进出口贸易总额 6.3 亿美元，与 2016 年同期相比增加 10.9%。1—6 月份进口量为 2.0 万吨，同比略降 2.4%，但进口金额达 1.1 亿美元，同比上涨 45.0%，平均进口单价 5.4 美元/千克，同比上涨 48.6%。1—6 月份中药材及中药饮片出口价减量增，平均出口单价

5.0 美元/千克，同比下跌 29.9%，出口数量 10.6 万吨，同比增加 50.7%，出口金额 5.2 亿美元，同比增长 5.7%。2017 年 1—11 月中国出口中药材及中式成药 13.74 万吨，与去年同期相比增长 1.8%。

三、国际中药材产业技术研发进展

1. 中药材资源、中药材育种、种子生产

国外种植的中药材品种不多，日本、韩国等主要国家，除少量药材种植外，大部分依赖进口，所以在中药材资源、中药材育种、种子生产方面研究信息较少，其中发展最好的为韩国人参的品种选育和资源保护。韩国十分重视人参育种工作，政府对人参新品种进行严格监管，同时对人参育种工作扶持力度较大。韩国人参育种工作由农村振兴厅、韩国人参公社、庆熙大学等高校、科研单位和生产企业协同完成，对审定的人参品种进行集中保存和统一管理，目前，韩国通过审定的人参品种 24 个，其中有 22 个被 UPOV 收录，日本审定的人参品种也有 3 个。韩国人参公社在韩国人参品种培育和种质资源保存起到了重要作用，50% 以上的韩国人参品种是由该企业选育而成。另外，韩国人参公社对市场具有很强掌控和承载能力，对人参产业的发展起到主导作用，在人参品种选育、种源保存、品种鉴定、品种宣传和品种使用监管等方面均具有承载能力。已知日本人参、乌头、紫苏、大黄、薏苡仁、芍药等具有推广的中药材新品种，育种方式包括也主要以选育和杂交育种为主。

2. 中药材栽培及田间管理

国际上药用植物栽培主要集中在亚洲、欧洲、美洲等区域，栽培及管理的"机械化、信息化、规模化、标准化"水平及程度较高。如加拿大的西洋参种植和韩国的人参种植基本都实现了全程机械化，种植过程水分管理和病害防控实现信息化管理；韩国人参在合理利用土壤质地特性的基础上，栽培模式采用"水稻—人参"轮作模式，在达到高效利用土地同时降低了人参土壤连作效应。韩国人参栽培前土壤改良以牛粪有机肥为主，土壤杀菌以具有杀虫作用的绿肥为主，注重土壤的休闲和轮作、科学改良、营养调控的关键技术环节；西非通过改变播种期、灌溉水量及土壤等措施预防山药产量降低；瑞士政府鼓励农民进行绿色种植，并会给予相应补贴；日本政府为药用植物种植农场提供有机肥料的堆肥场地，并为农民提供关于堆肥制作的参考表格，便于农民根据牛粪、鸡粪的堆量来计算土壤氮磷钾含量。

3. 病虫草害防控技术

目前，国外对中药材的研究，仅见韩国的文献资料中报道西洋参利用拮抗生物等方法进行生物防治方面的研究，未见其他专门研究中药材病虫草害防控技术的研究报道。但国外对生物源农药的研究可作为中药材病虫草害研究的参考。比如小檗碱、阿魏酸、香豆素等植物化感物质本身对杂草有一定的抑制作用，通过对这些物质的合理使用，可以一定程度控制杂草生长，但是其活性较合成的化学除草剂尚有差距，因此对其化学衍生、制剂改进增效方面是现阶段该领域国际研究的热点和重点。

4. 中药材机械研发

中药材在国外种植较少，因此中药材机械化收获和加工方面的研究报道也较少。目前，关于中药材机械的研发大多集中在美国、日本、韩国等国家，研究重点以药材的机械化采收、干燥和深加工为主。在机械化采收方面，根茎类收获技术相对成熟，主要采用挖

掘式收获机，机具可靠性较高，例如加拿大的西洋参和韩国人参种植已基本实现机械化；花类收获以菊花为主，并向大型化、智能化方向发展，如 Agroproduct sh. p. k、Dam Lozan、MZM 和 DEUTZ-FAHR 等公司生产的菊花收获机，但由于菊花品种、用途、加工工艺不同，故不可直接用于中国菊花机械收获。在机械化干燥技术方面，国际研究重点主要包括基于温湿度控制的热风干燥技术、过热蒸汽干燥技术、红外干燥技术、喷动床干燥技术等。而深加工技术则多以机械化工艺研究为主，如成分提取、红参加工等。

5. 中药材加工利用技术

国外中药材产业发达的国家都建立了较完善的加工技术体系，拥有先进的专用装备。日本每年自产中药材仅 0.5 万吨，85% 依赖进口，然而在全球植物药 164 亿美元的贸易额中，日本占到了 70% 以上，这得益于其加工利用较高的产业化程度。日本从 1960 年起，仅用大约 15 年的时间就完成了汉方药制剂生产的规范化、标准化过程，其基础研究细致，产品质量标准化程度较高，从药材选种、育苗实施全程质量跟踪，机械化程度、生产工艺较为先进。深加工和产品研发也是主要的发展方向，其中韩国是世界上人参深加工技术最发达的国家之一，人参产业是其标志性产业。人参年产量约为 0.3 万吨，约占世界人参产量的 15%，人参加工的规模大、品种多、科技含量高、品种附加值高，目前有 12 类产品，600 多个品种，总产值高达 25.6 亿元人民币。

四、国内中药材产业技术研发进展

1. 中药材资源、中药材育种、种子生产

目前，中药材种质资源收集与评价工作，主要涉及种质资源标准与规范制定、种质资源评价及保存方法、优良农家品种或种质的发掘与利用等，相关研究体系建设还处于起步阶段。近十年间，选育出药材新品种约 300 个。从采用的选育方法来看，系统选育法约占 50%，其次为集团选育法，约占 17%、杂交育种约占 10%，其他方法还包括无性系、化学或辐射诱变、已有引种驯化、选择育种、组培脱毒等，占一定比例，中药材选育方法已呈现出从"选"到"育"的发展趋势。但是，中药材品种的选育研究，总体上仍旧停留在种质资源评价的"初级"阶段，育种手段和方法落后，选育体系、评价体系和繁育体系没有完全建立。目前，人工栽培的中药材约有 300 种，采用优良种质集中育苗的形式进行药材生产的只占约 20%，优质种子种苗的生产基地相对较少，大部分中药材种子种苗的生产，依然处在自繁自用的原始阶段。

2. 中药材栽培及田间管理

在中国 600 多种常用中药材中，300 多种已开展人工种植，栽培中药材的种类及面积不断扩大。目前，中国中药材栽培模式主要有野生抚育、半野生化栽培及集约化栽培模式，轮作及间、混、套作栽培制度的推广应用日益受到重视。在中药材的种植过程中，研究集中在不同土壤改良技术对于中药材品质和产量等的影响，生物源农药开发应用，利用 AMF/有益微生物调节土壤微生物群落结构等。目前育苗常采用种子直播、常规无性繁殖及组织快繁等技术，部分中药材栽培已采用测土配方施肥等措施，同时专用肥及生物肥料也在积极地研发、生产及应用中。在干旱地区，部分应用滴灌和喷灌技术，这不仅节约了水资源，也促进了水肥一体化的发展，减少了环境污染与资源浪费，提高了工作效率，实现中药材"减肥、减药、提质、增效"的目标。田间杂草清除常采用机械化除草、人工除草、生物农药喷施等方式。中国中药材生产呈现有机和绿色发展趋势，同时规范化和标

准化生产与管理技术体系不断完善。

3. 病虫草害防控技术

为了实现中药材的安全、有效、稳定和可控，近年来，国内中药材病虫草害主要结合中药材的生物学、生态学特性和病虫害发生规律及特点，进行绿色防控技术的研究，主要采用以生物防治、物理防治和生态防控为主，结合化学农药科学使用的技术进行综合防控。生物防治防控病虫害，主要有以菌治菌、以虫治虫、以螨治螨、以菌治虫等方式，用木霉和芽孢杆菌防治西洋参、黄芪、丹参、川红花等的土传病害根腐病；用绿僵菌和肿腿蜂防治化橘红天牛、金银花天牛、白木香黄野螟等；以及利用昆虫趋光性和趋色性，在三七、丹参、杭白菊等园内安装频振式杀虫灯和悬挂黄蓝板，诱杀蓟马、白粉虱、苍蝇、有翅蚜、斑潜蝇、叶蝉等鳞翅目、鞘翅目和同翅目害虫；此外，还通过土壤高温消毒、避雨栽培、林下种植等物理和生态调控方法，综合防治三七、丹参的病虫草害；在杂草防除方面，采用覆盖黑地膜遮光阻断杂草光合作用的黑膜覆盖除草技术，在中药材生产上广泛的使用。

4. 中药材机械研发

中国中药材生产机械研发总体仍处于初级阶段，目前研究热点主要集中在根茎类药材机械化收获和中药材干燥装备开发方面。在采收机械研发方面，主要以牵引式机械为主，重点针对牵引阻力、能耗、效率等因素进行挖掘部件及结构设计，目前的挖掘机械基本能实现埋深 50 厘米以内的根茎类药材采收。在干燥装备研发方面，为解决热风干燥技术之不足，很多研究机构开展了微波、红外、真空冷冻等现代干燥技术研究，但多以试验样机为主，装备成熟度不高，尤其在不同干燥技术对中药材的适用性以及干燥过程中药材的品质与效率、能耗的相互关系等方面研究明显不足。因此，干燥技术适用性、干燥工艺优化以及与工艺相关的药材评价指标和设备工程化是未来的主要研究方向。

5. 中药材加工利用技术

中药材产地初加工技术愈加受到重视，以中药材产地加工—饮片炮制一体化代替传统炮制，可减少产后损失，成为促进中药材"市场产地化"的主要研究方向。包装贮藏方面利用控制空气中氧含量的方法杀虫保质的贮藏新技术逐步推广，如除氧剂封贮技术和气调养护技术等，解决贮存过程中常发生的损耗、外观、污染问题；除日晒、摊晾、烘炕等传统方法外，一些大型加工基地已逐渐采用控制中药含水量及环境温度、湿度的方法防霉杀虫，如低温冷藏技术、微波干燥技术、气幕防潮技术、机械吸湿技术等；现代气调包装、无菌包装等技术也逐步用于改善品质。各类自动化加工设备的推广运用及加工基地自动化立体仓库的建设，都极大地提高了中药材加工利用率。

（中药材产业技术体系首席科学家　黄璐琦　提供）

2017 年度绿肥产业技术发展报告

（国家绿肥产业技术体系）

一、绿肥产业发展成就与现状

中国有种植绿肥的悠久历史，积累了大量绿肥生产经验、技术和理论。自 2008 年国家启动绿肥行业专项、开始实施绿肥补贴试点以来，特别是 2017 年把绿肥纳入国家现代农业产业技术体系后，针对主要农区绿肥应用的研究、集成、推广等工作开始系统进行。通过继承与发扬，已经在稻田绿肥−稻秆联合还田、华北地区冬绿肥创新与应用、西北地区玉米/油葵前期复种绿肥以及绿肥田间生产主要环节机械化、基于绿肥的主作物肥料减施等方面取得了重要进展。南方稻田、西北旱区、西南旱地、华北地区等主要农区均基本形成了较为成熟的绿肥生产利用技术模式，支撑了各地绿肥生产。2017 年，中国绿肥作物种植面积约 6 100 多万亩，其中农田近 5 100 万亩、果园约 1 000 万亩。

然而，当前中国绿肥发展仍然存在较多"瓶颈"，技术上主要表现为绿肥优良品种不多、机械化生产水平不高、绿肥病虫害综合防控技术落后、绿肥产草量下降、绿肥产品附加值不高；外部环境上，绿肥生产促进与保障机制缺乏、绿肥种业支撑能力低下，成为制约绿肥产业发展的关键因素。

二、绿肥产业技术发展动态与研究进展

1. 绿肥遗传育种技术

20 世纪 50 年代开始，全国各地开展了绿肥种质资源收集和国内外引种试验，但由于缺乏稳定的项目支持，绿肥种质资源的研究基础薄弱，种质资源保存不佳、散失严重。2008 年，国家实施绿肥行业专项以后，绿肥作物种质资源重新开始较为系统地收集，保有量达到近 3 000 份。随着国家绿肥产业技术体系的启动，绿肥种质资源的整理整合得到进一步加强。目前，资源保有量超过 27 000 份，涵盖了豆科、十字花科、红萍等多种类型，并初步建立了 20 多个各类品种资源圃。但与其他作物相比，绿肥作物的现代生物分子育种技术应用还处于准备阶段，目前仅开展了紫云英 cDNA 文库构建与 EST 分析、紫云英内参基因选择、常用紫云英品种再生体系建立等少量工作。

2. 绿肥栽培及简化管理技术

经过近 10 年的系统研发，针对各主要农区的绿肥生产技术初步成形，开始大面积推广应用。

绿肥轻简化生产技术明显提升。通过研发与改进，部分地区绿肥生产从播种、开沟到绿肥种子收获已初步实现了机械化。同时，研发了南方稻田水稻机械化收割留高茬迟播绿肥、华北地区玉米套播二月兰等一系列针对性技术，使得绿肥生产更加简捷、高效。

绿肥高效利用管理技术取得较大进展。南方稻区，突破传统灌水翻压模式，建立了稻田绿肥干耕湿沤技术，提高绿肥养分利用效率；验证了稻田绿肥翻压期可适当宽泛。西北

主作物前期复种绿肥及夏秋绿肥、华北冬绿肥、西南冬绿肥技术模式在各地推广应用并取得成效。绿肥纳入种植制度后的化肥运筹技术初步建立。

基于绿肥利用下的作物节肥技术取得明显成效。南方水稻主产区，如江西、湖南、湖北、安徽、福建和河南等省联合试验表明，绿肥产量 22.5 吨/公顷，翻压后水稻生产可节省氮肥用量 20%~40%。甘肃、陕西、北京、天津等省市试验表明，西北和华北旱地麦后复种绿肥、玉米/豆科绿肥间种可减少玉米和小麦的氮肥用量 15%~30%。

3. 绿肥病虫害综合防控技术

绿肥病虫害综合防控技术的研究基础较为薄弱。国内研究大多在 20 世纪 90 年代前进行，不仅报道不多，且主要是针对主栽绿肥作物上病虫害及其天敌种类、病虫害发生规律与防治技术进行的基础性调查研究，有关防治技术多以单项高毒药剂防治为主。同期国外基本上无绿肥病虫害的研究报道。近年来，利用绿肥调控其他作物的病虫害防控技术研究得到一定发展，如果园间作不同绿肥可以不同程度地增加果树害虫天敌、棉田间作绿肥可以增加节肢动物多样性等。同样，国外如印度、巴基斯坦等国家也加强了绿肥间作对棉花病虫害的控制技术研究。

经调查，已经初步明确了为害中国绿肥生产的主要病害、害虫和天敌以及主要杂草种类，并初步提出了构建豌豆—小麦间作防控小麦蚜虫生产模式的思路。鉴于绿肥需要与主栽作物构成特定种植制度，绿肥可能带来其他作物病虫害的风险评估与控制技术需要加强，因此，绿肥—主栽作物间的病虫害发生发展规律研究与一体化防治技术是今后重要的研发方向。

4. 绿肥生产机械化技术

立足绿肥生产关键环节机械化，从水田、旱地和果园绿肥的播种、开沟、翻压和种子收获等关键环节入手，农机农艺融合，重点开展毛叶苕子风送撒播、气力式穴播和无人机撒播技术和装备研究，现已完成 3 套样机图纸绘制。针对稻田绿肥紫云英，提出前置电动定量播种后置开沟、后置浅旋播种开沟等技术，并完成相应样机的现场可行性试验。探索了预切深翻和浅旋覆盖技术的绿肥还田装备研制，采用前置全液压驱动碎草后置铧式犁或动力圆盘犁的组配方式，提高绿肥还田翻压效果。前瞻性开展全喂入轴流式轻简型紫云英种子收获机研究，确定轻量化专用底盘设计方案，合理控制整机重量和接地压力，创新设计多伸缩指拨送、同相反向抓取输送及柔性刮板兜取提升等结构，降低输送环节损失，提高作业顺畅性。

5. 绿肥产品深加工及产业链延伸技术

绿肥功能性产品开发尚处于初级阶段。绿肥产业链延伸技术可以从肥粮、肥饲、肥菜、肥油等兼用方向入手，部分绿肥还可用作蜜源植物、观赏植物或植物胶原料等，诸如二月兰油脂、苕子或紫云英蜂蜜、田菁胶、香豆素、箭筈豌豆淀粉制品、绿肥蔬菜、绿肥饲料等已有尝试。值得关注的是，国内和国际市场对于功能产品原料的需求在不断变化，豌豆蛋白新近受到关注，为绿肥作物箭筈豌豆的开发利用提供了途径。

三、主要绿肥种植利用技术模式

针对各地农作制度，建立了相应技术模式，概要如下。

1. 华北冬绿肥生产技术

本技术能解决华北地区冬闲季节耕地裸露问题，能覆盖保墒、有效抑制沙尘，还可观光、采食菜薹，是冬小麦退出区的重要替代技术。

（1）华北偏北春玉米区。绿肥宜选用二月兰。可在玉米生育期内择期播种，6—9月中旬均可，旱作栽培区宜8月前完成播种。玉米收获后撒播的，撒播后浅旋、镇压。套播绿肥时，玉米密度宜不超过6万株/公顷。

（2）华北偏南春玉米、棉花、春花生区。绿肥可用二月兰、毛叶苕子、冬牧70黑麦等。9月播种较好，毛叶苕子和黑麦可至10月上旬，二月兰8月播种亦可。

（3）地力不足时，可在返青时撒施尿素75千克/公顷结合灌水，以提高绿肥产量。

（4）在下茬作物播种整地前10天左右旋耕翻压。豆科绿肥鲜草每1 000千克减施纯氮2~3千克。

2. 南方稻田冬绿肥生产技术

本技术可实现南方稻田中晚稻草全量利用与快速腐烂还田、化肥减施20%~40%，观光、菜用、蜜源等综合价值高。

（1）绿肥一般用紫云英，也可用毛叶苕子或箭筈豌豆。中/晚稻收割前7~10天落干。中晚稻采用收割机割稻的，稻茬留30厘米以上，然后及时撒播绿肥（江淮之间不迟于10月底播种，其他地区不迟于11月中旬）。或者可在收获前15~20天套播绿肥。

（2）根据田块大小适时开围沟或中沟，沟宽、沟深各15~20厘米，沟沟相通。早稻栽插或播种前5~15天就地翻压，机械干耕湿沤。翻压前最好配施石灰600~750千克/公顷。

（3）绿肥翻压还田时，早稻或一季中稻按绿肥鲜草每1 000千克减施纯氮2~3千克。

3. 西北麦区复种绿肥技术

本技术可实现增加西北地区冬季覆盖、为农牧交错区提供大量饲草的目标。

（1）麦田复播毛叶苕子、箭筈豌豆肥饲兼用模式和麦田套种草木樨冬季覆盖模式。在小麦灌麦黄水时撒播绿肥。麦收时留茬高度20厘米以上，麦收后立即灌水，整个生长季灌水2~3次。毛叶苕子（箭筈豌豆）入冬前刈割作饲草，饲草过腹还田。草木樨刈割宜10月中旬进行，11月下旬冬灌，地表发白时耙耱，翌年4月上旬灌返青水，4月下旬至5月上旬刈青或翻压。

（2）麦田复播冬油菜冬季覆盖模式。麦田8月下旬灌水后播种冬油菜，9月中旬灌水，12月上旬灌冬水，翌年3月下旬灌返青水，4月下旬翻压接茬玉米、马铃薯或6月收籽接茬向日葵。

（3）绿肥翻压还田时，绿肥鲜草每1 000千克减施纯氮2~3千克。

4. 西南旱地冬绿肥生产技术

本技术可有效覆盖地表，减少后茬作物烟草及玉米的氮肥用量。

（1）烟草绿肥。9月上旬至中旬烟叶采摘完毕后，灭茬、撒播光叶苕子，浅旋镇压。次年3月中上旬，盛花期翻压光叶苕子，鲜草15吨/公顷为宜。翻压30~35天后定植烟苗，烟草化肥用量较常规减少15%~30%。

（2）玉米绿肥。绿肥播种时间、播种量、播种方式及玉米种植时间可参考烟草绿肥进行。绿肥翻压量可大于烟草，氮肥按照光叶苕子每1 000千克鲜草减施纯氮2~3千克进行。

四、绿肥产业技术发展的主要问题及工作思路

1. 绿肥遗传育种与种子繁育

针对绿肥遗传育种周期长、基础薄弱、创新手段不强、种子供应不足不稳等问题，主要做好以下几方面的工作：加强绿肥作物种质资源的收集、整理、评价，重点挖掘紫云英、毛叶苕子、箭筈豌豆、光叶苕子、肥田萝卜、二月兰、油菜、红萍等传统绿肥种质资源，为绿肥种质创新提供支撑，持续发掘、培育抗逆、高产、高养分截获等绿肥新种质资源；推动建立绿肥品种登记制度，研究制定绿肥种业质量标准体系；加大种子高产稳产研发力度，摸清中国绿肥种子基本供求关系，推动建立国家绿肥种子生产基地以及储备和运营网络，研究加强种子产销统筹规划的政策措施，保障主要绿肥种子的市场供应。

2. 绿肥栽培与土肥技术

绿肥生产与利用轻简化技术推广难度较大，栽培模式相对单一，节肥培肥增效作用与清洁生产效应发挥不充分。未来研发重点：一是创新、优化、整合与现代农业制度相适应的绿肥田间生产全程轻简化栽培与管理等技术；二是完善绿肥—主作物一体化土壤及水肥管理技术，推动根瘤菌等配套措施研发和应用，提升绿肥在节肥增效、耕地质量提升、面源污染削减中的贡献率，发展基于绿肥的用地养地、有机无机相结合的中国特色农业道路；三是探索绿肥修复退化及污染土壤的技术研发与应用，服务国家土壤修复与治理主战场；四是推动绿肥提质增效技术和基于绿肥利用的主作物清洁生产技术进步，重点加大基于绿肥的清洁农产品市场化研发力度，完善基地建设，助力绿色兴农、质量兴农。

3. 绿肥病虫害防控技术

绿肥作物种类多样，病虫害防控也较为复杂，但技术储备不多。更重要的是，绿肥作物影响主作物重大病虫害暴发、流行的风险不清楚，关于绿肥—主作物模式下病虫害发生规律与防控技术、绿肥控制主作物病虫害的机理与效果的研究不足。因此，近期应重点进行：一是调查、摸清中国主要绿肥作物的重要病虫害发生种类与为害规律，集成、研发适合绿肥病虫害的监测、防控技术；二是研究重要绿肥作物种类对主作物重大病虫害的风险及应急响应机制，制订应急预案；三是系统研究不同绿肥—主作物种植模式下病虫害的发生、转移与为害规律，研发绿肥诱集、阻隔主作物病虫害等综合防控技术。

4. 绿肥生产机械化技术

绿肥分布广，作物种类多，需分类施策、重点突破。近期绿肥机械的研发工作重点是：一是推进紫云英、苕子、箭筈豌豆和二月兰等主栽绿肥作物规模生产的机械化，力争率先突破主要绿肥作物播种、开沟、翻压及种子收获等关键环节机械化；二是探索部分关键环节的复式机械作业技术，研究前茬作物高留茬秸秆匀铺联合收获技术；三是加强农机农艺融合，制定紫云英、苕子、油菜、二月兰等绿肥种类的规模化、机械化农艺规范，促进绿肥产业向机械化生产发展。

5. 绿肥产品加工及产业链延伸技术

目前，绿肥营养功能特性以及加工原料基础数据不足，绿肥加工产业尚未起步，综合利用产业和模式极度匮乏。今后重点是：一是加快绿肥综合利用、营养和功能特性基础数据评价，明确功能因子，确定绿肥功能性开发及综合利用方向；二是充分挖掘绿肥传统利用途径，运用现代技术进行再创新研发，力争短期内获取以绿肥种子淀粉、蛋白等为主要原料的功能性产品；三是研发二月兰油脂利用技术，优化田菁胶生产工艺与产品创新应用

途径，探索基于绿肥茎叶的高纤维素等特色产品开发；四是着眼基于绿肥的一、三产业融合发展，筛选具有高观赏价值的绿肥资源，搭建观光基地，服务美丽乡村建设。

6. 绿肥产业政策

当前，绿肥的生态价值和生态功能未被社会广泛认知，用户种植绿肥积极性不高，国家对于绿肥生产的政策导向处于零散、应急、不系统状态，绿肥产业可持续性不强。今后的主要工作是：一是研究评估绿肥生态价值的指标体系和方法，测算中国不同区域、不同类型耕地和不同种植利用模式农田引入绿肥的生态价值，结合成本效益分析，提出扶持绿肥生产的补偿政策；二是积极跟踪乡村振兴战略中的各项行动，研究以推动绿肥种植为基础的"绿色兴农、质量兴农"的运行机制和行动方案，为国家支持绿肥产业发展提供对策建议。

（绿肥产业技术体系首席科学家　曹卫东　提供）

2017年度大宗蔬菜产业技术发展报告

（国家大宗蔬菜产业技术体系）

一、国内蔬菜生产及贸易概况

1. 国内蔬菜生产

产业规模基本稳定。根据农业部统计数据及对部分省市的调研分析，预计2017年中国蔬菜播种面积3.3亿亩、产量8亿吨，与2016年基本持平。

蔬菜价格偏低。2017年中国36种主要蔬菜批发均价为3.53元/千克，比2016年全年均价的3.99元/千克低0.46元/千克。全年整体走势为年初、年末低，年中高。1—5月份580个蔬菜重点县信息监测点蔬菜平均地头批发价下跌明显，6—8月份受入汛以来南方强降雨及多地高温暴雨等灾害性天气影响，蔬菜地头批发价同比由跌转涨，10—11月份蔬菜地头批发价同比下降，其中10月份略降4.2%，11月份同比下降12.9%。

2. 国内蔬菜贸易

贸易总额。2017年1—11月中国蔬菜出口量为974.5万吨，同比增长6.7%；出口额为139.7亿美元，同比增长5.1%；进口4.8亿美元，同比增长0.6%；蔬菜贸易顺差134.9亿美元，同比增长5.3%。

贸易结构及流向。2017年1—11月，中国鲜冷冻蔬菜出口额达到57.12亿美元，约占出口总额的41.18%；加工保藏蔬菜出口额达到40.27亿美元，约占出口总额的29.03%；脱水蔬菜出口额达到40.33亿美元，约占出口总额的29.07%。主要出口的蔬菜品种仍是大蒜、干香菇、番茄酱罐头、生姜、洋葱等，主要出口国家与地区为越南、中国香港、日本、印度尼西亚、马来西亚、美国、韩国、泰国、俄罗斯、巴西等。

二、国际蔬菜生产及贸易概况

1. 国际蔬菜生产

据FAO数据估算，2016年世界蔬菜收获面积约为6 394万公顷，较2015年增长约2.24%；总产量约为12.49亿吨，较2015年增长约3.33%。2016年蔬菜产量排名前五的国家为中国、印度、美国、土耳其和伊朗，分别占全球总产量的约51.10%、11.13%、2.96%、2.33%和1.82%；蔬菜收获面积排名前五的国家为中国、印度、尼日利亚、土耳其和美国，分别占全球收获总面积的约40.30%、14.36%、5.68%、1.79%和1.76%。

2. 国际蔬菜贸易

贸易总量。据联合国统计署数据，2016年世界蔬菜进出口贸易总量约1.58亿吨，进出口总额约1 718亿美元。其中，进口量约7 612万吨，进口额约837亿美元；出口量约8 163万吨，出口额约881亿美元。

贸易结构及流向。2016年世界蔬菜出口额排名前十位的国家依次为中国、美国、德国、荷兰、法国、日本、英国、印度、意大利、加拿大；世界蔬菜进口额排名前十位的国家依次为美国、巴西、荷兰、西班牙、加拿大、印度尼西亚、阿根廷、中国、墨西哥、法国。

三、国际蔬菜产业技术研发进展

1. 遗传改良与品种选育

*CRISPR/Cas*9 基因编辑技术在功能解析和育种的应用。Soyk 等（2017）发现番茄野生种对光周期敏感变为不敏感由基因 *SP5G* 启动子突变造成，利用 *CRISPR/Cas*9 编辑 *SP5G* 可以使番茄早开花并提高产量。Ito 等（2017）利用 *CRISPR/Cas*9 编辑 RIN，提出番茄成熟 *rin* 突变体是由于 RIN 与 MC 形成融合蛋白而抑制了果实成熟。通过对番茄中两个控制花序发育的转录因子 *ej*2 和 *j*2 用基因编辑手段来平衡它们的上位效应，可以培育高产且利于机械化收获的番茄品种。

功能基因克隆和鉴定。鉴定了不结球白菜中参与表皮蜡质产生的基因 *Brcer*1、甘蓝蜡质代谢相关基因 *Cgl*2、甘蓝隐性雄性不育基因 *BoCYP704B*1、青花菜叶片纤维素含量相关基因 *BoiCesA*、萝卜花青素生物合成调控转录因子 *RsTT*8、萝卜葡萄糖苷缺乏突变体决定基因葡萄糖醛酸合成酶 *GRS*1 等。

全基因组背景选择技术。综合利用小孢子培养、抗性基因特异标记和全基因组背景标记建立了甘蓝骨干亲本抗性快速导入方法。Liu 等利用多个姊妹系和衍生系解析了甘蓝骨干亲本"01-20"的特异 DNA 区段。Delfini 等基于 49 个形态特征描述符和 SSR 标记，对 39 个巴西栽培种植的黑豆和墨西哥豆类品种的农业性状进行了描述、鉴别和评价。

2. 栽培与生产技术

生理与抗逆研究。Halperin 等研发出一套高通量表形组学平台，三个探针结合特定算法可以同时检测整株番茄的蒸腾速率、气孔导度以及根系水分流量。Niu 等提出了南瓜砧木通过控制根源 Rboh 基因介导的 H_2O_2 信号增强了根系 Na+外排能力，并通过促进盐胁迫下早期的叶片气孔关闭来适应盐胁迫。Wang 等发现红光/远红光比例可以通过 HY5 调控番茄叶片环式电子流，启动光保护机制提高植株的低温抗性。

品质形成与调控。豆科植物蛋白水解物、海藻提取物可提高番茄产量和营养品质。使用彩色遮阳网能有效增加蔬菜叶绿素、胡萝卜素含量和叶面积，提高蔬菜果实着色性，降低果实开裂、腐烂。

连作障碍防控。建立了芝麻菜/莴苣/胡萝卜、胡萝卜、大白菜/蚕豆等合理的轮间（套）作模式，可有效改善连作土壤酶活性及养分有效性。利用生物炭和污水污泥等，可有效改良连作土壤理化性状，降低有害微生物积累。分离出了能促进番茄、黄瓜、辣椒等作物生长，并能抑制黄瓜枯萎病、腐霉病、疫病，番茄黄萎病、枯萎病、立枯病，胡萝卜软腐病，番茄根结线虫，黄瓜根结线虫等的生防菌株。施用功能型微生物菌剂可抑制土传病原菌的繁殖和侵染，提高蔬菜作物养分吸收和抗病性，并可减少线虫感染。

设施栽培。在苗期补光方面，Poel and Runkle 筛选出了适宜辣椒和番茄幼苗生长的 LED 补光组合（B12+G20+R68+FR）。在基质开发方面，从 pH 调节、病菌抑制、水分养分固持等方面证实了生物炭替代草炭的潜能。在产量品质提升方面，Kläring and Schmidt 发现在低温逆境下，白天给予适度短期高温可促进黄瓜果实生长和产量形成。Colla 等发现叶面喷施水解蛋白或植物/海藻提取物可提高番茄产量 6.6%～11.7%，并改善果实品质。

水肥管理。优化施氮（用量及 NH4+/NO3- 比）配合硝化抑制剂三氯甲基吡啶能显著减少菜田氮素淋失。炭基尿素缓释肥能增加自压滴灌番茄可溶性糖和番茄红素含量，能增产增效。减施化肥 25% 配合生物肥料，5 季黄瓜连作能维持相对较高的土壤微生物多样性，并能促进黄瓜生长。

3. 设施工程与机械

温室光伏发电供能。发现仅覆盖屋顶表面 6.5% 的光伏系统就足以满足温室辅助过程的电力需求；Ntinas 等开发了一种可以满足温室供暖需求的新型太阳能节能系统。

作业机械。韩国 PLANT 公司生产的 JAS-802B 型自走式蔬菜播种机可根据不同种子选择相应的齿轮和排种轮，对中小粒作物种子有良好的通用性。美国 MFC 公司生产的 SN-1-130 型气吸式精量播种机通过压缩气实现落种，降低了空穴率，株距调整方便，可用于番茄、胡萝卜等不规则小粒种子的直播。

4. 病虫害防治

病虫害防治机理。荷兰生态研究所 Raaijmakers 团队发现菜豆根际微生物丰度与尖孢镰刀菌抗性存在明显正相关性。德国科学家的研究结果表明，在植物根系中，木霉菌可以诱导调控寄主的 SA 和 JA 防御途径。

病原菌活性定量检测。使用活性染料叠氮溴化丙锭（*Propidiummonoazide*，PMA）或叠氮溴化乙锭（*ethidium monoazide*，EMA）结合 qPCR 技术定量检测植物病原菌活细胞的方法被开发出来。Reyneke 等对 EMA-qPCR，PMA-qPCR 和 DNase qPCR 技术检测病原菌活细胞的准确性和灵敏性进行了比较研究。Al-Daoud 等利用 PMA-PCR 和 PMA-qPCR 技术检测土壤中芸薹根肿菌（*Plasmodiophorabrassicae*）活细胞的数量。

5. 采后处理与加工技术

包装材料与技术。生物型苦木薯膜、银纳米粒子浸渍的纤维素包等包装被证实可延长蔬菜保质期。应用热处理技术能延缓青花菜衰老，增强番茄耐冷性。气调贮藏可延长青花菜的保质期。纳米碳酸钙低密度聚乙烯包装抑制鲜切山药的褐变。油菜素内酯及硫化氢处理抑制鲜切莲藕的褐变。

蔬菜加工工艺。水下冲击波技术能提高胡萝卜汁中类胡萝卜素的含量。超声-微波混合干燥法能缩短干燥时间，降低能耗。热风干燥和微波处理能促进水分扩散。

四、国内蔬菜产业技术研发进展

1. 遗传改良与品种选育

蔬菜育种重点研发项目。科技部国家重点研发项目"七大农作物育种专项"中启动了"十字花科蔬菜优质多抗适应性强新品种培育"和"茄科蔬菜优质多抗适应性强新品种培育"两个项目，各资助 3 000 多万元，国内 30 多家单位参加。

分子标记辅助育种。张红等利用大白菜根肿病抗性差异材料 G57 和 G70 构建的 F_2 分离群体，将抗病基因定位在分子标记 KBRH129J18 和 TCR02-F 之间，并开发了与抗病基因连锁的 5 对 SSR 分子标记。曾令益等开展了 28 个大白菜品种对 8 个不同根肿菌菌株抗病性检测，同时用已知的 7 个抗根肿病基因（*Crr*1、*Crr*2、*Crr*3、*CRa*、*CRb*、*CRc*、*CRK*）进行抗病基因位点的分子检测。张鹏等利用简化基因组测序技术，获得黄瓜 SNP、EPSNP、INDEL 等分子标记 5 355 个，其中与黄瓜白粉病抗病密切相关的 SNP 标记 140。

功能基因定位与克隆。黄三文研究团队与国外合作，研究了影响番茄风味的物质，并发现相关的一些遗传位点，提出了风味遗传改良的路线图。叶志彪等发现了一个调控番茄果实苹果酸含量的基因 *Sl−ALMT*9。曹雪等发现了控制番茄果实表皮紫色的关键基因 *SlMYBATV*，该基因编码区存在一个 4 bp 的插入，导致了该基因移码突变和蛋白翻译提前终止，使其对花青素合成的抑制功能失效，果皮中花青素能够正常合成和积累而使果实呈现紫色。

2. 栽培与生产技术

连作障碍防控。建立了芥菜/油菜、茄子、茄子/水稻、大蒜/黄瓜、大麦/番茄、韭菜/辣椒、龙葵/茄子等合理的轮间（套）作模式，可有效改善连作土壤酶活性及养分有效性，促进蔬菜生长。利用蚯蚓粪、生物有机肥、复配基质等，可有效改良连作土壤理化性状，降低有害微生物积累，提高蔬菜作物产量和品质。

设施栽培。陈晓丽等明确了绿光具有改善生菜生长和品质的作用。王红飞等揭示了光强具有调控白菜下胚轴伸长的作用。一些研究者分别就蚯蚓堆肥抑制病害发生、利用生物炭替代化肥、夏季填闲水稻降低养分累积、利用小麦伴生栽培控制连作障碍等开展了研究。

重金属污染防治。研究结果表明，重金属在土壤—蔬菜中迁移能力顺序为：Cd>Hg>Cr>As>Pb，茎菜和叶菜类蔬菜对重金属的积累能力大于茄果和豆类蔬菜。Hg 的迁移系数在根菜最高。修复污染土壤的钝化剂可用金属类钝化剂、生物炭类、硅钙钾镁肥等，也可采用叶面喷施阻控剂，减少重金属进入作物内。

3. 设施蔬菜技术

保温节能与新型能源利用。开发新型蓄热保温墙体材料、保温覆盖材料，用聚苯板草砖等隔热保温材料替代土墙或砖墙成为温室墙体改进的一个新方向。不少研究在探索用光伏、风能、生物质能、地热、相变蓄能、水循环蓄热等新能源和光源新型利用方式。

设施结构改良。近年来，设施大型化和覆盖保温大棚在一些地方发展较快。设施大型化包括大跨度的日光温室、大跨度的塑料大棚，以及连栋塑料大棚。大跨度的塑料大棚安装上保温被，可比普通的塑料大棚提前收获 2 周到 20 天。在北方地区还出现了一些东西走向南北侧非对称大跨度保温塑料大棚。

作业机械化。蔬菜机械化受到空前的关注。有多家单位相继研发出了半自动穴盘苗移栽机、叶菜收获机、大葱收获机等，有的开始在生产上试推广。

4. 病虫害防治

天敌昆虫。浙江大学叶恭银团队和美国密苏里大学宋齐生团队合作在蝶蛹金小蜂（*Pteromaluspuparum*）中发现一种新型负义单链 RNA 病毒 PpNSRV−1，该病毒可通过减少雌性后代数量来调控寄生蜂后代性比。

病原菌活性定量检测。建立了黄瓜细菌性角斑病菌的 PMA−qPCR 活细胞定量检测体系，对菌悬液中活体病原菌的最低检测阈值为 $3.25×10^2$CFU/mL。周大祥等采用 EMA−qPCR 方法进行了番茄溃疡病菌活细胞的快速定量检测。

病毒传播。刘树生研究团队发现番茄黄曲叶病毒（*Tomato yellow leaf curl virus*，TYL-CV）可以高效侵染烟粉虱（*Bemisiatabaci*）的生殖系统并由烟粉虱通过产卵将该病毒传播到其后代，这些后代在病毒的非寄主植物上发育到成虫后，可以迁移到新的寄主植物上传播病毒，使后者感染病毒发病。

5. 采后处理与加工技术

保鲜技术。不同波段的 LED 光照射处理可延缓西兰花、西芹、番茄等蔬菜的品质下降。直流磁场辅助冻结对蔬菜有很好的保鲜效果。热处理技术的应用能增强西葫芦耐冷性。草酸、水杨酸外源处理均可减轻蔬菜的冷害。

质量安全检测技术。在复杂体系特定目标物前处理中应用功能化石墨烯、金属有机框架、分子印迹、磁性纳米材料等新型材料，提升对目标物质的精准识别，实现多残留同步检测。建立了基于磁性石墨烯/Cu 金属有机框架复合材料快速吸附和去除菜田灌溉水新烟碱类农药多残留的质量安全控制技术。建立了基于三唑醇静电诱导纳米金变色和 CdTe 量子点荧光能量共振转移的紫外/荧光传感技术。

（大宗蔬菜产业技术体系首席科学家　杜永臣　提供）

2017 年度特色蔬菜产业技术发展报告

（国家特色蔬菜产业技术体系）

一、国际特色蔬菜生产与贸易概况

1. 国际特色蔬菜生产

国际上水生蔬菜种植品种主要是芋。2016 年世界芋种植面积为 1 670 千公顷，总产量为 1 013 万吨。芋生产区域主要集中在非洲、亚洲。2016 年，辛辣类蔬菜世界种植面积为 11 747.74 千公顷，产量为 17 676.87 万吨。2016 年，世界生姜种植面积为 595.59 千公顷，总产量为 1 218.71 万吨，其中亚洲产量 1 147.90 万吨，占世界总产量的 94.19%。生姜产量排名前十位国家依次为：中国、印度、尼日利亚、印度尼西亚、尼泊尔、泰国、喀麦隆、孟加拉国、日本、马里共和国，10 国总产量为 1 204.59 万吨，占世界总产量的 98.84% 左右。中国生姜产量 938 万吨，居世界第一。

2016 年世界干洋葱总产量为 9 316.9 万吨，总种植面积为 495.54 万公顷。干洋葱生产大国为：中国、印度、埃及、美国。2016 年世界辣椒种植面积 3 737.64 千公顷，总产量高达 3 841.56 万吨。世界上约有 140 个国家生产辣椒，其中亚洲辣椒总产量占全球总产量的 68.19%。中国辣椒产量占全球总产量的比重平均为 46.48%。中国是当之无愧的全球辣椒生产大国。

2. 国际特色蔬菜贸易

2012—2016 年，世界水生蔬菜出口量和进口量都呈下降态势。水生蔬菜的出口国集中在亚洲和非洲，而进口国多为发达国家。

世界生姜、大蒜、辣椒出口国家分布较广，其中亚洲是生姜、大蒜和干辣椒主要的出口市场。日本和美国是重要的姜进口国家，进口量和进口额都位于前列。近年，最大的洋葱出口国荷兰的洋葱出口量和出口额呈现波动下降趋势。2016 年国际辣椒贸易总量达到 753.27 万吨，贸易总额 127.74 亿美元。鲜辣椒出口国主要集中在欧洲、北美洲、亚洲地区。2016 年世界呈现鲜辣椒"三足鼎立"（墨西哥、西班牙、荷兰）、干辣椒"中印对峙"的局面。

二、国内特色蔬菜生产与贸易概况

1. 国内水生蔬菜生产与贸易

2016 年中国水生蔬菜种植总面积为 91.8 万公顷，产量 3 443.2 万吨，形成以长江流域、珠江流域、黄河流域为主产区的产业格局。其中湖北与江苏两省的种植面积均超过 10 万公顷，湖北、江苏、山东、安徽、广西、湖南为水生蔬菜种植大省，种植面积占全国种植面积的 56.83%。

2. 国内辛辣蔬菜生产与贸易

中国是世界上最大的辛辣类蔬菜种植国家、消费国家与出口国家。2017 年中国大葱、洋葱、生姜、大蒜、韭菜栽培面积分别达 60 万、20 万、24 万、87 万和 47 万公顷，总产量分别达 2 400 万、1 000 万、900 万、1 300 万和 1 600 万吨，约占蔬菜总产量的 10%；山东、江苏、河南和河北为主要产区，栽培面积约占全国的 1/2，总产量逾 2/3。2016 年加工辣椒种植 133 万公顷，占中国蔬菜种植面积的 7%以上，主产区贵州产区、河南产区、湖南产区、云南产区和晋陕产区，占全国种植面积 54.26%。

三、国际特色蔬菜产业技术研究进展

1. 新品种选育与育种技术

（1）世界各国注重种质资源的收集与保存。葱、姜、蒜、韭菜等种质资源研究较晚，特别是大葱、韭菜为中国特产，国外研究几近空白。国际大蒜种质资源的收集保存较多，其中美国约 1 500 份，西班牙、俄罗斯、阿根廷等国分别有 300～500 份；生姜在东南亚、非洲的资源相对丰富，但尚未见种质资源的报道。国际辣椒种质资源收集保存情况是：墨西哥 3 590 份，亚洲蔬菜中心 5 117 份，美国 4 748 份，保加利亚 4 089 份，俄罗斯 2 313 份，中国 2 248 份，法国 1 150 份。

（2）遗传多样性研究为品种选育奠定基础。芋主要起源于印度、马来西亚等东南亚和南亚地区，但对 11 个不同地区栽培芋的多样性研究发现，芋资源缺乏遗传多样性。国外学者利用辣椒全基因组信息开发标记，构建辣椒物理图谱，并对巴西天然辣椒种群和栽培辣椒的遗传结构和遗传多样性进行分析。利用 SNP 标记鉴定出 1 189 个辣椒单倍型和 240 份辣椒核心种质；从印度辣椒种质资源中筛选出 3 份抗卷叶病材料，发现了辣椒脉斑驳病毒的 2 个单隐性遗传位点，开发的 SNP 标记可为抗性品种的选育提供方法。阐明了芥菜从自交不亲和系统转变成自花授粉系统的进化机制，并利用 SSR 分子标记推测芥菜、油菜、埃塞俄比亚芥、甘蓝、白菜、黑芥、芸芥之间的起源演化关系。

2. 逆境栽培与品质提升技术

莲藕、子莲、菱角等水生蔬菜在日本、韩国等东亚地区和越南、印度、泰国等东南亚国家栽培和利用。国外对特色蔬菜栽培的研究主要集中在 NaCl、干旱等逆境环境对生长及生理变化的影响，探索提高抗逆性和内在品质有效措施。发现 NaCl 胁迫能够降低水生蔬菜叶绿素指数和类胡萝卜素含量，适宜浓度硒通过增加钾的吸收量，减轻了 NaCl 对植株的伤害。50%和 70%灌溉量对姜植株黄酮类和酚类物质有显著影响，在 70%灌溉量条件下，100 千克/公顷施氮量对叶酚浓度影响最大。

3. 特色蔬菜营养品质与加工技术

（1）营养成分的分析方法和技术不断更新。GC-MS、HPLC、固相微萃取联合气相色谱法等技术广泛应用于辛辣类蔬菜营养成分的分析与鉴定过程，包括姜科蔬菜营养成分分析和大葱硫化物的生物活性作用分析；香料红辣椒及辣椒制品、新鲜辣椒粉和冻干处理后营养成分的分析和评价；新鲜辣椒、红辣椒片、工业和传统等值香料中的挥发性有机化合物组分的分析和评价。

（2）营养成分功能验证及加工产品的研发。国际对特色蔬菜产品的特殊营养成分功效的研究日益深入，开展了大蒜提取物对鳞状细胞癌抗原 SCC-15 的毒性作用研究，莲次生代谢物在减肥、抗肿瘤和炎症领域的机理及应用研究，发现莲心碱可增强 ROS-介导的顺铂治疗的人肺腺癌细胞疗效，莲叶的甲醇提取物可抑制口腔链霉菌的生长。开发了辣椒渗透脱水技术，研究了干燥方法对辣椒物理性质颜色、水化比例和硬度及生物活性成分的

影响，实现了辣椒油树脂的辣椒素类微胶囊化。

四、国内特色蔬菜产业技术研究进展

1. 种质资源与新品种选育

（1）种质资源收集、评价和利用受到国家重视。收集到水生蔬菜种质资源 58 份；对 300 余份莲资源果实性状及 90 份老熟莲子品质性状进行鉴定评价，揭示了种质资源间的基因组变异与遗传进化关系。保存生姜及其野生近缘种资源 400 余份；保存大蒜资源 679 份。收集辣椒种质资源 2 455 份，完成辣椒初级核心种质资源库的构建，开展了辣椒资源的形态学性状聚类分析、遗传多样性分析以及抗病、抗逆性鉴定等研究。建立了辣椒核心种质，通过抗病抗逆性鉴定，获得了 15 份抗 TMV 材料，3 个抗旱性均较强的品系（种），5 份耐低氮材料。收集芥菜品种 591 份，并对 1 400 多份资源的农艺性状进行评价和鉴定，发现抗重金属的资源，鉴定出与花色或叶色、油酸含量相关的基因位点；筛选和创制了低种子硫甙含量或高抗菌核病的芥菜资源。

（2）新品种选育目标发生变化，品种选育和推广力度明显增强。藕莲、子莲育种目标向优质、高产、抗病、适应不同消费习惯转变，筛选优异组合或株系 11 份，获得藕莲新品种保护权 1 个。茭白育种以优质、高产为主，育成龙茭 2 号以及浙茭 3 号、6 号、7 号等多个品种，并在主产区大面积推广，增产均达 15% 以上。建立了微型藕及芋、荸荠、慈姑等脱毒种苗工厂化快繁和推广体系。利用雄性不育系选育出鲁葱系列大葱新品种和天正系列洋葱新品种、辽葱系列新品种，利用诱变技术选育的"山农大姜 1 号"增产达 20% 以上。大蒜育种以常规无性系为主，2015—2016 年审定新品种 5 个。2017 年报道辣椒新品种 38 个，包括羊角椒、牛角椒、线椒、朝天椒和灯笼椒，其中羊角椒占 42.10%；有 15 个品种抗 3 种以上病害，其中高抗品种 7 个；申请受理辣椒杂交新品种保护权 19 件，长尖椒或螺丝椒品种有 17 个。截至 2017 年，选育芥菜优良常规品种 12 个，审定杂交种 14 个，代表性杂交品种有涪杂系列、华芥系列、甬榨系列等，系统开展了芥菜细胞质雄性不育杂种优势利用以及抗根肿病育种技术的研究。

（3）与现代分子生物学研究相结合，育种技术研究取得新进展。在莲不同组织中鉴定出 667 个 miRNA，挖掘出在生长发育、逆境调控中具重要功能的 miRNA。莲藕育种仍以杂交育种为主，正开展分子标记辅助育种方面的探索，目前完成了核基因组和细胞质基因组（线粒体、叶绿体）的基因组测序工作，正在开展莲纯系创制、莲太空变异育种、辐射和化学诱变等仍人工诱变育种研究。芋、菱角、荸荠、慈姑等已开展了传粉生物学和有性杂交方法研究的作物逐渐由自然变异筛选向杂交育种方向转变，芋、菱角等作物已获得了一批优异杂交组合。利用野生茭白接种黑粉菌获得成功，证明菰黑粉菌菌丝的生长及分布能够诱导调节激活抗性基因表达。大葱、洋葱、韭菜等均开展了常规育种技术及利用雄性不育系杂交育种技术研究，可借助分子标记成功实现雄性不育材料的实验室筛查，提高育种效率；利用 RFLP 技术筛查大葱保持系和不育系；生姜、大蒜育种主要利用辐射诱变、化学诱变等方法进行。构建了辣椒生物信息学大型综合性数据库网站，鉴定各类转录因子家族成员 80 个；构建了辣椒高密度分子遗传图谱，针对各类病毒基因开发分子标记、检测技术和试纸等。筛选出 9 个与辣椒胞质雄性不育育性恢复紧密相关的基因，并对雄性不育系中的物质变化规律、花器官形态进行了研究；开展了辣椒蜜蜂授粉技术、花蕾大小和授粉时间、萘乙酸钠和芸苔素等生长调节剂与微肥等对种子产量影响的研究。关于芥菜

育种领域，构建了芥菜变异组数据库，建立了有效的远缘杂交胚挽救技术体系和芥菜类蔬菜的高通量 DNA 提取和 SNP 检测技术；获得与雄性不育和叶片花青苷合成相关分子标记 2 个。主要是通过优势育种、系统育种、单倍体育种以及分子标记辅助选择育种技术开展芥菜新品种的选育，同时克隆并验证了芥菜 hau CMS 的不育相关基因。

2. 优势产区转型升级关键技术

（1）产地生产环境有待进一步改善。水生蔬菜一次性大量施肥、偏施化肥的现象较普遍，对地下水和湖泊河流有一定的污染。茭白秸秆腐熟堆肥还田技术缓解了茭白秸秆对产地环境的压力。茭白等水生蔬菜生产与养殖业有机结合，有效缓解了沼液排放对环境的影响。传统生姜产区土壤次生盐渍化与酸化加剧，养分极不平衡，有机质不足，氮素严重过剩，微量元素供应不均。

（2）新的栽培技术和栽培模式不断涌现，应用范围逐渐扩大。莲藕在南北方种植面积不断扩大，子莲面积逐年增加。双季茭白品种早中迟配套，在浙江省栽培面积约 3 900 公顷，且平原露地栽培、山地栽培和设施栽培等模式协调发展；茭白良种繁育、轻简化栽培、绿色防控及覆膜简易栽培等新技术得到较快推广，种苗质量提高，采收期缩短，产品质量和产量明显提升；新疆维吾尔自治区（以下简称新疆）温宿、乌鲁木齐及陕西兴平等地区茭白种植成功。两年五种五收栽培实现了大葱高产高效；推广了生姜专用膜覆盖轻简化栽培技术、大蒜黑膜覆盖栽培技术、葡萄园套种生姜技术等；韭菜、生姜连作障碍的克服有了新进展。成功利用富硒包衣种子、富硒营养块生产富硒大葱、富硒大蒜。在北方地区推广辣椒高垄栽培技术，在干旱、半干旱地区推广辣椒全膜双垄沟栽培技术，推广干制辣椒双株宽窄行丰产栽培技术、高山辣椒高效栽培技术以及辣椒与水稻、玉米、蔬菜等作物轮作和套作栽培技术。部分芥菜产区已经开始进行轻简化和机械化播种的示范推广，如湖北的芥菜"绳播"，湖南、华南地区的芥菜直播以及浙江芥菜机械化播种技术。

（3）水肥管理技术研究主要集中在吸肥规律、施肥技术、品质改善等方面。施用磷肥能减轻表面铁膜的沉积，有效提高莲藕品质；慈姑对氮、磷、钾的吸收比例为 3∶2∶5；氮营养与芋株高、叶面积和子芋、孙芋产量均呈极显著正相关；水芹、水蕹菜、豆瓣菜等对 Cd 可能存在富集作用，但对 Pb、Cu、Zn 可能不存在富集作用。钾肥对大葱的产量和品质起决定作用；合理氮磷钾施用量（225.0 千克/公顷、262.5 千克/公顷、375.0 千克/公顷）可明显促进洋葱生育前期的生长；施用脲素特中微量元素缓释肥 22.5 千克/公顷对生姜具有明显的增产效果；施用硫酸锌对大蒜增产效果显著，使用钾肥有利于大蒜干物质的积累，提高植株抗逆性；花生饼肥、鸡粪沼液能显著提高韭菜产量和品质。辣椒全生育期耗水量从大到小依次为盛果期、后果期、开花坐果期和苗期，施用缓释肥料 100 千克/亩产量最高，沅陵县辣椒生产的最佳施氮量为 9.1 千克/亩。水肥供应频率对芥菜生理与镉富集特性产生影响。

（4）结合病虫害田间调查，开发病虫害综合防治技术。2017 年对特色蔬菜主产区病虫害及发生态势进行了田间调查。从莲藕腐败病株中鉴定 10 株病原，包括镰刀菌、拟茎点霉属、嗜水小核菌和葡萄座腔菌；从茭白胡麻斑病株中分离出新月弯孢和稻平脐蠕孢。发现水生蔬菜主要害虫为莲缢管蚜、黄曲条跳甲、食根金花虫以及斜纹夜蛾等，提出种植蜜源植物、安装杀虫灯与性诱剂、间种诱虫植物、增施纳米硅肥、选用高效低毒农药等防治方法。从发病姜块中获得 12 株真菌，从大葱紫斑病样中获得病原菌匍梗霉属，检测到

4 种大蒜病毒，初步建立了大蒜病毒、尖孢镰刀菌和根结线虫的快速检测技术；提出了洋葱软腐病防治方法，明确了韭蛆田间种群动态规律及空间分布，研发了防治韭蛆的"覆膜增温"新技术。

3. 生产机械研发与新产品

（1）水生蔬菜生产机械的研发与应用以采收和加工为主。2017 年受理专利涉及莲藕采收装置、莲藕清洗装置、荸荠分拣机、芡实打包去衣一体机、芡实籽粒分拣机、菱角剥壳机、芋全自动清洗机等多项实用新型专利，其中"一种船式自动挖藕机"实现了泥土切割、粉碎、推移、挖藕的功能；荸荠收获以半机械化为主，多用前置式马铃薯收获机采收。

（2）辛辣类蔬菜生产机械的研发和应用以土壤整理、机械播种、机械移栽、机械采收、田间灌溉、植保机械等为主。辛辣类蔬菜旋耕整地、开沟培土、田间管理等环节机具相对成熟，整地采用旋耕机、圆盘耙等土壤耕作和平整装备，开沟培土机具有旋耕、起垄、沟底碎土、平整和镇压功能，田间灌溉少部分采用移动式喷灌机械和水肥一体化设备；植保机械多采用喷杆喷雾机、风送式弥雾机。大葱播种育苗可选用大田机械播种机和设施气吸式穴盘育苗机，移栽机主要为牵引式半自动移栽机。大蒜播种单粒取种技术主要有勺链式取种、气吸式取种、挖爪式取种等方式，基本保证了单粒取种要求，苍山大蒜调正率可达 95%，但金乡大蒜不足 80%。大葱收获机主要为以拖拉机为配套动力的挖掘松土型分段收获机和集挖掘、夹持输送、去土、收集为一体的联合收获机，如 HY-100 型大葱联合收获机、4CL-1 大葱联合收获机等。大蒜分段收获机型式主要有振动铲式、动力圆盘式、铲链组合式、挖掘铺条式，联合收获机可一次完成挖掘、清土、柔性夹持输送、切茎、装袋等工作，如 4DS-6 和 4DS-9 大蒜联合收获机等。生姜收获机械有固定铲式、振动铲式及轮齿式，后续均需人工手动拔取、捡拾后剪掉姜秧。

4. 营养品质检测、加工技术与新产品

（1）重视特色蔬菜质量安全检测，为提升产品质量提供借鉴。2017 年，对国家农产品质量安全风险监测中涉及特色蔬菜的内容进行了全面的梳理分析，掌握了全国水生蔬菜和辛辣类蔬菜质量安全总体状况。对 205 个莲藕和 268 个茭白样品中 7 项重金属和 30 项农药残留监测结果显示，莲藕和茭白的合格率分别为 94.5% 和 91.7%，但未登记农药检出种类较多；莲藕和茭白主要超标重金属为铅和镉。对 820 个大葱样品、833 个生姜样品、620 个大蒜样品中 58 项农药残留监测结果显示，合格率分别为 96.5%、98.0%、99.7%。对照农残检出和超标情况，水生蔬菜和辛辣类蔬菜中已登记农药种类品种不足，登记农药限量标准缺失严重，已有的登记农药品种不能满足实际生产和监管的需要。

（2）特色蔬菜次生代谢物的功能分析为后续产品开发提供保障。国内对水生蔬菜次生代谢物及其功能的报道较多，包括荷叶含有苄基异喹啉、阿朴啡等 6 种活性生物碱，荷叶水提取液可减少内脏脂肪堆积和降低胰岛素抵抗；藕节多酚提取物具有体外抗氧化活性；莲心碱对紫杉醇和阿霉素耐药的乳腺癌、肺癌或结肠癌细胞具有较高的毒性；莲子中的寡糖对德氏乳杆菌亚种具有较好的增殖作用；莲心碱可抑制肝癌细胞的迁移和侵袭能力；荸荠皮多糖、黄酮类物质对自由基具有的清除作用；菱角茎多酚提取物具有体外抗氧化和抗肿瘤活性。对辣椒籽中的膳食纤维的开发和利用研究日益深入，对 8 个不同品种辣椒籽的主要成分、营养和抗氧化物质进行分析，为辣椒籽高值化的综合利用提供基础数

据；分析了辣椒粉随温度和水分含量变化的规律以及不同辣椒品种对辣椒酱发酵品质的影响。

（3）应用物理的、化学的方法探索水生蔬菜采后保鲜技术，在提升特色蔬菜加工产品质量方面有了新的进展。复合保鲜剂和储运设备的研发与应用对水生蔬菜保鲜和储运发挥重要作用，复合保鲜剂可延缓莲藕、茭白等褐变，延长保质期；茭白储存装置可减少挤压碰撞、增加保鲜时间，并适于短途和长途运输；微冻技术可生产速冻芋产品，配合大型冷库，可延长芋销售期。对莲藕产品的营养功能和影响因素进行研究，在莲藕淀粉的特性、多糖特性对藕粉硬度的影响、速冻莲藕片贮藏过程中品质变化动力学模型、莲藕采后主要腐败菌及空气放电的抑菌机理、鲜切莲藕冷藏过程中的菌相变化、藕带加工技术、莲藕加工下脚料的资源化利用等方面均有较大突破，优化了莲藕淀粉、发酵莲藕渣醋、莲藕脆片、冻干茭白、荸荠果汁等产品加工方法，提高了产品品质，开发了糯米糖藕、藕带制品等，优化了水芹护色技术、膳食纤维提取工艺。在辣椒加工领域，开展了新技术或新工艺对辣椒及其产品品质的研究，开展了辣椒渗透脱水处理及渗后热风干燥特性及品质分析，脱盐盐渍辣椒发酵工艺优化及风味品质研究，采用新型射频加热技术、亚临界低温萃取技术、顶空固相微萃取—气相色谱—质谱联用等新技术，对辣椒素类物质含量和辣度、辣椒籽油制备和挥发性香味物质、辣椒油中风味物质的影响进行了分析。辣椒产品的开发主要以辣椒酱、辣椒干、辣椒粉、发酵辣椒等初级产品为主。

（特色蔬菜产业技术体系首席科学家　邹学校　提供）

2017 年度西甜瓜产业技术发展报告

（国家西甜瓜产业技术体系）

一、国内西甜瓜产业发展情况

根据《2016 中国农业统计资料》公布的数字，2016 年中国西瓜播种面积 189.08 万公顷，总产量 7 940.0 万吨，每公顷产量 41.99 吨，比上年播种面积增加 3.01 万公顷，总产量增加 226.0 万吨，增幅 2.93%，每公顷单产提高 0.53 吨。全国甜瓜播种面积 48.19 万公顷，总产量 1 635 万吨，每公顷产量 33.93 吨，比上年播种面积增加 2.1 万公顷，总产量增加 107.9 万吨，增幅为 7.07%，每公顷单产增加 0.8 吨。全国西甜瓜种植面积和产量稳中有增。但从本体系实际调查与产区反馈的信息来看，近两年西瓜生产面积趋于稳定，且显示出下降趋势；而甜瓜生产面积增长趋势明显。

西甜瓜优势产区集中度进一步提高，全国 3/4 的西瓜来自华东和中南产区两大产区。西甜瓜品种结构得到不断优化，优新品种推广应用比例达 80%。2017 年中国共选育西瓜品种 33 个，甜瓜品种 11 个，西甜瓜新品种的品质和商品性都有了较大的提升。全国西甜瓜栽培模式不断优化，西瓜甜瓜优势产区均呈现出设施栽培面积增加、露地栽培面积减少趋势，2017 年西瓜设施栽培面积占总面积的 57.76%，比 2016 年提高了 11.24%，其中大中拱棚面积增加明显；2017 年甜瓜设施栽培面积占总面积的 65.87%，比 2016 年提高了 1.15%，其中小拱棚面积增加明显。2017 年西甜瓜总体价格水平略高于去年同期，全国西瓜出口增加、进口减少，甜瓜出口减少。优势产区绿色生产与品牌化销售的实现路径逐步明确，"两减一控"技术普及和农户绿色安全意识提高，各主产区商品有机肥在生产中应用比例进一步扩大，品种节水、农艺节水、设施节水、机制节水加快推进，西甜瓜水肥一体化技术得到较快推广，肥水利用率进一步提高；绿色病虫害防控技术逐步推广应用，在一些生产管理水平较高的产区，基于农业栽培措施、生物防治等绿色防控技术越来越得到重视。以新型业态与外来资本参与的优质西瓜甜瓜品牌化销售模式，带动全国西甜瓜产业向"优质优价"方向转型，是未来中国西甜瓜中高端发展的方向。

二、国内西甜瓜产业技术研发进展

1. 西甜瓜育种技术研发进展

本年度西甜瓜遗传研究及常规育种技术研究涉及抗性育种、杂交育种、嫁接育种等方面。主要集中在果实外观性状、种子性状、产量和品质性状、生长激素、生理特性等方面的内容。本年度，国内学者继续在遗传图谱构建与重要农艺性状基因遗传规律分析、QTL 定位、重要农艺性状基因克隆与分子育种、遗传多样性分析等方面进行研究并取得了一定的成绩，为在育种工作中更好地应用基因组信息和分子标记等生物技术提供了可能。

西甜瓜分子育种方面的研究主要包括西甜瓜有关重要基因功能研究以及分子标记技术等方面。国内学者利用生物信息学的分析方法从已发表的西瓜全基因组中进行功能基因挖掘。对甜瓜 ACO 基因家族进行了全基因组分析，根据甜瓜转录组测序数据结果选择候选基因，进行克隆并构建基因的超表达和 CRISPR/Cas9 编辑载体，为进一步研究西甜瓜基因功能及分子育种奠定重要基础。研究抗枯萎病和白粉病西瓜种质的分子标记筛选，运用 Caps 标记技术分别对这些种质资源进行抗枯萎病、白粉病基因型分析，筛选出一批抗性材料，系统地总结了国内外关于西瓜细胞工程技术的研究进展，为西瓜细胞工程技术研究、品种改良和种质创新提供参考。

在嫁接与砧木育种研究方面，目前国内外学者已开展了一系列关于西甜瓜砧木的筛选利用、品种选育、资源评价和各种嫁接技术以及嫁接对西甜瓜作物生长发育、生理特性、抗逆性、果实产量、品质及物质代谢等方面影响的研究，选育出抗病、增产、提质的砧木品种和嫁接组合。

2. 西甜瓜栽培技术研发进展

栽培模式是获得较高产量的重要措施之一，2017 年设施简约化栽培受到重视，各地形成了特色的西甜瓜栽培模式，对调整农业产业结构、提高了复种指数、增加种植收益起到重要作用，保证了国内西甜瓜一年四季生产和上市。针对西甜瓜产量、果实特性、品质及改善植物生长等方面在化学调控、肥料配比、LED 不同光质补光等方面进行研究；在设施栽培与水分灌溉、设施高品质栽培、西瓜连作障碍、节水栽培技术与西甜瓜抗逆机理研究方面取得了进展；研究人员们开展了智能灌溉系统的研发，开展了主要元素的需求特性、施肥方案、水溶肥、有益菌肥、缓释肥料以及有机肥对植株生长发育、果实产量、品质的影响。生物有机肥和水溶性氨基酸肥料在生产中大量应用，甜瓜的无土栽培技术也得到广泛应用。

2017 年度，西甜瓜健康种苗的生产技术得到进一步研究，涉及种苗株型化学调控、育苗基质筛选、苗期病害防治，促生菌及拮抗菌在育苗中应用等。嫁接砧木与接穗互作，嫁接对接穗的生长发育的影响成为研究热点。

3. 西甜瓜病虫草害防控技术研发进展

国内学者 2017 年度在品种抗性及其机制、病菌致病性生物学及其检测技术、农业防病技术、生防菌剂筛选及生物防治技术和新型药剂研发等方面的取得研究进展。在西瓜中鉴定到一个控制对枯萎病菌生理小种 1 抗性的主效 QTL（fon1）；发现高抗白粉病甜瓜自交系 MR-1 中抗病基因为显性单基因，鉴定到一个与甜瓜白粉病抗性相关 QTL；建立了甜瓜白粉病苗期抗病性鉴定方法和检测瓜类种子上蔓枯病菌 LAMP 技术。

瓜类细菌性果斑病是一种严重的检疫性种传病害，病原菌为西瓜噬酸菌（Acidovorax citrulli），主要危害西、甜瓜等葫芦科作物。2017 年涉及该病原菌的寄主范围、发生规律、相关致病机理以及防治策略等几个方面。国内目前利用生物信息学方法发掘一些已知功能的无毒基因，未来可以利用其对应的 R 基因来作为抗源培育抗性品种。

在抗病毒资源与育种研究方面，国内学者利用高通量测序技术进行了 RNA-seq 测序及差异分析，对葫芦种质材料的抗 CGMMV 病毒病鉴定，表明不同葫芦种质材料抗性水平存在差异，扩大葫芦种质资源收集和评价范围，有望获得高抗 CGMMV 的葫芦种质。

西甜瓜害虫种类存在地域差异，蚜虫类、粉虱类、蓟马类和害螨类是北方设施西甜瓜的重要害虫，南方地区除了上述害虫，瓜绢螟、黄守瓜和瓜实蝇等也是重要防控靶标。2017 年国内对西甜瓜害虫防治研究集中在害虫优势种类及其种群监测、化学药剂筛选、害虫生物防治及综合防治技术等方面。生物防治在害虫无害化防控中应用前景广阔，开展了生物源制剂进行害虫防控研究。

西甜瓜杂草防控在符合西甜瓜栽培 GAP 前提下，以人工除草、机械除草和生态控草为主体，辅以化学防治、植物检疫、抗性品种等措施。生产上采用人工除草、薄膜覆盖、机械除草、化学除草等措施对防治一般发生的杂草有较好的效果；化学防治方面对禾本科杂草有较好的控制效果，但是部分恶性杂草防治难度仍较大，轮作中上茬除草剂残留影响下茬瓜类生长发生普遍。

4. 西甜瓜采后处理加工、质量安全和营养品质方面研发进展

2017 年采后处理以防控病害、提高贮藏品质及延长货架期等研究为主，在采后处理技术方面，除了保鲜剂、杀菌剂、外源酸、化学诱抗剂等保鲜剂延长果实的货架期，研究者还进一步对包装材料的性能进行研究，评价其对果实货架期的影响，并在分子水平揭示果实采后变化规律，而关于甜瓜加工方面，研究了哈密瓜片加工工艺技术，对甜瓜酒的风味进行系统的分析。

在甜瓜保鲜技术研究方面利用杀菌剂对甜瓜进行防腐处理是保鲜的重要技术环节。甜瓜采后常温愈伤、防腐、库房消毒处理及架藏有利于防止果实腐烂，提高商品率。植物抗性诱导剂是一种新型的生物农药，可激发植物免疫系统达到增强自身抗性的目的，也可以作为一种外援信号分子诱导植物增加自身抗性。在西甜瓜加工方面，鲜切加工技术逐渐成为一个重要的研究方向，还出现了西瓜皮酱和保健果酒方面的研究。

国内甜瓜质量安全研究方面建立了农药残留快速检测技术，对哈密瓜中残留农药臭氧水降解效果、哈密瓜贮藏质量安全影响因素与对策、套袋降低厚皮甜瓜果实中农药残留水平等进行了研究，为中国西甜瓜质量安全水平的提升奠定了良好基础；在营养品质评价方面，2017 年国内多位专家学者分别探讨了不同光质 LED 补光、氮钾水平、种植密度等技术措施对西瓜或甜瓜中可溶性固形物、果糖、葡萄糖、蔗糖、可溶性蛋白或维生素 C 含量的影响。

5. 西甜瓜机械化生产技术研发进展

轻简化栽培技术进一步得到推广，针对西甜瓜栽培开展研发西甜瓜专用耕整地机型。嫁接技术方面研发的葫芦科作物嫁接机的嫁接成活率可达 92% 以上，但其自动化程度、作业效率等方面仍需提升。在水肥一体化技术方面，智能自动灌溉施肥系统总体达到国外先进水平，劳动力成本得以控制，下一步要加强与不同区域西甜瓜土壤、肥料方面的协调与配合，提升水肥一体化的适用性和经济价值。

三、国际西甜瓜产业技术研发进展

1. 西甜瓜育种技术研发进展

本年度，国际学者对西甜瓜分子育种技术及应用包括相关基因研究、遗传图谱构建、分子标记技术以及种质资源和遗传多样性等进行研究。2017 年在西甜瓜相关基因的研究方面，对抗逆抗病、果实性状等方面的相关基因研究和甜瓜的相关基因的研究报道较多。利用最新的西瓜基因组数据进行基因鉴定，对基因的染色体位置，基因结

构和系统进化关系进行了研究，研究结果有助于了解生长素转运蛋白基因在西瓜适应环境胁迫中的可能作用；通过对西瓜基因型转录组进行比较分析，揭示了西瓜果实成熟的调控机制，并对其分子机制提出了新的见解。国外学者首次报道了叶形基因的遗传定位，为基因图位克隆和功能鉴定奠定了基础；首次呈现了西瓜 *SAUR* 基因的全基因组识别，研究成功的鉴定了 65 个 *SAUR*（命名为 *ClaSAUR*），并提供了基因组框架以便该基因家族的进一步研究。

2. 西甜瓜栽培技术研发进展

2017 年美国、巴西、韩国、尼日利亚等国在甜瓜栽培领域开展气候条件、营养元素、水分管理、栽培模式、盐胁迫、生物肥料等方面相关研究。国际学者主要开展了化学调控、嫁接栽培、温度和光照对西甜瓜果实的生长、品质及产量影响方面的研究。利用野生西瓜 Citron 作嫁接砧木可以避免用南瓜砧本产生的品质问题；开展生物胁迫和非生物胁迫对西瓜产量影响的研究，提出了联合控制西瓜病害和生理障碍以降低产量损失的技术措施；关注生物肥料对于作物特性和土壤质量的影响，开展对滴灌水肥一体化生产的效益的研究，完善水培系统中的营养液供应水平。

3. 西甜瓜病虫草害防控技术研发进展

2017 年度国外学者在西甜瓜枯萎病、蔓枯病、白粉病、霜霉病等常发性重要真菌病害研究中开展病害发生规律、病原菌致病机理、抗病性及其机制和防控技术等的研究进展。2017 年的瓜类病毒病研究主要集中在西甜瓜病毒病的发生与监测、致病机理和寄主互作、防控和抗病毒资源与育种等方面。

国际上在病害防控技术研究方面，主要利用嫁接防病技术、生物有机肥防病技术、生物防治技术。病毒病害防控方面，加强对病毒病的监测及分析、病毒致病机理与寄主互作、筛选抗性材料及转基因、通过化学手段进行防控等方面研究。

发达国家在西甜瓜杂草防控方面注重综合治理策略（IPM），注重杂草防控时期、施药剂量的精准性，投入农艺措施、生态措施及化学措施对杂草进行综合治理，建立周年作物安全除草体系，保证西甜瓜及其他作为安全生产。

国际上对西瓜甜瓜害虫的研究多集中在瓜蚜、瓜实蝇、叶螨和传毒昆虫烟粉虱，主要在害虫种群遗传分化及生物学特性研究、害虫药剂筛选及抗药性机制研究和害虫防控技术研究三方面开展综合研究。针对害虫对杀虫剂产生抗性，主要办法是采取轮换用药和研制新型杀虫剂；通过调整作物间作也可对害虫防治起到一定作用。

4. 西甜瓜采后处理加工、质量安全和营养品质方面研发进展

国外对西甜瓜加工研究主要涉及商品化处理方面的内容，集中于相关产品加工技术的研究，包括鲜切、西瓜汁、西瓜皮以及西瓜功能性质方面的研究。营养品质方面对检测西甜瓜成熟度、硬度、可溶性固形物含量、pH 值和水分等综合品质方面进行技术和设备研发。

5. 西甜瓜机械化生产技术研发进展

日本、韩国、荷兰、意大利等国的机械化嫁接技术发展较成熟，葫芦科、茄科作物嫁接机的嫁接成活率可达到 95% 以上，提升嫁接效率作为未来研发重点。在机械化耕作栽培研究方面，欧洲在旱田移栽装备、拱棚覆膜技术方面技术领先，在水肥一体化技术方面，美国是世界上微灌面积最大，发展最快的国家之一，荷兰采用封闭式水肥一体化自动

灌溉系统，水肥利用效率达 90% 以上，以色列多种灌溉系统模式并存，将近 90% 的农业灌溉采用灌溉施肥方法。在采收方面，籽瓜联合收获作业机械仅有奥地利 moty、Agrostahl 等公司的南瓜籽收获机械的技术已趋于成熟，在生产中得到广泛应用。

（西甜瓜产业技术体系首席科学家　许　勇　提供）

2017 年度柑橘产业技术发展报告

（国家柑橘产业技术体系）

一、国际柑橘生产与贸易概况

1. 国际柑橘生产概况

根据 FAO 数据估算，2017 年世界柑橘种植面积 965.2 万公顷（约 1.45 亿亩），产量为 1.47 亿吨。2017 年世界柑橘类水果总产量位列前五位的国家依次为：中国、巴西、印度、墨西哥和美国。世界甜橙的主要产地位于巴西、中国和印度；世界宽皮柑橘的主要产地位于中国、西班牙和土耳其；世界葡萄柚的主要产地位于中国、美国和越南；世界柠檬和莱檬的主要产地位于印度、墨西哥和中国。

2. 国际柑橘贸易概况

根据 USDA 数据估算，2017 年世界甜橙的主要消费地区分别为中国、欧盟和巴西，上述地区的消费量分别占世界甜橙总消费量的 20.89%、19.07% 和 18.92%；世界宽皮柑橘的主要消费地区分别为中国、欧盟和美国，上述地区的消费量分别占世界宽皮柑橘总消费量的 67.44%、11.39% 和 3.61%；世界葡萄柚的主要消费地区分别为中国、欧盟和墨西哥，上述地区的消费量分别占世界葡萄柚总消费量的 72.88%、7.85% 和 6.14%；世界柠檬和莱檬的主要消费地区分别为欧盟、墨西哥和美国，上述地区的消费量分别占世界柠檬和莱檬总消费量的 31.12%、26.43% 和 21.79%。欧盟、美国和加拿大是橙汁的最主要消费地区。

根据 UN COMTRADE 数据估算，2017 年世界柑橘鲜果类产品出口额与出口量分别为 135.97 万亿美元和 1 636.46 万吨，进口额和进口量分别为 137.91 亿美元和 1 449.70 万吨。其中，甜橙的出口额和出口量最大，其次是宽皮柑橘，柠檬和酸橙、葡萄柚及柚以及其他柑橘属水果的出口比例相对较少。

二、国内柑橘生产与贸易概况

1. 国内柑橘生产概况

根据《中国农业统计资料》数据估算，2017 年中国柑橘总产量达到 3 853.32 万吨，与 2016 年相比增长了 2.35%；从种植面积上看，中国柑橘的种植面积达到 268.88 万公顷（4 033.26 万亩），与 2016 年同比增长了 4.99%；另外，平均单产从 1978 年的 2.10 吨/公顷增加到 2017 年的 14.33 吨/公顷，年均增长率达 5.05%。

2017 年中国主要柑橘品种中除了温州蜜柑减产外，其余品种均呈现出不同程度的增产，其中南丰蜜橘、杂柑增产幅度超过 20%；砂糖橘、椪柑、脐橙、琯溪蜜柚、柠檬、金柑增产幅度超过 10%。这主要是天气条件适宜加上果园管理水平提高，导致大部分品种（如南丰蜜橘）较去年的大幅减产有所恢复。此外由于口感好、品牌效应、熟期等原因使得冰糖橙、沃柑等经济效益较高，2017 年产量分别较上年大幅增长 112.63%

和 702.86%。

2. 国内柑橘贸易概况

根据中国海关总署，2017 年 1—11 月中国柑橘出口 40.38 万吨，比同期减少 19.8%。2017 年 1—10 月柑橘进口 44.96 万吨，比同期增长 59.2%。

根据 UN COMTRADE 数据估算，在柑橘类水果加工品进出口上，2017 年中国柑橘罐头出口金额 3.18 亿美元，占世界柑橘罐头总出口金额的 45.81%。2017 年中国进口冷冻橙汁 5.5 万吨，出口 0.26 万吨。其中，巴西是中国冷冻橙汁最主要的进口来源地。

三、国际柑橘产业技术研发进展

1. 遗传育种

（1）柑橘种质资源分类与评价依然是研究重点。柑橘种质资源收集、分析与评价仍是柑橘遗传改良研究的热点；随着多种新型分子标记的开发，如 TD 技术、COS 标记、DArT 标记以及 LIFS 技术等，提高了柑橘种质资源的分析效率。

（2）基因组学和细胞器基因组测序发展迅速。基于重测序技术的基因组学研究快速发展，该技术广泛应用于高精度遗传图谱构建、QTL 基因定位、遗传进化分析及 GWAS 关联分析；细胞器基因组研究开始增多，包括线粒体基因组和叶绿体基因组测序及基因发掘，为进一步解析非核基因调控的性状提供研究基础。

（3）重视柑橘砧木评价及砧穗互作研究。从抗旱、耐寒、耐盐碱等方面进行砧木比较评价，并深入分析其抗逆性的形成机制以及砧穗互作分子调控机制，为筛选出优良砧穗组合做了大量工作；在性状形成调控方面，主要集中在柑橘果实色泽形成、无籽机理、果实发育和成熟以及抗逆等研究。

2. 栽培与土肥

（1）省力化、机械化、智能化仍是柑橘栽培发展的主要方向。世界各国重视省力化、机械化、智能化的栽培技术研发，以缓解劳动力短缺等问题。

（2）宽行窄株、起垄栽培脱毒大苗成为重要的柑橘栽培技术。以提高早期产量、改善品质并满足机械化生产要求为目的的栽培技术得到重视，包括宽行窄株、起垄栽培、种植无病毒大苗等。

（3）柑橘水肥一体化、生草栽培、机械化修剪、叶片营养诊断施肥、节水微灌等技术应用普遍。柑橘水肥一体化精准农业等技术在柑橘产业发达国家被广泛采用，每吨柑橘鲜果的纯 N 施用量已低至 3~6 千克。

（4）利用栽培新技术防控柑橘黄龙病成为研究热点。黄龙病在全球蔓延，美国深受其害，从栽培角度防控黄龙病成为柑橘栽培的重要研究方向之一，如利用耐黄龙病的砧木、重修剪、树体热处理、矮化高密度栽培、强化病树矿质营养减缓产量下降等技术，目前已在生产上应用。

3. 病虫害防控

（1）柑橘黄龙病及传播媒介木虱仍是研究重点。从代谢组水平解析甜橙对黄龙病菌的应答方式，为黄龙病菌致病机理研究提供了参考；在柑橘木虱肠道细胞的内质网、管腔膜和肌动蛋白微丝等结构上观察到聚集有大量黄龙病菌，有助于阐明黄龙病虫传机理；干扰 *AChE* 基因能提高木虱对毒死蜱和西维因的敏感性，*GSTs* 基因过表达能降低木虱对甲氰菊酯和噻虫嗪的敏感性。

（2）柑橘黑斑病、叶斑病、衰退病等病害研究取得一定进展。柑橘黑斑病菌已在意大利、马耳他和葡萄牙等欧洲国家发生，欧盟可能因此改变其检疫条例；首次证实柑橘黑斑病菌可进行异宗配合，分生孢子近距离扩散是佛罗里达柑橘黑斑病流行的关键因素；借助柑橘叶斑病毒载体沉默控制水杨酸途径的 *RDR*1 和 *NPR*1 基因，提高了酸橙对柑橘衰退病毒的敏感性；电子探针技术可同时检测 11 种已知的柑橘病毒病。

（3）重视柑橘害虫橘小实蝇研究。橘小实蝇幼虫暴露蓝光导致其发育历期延长和出现免疫抑制现象，为防控橘小实蝇提供了新的途径。

4. 采后处理与加工

（1）柑橘加工产品营养与健康功能研究活跃。针对柑橘精油、果胶、类胡萝卜素、橙皮苷等物质的生物活性及其营养特性开展体外及体内活性评价，重点分析对肠道微生物菌群结构的影响；柑橘加工产品向功能化成分方向发展，通过复配或提取柑橘中的多种功能性成分提升产品品质，提高柑橘加工附加值。

（2）柑橘加工废弃物综合利用研究发展迅速。利用生物技术转化降解柑橘加工废弃物，如馅料、酒精及发酵产品。

（3）注重柑橘加工装备自动化及新技术的应用。目前正在研究开发的设备主要有自动剥皮、分瓣设备，智能化在线缺陷检测、在线糖度/酸度检测设备，搬运、装箱机械臂等；超高压、脉冲电场、低温等离子杀菌等技术。

5. 机械化

（1）重视柑橘产量及果实成熟度预测技术研发。基于计算机视觉技术设计了柑橘果实识别算法，可用于预测柑橘果园产量；通过实验室振动传递试验，研究了成熟、未成熟柑橘果实的不同频率响应，确定了可采摘的柑橘果实最优频率响应范围。

（2）喷雾技术是柑橘果园机械研究的热点。基于树木的结构、树冠的风量以及喷雾器作业模式，设计了 3D 计算流体动力学模型，通过控制喷雾器气流可减少 50%雾滴漂移距离；提出了量化喷雾器漂移潜能的方法，用于评估不同喷雾器类型和喷嘴类型对灌木和乔木作物的漂移潜力；通过对喷雾雾滴进行静电化处理和增加风力辅助进一步改善了喷雾沉积，试验证明改进的喷雾技术对防治双斑叶螨有良好效果；研究了无人机喷雾对柑橘潜叶蛾病的控制效果，验证了无人机喷雾技术具有高效率、低成本等特点。

四、国内柑橘产业技术研发进展

1. 遗传育种

（1）柑橘种质资源发掘与评价、以及砧木评价与筛选仍是研究重点。收集保存柑橘野生资源和地方品种，并采用多种分子标记技术进行鉴定；开展不同砧木耐盐、耐碱和耐缺素（比如铁、锌和硼）等特性的比较分析，利用组学技术深入研究其抗性的形成机理；通过构建不同砧穗组合，筛选出最优砧木。

（2）柑橘特色种质资源开发和利用发展较快。随着色谱技术的发展，柑橘特有的次生代谢物成为研究热点，采用代谢物的含量评价和分析各类特色种质资源成为一种新的技术手段。

（3）重视柑橘芽变性状形成机理研究。柑橘芽变机理研究主要集中在色泽、无籽机理、花和果实发育、抗逆等方面，采用的主要技术包括组学、chip-seq、酵母杂交、遗传转化等；开发出柑橘胚性、果皮红色等性状分子标记，以及生物促色技术。

2. 栽培与土肥

（1）黄龙病疫区柑橘栽培新模式成效显著。受黄龙病影响，"福建永春绿色防控"以及广西荔浦和广东阳春"快速丰产"等疫区柑橘栽培新模式在应对黄龙病危害方面取得明显效果。

（2）加强柑橘叶片营养诊断和矫正施肥技术的示范与推广。重庆、湖北、江西、湖南、福建、广西、云南等柑橘产区叶片营养诊断和矫正施肥技术取得成效；一些肥料生产企业与大专院校合作，研制推广针对性较强的有机及无机柑橘专用肥、缓释肥等新型肥料，效果较好。

（3）柑橘果实留树越冬、密改稀、大冠改小冠、隔年轮换结果、起垄栽培、控水控肥和完熟采收等技术应用面积扩大。果实留树越冬技术在四川、广西、重庆、云南等地应用面积逐步增加，简易设施栽培保护果实越冬技术日趋完善，进一步推动了晚熟或晚采柑橘的发展。

（4）重视柑橘省力化栽培技术研发与应用。果园季节性自然生草栽培、氮肥雨季撒施、大枝修剪、果园滴灌等技术在产区大面积推广。

3. 病虫害防控

（1）加强柑橘黄龙病、溃疡病等重要病害研究。从转录组水平对马蜂柑抗耐黄龙病机制进行了初步解析，从黄龙病菌中发现一种新型原噬菌体；运用 CRISPR/Cas9 技术，对柑橘中 $CsLOB1$ 基因的启动因子进行编辑后获得了抗溃疡病植株。

（2）柑橘黄脉病、衰退病等病害取得一定进展。在中国首次发现柑橘叶斑驳病毒和柑橘类病毒 VI，明确了柑橘黄脉病在中国的发生分布；基因型分析显示，湖南柑橘衰退病毒的构成较为复杂，存在重组现象；通过分析指状青霉的次生代谢产物，初步解析了其与柑橘的互作机制。

（3）注重柑橘粉虱、橘蚜及橘小实蝇等害虫研究。运用 RNAi 技术证实乙酰胆碱酯酶对橘蚜突触后的神经传导具有重要作用；通过对柑橘粉虱中利阿诺定受体基因可变剪接区域分析有助于研发新型靶向药剂；与敌百虫降解相关的共生菌弗氏柠檬酸杆菌（$Citrobacter\ freundii$）在橘小实蝇种内通过卵携带进行垂直传播以及经口获得进行水平传播；获得了柑橘红蜘蛛生殖关键基因，为其建立绿色防控提供靶标基因。

4. 采后处理与加工

（1）柑橘产品活性成分的营养与健康功能评价是研究重点。与国际柑橘产业加工技术研发方向同步，中国柑橘加工研究以营养成分与功能性评价为主。

（2）柑橘加工装备研发和新技术应用取得一定进展。柑橘剥皮设备、在线缺陷检测设备、自动化的机械臂等研发产品正在进行工厂试运行；随着 PLC 自动控制节水系统的开发和生物酶法去皮脱囊衣等新技术在柑橘罐头工业中的产业化应用，产品品质不断得以提高。

（3）重视柑橘果汁产品开发。国内 NFC 橙汁的市场需求表现出不断攀升的趋势；柑橘全果制汁和果粒饮料日益受到关注，实现柑橘原料全利用等独特优势。

（4）柑橘皮渣综合利用进入产业化阶段。目前，已开发出产品 30 余种，成为企业新的主要经济增长点；近两年，国内柑橘罐头和果汁加工企业均已着手进行皮渣的综合利用产业化开发，提高产品附加值。

5. 机械化

（1）重视山地果园运输机的研发与应用。设计了基于蜗轮蜗杆的双路传动链传动系统，提高了山地果园蓄电池驱动单轨运输机的机械效率；设计了基于 RFID 的单轨运输机在轨位置感知系统，实现了运输机精准定位功能；研制了依靠货物自身重力运输的山地果园无动力运输机，适合偏远大坡度山地果物运输作业。

（2）柑橘果园喷雾机发展迅速。利用风速测量定位网架，进行了风送式喷雾机空间风场特性试验和喷幅试验，研究结果为远射程风送式喷雾机的生产和使用提供理论基础；研究了果园风送喷雾机导流板角度变化对外部气流速度场三维空间分布的影响，为田间精准喷雾作业提供技术依据；研制了丘陵山地果园自动喷雾试验样机，能够根据果树位置调节喷头位置及喷雾方向，实现对靶施药。

（柑橘产业技术体系首席科学家　邓秀新　提供）

2017 年度苹果产业技术发展报告

（国家苹果产业技术体系）

一、国际苹果生产与贸易状况

1. 苹果生产

2017 年世界苹果总产量为 7 620 万吨，比上个产季减少 260 万吨。欧盟果园受冻灾影响的减产量抵消了中国的产量增长。预计由于产量损失将使世界苹果消费量削减至 6 460 万吨，2016/2017 产季，苹果年产量超过 100 万吨的国家和地区没显著变化，依次为中国、欧盟 28 国、美国、土耳其、印度、俄罗斯、巴西、智利和乌克兰。2017 年美国苹果产量预计可达 470 万吨，比上年下降 26 万吨。其中，东部地区苹果产量比去年增长 8%，西部下降 8%，中部下降 27%。

2. 苹果贸易

2016/2017 产季世界苹果出口总量为 525.3 万吨，比 2014/2015 产季减少 2.61%。出口量超过 50 万吨的国家和地区依次为：欧盟 28 国、中国、美国和智利，4 国的出口总量为 407.9 万吨，占世界出口总量的 77.65%。2016/2017 产季世界苹果进口量为 493.6 万吨，比 2015/2016 产季减少 1.81%。俄罗斯、白俄罗斯和欧盟 28 国仍然是世界主要苹果进口国家，其他国家或地区苹果进口量都有不同程度的减少，同时，欧盟减产将降低世界苹果进出口贸易量。2017 年美国大约有 70% 的苹果用于国内鲜食消费，美国苹果产量主要用于满足 90% 的国内消费，其余依赖进口。

二、国内苹果生产与贸易概况

1. 苹果生产

国内种植面积与产量稳定增长。根据国家现代苹果产业技术体系抽样调查，预计 2017 年中国苹果种植面积为 3 764.4 万亩，比 2016 年增加 1.73%；其中，黄土高原优势区面积同比增长 4.16%，环渤海湾优势区面积同比减少 1.99%；甘肃、云南、四川、新疆等地区种植面积增速较快，"西移北扩"趋势更加明显。2017 年，苹果产量预计为 3 522.37 万吨，比 2016 年增长 3.44%。

2. 苹果贸易

价格止跌回涨。2017 年，苹果价格小幅上涨，未延续近几年苹果价格下跌趋势，但主产省区销售进度缓慢，特色产区销售进度快，整体滞销风险加大。全国苹果批发价格为 4.69 元/千克，同比上涨 11.12%；其中，富士苹果批发价格为 6.58 元/千克，同比上涨 4.43%。全国苹果销售价格为 6.31 元/千克，与 2016 年基本持平。

出口恢复性增长。2017/2018 榨季，浓缩苹果汁产量预计为 62 万吨，2017 年出口量预期达到 56.47 万吨、出口总额为 5.56 亿美元，比 2016 年上涨 21.71% 和 10.51%，出口数量及金额均实现恢复性增长。2017 年，鲜食苹果出口量预计达到 134 万吨，与 2016 年

（132.20 万吨）基本持平。

生产成本小幅上升。2017 年中国苹果种植环节生产总成本为 7.52 万元/公顷（5 013.33元/亩），比 2016 年增加 2.02%，成本增长趋于平缓。其中，黄土高原优势区生产总成本为 7.44 万元/公顷（4 960元/亩），同比增加 3.99%；环渤海湾优势区生产总成本为 8.22 万元/公顷（5 480元/亩），同比减少 0.63%；全国苹果种植人工成本为 3.49 万元/公顷（2 326.67元/亩），同比增加 2.47%，物质成本约为 3.33 万元（2 220元/亩），同比增加 1.15%。

三、国际苹果产业技术研究进展

1. 苹果资源创新与遗传改良

苹果种质资源是育种的重要基础，世界各国均非常重视资源的收集和利用。目前，欧盟 13 国共保存苹果资源24 827份，其中法国3 300份，英国2 207份；美国保存了 50 个种约8 000份资源，田间保存材料5 676份；俄罗斯保存了 44 个种5 000余份；日本约保存2 000份；新西兰保存 500 余份。保存方式主要采取田间保存和休眠枝芽超低温保存。对资源深度研究主要集中如多酚以及果胶等功能营养成分鉴定。

2017 年法国研究单位基于最新的三代测序技术构建了更为精确的苹果基因组，为苹果的分子辅助育种提供了极大的便利。Daccord 等利用"金冠"自交过程中产生的双单倍体 GDDH13 为研究材料，利用最新的三代测序技术 PacBio 和二代技术，并结合 BioNano 辅助组装，产生了高质量的苹果参考基因组。

国际上较为热门的 *CRISPR/Cas*9 基因编辑技术已成功对苹果基因组进行过编辑，而国际同行也对多个苹果栽培品种的再生体系进行了改进，这必将进一步推进苹果育种工作的发展。西班牙的研究者对其种质资源库中 8 份栽培苹果品种的离体再生体系进行了研究，确立了适合的离体再生条件，为该技术在苹果育种中的广泛应用提供了基础。当前国际上苹果育种技术研究主要集中在以下几个方面：遗传多样性研究；分子标记研究；功能基因的定位、克隆与功能验证研究；转基因技术研究；组学相关研究。

2. 栽培技术

美国康奈尔大学园艺系 Terence Rodinson 教授和美国康奈尔大学安大略区果树合作推广站 Mario Miranda Sazo 等研究报道：苹果园栽植密度在过去的 50 年内一直稳定增加，从 6~7 株/亩到有些果园甚至 500 株/亩。自栽植模式开始变革后，美国纽约州的栽植者就开始逐渐由 6~7 株/亩的实生砧多主干大树树形，转变为 33 株/亩的半矮化砧中央主干树形，然后又选择 100 株/亩矮化自根砧的细纺锤形，探索了 66 株/亩的 M9/MM111 中间砧的中央主干小冠形，应用过 83 株/亩矮化自根砧的垂直主干形，又尝试了 367 株/亩的矮化自根砧超纺锤形，到目前一致认为 167 株/亩的矮化自根砧高纺锤形栽培模式最好。

3. 土壤与肥水管理

主要有以下几个方面重要内容：①基于土壤和叶分析的推荐施肥方案；②应用肥效高、损失少的水溶肥、缓控释肥、液态肥等肥料；③高光谱、遥感监测系统和地理信息系统等现代信息技术也被应用到果园施肥决策和施肥机械中，实现了树体养分状态的实时监控和化肥剂量、时期和位置的精确控制；④果园施肥推荐系统中考虑了环境养分的贡献；⑤"4R"养分管理技术，力争用最小的投入、最少的损失和最高的效率来获得理想的产量，以期实现果树养分的精确化管理；⑥部分根区干旱或交替灌溉施肥技术以及欧美国家提出的精准变量施肥技术以及物联网、3S 技术等信息技术在水肥调控中开始应用；⑦纯有机零化肥的自然农法取得了显著的生态和经济效益；⑧采用生草和覆盖等地面管理措施；⑨灌溉施肥技术规程，普遍采用水肥一体化施肥技术实现精准施肥，以滴灌为主；⑩欧洲普遍采用还包含最佳养分管理技术（BMP）的水果生产综合管理制度（IFP）。

4. 病虫害研究

世界各地学者通过形态学和分子生物学方法，鉴定了众多与苹果轮纹病菌相近的植物病害病原。世界性分布的苹果果实病害主要有黑星病、火疫病、苦腐病、轮纹病（白腐病）、霉心病、煤污病、褐腐病、锈果病、果锈病，部分地区发生的病害有苹果类病毒花脸病、牛眼果腐病、蛙眼病等，采后病害包括青霉病、灰霉病等。González-Domínguez 等分析了苹果黑星病菌（ $V.\ inaequalis$ ）等病原种的寄主范围、进化关系、生物特性和流行规律。苹果树腐烂病的致病过程十分复杂。人们对致病性相关基因的研究日渐深入。RNA 在生物调控中起到重要作用。经转录组分析 $AGO2$ 基因（$VMAGO2$）在苹果树腐烂病（Valsa mali）侵染期间上调，表明 $VMAGO2$ 可能与致病性有关。通过缺失突变体与野生菌株的对比以及恢复突变体的致病性，发现 $VMAGO$ 会影响 V. mali 的 H_2O_2 耐受性和致病性。

5. 采后处理与加工

国外对苹果资源的加工利用主要集中在果汁生产、苹果新型食品开发以及苹果副产物综合利用等方面。美国作为苹果主产大国几乎都拥有完善的果汁生产技术，其生产的果汁营养成分保留率高，色泽口感良好，在世界果汁贸易市场占据重要地位。在苹果新型食品开发领域，欧美国家也占据领先地位。例如，美国开发出苹果醋、起泡苹果酒、苹果纤维素粒、原味苹果酱等产品远销世界各地。欧盟方面，由于德国苹果普遍高酸，而且出汁率很高，因此德国也盛产优质苹果酒和苹果醋。波兰虽然世界上苹果生产的主要国家，但由于苹果市场供需问题，2017 年 7—9 月，波兰等欧盟国家从中国进口了 9 600 吨苹果浓缩加工品，进口量几乎是去年的 3 倍。

四、国内苹果产业技术研发进展

1. 资源创新与遗传改良

中国苹果种植资源主要以田间保存为主。截至 2017 年 11 月份，国家果树种质苹果圃（兴城）收集、保存苹果属植物 1 500 份资源，公主岭保存寒地苹果资源 430 份，新疆轮台保存当地特色苹果资源 218 份，云南昆明保存苹果属砧木资源 134 份，伊犁野苹果种质资源圃保存苹果资源 102 份，合计 1 945 份。

资源基础研究更加系统深入，一批新育品种市场前景看好。收集苹果资源 308 份次，对 1 273 份抗病、抗逆、耐碱性评价，60 份抗炭疽叶枯病评价。配置杂交组合 39 个，获得杂交种子 86 673 粒，培育杂交苗 41 164 株。获得初选优系 1 603 个，复选优系 77 个，决选系 14 个；审定新品种 1 个，1 个品种获得植物品种权。"苹优一号"获得农业部植物新品种权，"华星"通过河南省林木品种审定；建立优新品种示范园 3 475 亩，华硕等品种受到市场广泛认可，前景看好。

筛选控制果肉颜色和果实大小的分子标记各 1 个；鉴定获得 4 个与炭疽叶枯病抗性相关 SNP 分子标记；开发苹果酸含量相关的 4 个主效 QTL，获得功能基因标记 4 个；开发苹果砧木耐盐碱性相关主效 QTL 共 4 个。利用多组学分析方法，筛选鉴定了一批抗逆基因、转录因子、蛋白和 miRNA；利用全基因组重亚硫酸盐测序技术，解析了"秦冠"和

"蜜脆"在干旱胁迫下的全基因组甲基化变化，筛选出受甲基化调控干旱胁迫应答转录因子。通过对 4 个杂交亲本深度重测序，对 M9 自根砧致矮候选基因进行预测，以位于 Chr05 和 Chr11 上的砧木致矮性 QTL 位点 DW1 和 DW2 为基础，从 DW1 区间内筛选出 3 个候选基因，从 DW2 区间内筛选出 4 个候选基因。克隆苹果功能基因 40 个，获得转基因株系 39 个。

2. 栽培技术

苹果砧木与砧穗组合评价与筛选在各地全面展开，苹果矮砧集约栽培技术不断深化，苹果矮砧栽培在中国 70% 新建果园全面应用。进一步完善了矮砧栽培技术，提出了不同适地条件的富士"自根栽培""双矮栽培"和"短枝栽培"3 种栽培模式；完善了中国苹果主要砧木区划方案和 7 个苹果主产省新栽培模式砧穗组合方案，扩大了富士矮砧栽培适宜区域和土壤类型。对引进和收集矮化砧木进行抗寒、抗旱、抗盐、耐酸、抗连作障碍以及产量品质等方面评价，筛选了适宜不同区域的矮化砧木。发现 T337 较 M26 容易成花，也容易成形；青砧 1 号、Y-1 系列砧木易成花，抗性较强；CG935 抗重茬性能好；B9、B60-160 等砧木矮化性、抗寒性强。

完善了自根分枝大苗繁育技术，中国苹果苗木产业化程度大幅提高，老龄低效果园重茬更新与新旧模式转化技术有明显进展。形成了机械化程度比较高的压条和自根两套技术体系，压条繁殖苗可以出圃砧木苗 0.8 万~1.2 万株，陕西、辽宁等地几大公司，形成了年出圃 1 200 万~1 500 万株能力，协助山东、北京等地几大公司，形成了年出圃组培苗 1 000 万~1 500 万株能力。砧木和品种脱毒有较大进展。建立了组培茎尖脱毒和容器苗高温脱毒两套技术方案。对大批砧木和品种等进行了脱毒，现保存脱毒材料 30 余份，为产业健康发展提供了保证。

连作障碍克服技术进展明显。明确西北苹果地区引起连作障碍的主要有害真菌为镰孢属菌，提出了"棉隆分层熏蒸防控苹果连作障碍技术"：①10 月底前刨除老树，撒施有机肥，对定植沟范围旋耕 2 次；②开挖宽 1 米、深 0.5 米定植沟，分层每亩施用 10 千克棉隆（98%制剂）；③覆膜熏蒸；④晾晒、栽树。提出容器苗克土防控苹果连作障碍技术。上述 2 个新技术在苹果主产区新建苹果连作障碍防控技术示范园 12 处，总面积 1 000 余亩，带动面积 10 000 亩以上，树体生长量达到正茬水平的 90% 左右。

3. 土肥水管理

提出了"苹果高效平衡施肥指导意见"，制定了"果园水肥一体化技术规范"，支撑了国家苹果化肥零增长行动计划。研究了现代苹果园肥水需求规律，确定了施肥限量标准。提出了"苹果高效平衡施肥指导意见"。制定了"果园水肥一体化技术规范"。初步制定了"果园水肥一体化技术规范"，提出了"重力自压式简易灌溉施肥系统、加压追肥枪注射施肥系统、简易小型动力滴灌施肥系统、大型滴灌施肥自动系统"4 种类型的水肥一体化模式，明确了其适用范围、水源水池建设、灌溉施肥设备、亩用水用肥量和使用方法、使用效果及其注意事项。

4. 病虫草害防控研究

利用多组学方法，深入研究了苹果主要病害的侵染规律和发生机制，针对性提出了各主要病虫害防治方案。PCR 检测苹果腐烂病，发现 4 批次海棠种子带菌率 12.87%~49.01%，实生海棠幼苗 2 叶期带菌率 40% 左右，16 叶带菌率 70%；苗圃幼树发病不一定是外来侵染所致。制定了苹果树腐烂病、轮纹病、叶部病害以及果园病虫害防控技术方案。

5. 机械化和省力化研究

苹果园省力化栽培技术及机械研发有新进展，应用率显著提高。新研发和改进新机型和新装置共 8 种。其中 3 种为智能化技术升级：①自走式偏置开沟施肥回填联合作业机；②双翼式果园建园起垄机；③纺锤形树形风送静电喷雾装置；④偏置式果树根系修剪机；⑤圆盘夹持式实生苗移栽机；⑥基于北斗导航的砧木播种系统；⑦苗木断根深度监测系统；⑧果园智能灌溉系统。起草制定了《苹果矮密栽培机械化配套技术规程》《矮化中间砧苹果苗木培育机械化技术规程》，通过了地方标准审定。简体树形评价，研究了高纺锤、并棒形、细长纺锤、改良纺锤、小冠疏层 5 种树形对树体发育、果园结构、枝类组成、产量及果实品质的影响，结果表明高纺锤形结构参数最优。完善了《苹果化学疏花疏果剂应用技术规范》。

6. 采后处理与加工

与国外相比，中国苹果加工行业普遍存在技术落后、设备欠缺、管理松散、理论研究与实际生产脱节严重等问题。近年来，国内已有不少科研单位致力于苹果加工及其副产物综合利用等方面的研究，而且已经取得了一定进展。2017 年，进一步完善了苹果白兰地、苹果醋生产技术规程，试制生产苹果白兰地 7 318 升，苹果醋保健饮料 1 100 升，加工 NFC 1 200 升，复配苹果复合汁 1 500 升，开发苹果复合果汁 2 个，开发果渣产品 4 个。全程参与了"国家农产品产地初加工补助项目"技术服务工作，建设果蔬冷藏保鲜库 165 座，新增贮藏能力 23 570 吨；热风烘干房 274 座，新增烘干能力 798 吨/批。

中国苹果产业虽然取得一定进展，但与国外发达国家相比差距仍然较大。为了尽快推进中国苹果产业的发展进程，应着力做好以下工作：①不断优化品种结构，加快培育脱毒大苗培育，着力发展省力化栽培模式；②贯彻绿色发展理念，调整产业布局向最佳优生区转移；③大力实施苹果产业供给侧结构性改革，切实提升果品质量；④提升加工工艺和采后附加值，延长产业链；⑤做好储藏保鲜，减少流通损耗；⑥加强果品安全全程管理，积极开拓国际市场。

（苹果产业技术体系首席科学家 韩明玉 提供）

2017 年度梨产业技术发展报告

（国家梨产业技术体系）

一、国际梨生产及贸易概况

1. 生产概况

FAO 统计数据显示，2016 年全球梨收获面积 158.5 万公顷，产量 2 676.3 万吨，呈持续上升态势。收获面积排前五位的国家分别依次为中国（111.6 万公顷，70.4%）、印度（3.2%）、意大利（2.0%）、阿根廷（1.6%）和土耳其（1.6%）。总产量排前五位的国家依次为中国（1 938.8 万吨，70.9%）、阿根廷（3.3%）、美国（2.7%）、意大利（2.6%）和土耳其（1.7%）。

从单产看，荷兰、美国和阿根廷的单产超过全球单产的 2 倍，而印度和阿尔及利亚单产分别为全球单产的 45.3% 和 50.2%。

2. 贸易概况

2013—2017 年，世界鲜梨出口量占总产量的 7.3%，其中西洋梨占全球鲜梨贸易量的 75% 以上。中国、欧盟、阿根廷等鲜梨出口占世界总量的 95% 以上。其中中国平均年出口量 40.5 万吨，占世界鲜梨出口量的 22.8%，居世界第一，但仅占中国总产量的 2.2%。俄罗斯是世界进口梨最多的国家，其次是欧盟、巴西、印度尼西亚、白俄罗斯等，进口量占世界的 65% 以上。

鲜梨是中国传统出口水果种类，排所有水果第三，出口额排第四。2017 年中国梨果出口量明显增长，出口至 56 个国家和地区，其中印度尼西亚（占 30.7%）、越南、泰国、马来西亚、缅甸、菲律宾等东南亚国家占中国鲜梨出口的 77.8%，但多为低端市场，价格较低。

2017 年 1—11 月，中国罐头出口 4.55 万吨，同比减少 14.3%，出口额 4 135.3 万美元，同比下降 19.2%，单价 911 美元/吨，同比下降 5.7%。主要出口至美国（占 43.2%）、泰国、德国、日本、加拿大、西班牙、希腊和英国等。中国梨浓缩汁出口 4.13 万吨，同比增长 59.0%，贸易额 3 995.87 万美元，同比增长 44.6%，单价 966 美元/吨，同比下降 9.1%。

二、国内梨生产与贸易概况

1. 生产概况

2016 年中国梨产量为 1 938.8 万吨，产量排名前五的省份分别为：河北、山东、辽宁、新疆、河南。收获面积为 111.6 万公顷，收获面积排名前五的省份分别为河北、辽宁、四川、新疆、河南。

各地区梨单产差别仍较大，其中高于全国平均水平 30% 以上的省份主要有安徽、山东、河北等，单产低于全国平均水平 60% 以上的省份主要有湖南、贵州、江西等。

2. 贸易概况

2016 年中国梨产量 1 938.8 万吨，人均约 14 千克，远高于世界人均量。由于产量快速增长，近年中国梨果出园价格持续下降，市场价格低迷。据中国果品流通协会价格监测，砀山酥梨、鸭梨、雪花梨、黄冠梨和库尔勒香梨等大宗梨品种 2017 年平均出园价为 2.06 元/千克，较 2014 年下降 49.9%，其中"库尔勒香梨"由 7.40 元/千克下降到 2.06 元/千克，降幅达 68.8%。

中国进口梨主要为西洋梨，国家质检总局公布最新的梨果准入输出国和地区有比利时、阿根廷、美国、荷兰、新西兰、日本及中国台湾，据国家梨产业技术体系调查显示，中国市场上还有大量标注产地为南非的 Forelle、Rosemarie 和 Packham，智利的 Forelle 和 Carmen 等西洋梨品种销售。

三、国际梨产业技术研发进展

1. 栽培技术研发进展

（1）栽培模式。日本近年来推广的单干式联合棚架有了新的改进。先在专门的营养袋栽植一年生苗木，在 1.3 米处定干，培育一年后主干（枝）直接达到嫁接需要的长度，然后定植，相互嫁接，成功率高。西洋梨栽培模式没有显著变化，90% 以上的梨园实现了矮化密植。美国和南美洲国家还是传统的乔化树形。一种叫作"Bi-axis"的树形在意大利得到了越来越多的应用。比利时发现纺锤形成本最高，而长梢修剪和 Tienen 篱壁最节约成本。

（2）土肥水管理。Shen 等发现，低钾胁迫显著降低叶片和果实的钾营养和碳水化合物代谢；果实成熟时，低钾诱导三个 SDH 和两个参与山梨醇代谢的 $S6PDH$ 基因上调，促进果糖积累，而高钾能增强叶片光合作用，促进叶片中养分和碳水化合物向果实的分配。Muzaffer ipek 等发现接菌处理对梨叶片有机酸含量和铁含量有显著影响，这些菌种具有可代替铁肥作为生物肥料使用的重要潜力。Sorrenti 等发现在微量营养元素中，梨树对硼的吸收量变化范围为 1.2~2.4 千克/公顷，铁为 3 千克/公顷，锰、铜和锌则为几百克每公顷。

（3）花果管理。在 10.0 ℃ 时，欧洲梨花粉萌发率能达到 50% 以上，在此温度下，用欧洲梨进行授粉的日本梨品种金二十世纪和丰水坐果率也可达到 50%，同时其果实品质和种子数不受影响，但是对于品种长十郎来说，采用同样的授粉品种，其坐果率低于 20%。

（4）梨园机械化。发达国家注重新型农机具配套的农艺管理措施。意大利的安德雷乌奇公司生产出一种断根施肥机，操作方便，作业效率高。在对靶变量植保方面，国外以获得最佳喷雾效果和最小环境污染为方向，考虑了果树冠形结构及其树叶密度多变性的特点调整药液喷施量。一些国家将水果采摘机械与果树的培育和修剪结合起来研究，如修整树形使之适合机械化作业等。

2. 遗传育种研发进展

（1）种质资源研究。Brahem 等明确了梨栽培品种果皮或果肉中主要的酚类化合物是原花青素，其基本组成单元基是（-）表儿茶素。Kishor 等明确了类型间的性状差异与基因型和植株生长环境紧密相关。Ferradini 等的研究支持了东、西方梨物种独立分化的观点，为梨各物种间的系统进化关系提供了新的依据。

（2）群体遗传研究。Gabay 等确定了需冷量诱导的植物萌芽 QTL 位点在 8 号和 9 号染色体上，进一步明确了需冷量的遗传机制。Knabel 等明确了硬枝扦插根系发育 QTL 位点共同定位在两个亲本的 7 号染色体上，并且展现出了双亲本的超亲效应。

（3）功能基因研究及分子标记开发。研究认为 *MADS-box*（PpDAM1＝PpMADS13-1）基因对"幸水"花芽自然休眠过程具有重要作用。Tuan 等研究发现 *PpDAM1* 与 *ABA* 代谢和信号通路在梨休眠过程中存在着反馈调节机制。Wang 等将东方梨最初的 68 个 *S-RNase* 等位基因整合成 48 个重新命名的具有特异性功能的 *S-RNase* 等位基因。Li 等在梨中发现了 18 个 SWEET 转运蛋白并将其分为 4 簇，数量上几乎是林地草莓和日本杏的两倍。Xue 等发现了一些适应性极强的梨地方种，统称为藏梨。研究揭示了藏梨和砂梨的亲缘关系及藏梨在云贵川交界处分布的起源。Wang 等用 SLAF-seq 技术开发出了 SNPs 标记，结合 SSRs 标记构建了"Red Clapp Favorite"（*Pyrus communis* L.）×"Mansoo"（*Pyrus pyrifolia* Nakai）的 F1 代高密度连锁图谱。

3. 病虫害防控技术研发进展

（1）抗病品种筛选。Red Clapp 表现出对叶斑病和果斑病免疫反应，Fertility、Beurré hardy、Beurré Claireau、Clapp favorite、Citron-Des-Carmes 以及 Max Red Bartlett 等 6 个品种测定为中度敏感，中国砂梨、Conference、Cosia C、Cosia F、Bartlett、Red D'Anjou 和 Beurré-DeAmanalis 等表现出高度敏感反应。阿拉酸式苯-s-甲基 ASM 处理能够调节能量代谢来介导采后南果梨果实的抗病性，显着降低接种扩展青霉的梨果实病斑直径。海洋红酵母诱导果实抗性的机制与其细胞壁功能相关，细胞壁的应用会成为梨果实采后病害防治的有效策略。通过金川雪梨芽变选育出优质抗黑心病新品种金雪梨，适合白梨产区种植，在四川金川地区 9 月下旬果实成熟。

（2）梨火疫病防控。鉴定出 10 株抑制病原菌生长的菌株，Ps170、Ps117、En113 和 Pa21 菌株均具有防治火疫病的潜能，但其防效还需在自然条件下进行评估。结构强化色素指数和修饰简单比值可以敏感的鉴别健康叶片（H）、受侵染树的有症状叶片（S）和受侵染树无症状叶片（MS）。对于树龄较低的梨树和苹果，诱导系统性获得抗性并进行辅助修剪对于火疫病的控制是切实可行的。

（3）生物、物理防治。哈茨木霉对青霉病的病斑扩展具有显著的抑制作用，对梨果的扩展青霉病的防治更为安全有效。γ 射线诱导了梨果防御相关基因的表达，已成为防治梨采后病害的一种重要策略。常规茎尖培养和 3 种冷冻脱毒技术均能保证部分早熟梨品种的遗传稳定性，为早熟梨苗的病毒病检测鉴定以及实时监测检疫提供了依据，并为低温储存种质资源和脱毒苗生产提供了技术支撑。中草药"靓果安"可有效增加叶片中叶绿素和果实总糖含量，提高树体对腐烂病的预防、抵抗能力，改善果实品质，其中以"靓果安"+杀菌剂混用效果最佳，适用于梨园大面积的应用。

（4）化学防治。0.1%氢氧化铜、1%可湿性硫、2%石灰硫和 1%碳酸氢钾的使用，可显著降低梨黑星病的发病程度（有效性达 96%以上）。此外，石硫合剂显示出高度的抗雨水冲刷性。

（5）病害预测。基于病原菌种群多样性和气候变化影响对梨褐斑病流行病学特征及趋势进行分析，BSPcast 模型预测的风险水平上升到很高或非常高，且地区间差异很大。该研究不仅通过流行病模型预测病害发生，且提供了依据气候变化预测梨褐斑病发生的实例。

（6）病原鉴定及转录组测序。首次在西洋梨 Conference 上确认有 *B. dothidea* 的侵染，该病原菌可能是潜在的病害风险。不同日本梨品种对匐柄霉属（*Stemphylium*）真菌培养滤液的敏感性与对病原菌的敏感性一致，表明该菌可以产生宿主选择性毒素。链格孢导致叶片大部分与信号网络和光合作用密切相关的基因的表达变化，如涉及转录因子和钙信号以及乙烯和茉莉酸途径的基因。此外，*NAC*78、*NAC*2、*MYB*44 和 *bHLH*28 等涉及生物胁迫的多种转录因子均上调表达。

4. 贮藏加工技术研发进展

构建了精准高效品质无损检测和生理病害预警监测模型，是目前采后领域研究的一大亮点。提出了基于近红外光谱原理的梨果质地、机械伤、总糖等指标无损检测技术；发明了基于有限单元算法的梨果皮摩擦伤动态模拟技术；提出了适宜 Rocha、Cold Snap、Swiss Bartlett 等梨品种最佳气调处理技术参数；探明了 Rocha 对延迟气调的响应机制；结合分子生物学，利用乙烯特征合成基因相对表达量差异，构建了 Bartlett 成熟度预测模型；筛选出 Cu^{2+} 可做为预测果实黑心病发生的重要指标。国外主要梨加工产品仍以梨罐头、梨浓缩汁、鲜切梨和梨酒等为主。

四、国内梨产业技术研发进展

1. 栽培技术研发进展

（1）栽培模式。由河北农业大学等单位研发的"省力化、矮密化、机械化、标准化"栽培模式在全国各梨产区继续得到迅速推广。各地根据自身的条件，选择了适宜当地的栽培品种，株距一般在 0.75~1 米、行距 3~4 米。

（2）土肥水管理。赵鹏等发现秸秆用量在 45 吨/公顷时覆盖梨园可以显著提高土壤养分含量，降低土壤体积质量，提高梨果产量。孙计平等提出长期生草配合施用有机肥显著增加上层土壤有效养分含量，为梨园提供充足营养，降低环境污染的风险。徐锴等提出秸秆覆盖和地膜+秸秆覆盖处理也能够明显增加土壤碱解氮、速效磷、速效钾和有效性铜、铁、锌和锰含量。段鹏伟等认为 20 天一次的滴灌频率和 40% 净蒸发补偿灌水量，可以促进树体生长、提高果实产量和品质。

（3）花果管理。采前套袋能够通过调控 *PbPAL*2 基因的表达影响砀梨果点木栓化，并改变果皮角蜡层结构影响其贮藏失水性，其中无纺布袋有利于提高砀梨果实的外观品质，延缓其贮藏失水。

（4）梨园机械化。参照国外先进的经验与技术为主，研发出一系列梨园植保及施肥机械，但大多数成果还停留在试验阶段，未能普及应用，智能化水平与现代标准果园管理与作业仍有较大差距。

2. 遗传育种技术研发进展

（1）育种目标、成绩与方法。高抗、红皮、矮化自疏、自花结实、加工专用、观光果业需求等特色梨品种选育受到重视，成为当前育种工作的重要内容。2017 年中国育成梨新品种 10 个，其中杂交育成 8 个，芽变选育 1 个，实生选育 1 个。按熟期分早熟 1 个、中熟 1 个，晚熟 8 个。

（2）生物技术发展。浙江大学、福建农林大学、南京农业大学等单位围绕梨花芽休眠、细胞分裂、二价铁转运等基因功能鉴定，获得了相关基因。南京农业大学、石河子大学、青岛农业大学等突破了一批种质的无性繁殖及组织培养技术。南京农业大学梨工程技术研究中心开发出一种不需水浴加热、步骤少、操作简单的梨组织高质量基因组 DNA 提取新方法——N-月桂酰肌氨酸钠法。中南林业科技大学将基因芯片技术应用于梨品种 S 基因型的鉴定，并优化了梨 S 基因 cDNA 芯片杂交条件。青岛农业大学开发了一种利用 2b-RAD 测序结合 HRM 分析技术可作为果树重要农艺性状分子标记辅助选择。

（3）种质资源研究。青岛农业大学等认为鸟类在梨属植物资源传播中可能充当一定的角色，中国农业科学院果树研究所分析了脆肉型梨品种早酥和软肉型梨品种南果梨 16 个部位多酚物质的种类和含量，以期找到提取多酚物质的适合部位，为梨资源多酚物质的利用提供依据。

3. 病虫害防控技术研发进展

（1）生物防治。研究发现藤黄灰链霉菌 Pear-2 抑菌谱广、作用机制多样，不仅对病原菌具有拮抗活性，同时还能诱导提高果实防御酶的活性，减少 O-含量的积累。水平转染研究结果明确了 BdCV1 因子对梨轮纹病菌的菌落形态、生长速度有抑制作用，对寄主有弱致病力，是引起梨轮纹病菌致病力衰退的主要因子。

（2）梨园土壤线虫防治。对线虫生态指数分析表明，仅施 3 次药的梨园深层土壤 TD、SR、MI 均显著高于多次施药梨园。施 3 次药改变了土壤线虫群落结构，增加了土壤线虫丰富度和营养类群多样性，使得土壤更趋向于成熟。

（3）贮藏病害防治。果实发育期间喷施赤霉素结合采后热水处理可有效减轻冷藏期间苹果梨的黑皮病发生。黑皮病控制机制与维持细胞膜的完整性、提高抗氧化酶活性、减少酚类物质积累、增加果实表面保护组织厚度密切相关。

（4）梨病毒及类病毒。调查发现湖北、山东和辽宁的梨树存在泡状溃疡类病毒（PBCVd）感染，但发生率较低，未发现典型的枝干泡状溃疡病，与其他国家报道的 PBCVd 分离物间有较大分子变异。

（5）梨小食心虫防控技术。研究明确了光照或黑暗与梨小食心虫产卵节律的关系，发现黑暗可诱导梨小食心虫的产卵活动，在实际生产和饲养中，人工调控产卵节律时应综合考虑光暗的交替变化，尤其是黑暗的设置时间。

4. 贮藏加工技术研发进展

研究发现阶段降温技术可显著降低黄冠、"南果梨"等采后果皮褐变的发生；间歇升温技术对抑制"南果梨"褐变效果明显；真空减压贮藏可明显降低"鸭梨"黑心病的发生；提出"鸭梨"虎皮病低氧气调防控处理技术，可明显降低贮藏后期"鸭梨"虎皮病的发生。

无损检测技术水平不断提高，提出了基于高光谱成像原理的"库尔勒香梨"宿萼脱萼无损快速分选技术及适于多个梨品种的果实硬度和可溶性固形物无损检测模型和算法。

研究发现钙处理可促进"南果梨"采后加工过程中香气的释放；发现了细胞膜相关组分变化与鲜切果实褐变发生关系密切；另外，适用于现场快速检测农药残留、重金属的技术和装备成为目前研究热点。

（梨产业技术体系首席科学家 张绍铃 提供）

2017 年度葡萄产业技术发展报告

（国家葡萄产业技术体系）

一、国际葡萄生产与贸易概况

1. 国际葡萄生产概况（FAO）

2016 年，世界葡萄园收获面积为 7 096 741 公顷，总产量为 7 744 万吨，单产为 10 911.9千克/公顷。葡萄总产量比 2015 年提高 0.79%，单产比 2015 年增加 1.2%，收获面积比 2015 年有所下降，降幅为 0.4%。

从葡萄种植的区域性分布来看，欧洲是面积最大的地区，产量首次低于亚洲。2016 年，欧洲的葡萄产量占世界的 35.9%，与 2015 年（35.8%）基本持平，而葡萄园收获面积占世界的 48.6%，比重比 2015 年下降了 0.5%；其次是，2016 年亚洲葡萄产量居世界第一，约占世界总量的 37.3%，比重与 2015 年增加 1.6%；收获面积占世界的 29.9%，比 2015 年增加了 0.3%；其余为美洲、非洲和大洋洲。2016 年世界葡萄产量最大的前五国依次为中国、意大利、美国、法国和西班牙，而收获面积最大的前五国依次为西班牙、中国、法国、意大利和土耳其；在产量最大的前 15 位国家中，单产最高的国家是埃及，为 22 930.2千克/公顷，其次是印度、中国、美国和南非。

2. 国际葡萄及加工品贸易概况（联合国贸易统计数据库）

2016 年，全球鲜食葡萄贸易进、出口量及进、出口额均有所增加。2016 年世界贸易进口量为 402.7 万吨，与 2015 年相比增加了 0.93%；进口额 832 759万美元，比 2015 年增加了 4.98%；出口量 430.9 万吨，比 2015 年增加了 6.42%；出口额 769 361万美元，比 2015 年增加了 1.27%。鲜食葡萄主要进口国家有美国、德国、荷兰、英国和中国等，中国的进口额、进口量居世界第五位；主要出口国有智利、美国、意大利、中国和秘鲁等。

全球葡萄酒进、出口额均呈现增长态势，进出口量呈现了降低趋势。2016 年，葡萄酒进口量为 982 351.7万升，比 2015 年下降 0.6%；出口量为 966 270.1万升，比 2015 年降低 1.2%；进、出口额分别为 2 665 445.3万美元和 2 638 240.0万美元，分别比 2015 年增加 0.49%和 1.96%。美国、英国、中国、德国和加拿大为较大的葡萄酒进口国，而法国、意大利、西班牙、智利和澳大利亚是较大的出口国。

2016 年的世界葡萄干贸易呈现上升趋势。其中，进、出口总量分别为 82.7 万吨和 68.4 万吨，分别比 2015 年增加了 3.23%和 9.36%；进、出口额分别为 16.08 亿美元和 14.17 亿美元，分别比 2015 年增加了 0.11%和 7.21%。英国、德国、荷兰和日本是主要的葡萄干进口国，土耳其、美国、智利、南非和中国为主要的葡萄干出口国。

2016 年，世界葡萄汁的贸易量继续出现下降趋势。其中，葡萄汁进、出口量分别为 64.3 万吨和 67.6 万吨，分别比 2015 年下降了 3.96%和 1.79%；进、出口额分别为 6.6 亿美元和 6.5 亿美元，比 2015 年降低 5.29%和 1.17%。主要葡萄汁的进口国为美国、日本、德国、加拿大和法国，而西班牙、意大利和阿根廷是较大的出口国。

二、国内葡萄生产与贸易概况

1. 国内葡萄生产概况

截至 2016 年底，中国葡萄栽培总面积为 80.96 万公顷，居世界第二位，仅次于西班牙；产量达 1 374.5 万吨，自 2010 年后一直位居世界葡萄产量的第一位。

中国葡萄的种植发展速度较快，2015 年前为国内第四大水果，2016 年居第五，产量仅次于苹果、柑橘、梨和桃。从全国生产布局来看，新疆葡萄种植一直居首位，面积占全国的 18.4%，比重略有所下降，其次是河北、陕西、山东和云南，以上五个产区的栽培面积约占全国的 45.8%，前五产区的比重均呈现下降趋势；从产量上看，新疆葡萄产量占全国的 19.5%；其次是河北、山东、云南和浙江，以上五个省份的产量约占全国的52.9%，比重都有所下降。

2. 国内葡萄及加工产品贸易概况

2017 年 1—10 月，中国鲜食葡萄进口量大于出口量。进口量为 22.31 万吨，与 2016 年同期相比降低了 7.57%；出口量为 21.07 万吨，比 2016 年同期增加了 0.48%；进口额为 55 633.8 万美元，比 2016 年同期降低了 7.53%；出口额 54 435.3 万美元，比 2016 年同期降低了 3.55%。2017 年 1—10 月，出口单价为 2.58 美元/千克，比 2016 年同期降低了4.02%，进口葡萄单价为 2.49 美元/千克，与 2016 年同期基本持平。中国主要出口市场是泰国、越南、印度尼西亚、马来西亚、俄罗斯联邦；进口市场有智利、秘鲁、美国、南非等。

中国葡萄酒贸易以进口为主，进口贸易显著增长，仍为世界前五的主要葡萄酒进口国；葡萄酒出口量和出口额均有显著下降。2017 年 1 月至 10 月，葡萄酒的进口量为59 065.1 万升，进口额为 215 462.7 万美元，分别比 2016 年同期分别增加了 19.29% 和14.80%；出口量为 715.6 万升，出口额为 35 095.7 万美元，比 2016 年同期下降了 18.27%和 27.36%；2017 年 1—10 月，进口葡萄酒单价和出口单价均有下降，出口单价下降了11.13%。进口葡萄酒主要来自法国、澳大利亚、智利、西班牙、意大利、美国。

中国的葡萄干国际贸易首次出现贸易逆差，并且贸易量和贸易额都有所下降。2017年 1 月至 10 月，葡萄干出口量为 1.06 万吨，比 2016 年同期下降了 56.61%；出口金额2 306.3 万美元，比 2016 年同期下降了 54.39%。而进口量为 2.27 万吨，比 2016 年同期下降了 10.42%；进口金额为 3 154.2 万美元，比 2016 年同期下降了 20.55%。葡萄干出口价格有所增加，进口价格有所下降。中国葡萄干的主要来源国为美国、乌兹别克斯坦、土耳其，中国葡萄干主要出口到日本、英国、澳大利亚等。

中国的葡萄汁的贸易量和贸易额都比较少，进口贸易增加，出口贸易降低。2017 年 1月至 10 月，中国葡萄汁的进口量为 1.41 万吨，进口额为 2 293.0 万美元，均比 2016 年同期有所增加；出口葡萄汁 0.08 万吨，比 2016 年同期下降了 28.59%；出口额 238.1 万美元，比 2016 年同期下降了 23.64%；贸易存在明显的贸易逆差。西班牙、以色列、美国、阿根廷是中国葡萄汁的主要进口国。

三、国际葡萄产业技术研发进展

1. 育种技术

在种质评价和遗传多样性分析方面，对栽培葡萄和野生葡萄的遗传多样性、功能成分、表型差异、品种鉴别等进行了研究，欧亚种野生葡萄遗传多样性显著低于栽培品种，野生葡萄和栽培葡萄之间酚类物质和抗氧化活性物质差异显著，消费者对葡萄和葡萄酒偏好对葡萄遗传和表型多样性分布具有显著影响。在葡萄起源方面，利用 22 个 SSR 标记将巴勒斯坦葡萄分为 *Sativa* 和 *Sylvestris* 两个种群和一个混合种。在无核性状方面，通过简化基因组测序及 GWAS 关联分析，定位到一些与无核性状相关的 SNP 位点，筛选出与葡萄无核性状相关的候选基因。对葡萄种子发育转录组分析表明，homeobox 转录因子家族与葡萄种子发育密切相关。在葡萄香味成分方面，揭示了 *VvDXS* 基因与果实芳香物质含量之间的关系，利用该多态性位点能够实现香气物质性状相关育种工作的早期选择。

抗性鉴定、抗性机制和抗性基因挖掘方面，通过转录组和蛋白质组分析表明，可变剪接是葡萄应对高温伤害的重要途径之一，一些热激蛋白和转录因子在葡萄应对高温过程中发挥重要作用。建立了利用分子标记进行早期抗霜霉病筛选的方法 *Rpv*1 和 *Rpv*3 作为葡萄抗霜霉病分子标记辅助选择重要标记被广泛应用。

在新品种培育方面，日本国立信州大学选育了 Kibo、山梨县选育了 Colline verte、米山孝之选育了 Kuronotango、日本国家农业和食品研究院选育了 Grosz Krone、盐原真澄选育了 Labery。

2. 栽培技术

以意大利等为代表的国外葡萄生产先进国家基本实行了"以脱毒苗为核心的优质健康苗木认证生产体系"，有效控制了各级资源的安全性，保障了苗木生产的规范和有效溯源；以美国、法国、意大利等为代表的国家建立起了省工省力、适于机械化作业的整形修剪技术体系，基本实现了整形修剪的全程机械化作业；以日本为代表国家建立起了精细且省工省力的花果管理技术体系和严格的果品质量追溯体系；以意大利、法国和美国等为代表的国家均推行生草制，多根据叶与土壤分析平衡施肥，精准施肥和生态配方施肥开始应用，广泛应用根域局部干燥及调亏灌溉等节水技术，智能灌溉开始应用；设施葡萄是世界设施果树栽培的主要树种，以日本和意大利等国为代表的国外葡萄生产先进国家开始将物联网技术应用到设施葡萄生产中。

3. 病虫害防控技术

病害方面：利用扩增子测序（*AmpSeq*）平台实现了同时追踪 5 个葡萄白粉病的抗性位点，开展了葡萄白粉病的抗性基因 *Ren*3 的相关研究；评价了林木树皮、植物及真菌源的 3 000 余种提取物对葡萄霜霉病菌的生物活性，获得 5 种具有抑制活性脂类活性物质和16 种倍半萜类物质，具有一定的开发前景；研发一种从图片中估计霜霉病的产孢区域的百分数的高通量的计算识别技术，为防治霜霉病节约时间和成本；分析了利用微生物和光防治灰霉菌的应用前景；开展了灰葡萄孢菌抗药性研究，研究结果显示，灰葡萄孢菌对多数药剂产生了抗药性，而氟吡菌酰胺可以作为灰霉菌控制的有效的 SDHI 替代品，但要注意合理使用；发现 6 种侵染葡萄的新病毒，明确 4 种葡萄病毒基因组遗传变异状况建立了3 组多重 TaqMan® qPCR 检测技术体系，用于检测 9 种葡萄病毒，采用小 RNA 深度测序以及差异表达基因分析等技术，探索了 4 种葡萄病毒与寄主的互作关系；国际上最新研究发现葡萄园生态系统中苜蓿膜翅角蝉（*Spissistilus festinus*）与葡萄红斑伴随病毒（*Grapevine Red Blotch-associated Virus*，GRBaV）流行具有相关性。法国首次鉴定了一种特异性纳米抗体，其对多种 GFLV 分离物表现明显抗性。虫害方面主要集中在预测预报、生物防治、化学防治方面，预测预报包括害虫的分布、发生规律及虫情监测、寄主及环境适应性等，生物防治包括病毒、病原真菌、寄生性天敌生物学及利用等方面的研究，化学防治主要包括药剂的毒性及环境安全性等方面。

4. 生产机械化技术

国外多数国家的葡萄种植已经采用标准化生产，除鲜食葡萄人工采摘外，其他生产管理环节都实现了机械化，朝着自动化、精准化方向发展。施肥机械中多施用液态肥，固态肥多是撒施机；意大利 Maggio 公司的 CF3-M 耕作机，用于葡萄局部施肥，适用不同土壤质地，施肥间距可调；欧美发达国家的施肥机采用传感器、人工神经网络、3S 等技术实现了对靶、精准、变量和配方施肥。残枝修剪机有转刀式修剪机（西班牙 Jammer Agricola SL 的 D600/D1200 修剪机）、圆盘锯式修剪机（法国的 Hydro800S 型修剪机）和往复割刀式修剪机（匈牙利的 CSVL 型修剪机）；美国（2009 年起）和新西兰（2010 年起）相继开发葡萄剪枝机器人，采用 3D 摄像和图像处理技术，实现了检测、判断和修剪枝条。在株间避障除草机械技术方面，意大利、丹麦、瑞典、美国等已有成熟的产品用于生产中，实现了实时动态下的自动避障（避开作物）株间除草作业。在水肥一体化技术方面，多数国家果园都已实现滴灌、渗灌等的水肥一体化技术，采用土壤含水量传感器、土壤养分传感器、外界环境传感器以及微机控制技术等，实现果园的水肥一体自动化控制。在喷药机械技术方面，国外已实现了机械化作业，多采用牵引式悬挂式的风送喷药机，意大利 NOBILZ 公司的冠层校对喷药机，带有流动空气伸缩管通道，采用超声波传感器对植物活力监测，实现空气和混合物的连续、自动调节、减少农药扩散对环境造成的影响。在采摘机械技术方面，纽荷兰的酿酒葡萄收获机采用柔和采摘 SDC 振动系统、去梗—分离、实时获取地图等技术，实现了柔性摘果、清除杂质、降低燃油消耗的目标。

5. 国外商品化处理和加工技术

2017 年葡萄酒学方面的研究延续了 2016 年的研究热点，主要集中于酵母（酿酒酵母、非酿酒酵母）对葡萄酒风味的影响与调控；酿酒微生物资源的挖掘和多样性依然是研究的热点；特色酿酒微生物资源，如具有增酸、增香、降酸、降醇、降低硫化氢等特性的微生物，越来越多地被关注；乳酸菌对发酵工艺及葡萄酒成分影响、代谢机制解析、抗胁迫能力及机制和资源多样性开发也有新的报道。针对葡萄酒工艺的研究主要集中在工艺条件，着重研究如氧气微环境、铜离子、抗氧化剂、营养助剂、葡萄汁处理对葡萄酒质量的影响。葡萄与葡萄酒新的风味物质的发现，和已有风味物质的准确快速定量仍然是本年度葡萄酒化学研究的核心问题之一。此外，在葡萄汁及葡萄酒的成分检测方面，提高检测灵敏度、创新检测方法、快速灵敏的检测手段创新等方面也进行了大量的研究。葡萄汁的研究多集中在葡萄汁生产工艺优化、有害物质检测和保健作用等。

四、国内葡萄产业技术研发进展

1. 育种技术

建立了刺葡萄的 ISSR 分子标记体系，分析了刺葡萄种质亲缘关系；筛选出可用于山葡萄种质资源鉴定的 DNA 条形码通用序列；对中国野生葡萄果皮中黄烷-3-醇类物质的组成及含量进行了研究，为中国野生葡萄的加工利用及种质资源的评价提供依据。

对葡萄白腐病的抗性进行了鉴定和 QTL 定位；构建欧亚种葡萄的分子遗传图谱，对葡萄果实中主要香气成分进行了 QTL 定位；对与萜类物质合成相关的 $VvDXS$ 和 $\alpha\text{-}TPS$ 基因在不同品种中的多态性与葡萄香气进行了关联分析，发掘功能性SNP位点；构建了山葡萄分子遗传图谱，为性别相关基因位点定位提供依据；利用GBS测序技术构建了北丰和3-34的高密度遗传图谱，对玫瑰香味性状进行QTL定位，筛选出一些与玫瑰香香味物质合成相关的候选基因。

对部分葡萄种质抗热性进行了鉴定，筛选出了部分抗热种质；从华东葡萄白粉菌诱导cDNA文库中克隆得到VpPR10.1基因，能够提高无核白葡萄对霜霉病的抗性；建立了葡萄对葡萄座腔菌的抗性评价方法和抗性分级标准；发现了泛素连接酶基因 VpPUB24 不仅能调控对低温的抗性，还具有调控抗白粉病功能；研究发现 RPV1 的 LRR 结构域可能介导对葡萄霜霉菌的特异性识别，RUN1 的 LRR 结构域可能介导对白粉病菌的特异性识别。

优化了根癌农杆菌介导的无核白葡萄愈伤组织瞬时转化体系，转化效率显著高于其他器官；建立了山葡萄的遗传转化体系，将抗寒相关转录因子 VaERF057 基因转入山葡萄中，获得过表达 VaERF057 基因的阳性愈伤；发现初生原胚团细胞核大、染色深且具有旺盛分裂能力，二次再生途径诱导的次生原胚团具有同样的细胞学特征，可以长期诱导、保存和扩繁原胚团，能为葡萄外源基因转化及基因编辑研究持续地提供受体材料。

培育葡萄新品种6个：玉波一号、玉波二号、天工墨玉、脆红宝、翠香宝；5个葡萄新品种申请了植物新品种权保护，包括国内3个，国外美国和韩国各1个。

2. 栽培技术

在优质、健康苗木生产方面处于起步阶段，距离"优质健康苗木认证生产体系"的建立尚有很大距离，初步制定出葡萄优质栽培的生态指标体系；研发出了适合中国不同生态区域的省工省力的高光效省力化树形、叶幕形和配套简化修剪技术；制定出了适合不同生态区域的花果管理技术规程，但果品质量追溯体系的建立与推广仅处于起步阶段，为国家绿色食品发展中心编制了《渤海湾地区绿色食品葡萄生产操作规程》；制定出了根域限制栽培和机械化越冬防寒及简易防寒技术规程，初步明确了葡萄矿质营养和水分的需求规律，提出了低成本、快速确定适宜施肥配方的基于年吸收运转规律的3414和5416精准施肥研究方案，初步制定出葡萄的施肥原则，初步研发出葡萄同步全营养配方肥；初步研发出适于葡萄园机械化生产的栽培模式、配套农艺措施；制定出适于不同生态区域的避雨栽培、促早栽培和延迟栽培及一年两收技术规程，物联网技术的研究处于起步阶段。

3. 病虫害防控技术

2017年病虫害防控技术研究进展主要有：通过生物分子技术获得2个对葡萄白粉病有抗性的泛素连接酶基因 VpPUB24 和 VpRH2；采用HPLC法分析霜霉菌侵染时间与白藜芦醇的含量的时效关系；通过监测不同品种田间霜霉病自然发病情况及不同葡萄品种进行室内离体叶片接种，研究了葡萄霜霉菌的遗传分化与抗病鉴定，欧美杂交品种（系）相对欧亚杂交品种（系）较抗病；开展了葡萄不同品种对座腔菌（Botrvosphaera. dothidea）的抗性筛选，初步明确了中国主栽品种对该病的感病程度。开展了避雨栽培技术可显著降低葡萄霜霉病、炭疽病、白腐病、灰霉病的发病率以及对烂果率、果实品质、经济效益的影响；针对葡萄霜霉病和灰霉病开展了生物与化学新药剂哈茨木霉菌等的筛选研究；采用生物分子检测技术对全国主要产区葡萄霜霉菌的抗药性进行了检测，明确其对烯酰吗啉和嘧菌酯的抗性水平；首次在国内鉴定发现葡萄蚕豆萎焉病毒组病毒（Grapevine fabavirus，GFabV）和葡萄双生病毒A（Grapevine geminivirus A，GGVA），建立了2种病毒病检测技术；不同葡萄品种、葡萄叶片厚度和茸毛密度以及叶片营养物质含量和叶绿素对绿盲蝽的抗性影响，开展了化学药剂的筛选、驱避剂研究、食诱剂诱捕效果评价，如筛选了几种杀虫剂对斑翅果蝇、黑腹果蝇及蓟马等害虫的药效，探索了昆虫不育技术和昆虫胞质不亲和技术对斑翅果蝇中的潜在应用价值，两个葡萄杂交后代根系对葡萄根瘤蚜的抗性等。

4. 生产机械化技术

中国葡萄产区的气候特点、地形地貌、种植品种、栽培模式、土壤质地等不同，给机械化作业带来很大的困扰。目前，北方冬季葡萄埋土作业多地使用了埋土机械，主要有双铲式（单边作业、双边作业）、旋耕输送带式、螺旋抛送式（单边作业、双边作业）、抛土式（单边作业、双边作业），作业效果不一；春季出藤清土作业仍是人工作业，小部分地区采用犁铧，清除藤侧边的土壤；为解决埋土和清土的问题，部分地区冬季采用彩条布覆盖+覆土的方式，春季只将彩条布卷起，起到出藤清土的目的，但作业效率需要经过多年、多地的试验测定；篱架式栽培或大棚架式的葡萄，植保机械多采用拖拉机牵引式（大地块，大药箱）、拖拉机悬挂式（小地块，小药箱）的风送式喷药机，设施栽培或避雨栽培葡萄，多采用担架式喷杆喷药机，人工手持喷杆进行喷药。秋季有机肥深施作业，现有单一开沟机，可以达到开深沟的目的，但需要人工将有机肥倒入沟中，人工再进行覆土。小型的开沟施肥机，可以追施化肥；葡萄园基本实现了水肥一体化灌溉装备和控制系统，人工配比水肥和设定灌溉时间，系统自动关闭开关，但秋季仍需要大水漫灌，促使根系下扎。夏季修剪和秋季修剪多采用人工进行，有小型的修剪粉碎一体机。

5. 国内商品化处理和加工技术

在 2017 年，国内对本土酿酒微生物，如酿酒酵母、非酿酒酵母以及乳酸菌的资源进行了大量研究；对于酿酒酵母和非酿酒酵母混合发酵在改善或调控葡萄酒香气方面也越来越关注；酿酒酵母对铜离子应答和氮代谢阻遏机制解析也有进一步的进展；对中国，特别西北产区出现的亟需解决的产业问题，如发酵终止、葡萄汁澄清、葡萄汁中高葡萄糖含量等问题进行了较深入的探讨；继续关注了发酵前处理、辅料、浸渍管理对葡萄酒质量，特别是酚类物质和挥发性香气物质的影响研究；关于葡萄汁的研究主要集中在葡萄汁的保健作用解析，重要成分的测定等。

（葡萄产业技术体系首席科学家　段长青　提供）

2017 年度桃产业技术发展报告

（国家桃产业技术体系）

一、国际桃生产与贸易概况

2017 年度全球桃产量约为 2 000 万吨，与 2016 年度持平。中国是最大的桃生产国，2017 年度中国桃树种植面积，达到 86 万公顷左右，桃产量上升至 1 400 万吨左右，较 2016 年度稍有增加，弥补了欧盟、美国等国的减产。西班牙、希腊两国桃产量在增长，美国、意大利两国在减少，四国桃产量占世界总产量的比重整体在下降。

全球桃进出口贸易较平稳。由于白俄罗斯的进口量减少，2017 年度全球桃进口量减少至 65 万吨，较 2016 年度下降 51 万吨。主要进口国包含俄罗斯、白俄罗斯，以及德国、法国等欧盟国家，其中俄罗斯和白俄罗斯是主要的桃进口国家，分别占全球进口总量的29% 和 24%。此外，欧盟国家（西班牙与意大利、希腊等）是最大的桃出口国。

总体来看，全球桃生产量稳中有升，消费量逐年缓慢上升；全球桃贸易总量虽有一定年际变动，但基本保持稳定。

二、国内桃生产与贸易概况

2017 年，全国桃种植面积约为 86.67 万公顷，与 2016 年相比有所增加，前十位省份面积约占全国主产区总面积的 78.5%，年产量前十位省份约占全国主产区总产量的83.6%。从品种分布上看，普通鲜食桃种植分布最广，各省均有种植；油桃主要分布在湖北、河南、安徽、山东；蟠桃主要分布在山东、北京、江苏和上海；加工黄桃，主要种植在山东、安徽、河南、辽宁等。

中国桃产品主要向亚洲国家和地区出口。由于中国自身的桃总量大、区域广，鲜桃进口需求低，只在个别年份有少量进口。主要进口国家为澳大利亚等；鲜食桃主要出口哈萨克斯坦、俄罗斯、越南、香港地区；主要从南非和西班牙进口桃加工品。桃加工品主要出口到美国、日本、加拿大和俄罗斯。近年来，中国鲜食桃出口量基本保持平稳上升，桃加工品出口量也在逐步增加。

三、国际桃产业技术研发进展

1. 育种技术研发进展

（1）种质资源鉴定评价。美国佐治亚大学制定了 29 个指标的描述标准和数据规范，包括：果肉颜色（1 个指标）、果肉质地（7 个指标）、芳香类型和风味（18 个指标）、口感（3 个指标）。西班牙 Bianchi 对 43 个品种的芳香物质和口感风味进行了测定评价。Saidani 对 9 个品种的果皮和果肉中抗氧化组分、糖、有机酸、多酚和矿物质组分进行了测定评价，筛选出优异资源。巴西学者 Keli 通过 8 个生化指标的测定比较，筛选出 5 份优异种质。

（2）生物技术及分子生物学研究。在农艺性状和抗性方面，法国农科院 Pascal 构建遗传连锁图谱，完成抗白粉病（*Vr*2）等 4 个性状的图谱定位。西班牙学者 Bretó 利用自交群体构建遗传图谱，并将果面红色（*H*）定位于第 3 连锁群。欧盟学者利用 9K-SNP 芯片发现 25 个控制果实性状新位点。

果实肉质性状仍然是研究的热点。Serra 发现果实成熟期和硬度降低相关的 QTL 位于第 4 和第 5 连锁群。Morgutti 发现 InDel 标记能够鉴别不溶质类型。美国项目开发了果皮预测方法 Ppe-Rf-SSR，尤其适用于鲜食用的品种资源。欧盟项目建立了可靠性较高的预测果实重量、含糖量和可滴定酸含量的全基因组分析模型。

（3）品种选育。2017 年查阅到国外发表的桃品种 29 个（其中 2016 年 2 个）。按国家分：美国 21 个，法国 2 个，日本 6 个；按类型分：桃 19 个，油桃 7 个，蟠桃 1 个，观赏桃 2 个；按肉质分：不溶质 6 个，溶质 23 个；按肉色分：白肉 13 个，黄肉 16 个。

2. 病虫害防控技术研究进展

（1）虫害防控技术。

梨小食心虫：有研究发现植物挥发物不能提高梨小食心虫雄虫对高剂量信息素的反应。

桃蚜：通过评估水和氮耗竭情况下对感染了桃蚜桃园的影响，建立一个生态综合的害虫管理策略。

桃实蝇：利用性诱剂对伊拉克巴格达地区柑橘及果园的害虫调查中首次监测到桃实蝇。发现桃实蝇存在多个寄主，其在梨上的寄生率最高，在甜橙上的寄生率最低。

茶翅蝽：茶翅蝽作为主要入侵害虫对北美桃园造成危害。通过实验室内评价了 10 种捕食性或杂食性天敌昆虫对茶翅蝽卵和若虫的取食能力。

（2）病害防控技术进展。

桃褐腐病：研究发现引起桃褐病的病菌有 6 个种，其中 *Monilia fructicola* 为优势种。随着优势种转录组测序的完成，开发了能够区别 *M. fructicola* 不同区域群体的分子标记 *mrr*1、*DHFR* 和 *MfCYP*01。在西班牙也有类似的研究，发现 *M. fructicola* 更加适应高温，而 *M. laxa* 更加适应低温。此外，研究发现生物防控剂（BCA）、解淀粉芽孢杆菌 CPA-8 能够替代化学药剂。

桃缩叶病：Goldy 等发现抗性桃树的叶片并没有检测到病原菌。桃缩叶病叶含有很少的叶绿素。Svetaz 等发现了桃缩叶病原菌的发病机制。

桃锈病：桃锈病由异色疣双胞锈菌（*Tranzschelia discolor*）引起，目前通过标准面积图（SAD）方法了解发病机理被认为效果较好。Dolinski 等比较了普通的计算方法和 SAD 法，发现使用 SAD 评估后，效果更好，精确度和准确度都大大提高。

桃采后病害：研究发现解淀粉芽孢杆菌菌株 BUZ-14 能够抑制多种核果类果实的采后病害，尤其在低温保存过程中，可显著降低采后褐腐病害的发生率。此外，采前喷药能有效降低采后褐腐病的发生率，但是喷药时机需要确定。

桃酸腐病：2017 年在巴基斯坦发现了一种能致桃果实酸腐的病原菌，该致病菌为白地霉（*Geotrichum candidum*），该病原菌引致的桃果实酸腐病在巴勒斯坦属于首次报道。

桃根腐病：南美近来出现了桃根腐病害，已经引起了大量的桃树死亡。同时他们发现北美本土的杂交李具有较高抗性，抗性李也被大量用来和桃树杂交以便优化砧木抗性。

桃的新病害：2016 年夏季，印度的桃树、杏树的叶片出现大量深褐色斑点，确定该病原菌是小点霉属真菌（*Stigmina carpophila*）。2015 年的桃生长季节，在阿根廷中西部地区的门多萨省有植原体侵染桃树并发病。在贝卡谷地，桃树上出现黄萎病症状，由大丽轮枝菌属侵染所致。2016 年在意大利发现 9 年生的桃树上有茎腐病的症状，并被确认为典型的间坐壳属真菌（*Diaporthe* sp.）的特征。

3. 无损检测技术进展

利用无损检测技术判断果实成熟度，并据此确定采收期，是近年来的研究热点。前人很多研究认为可用果皮叶绿素含量直接表征桃果实成熟度，但近期研究表明，基于叶绿素检测仪对果皮叶绿素含量的无损测定不能够用来判断桃果实成熟度，桃的成熟度的判断指标应该综合考虑果实糖度及硬度等信息。

4. 桃加工技术进展

阿根廷学者研究了贮藏时间对冷冻干燥桃干休闲食品品质的影响，发现桃子贮藏 12 天是个时间临界点。Sánchez 等发现臭氧处理 12 分钟后，桃汁中的 POD 与 PPO 活力均显著下降。希腊学者发现 'Aurelia' 与 'Crest' 两个品种的桃制成桃酱后，酚类含量较高。在桃加工副产物利用方面，阿根廷学者研究了不同因素对桃渣中提取膳食纤维的影响。

四、国内桃产业技术研发进展

1. 育种技术研发进展

（1）种质资源鉴定评价。郑州果树研究所学者对 118 份桃地方品种的糖酸组分进行了全面测定，分析了不同桃区果实糖酸组分特性。山西省农业科学院果树研究所学者对 16 个桃品种果实的糖、酸和 Vc 组分进行测定。福建农科院等单位学者利用 SSR 标记，对收集保存的 50 份桃种质进行 DNA 水平的遗传多样性评估和亲缘关系分析。郑州果树研究所学者利用 20 份典型种质筛选了 18 个 SSR 标记用于桃近缘种和杂种的分子鉴定。浙江大学从 49 个 EST-SSR 标记中筛选出 14 个多态性高的标记，其中 9 个可较好地区分 18 个桃杂种试材。四川农业大学学者利用 NCBI-EST 数据库筛选到 20 对 SSR 引物，对成都平原 40 个主栽桃品种的遗传多样性进行了分析。浙江大学学者发现高光谱成像在生成果胶分布图方面具有潜在的应用价值。

（2）生物技术及分子生物学研究。全基因组序列的公布为基因和蛋白结构等分析提供了基本数据库。北京市农林科学院学者分析了桃全基因组钙调磷酸酶 B 类似蛋白（CBL）信息。江苏省农业科学院等学者分析了全基因组编码脂氧合酶相关的 12 个基因。南京农业大学学者鉴定了 23 个参与生长和逆境响应的 *ARR-B* 基因。上海海洋大学学者从桃基因组数据库筛选出了 12 个假定的成束状阿拉伯半乳糖蛋白（FLA）基因序列。山东农业大学学者分析了 25 个 *Dof* 基因，其中 5 个基因可能和桃花芽休眠相关，1 个基因可能在花芽萌动阶段起作用。郑州果树研究所学者鉴定了全基因组生长素/吲哚乙酸蛋白（Aux/IAA）基因家族，发现可能参与调控桃果实成熟的片段。浙江大学学者鉴定出可能参与桃调节二次代谢产物的 168 个 *UGT* 基因。郑州果树研究所学者利用 '05-2-144' 自交群体开发了鉴定矮化性状的标记。郑州果树研究所学者研究了 6 个性状的遗传规律。

（3）品种选育。根据查阅 2017 相关资料、有关试验站以及育种者提供的信息，查阅到的国内品种 40 个，包括 2007 年、2009 年各 1 个，2010 年 2 个，2014 年 3 个，2015 年 19 个、2016 年 9 个、2017 年 5 个。其中鲜食桃品种 37 个，观赏桃品种 3 个。国内育成品种共录入了 360 个品种的数据信息。

2. 病虫害防控技术研究进展

（1）虫害防控技术。常见防控技术如下。

桃蚜虫：通过对不同实验条件下桃蚜 9 个候选参考基因的评估发现，核糖体蛋白 L27 被推荐为桃蚜最稳定的参考基因。防控方法上，实验表明 5% 马拉松乳剂 1 000 倍液的防控效果最佳，且氟啶虫胺腈对桃蚜的相对毒力是吡虫啉的 5.86 倍。

食心虫（桃小、梨小）：学者们发现应用性信息素迷向技术可对食心虫各代雄虫产生持续的迷向作用。梨小食心虫的产卵行为是由内源性节律控制，持续光照和持续黑暗条件下产卵节律明显，光暗交替可改变成虫的产卵高峰期。有研究克隆获得梨小食心虫几丁质合成酶 1 基因，将其命名为 $GmCS1$，为进一步探索该基因在梨小食心虫体内的功能奠定了基础。

桔小实蝇：有学者发现桃园 7—9 月为桔小实蝇的发生高峰期，10 月以后种群数量逐渐下降，11 月至翌年 4 月，种群数量均维持在较低水平。桔小实蝇在不同寄主果实、相同寄主不同成熟度果实的单果产卵孔数、单果产卵量及产卵孔部位均有差异。

桑白蚧：桑白蚧的卵孵化盛期为每年的 5 月下旬，也是化学防控的关键时期。

绿盲蝽：发现绿盲蝽雌、雄成虫对光谱和光强度的趋避光反应。

（2）病害防控技术。相比苹果、梨等产业，桃树病虫害研究深度和广度都有待加强。研究以应用推广和科普类型居多（65.84%），学术等基础性研究较少（34.16%）。通过查阅近 3 年（2015—2017 年）中国学术期刊全文数据库（CNKI）（截至 2017 年 12 月 10 日），共有相关文献 161 篇，其中病害文献 68 篇，病虫共同文献 19 篇。

3. 桃采后处理与保鲜贮运新进展

近红外短波（SW-NIR）高光谱成像结合改进的转折点分割算法可能是发现桃果实早期瘀伤的一种有潜力方法。热空气（HA，38℃ 3 小时）和热水（HW，48℃ 10 分钟）处理有利于维持果实 4℃ 贮藏的品质。低密度聚乙烯（LDPE）和纳米-ZnO 基低密度聚乙烯（NZLDPE）两种包装可缓解桃果实 2℃ 贮藏的冷害发生。0.1mM 褪黑素处理（MT）的桃果实各项指标均较好。5 微升/升的 1-甲基环丙烯（1-MCP）、间歇升温（IW）及 1-MCP+IW 组合三个处理均显著抑止了桃果实 2℃ 冷藏+20℃ 3 天的果肉褐变程度。1-MCP+IW 组合具有最低的冷害指数（CI）和最好的果实品质。

此外，通过高光谱成像技术可实现对黄桃碰伤和可溶性固形物同时检测，可为实际在线分选提供理论依据和参考。0.60% 丁香精油涂布的纸箱可抑制 16℃ 贮藏水蜜桃的灰霉、交链孢霉、黑曲霉等霉菌生长，延长 4~5 天的货架期。

50℃ 热水浸泡桃果实 1 分钟，能提高 25℃ 贮藏桃果实的 APX、POD 和 PAL 活性（$p < 0.05$），抑制 LOX 活性，有效控制褐腐菌的发病率。10 克/升壳寡糖水溶液能够显著增强采后桃果实的抗病能力。15 毫摩尔/升蛋氨酸抑制了常温贮藏桃果实扩展青霉（$Penicillium\ expansum$）病斑的生长。用 6℃ 预冷处理 5 天或乙烯吸收剂处理的蟠桃果实效果较好。机械气调（3% O_2+5% CO_2）、自发气调（PVC 袋+吸氧剂）处理能有效缓解桃果实 2℃ 贮藏期间营养成分的降低。在包装技术的研发方面，张倩等自制了一种含有牛至精油和 1-MCP 的复合保鲜纸，将其用于'秦光'油桃的包装，保鲜期延长至 13 天。

4. 桃加工技术的进展

国内桃加工技术的研发主要集中在桃罐头、桃酒、桃干、桃饮料和桃加工设备等五类。"黄桃罐头的生产方法（201710308430.3）"对传统的黄桃碱液去皮工艺进行了改进；"一种糖水黄桃罐头的制备方法（201710775303.4）"采用缓慢匀速加压的方式，提高了黄桃果肉的完整性；另外有 6 项涉及桃酒的专利申请，其中 3 项专利为桃汁与白酒的复配与勾兑，3 项专利属于桃子的发酵果酒，均使用酵母发酵。"一种黄桃 NFC 果汁及其制备方法（201710227278）"使用抗坏血酸护色，使用葡萄糖和麦芽低聚糖进行调配，而后采用巴氏杀菌法进行灭菌，但技术上并没有突破。桃汁方面的专利有 3 项，分别是桃汁香蕉复合饮料、油桃果蔬复合饮料和黄桃复合酸奶。在桃加工设备方面，包括"水蜜桃软罐头食品的加工设备及其加工方法（201710335473）""一种桃干加工用快速自动分桃肉及桃核装置（201710502462.7）"，其中自动分离设备能实现批量桃子的自动剖肉和剖核，大大提高桃干加工的生产效率。

（桃产业技术体系首席科学家　姜　全　提供）

2017 年度香蕉产业技术发展报告

（国家香蕉产业技术体系）

一、国际香蕉生产与贸易概况

1. 生产

香蕉是重要的经济作物和粮食作物，2016 年位居世界水果产量第二，是世界鲜果贸易量最大的水果，同时被世界粮农组织定位为仅次于水稻、小麦、玉米的世界第四大粮食作物，是一些发展中国家农民的主要食粮。

（1）收获面积。近 20 年来，世界香蕉产业整体发展平稳，收获面积从 1997 的 425.29 万公顷增长到 2016 年的 549.40 万公顷，增长了 124.11 万公顷，涨幅为 29.18%，年均增长 1.36%，具体变化趋势如图 1。2016 年，亚洲、非洲、美洲、大洋洲和欧洲的香蕉收获面积分别为 225.10 万公顷、194.10 万公顷、118.63 万公顷、10.53 万公顷和 1.04 万公顷，占世界总收获面积的比例分别为 40.97%、35.33%、21.59%、1.92% 和 0.19%。2016 年，世界香蕉收获面积前 10 国家分别为印度（84.60 万公顷）、巴西（46.97 万公顷）、坦桑尼亚（46.85 万公顷）、菲律宾（45.66 万公顷）、中国（43.00 万公顷）、卢旺达（32.20 万公顷）、布隆迪（19.52 万公顷）、厄瓜多尔（18.03 万公顷）、印度尼西亚（14.00 万公顷）、乌干达（13.84 万公顷），前 10 位国家收获面积总和占世界香蕉收获总面积的 66.38%，如图 2 所示。预计 2017 年世界香蕉收获面积比 2016 年有所增加，约为 556.87 万公顷。

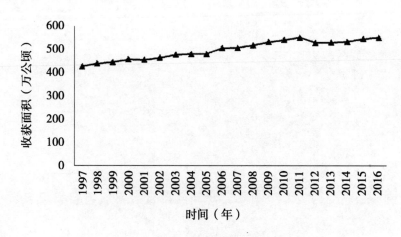

图 1　1997—2016 年世界香蕉收获面积变化趋势

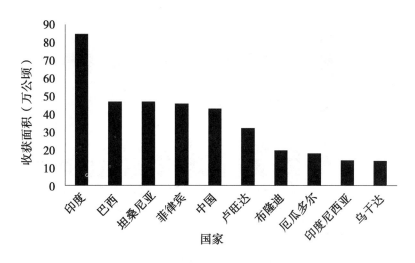

图 2　2016 年世界前 10 位国家香蕉收获面积

（2）总产量。世界香蕉产量从 1997 年的 6 276.97万吨增长到 2016 年的 11 328.03万吨，增长了 80.47%，年均增长达 3.16%，如图 3 所示。2016 年，亚洲、美洲、非洲、大洋洲和欧洲的香蕉总产量分别为6 158.40万吨、2 862.70万吨、2 101.92万吨、164.19 万吨和 40.82 万吨，分别占世界香蕉总产量的 54.36%、25.27%、18.56%、1.45% 和 0.36%。2016 年，世界前 10 大香蕉生产国分别为印度（2 912.40万吨）、中国（1 332.43万吨）、印度尼西亚（700.71 万吨）、巴西（676.43 万吨）、厄瓜多尔（652.97 万吨）、菲律宾（582.91 万吨）、安哥拉（385.91 万吨）、危地马拉（377.52 万吨）、坦桑尼亚（355.96 万吨）、卢旺达（303.80 万吨），前 10 位国家产量总和占世界香蕉总产量的 73.10%，如图 4 所示。

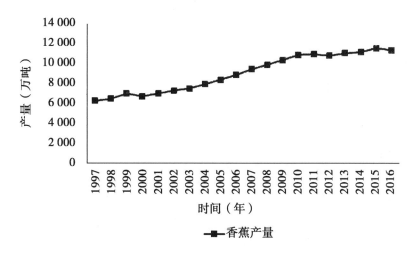

图 3　1997—2016 年世界香蕉产量变化趋势

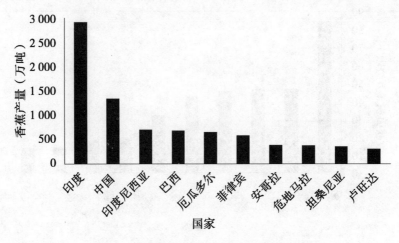

图4　2016 年世界前 10 位国家香蕉产量

2. 贸易

根据联合国贸易统计数据库（UN comtrade）显示，2016 年世界香蕉总贸易量达 4 085.28 万吨，进出口贸易额达 238.84 亿美元，在农产品贸易中仅次于小麦、玉米和大豆。

（1）出口。世界香蕉出口量从 1997 年的 1 018.57 万吨增长到 2016 年的 2 074.35 万吨，这 20 年中世界香蕉出口量增加了 1 055.78 万吨，年平均增长率为 3.81%，总体保持上升趋势。世界香蕉出口额从 1997 年 38.82 亿美元增加到 2016 的 103.08 亿美元，20 年中世界香蕉出口额增加了 64.26 亿美元，年均增长率为 5.27%。2016 年，世界香蕉出口前 10 位国家的出口量和出口额总和占世界的 85.35% 和 80.92%，前 10 位香蕉出口国依出口量多少为：厄瓜多尔、危地马拉、哥斯达黎加、哥伦比亚、菲律宾、比利时、洪都拉斯、美国、荷兰、墨西哥，如图 5 所示。其中，厄瓜多尔香蕉出口量为 617.63 万吨，占世界香蕉总出口量的 29.77%。菲律宾的香蕉出口量 2015 年以来下降明显，2016 年仅出

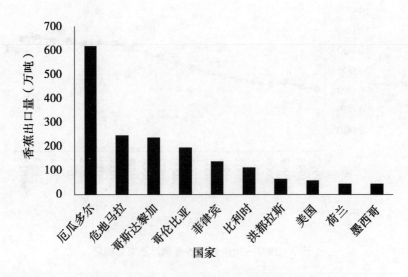

图5　2016 年世界前 10 位国家香蕉出口量

口 139.75 万吨，比 2014 年减少 82.37%；2014 年菲律宾香蕉出口量 792.77 万吨，位居世界第 1 位，2013 年以前菲律宾香蕉出口量常年位居世界第 2。2016 年全球香蕉出口量 2 074.35 万吨，主产国多数以内销为主，出口香蕉的国家主要集中在中美洲、亚洲和加勒比海地区。

（2）进口。世界香蕉进口量从 1997 年的 1 333.23 万吨增长到 2016 年的 2 010.93 万吨，这 20 年中世界香蕉进口量增加了 677.70 万吨，年平均增长率为 2.19%。世界香蕉进口额从 1997 年的 66.02 亿美元增加到 2016 年的 135.76 亿美元，增加了 69.74 亿美元，年平均增长率为 3.87%。2016 年，世界香蕉进口前 10 国家的进口量和进口额分别占世界的 69.80% 和 70.15%，前 10 位香蕉进口国包括：美国、德国、俄罗斯、比利时、英国、日本、中国、意大利、荷兰、加拿大，如图 6 所示。

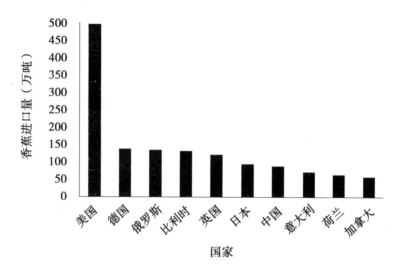

图 6　2016 年世界前 10 位国家香蕉进口量

二、国内香蕉生产与贸易概况

1. 生产

（1）种植面积。中国香蕉种植主要分布在广东、广西、海南、云南、福建 5 个省区，重庆、四川、贵州和台湾也有少量种植。据《中国农业统计资料》数据显示，除台湾以外，1997 年中国香蕉种植面积为 18.02 万公顷，随着农业产业结构不断调整，中国香蕉种植面积不断扩大，到 2016 年中国香蕉种植面积达到 40.8 万公顷，年均增长率为 4.39%，具体变化趋势如图 7。2016 年，广东、广西、云南、海南和福建香蕉种植面积分别为 13.08 万公顷、10.75 万公顷、10.25 万公顷、3.53 万公顷和 2.74 万公顷。

（2）产量。据《中国农业统计资料》数据显示，除台湾外，2016 年中国香蕉产量为 1 299.7 万吨，其中广东 481.7 万吨、广西 319.9 万吨、云南 270.0 万吨、海南 125.6 万吨、福建 96.6 万吨，占全国的比重分别为 37.06%、24.61%、20.77%、9.66%、7.43%。1997—2016 年中国香蕉产量变化趋势如图 8。

根据国家香蕉产业技术体系经济岗位和综合试验站抽样调查，2017 年中国香蕉种植面积、收获面积和年总产量，由于受到 2015 年、2016 两年行情偏弱及枯萎病蔓延等影

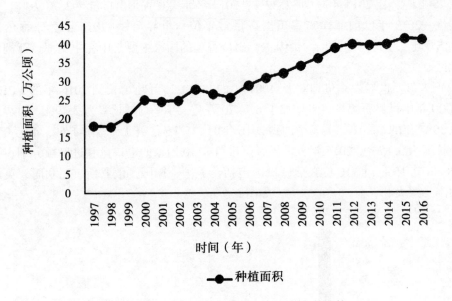

图7　1997—2016 年中国香蕉种植面积变化趋势

响，较 2016 年整体表现为下降趋势，种植面积、收获面积和产量预计分别为 590 万亩、582 万亩和 1 250万吨，同比下降幅度分别为 4.0%、3.7%、4.4%。

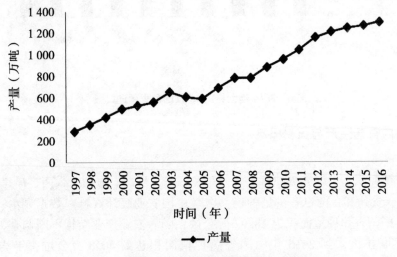

图8　1997—2016 年中国香蕉产量变化趋势

2. 贸易

（1）出口。中国香蕉出口从 2007 年的 2.09 万吨下降到 2016 年的 0.83 万吨，总体呈下降趋势，下降幅度为 60.29%；贸易值从 677.90 万美元上升到 785.66 万美元。2016 年中国对世界其他国家香蕉出口情况如表 1。2017 年中国香蕉出口量 1.58 万吨，出口额为 1 651.16万美元。

表 1　2016 年中国对世界其他国家香蕉出口情况

年度	出口国（地区）	出口额（万美元）	出口量（吨）	出口量占比（%）
2016	世界	785.66	8 278.97	100.0
2016	中国香港	468.11	3 122.80	37.7
2016	韩国	118.14	1 672.81	20.2
2016	俄罗斯	85.39	1 259.98	15.2
2016	中国澳门	29.89	1 159.72	14.0
2016	蒙古	29.49	983.00	11.9
2016	伊朗	1.10	36.66	0.4
2016	美国	35.06	30.56	0.4

资料来源：联合国商品贸易统计数据库（UN comtrade）.

（2）进口。中国香蕉海关进口量从 2007 年的 33.19 万吨上升到 2016 年 88.72 万吨，年平均增长率为 11.54%，进口额从 1.11 亿美元上升到 5.86 亿美元，年平均增长率 20.31%，具体如表 2 所示。2017 年中国香蕉进口量 103.92 万吨，进口额为 5.79 亿美元。

表 2　中国 2007—2016 年主要香蕉进口国及进口量　　　　　（单位：万吨）

年度	世界	菲律宾	厄瓜多尔	缅甸	泰国	越南	印度尼西亚	哥斯达黎加
2007	33.19	30.38	0.42	—	1.38	1	—	—
2008	36.23	31.78	0.3	0.44	1.52	2.17	—	—
2009	49.13	35.21	0.7	9.43	1.76	1.92	—	—
2010	66.52	43.67	0.22	17.7	1.04	3.15	--	0.51
2011	81.87	69.38	0.89	5.49	1.63	3.93	0.01	0.24
2012	62.6	49.64	4.77	4.44	2.25	0.93	0.02	0.47
2013	51.48	40.09	2.78	4.51	1.93	1.56	0.25	0.34
2014	112.72	77.42	23.22	5.39	2.55	1.12	1.76	1.24
2015	107.38	68.69	28.31	5.57	2.61	1.01	0.92	0.27
2016	88.72	61.38	17.39	5.08	1.73	2.92	0.22	0.03

资料来源：联合国商品贸易统计数据库（UN comtrade）.

中国—东盟自由贸易区的建立和国家"一带一路"倡议的实施，促使中国与东盟国家边贸的进一步开放和中国香蕉产业"走出去"到东盟国家种植步伐加快，"走出去"种植这部分香蕉主要通过边贸出口到中国，2014—2017 年从老挝、缅甸、越南等国通过边贸进口的香蕉为 150 万~200 万吨，占海关和边贸进口总和的 60%~65%，从东盟国家通过边贸进口的部分香蕉量并未统计到国家海关数据。

三、国际香蕉产业技术研发进展

1. 种质资源评价与品种选育

在香蕉资源利用与开发方面，Max 等概述了目前世界上最大的香蕉资源库（International Transit Centre，Bioversity International）分类、保存以及使用方法。LUCIANA 等对香蕉种质资源的超低温保存方法进行了改进，将香蕉球茎在玻璃化液中冰冻预处理 3 小时，然后转入加有 1% 的间苯三酚的 MS 培养基中，再放入液氮罐中长期保存，再生恢复率可达 100%。在香蕉倍性育种方面，Akhilesh 等从两个不同开花习性的香蕉品种中分离了 12 个 FT 基因和 2 个 TSF 基因，并对其发育过程中的表达模式进行了分析，表明其中至少 4 个基因（$MaFT$1）（$MaFT$2）（$MaFT$5）和（$MaFT$7）在开花前上调表达，在不同的营养和生殖器官中存在不同表达方式，为合理调节香蕉花期及减少生产损失提供了依据。在香蕉杂交育种方面，Hui-Lung CHIU 等通过人工杂交方法，以 *Musa itinerans var. formosana* 和 *M. balbisiana* Colla 为亲本，获得了 *Musa×formobisiana* H.-L. Chiu，C.-T. Shii & T.-Y. A. Yang hybrid nov 杂交后代。在香蕉分子育种方面，James Dale 等利用一种不受 TR4 影响的野生香蕉中克隆出名为 $RGA2$ 的抗病基因并将其转入栽培种香蕉中，创建了 6 个拥有不同数量 $RGA2$ 拷贝的抗香蕉枯萎病品系，但 Erik 认为其进入大田至少还要 5 年时间，而且从世界范围来看，转基因香蕉进入大田还受到很多因素的限制。

综上从香蕉育种技术和方法来看，香蕉传统杂交育种难度依然较大，耗时较长，仅有少数几个国家开展了香蕉杂交育种研究，育成几个品种，主要为当地市场销售，很少被用于出口贸易，而用于商业化种植的香蕉品种绝大多数仍为体细胞突变选育而来；现代生物育种技术发展非常迅速，目前中国香蕉生物技术育种水平也几乎与世界水平同步，但多停留在理论探索方面。

2. 种苗生产技术

中国香蕉种苗繁育与组培苗产业技术一直处于国际领先水平，建立了世界规模最大的香蕉组培苗生产基地，全国每年可生产组培苗约 2 亿株。2016 年以前主要品种为桂蕉 6 号、巴西蕉、金粉 1 号等，近年来随着抗枯萎病新品种的不断选育与推广，南天黄、宝岛蕉品种育苗技术不断完善，以满足不断变化的市场。

3. 土壤肥料与栽培管理

国外对香蕉土壤肥料与水分管理的研究主要分布在印度、巴西、菲律宾等国家。与国内研究内容相似，国外大部分的相关研究也与香蕉枯萎病防控有关。例如，研制新型生物肥料以诱导根际微生物，从而达到抑制香蕉枯萎病的目的；其次，通过化肥和有机肥料的组合影响根际土壤特性而抑制香蕉枯萎病。另外，研究内容还包括以下几点：①针对香蕉水分和养分需求，评估施肥方式（例如滴灌施肥等）和肥料种类对某些地区（例如潮湿的热带雨林）香蕉生长、产量和土壤特性的影响；②为了确保香蕉高产优质，针对香蕉施肥管理与施肥过程的不可控性，研发自动化的施肥管理模式，如开发肥料信息系统，即原型系统，以支持农民对香蕉农场的管理。这个系统包含五个模块，分为注册和登录模块、管理香蕉种植园信息模块、肥料配方管理模块、信息管理模块和报表模块。通过各模块对信息的实时反馈，极大地提高了农民在农场管理和监控施肥工作效率。目前一些香蕉主产国已开始研究生产完全有机栽培技术，主要集中在有机栽培模式的筛选，如有机肥料的应用、种植模式的选择，通过改良土壤质量，达到高产、优质、抗病的目的。

4. 病虫害防控

目前香蕉枯萎病仍是香蕉上的主要病害，香蕉枯萎病的研究主要由中国学者完成，国外枯萎病的研究较少。2017 年 Czislowski 等通过香蕉枯萎病菌效应基因的多样性研究提供了水平基因转移的证据。丁香罗勒中的精油成分对香蕉枯萎病菌有较强的抑菌活性。在巴西，香蕉黄条叶斑病菌（*Mycosphaerella musicola*）的随机交配种群的出现造成了香蕉黄条叶斑病的流行。在非洲东部高原，研究者发现印楝提取物通过直接拮抗香蕉黑条叶斑病菌（*Mycosphaerella fijiensis*）来降低香蕉黑条叶斑病发病程度，并非通过寄主诱导抗病性。Blomme 等综述了当前香大蕉主要细菌性枯萎病病害种类、地理分布、症状、病原菌遗传多样性、流行学及其可持续控制技术。Badrun 完成马来西亚香蕉血液病菌（*Ralstonis syzgii Subspecies Celebesensis*）菌株 A2 HR-MARDI 的基因组测序，并利用生物信息学方法对基因组进行常规信息学分析。

5. 采后保鲜与副产物利用

埃及、印度、马来西亚和澳大利亚等国学者对香蕉采后保鲜进行了一些研究。埃及学者发现采后没食子酸和壳聚糖复配，可以延缓香蕉果实成熟，维持香蕉果实品质，其保鲜机理与影响细胞壁代谢酶和抗氧化酶活性有关。马来西亚学者报道了采后 0.01 kJ m-2 剂量的紫外照射（ultraviolet C）可以增强香蕉果实对冠腐病的抗性，并维持果实品质。印度学者分析了香蕉果实积累 β-胡萝卜素的机理，证实与 2 个八氢番茄红素合成酶基因的组织特异性表达有关。更重要的是，澳大利亚 James Dale 博士实验室，通过转基因技术，获得了内含丰富的维生素 A 的黄金香蕉。香蕉收获后产生大量的茎、叶、皮、花、果轴、非商品蕉等副产物，能为食品、饲料、肥料、制药、轻纺化工等产业提供丰富原料，利用主要集中在功能化、饲料化、肥料化、材料化应用四个方面，其中国内外对香蕉皮功能性成分的研究主要停留在验证阶段，对于功能性成分作用机理研究较为罕见，总体来看对果皮功能成分及其利用的研究还较浅显。国外对香蕉副产物肥料化通常做法是让秸秆在田间自然腐烂还田，如在澳大利亚香蕉采收后留茎秆自然还田，并通过轮作绿肥进一步培肥土壤后再种植香蕉，而在中国，近年来香蕉副产物肥料化的研究重点主要集中于秸秆机械化粉碎还田与秸秆生产有机肥。国内外香蕉纤维材料化开发利用还处在比较初级的阶段，香蕉纤维脱胶工艺是其应用的关键步骤，目前还处于实验室阶段，未进行工业化应用。

6. 果园生产机械化

2017 年新进展体现在基于神经网络的香蕉智能分级系统，首先通过获取图像建立数据库，通过机器视觉提取香蕉的图像特征，然后利用神经网络对图像特征处理，实现了香蕉采后的自动分类和分级。基于图像识别和 BP 神经网络的苹果分级与计数系统，实现了苹果的快速识别与分拣。结合机器视觉与智能化技术，对水果进行识别并自动采摘。

四、国内香蕉产业技术研发进展

1. 种质资源评价与品种选育

国内育种技术可以达到国际先进水平，国内香蕉新品种选育也不断推陈出新，一些已经在产业中推广，如抗枯萎病品种（系）的南天黄、中蕉 4 和 9 号、桂蕉 9 号、红研系列、宝岛系列品种等；粉蕉品种（系）的热粉 1 号、中粉 1 号、广粉 1 号、金粉 1 号、粉杂 1 号、矮粉 1 号等。

2. 种苗生产技术

国内种苗技术方面的研究主要集中在组培苗培养基、育苗基质、育苗装置和育苗方法的优化和改进，通过强光源波长变量筛选，添加糠氨基嘌呤、稀有元素和阿司匹林等，可有效提高香蕉花药萌发率、香蕉增殖率，促进早出根。赵梓婷发现TIBs系统的香蕉组培苗增殖的蔗糖浓度为30克/升，最高增殖倍数为8.62，最适激素浓度为3毫克/升6-BA+0.3毫克/升NAA，增殖倍数为6.73，培养的密度为10株/瓶。孔祥福等利用3种草炭和珍珠岩、蛭石及水溶性有机肥组成育苗基质，该基质经过高温处理，透气性良好。钟宁等等用杏鲍菇发酵料、砖红壤和河沙三者的体积比为（6~10）：（0.5~2）：1为基质，解决了杏鲍菇下脚料的处理隐患，又可用来培育香蕉假植苗，达到变废为宝的目的。

3. 土壤肥料与栽培管理

国内研究集中于以下三点：①不同类型的肥料（例如：复合微生物肥料、钾肥与生物有机肥配施、木薯加工废弃物、生物有机肥和印楝渣生物药肥等）对香蕉枯萎病防控效果的研究，获得了降低香蕉病情指数的结果，对香蕉枯萎病的防控有一定的指导意义。②在减量施肥不减产的原则下，研制适用于香蕉植株生长和产量增加的专用肥料。③首先，其他特性的肥料研发，例如专用复合微生物肥料对香蕉根结线虫病的田间防治及促生作用；其次，根据地区土壤特点，建立相应的测土配方施肥指标体系，为香蕉生产提供科学合理的施肥措施；最后，根据中国部分地区土壤严重酸化，土壤生产力逐年明显下降等不利因素，以碱性长效缓释氮肥为功能肥料，研究其改良土壤酸度的效果及对香蕉产量和氮肥利用率的影响等。

中国香蕉生产技术与生产方式与国际四大香蕉企业相比还是比较落后的，但是我们与香蕉主产国相比在种植管理技术还是有优势的，加强香蕉栽培管理技术的研究，促进形成优质、高产、低耗、高效的一整套操作技术非常迫切，随着抗枯萎病品种的选育与推广，不同品种的配套栽培管理技术亟须加强。

4. 病虫害防控

2017年国家基金在香蕉产业上共立项16项，其中在香蕉枯萎病领域有4项，2017年国内与香蕉枯萎病相关的文献有39篇，国外有19篇。其中，大多数研究论文由中国学者发表，主要集中在体系专家和团队中。主要涉及以下内容：①新品种选育与栽培技术（如桂蕉早1号、粉杂1号、突变体HD-1）；②拮抗菌株的筛选与拮抗机理研究（如卢娜林瑞链霉菌、薰衣草灰链轮丝菌GA1-2）；③Foc致病机理分析（致病相关基因功能分析、不同碳源下Foc转录组分析、Foc果胶甲基酯酶的表达差异）；④香蕉抗病机理（如抗性生理、Foc侵染后香蕉的组织学差异、根系分泌物与香蕉抗耐香蕉枯萎病的关系、香蕉花芽分化期抗枯萎病相关基因表达、自噬相关基因 $MaATG8s$ 对Foc的抗性作用、Foc侵染后香蕉根的基因表达分析、香蕉叶片DNA甲基化特征分析）；⑤香蕉枯萎病综合防控（有机肥和复合微生物菌剂联合施用、钾肥与生物有机肥配施、植物水提液和拮抗菌、新型杀菌剂、不同单作区土壤微生物群落对Foc致病性的影响）。

5. 采后保鲜与贮运技术

2017年中国学者在国际期刊发表英文研究论文约30篇，中文研究论文约20篇，大部分由香蕉体系岗位专家和团队成员发表。此外，公开9项保鲜相关专利，立项国家基金8项，与采后保鲜与贮运有关的项目有2项。在保鲜新技术方面，发现褪黑素

（Melatonin）和硫化氢（hydrogen sulfide）等处理可以延缓果实成熟，并且都与抑制了乙烯生成有关。体系贮运保鲜岗位在国际著名植物学期刊 *New Phytologist* 发表研究论文，首次在香蕉果实中利用染色体免疫共沉淀测序法（ChIP-Seq）结合转录组（RNA-Seq）等研究方法，发现 MaDREB2 调控 697 个靶基因，包括 81 个受果实成熟上调，115 个受果实成熟下调，并且 MaDREB2 可以调控本身启动子，通过自身信号的放大，进而影响与果实成熟、逆境胁迫应答、转录因子和翻译后修饰等相关的下游靶基因的转录而参与果实成熟调控，丰富了香蕉果实成熟的调控网络。

6. 果园生产机械化

在生产采收方面，研究了香蕉梳柄的结构特征及其力学特性参数，以期为研制智能香蕉落梳装备提供参数依据。为保香蕉蕉梳的价值与美观性，研发了一种新型蕉梳清洗机构。该机构具有对蕉梳自动清洗、传送和风干等功能，是具有较强操作性的自动化机械装置。在产后处理方面，针对中国香蕉茎秆纤维机械提取研究不足，基于纤维提取滚筒刮削机制，研究设计了双向刮削式香蕉茎秆纤维提取机，该机采用两个刮取滚筒异向转动的组合刮取方式，实现对香蕉茎秆纤维的提取利用。

7. 农产品质量安全与营养评价

GB 2763—2016《食品安全国家标准 食品中农药最大残留限量》有关香蕉残留限量的有 81 个，其中只有 35 个限量是专门针对香蕉的，与发达国家差距大（日本肯定列表为 282 项，欧盟 458 项）。由此可以看出，中国香蕉农残限量指标少、指标针对性不强，需要加强相关标准的制修订。体系质量安全岗位团队在广泛调研香蕉生产用药的基础上，对 13 个基地采集的 58 份香蕉样品进行了针对性农药残留检测，共检出 21 种农药残留，吡唑醚菌酯检出超标 28 次，同时检出 5 种以上农药残留的样品占 58.5%。国内有少量关于香蕉理化和营养成分提取和测定以及活性成分提取方法的报道，但缺乏香蕉特质性营养成分检测方法和方法学研究以及香蕉营养品质评价标准。国外对香蕉的多种保健功能及其作用机理进行了深入研究，但是国内在这一方面的研究较薄弱。

（香蕉产业技术体系首席科学家　谢江辉　提供）

2017 年度荔枝龙眼产业技术发展报告

（国家荔枝龙眼产业技术体系）

一、国际生产概况

大约 96% 的荔枝生产于北半球，南半球产量占 4% 左右。全球荔枝总面积超过 80 万公顷，年产量 310 万吨以上。荔枝主产国有中国、印度、越南、泰国、墨西哥、马达加斯加、南非、巴西、澳大利亚。以色列是中东地区唯一的荔枝生产国，种植有机荔枝为主，生产规模约 200 公顷，产期 7—8 月份。

2016 年，世界荔枝产量在 306 万吨左右，同比下降约 7.27%。主产国产量情况分别为：中国约为 178 万吨，印度为 56 万吨，越南 50 万吨，泰国 3 万吨，马达加斯加 10 万吨，其他国家合计约 9 万吨。2016 年，鲜果的国际贸易量约为 20 万吨，占世界荔枝总产量的 10% 左右。以鲜荔枝为例，荔枝主产国的出口情况如下：越南出口约 9 万吨，中国出口 8 996 吨，中国台湾出口 184 吨，印度出口 106 吨，泰国出口 4 748 吨。

龙眼产区主要集中在中国、泰国和越南，三国种植面积之和占世界龙眼种植面积的 99%。世界龙眼种植面积约 60 万公顷，年产量在 300 万吨左右。龙眼产期最集中的期间是 7—10 月。但产期调节技术的普及应用，龙眼已基本能做到周年生产。世界鲜龙眼年总出口量超过 50 万吨，金额超过 12 亿美元。泰国和越南是龙眼的主要出口国。

二、国内生产与贸易概况

1. 产业概况

估计 2017 年中国荔枝种植面积 57.40 万公顷，产量约为 212.66 万吨，按均价 13.38 元/千克计算，荔枝总产值 284.54 亿元，比 2016 年增长 41.42%，规模上市期为 4 月 24 日至 9 月 8 日，共 137 天。近年四川合江县利用特晚熟产区优势，云南屏边县利用高原立体产区优势，荔枝发展势头很猛，合江新增荔枝面积 10 多万亩，屏边新增荔枝面积约 5 万亩，将陆续进入投产期。

估计全国龙眼面积 35.48 万公顷，产量约为 156.73 万吨，按均价 7.50 元/千克计算，全国龙眼产值 117.5 亿元，比 2016 年增加 4%。规模上市期为 4 月 27 日至 10 月 13 日，共 169 天。

2. 贸易概况

2017 年中国荔枝进口量 6.81 万吨，进口荔枝的平均单价比 2016 年增加 0.14 美元/千克，增幅为 29.79%，越南是中国鲜荔枝的主要进口国，约占中国荔枝总进口量的 90%。出口鲜荔枝 0.97 万吨，荔枝罐头 2.3 万吨（折鲜荔枝 3.5 万吨），合计出口鲜荔枝约 4.5 万吨，出口目的地主要是美国、东南亚、澳大利亚和欧盟。

2017 年中国进口龙眼 31.14 万吨，比上年减少 13.28%，泰国和越南成为中国鲜龙眼主要进口国；出口 0.13 万吨，比上年减少 53.57%。中国鲜龙眼出口一直以中国香港、中国澳门地区和美国为主要目的地，集中度高。

3. 产业发展趋势

（1）品种结构继续调整优化。以优化品质和均衡产期结构为主要目的，通过高接换种技术运用，使品种的区域布局和区域的品种布局更趋合理。

（2）果园生态与农艺种植制度改造，实现省力化生产。大力改造荔枝龙眼园基础设施；以适应高效、省力和绿色安全生产为目标，通过间伐和回缩改造，继续加大力度降低果园密度和植株高度；通过土壤耕翻、间种绿肥或生草覆盖，增加有机肥施用量，改善土壤生产性能；通过加大农机具使用力度，改善农药和肥料利用效率，降低化肥和农药施用量。

（3）一、二、三产业深度融合发展。集中主产区继续建设优质荔枝和龙眼生产园，都市区部分荔枝园从单纯的生产园向荔枝生态、采摘、休闲公园转型；研发多元化加工品和提升生产量；大力发展新型营销模式；发展新型生产性技术服务平台和果园农机具的共享服务平台，为小规模种植户提供高效的技术服务和数据信息服务。

（4）更加重视品牌打造和文化建设与推广。在茂名、深圳、广州多地建设荔枝文化创意基地和荔枝特色小镇，发展旅游农业，提升品牌影响力。

三、国际产业技术研发进展

1. 生态适应性

印度 Tripathi 等（2017）比较了'Dehradun''Early Seedless'和'Rose Scented'等9 个荔枝品种在 Karnataka 高湿的亚热带地区的表现，表明'Shahi'和'Dehra Rose'最适宜在该区种植。

2. 栽培生物学

Aidin 等对'Brewster'荔枝开花期到果实采后一个月内的大量元素吸收进行了跟踪研究，表明开花初期及坐果初期对 P 吸收量最大，而对 N 和 Ca 的吸收没有明显差异。Kumar 等研究了不同程度环剥处理对荔枝成花、产量和果实品质的影响，结果表明，主枝宽度 2 毫米的环剥可以促进叶片积累碳水化合物，增加花量，提高果实产量、大小和固形物含量。Srivastava 等对四种授粉蜂及环境对印度 Bihar 地区荔枝坐果、产量及品质的影响进行研究，结果表明 Apis dorsata、A. mellifera、A. cerana 及 A. florea 是主要的授粉媒介，占授粉量的 65%，完全授粉树的果实产量明显提高。

Farina 等分析了欧洲南部意大利西西里岛荔枝的产量和品质，认为地中海气候下能获得高产和优质的荔枝。该区域近年开始种植荔枝（'怀枝''桂味'等品种），4 月下旬开花，9 月底成熟，因而成为北半球最晚熟的荔枝产区。

3. 采后生物学

Reiche 等研究了低温条件下有机酸（乙酸、苹果酸、柠檬酸、草酸）和无机盐（NaCl、$CaCl_2$）对荔枝过氧化物酶和多酚氧化酶（包括漆酶）的抑制作用。Shah 等发现 $4 \sim 6$ mmol L^{-1} 曲酸（kojic acid）处理可延缓荔枝果皮褐变并维持抗氧化酶的活性，降低果实失重率和腐烂。Mareike 等发现透气且加了锡箔纸的包装可使荔枝果实维持果皮色泽。Khan 等发现 5% O_2+5%~15% CO_2 气调贮藏荔枝可显著降低多酶氧化酶活力，延缓总酚含量下降，维持更高的色度值 L*值。Suiubon 等研究发现 2.0 mM 和 3.0mM 水杨酸结合紫外线 C（ultra violet-C，UV-C）处理，增强了龙眼果实 APX、SOD 和 CAT 等抗氧化酶的活力，有效延缓了果实腐烂，抑制了异味产生。

4. 功能性成分研究

荔枝果实各部分均含各种重要的生物活性成分，如果肉含多糖、维生素（B_1，B_2，B_3，B_6，C，E，K）、胡萝卜素、矿物质（K，Cu，Fe，Mg，P，Ca，Na，Zn，Mn，Se）和多酚，果皮含多酚、花色素苷、原花色素苷等，它们具有抗氧化、防癌、抗衰老及抗炎症功能。近三年每年研究文献在 45 篇左右。Ibrahim 和 Mohamed 和 Emanuele 等分别就荔枝的营养成分与药物学活性及荔枝的抗肿瘤活性进行了全面的文献综述。印度 Shrivastava 等、Das 和 John 及美国 Spencer 和 Palmer 在 *Lancet Global Health* 发表调查报告，就印度曾经出现的贫困幼儿食用荔枝后出现的急性肝毒害案例进行分析，认为可能与 *hypoglycin A* 和 MCPG（*methylenecyclopropylglycine*）毒性有关，而这种毒性可能与品种和产地有关。

四、国内产业技术研发进展

1. 技术应用

体系主推技术得到进一步应用。2017 年新增高接换种荔枝园 2 680 公顷，累计达到 5.06 万公顷；龙眼园 120 公顷，累计 7 233 公顷。新增间伐荔枝园 6 046 公顷，累计达到 1.16 万公顷；龙眼园 2 660 公顷，累计 6.47 万公顷。新增回缩修剪荔枝园 2.74 万公顷，累计达 15.49 万公顷；龙眼园 5 227 公顷，累计 3.91 万公顷。新增灌溉设施荔枝园 580 公顷，其中水肥一体化 380 公顷；龙眼园 22.67 万公顷，其中水肥一体化 22 公顷。

体系荔枝示范园平均产量 7 499 千克/公顷，是全国荔枝平均单产 3 378 千克/公顷的 2.2 倍；体系龙眼示范园平均产量 14 358 千克/公顷，是全国平均单产 4 418 千克/公顷的 3.2 倍。在不良天气影响导致减产的大环境下，示范园抵抗逆境能力显然远高于其他果园。示范园荔枝平均价格为 8.9 元/千克，示范园龙眼平均价格为 13.6 元/千克。平均利润 33 840 元/公顷，是全国平均值的 2.8 倍。

2. 研发进展

（1）育种与分子生物学

2017 年体系选育桂荔 1 号和桂荔 2 号荔枝新品种。桂荔 1 号品质优和丰产稳产，可食率为 68.0%，开花期 4 月上中旬，果实成熟期为 7 月上中旬，适宜在广西荔枝产区推广种植。桂荔 2 号果大质优丰产，可食率 75.8%，果实成熟期 6 月下旬。

陆贵锋等采用 ISSR 分子标记技术把 24 份古荔枝种质资源分为三大类群：类群Ⅰ均来自广西灵山县，类群Ⅱ来自广西桂平市、北流市、玉林市、灵山县和大新县，类群Ⅲ来自广西北流市和灵山县。

Chen 等研究了与荔枝嫁接亲和性相关的信号合成与转导途径，筛选了 16 个与已知木质素合成途径相关的基因。

吕科良等从荔枝胚性愈伤组织中克隆得到了 SUMO 结合酶 1 基因 *LcSCE*1，认为其可能在荔枝生长发育及醮核产生过程中起重要作用。Peng 等在荔枝中鉴定到一些组蛋白修饰（HM）相关酶的基因。Liu 等发现荔枝 *miR*156a 的两个靶基因 *LcSPL*1 与 *LcSPL*2 在不同物种中有着较高的同源性，*LcSPL*1 与 *LcMYB*1 互作，*LcSPL*2 与 *LcMYB*5 互作。Ma 等对荔枝 miRNA 和 phasiRNA 途径进行了全基因组分析，发现很多保守 miRNA 在荔枝中进化出全新的功能，其中以 miR482/2118 家族最为突出。证明了可变剪切/选择性多聚腺苷化是小 RNA 介导基因沉默调控通路中一个新的调控层面，并提出了 miRNA 耦合可变性剪切/选择性多聚腺苷化生成 phasiRNA 进而介导基因沉默的模型。

（2）成花与坐果技术与分子生理

王晓双等发现 300~500 毫克/千克氟节胺能控制和抑制荔枝冬梢萌发生长。许奇志等提出，龙眼株留穗量 1/3 是较适宜的负载量，表现果大、品质优、大小年变幅小。魏永赞等证实烯效唑处理荔枝花穗降低了 GA 含量，提高了 ABA、IAA、ZR 和 MeJA 含量。

Zhang 等对 15℃ 低温处理的妃子笑荔枝叶片进行转录组分析，筛选到 LcFT1 基因，用 LcFT1 基因的启动子驱动 GUS，发现 GUS 活性受低温诱导，表明 LcFT1 在低温诱导荔枝成花中起重要作用。Huang 等克隆了龙眼 GIGANTEA（GI）和 FLAVIN-BINDING，KELCH REPEAT，F-BOX1（FKF1）同源基因，并命名为 DlGI 和 DlFKF1，在拟南芥上过表达这两个基因表现为早花，认为这些基因参与了龙眼的成花。Wang 等克隆获得了 LcMCⅡ-1，该基因参与了荔枝雏形叶衰老过程。

Lu 等用活性氧处理荔枝树促进成花，对各处理的芽生长点进行转录组测序分析，指出 FLC 是荔枝的重要成花抑制因子。Yang 等研究显示，LcRboh、LcMC-1-like 和 LcPirin 可能参与了荔枝雏形叶衰老脱落。Wei 等对烯效唑处理花序进行转录组分析，发现有相当的差异表达基因富集到激素信号转导通路上。认为烯效唑处理提高雌花比例可能与其提高雌蕊相关基因的表达水平有关。

Liu 等以荔枝不同发育阶段双受精果和单性结实小果为试材，研究发现 1 051 个差异表达基因为单性结实果特有，526 个差异表达蛋白（differentially expressed proteins，DEPS）只在单性结实果中鉴定到。这些差异基因或蛋白与脱落酸、生长素、乙烯、赤霉素、热休克蛋白、组蛋白、核糖体蛋白和转录因子锌指蛋白有关。魏永赞等发现荔枝花色素苷生物合成途径中主要的结构基因和转录因子都可以被光诱导，其中 LcDFR、LcF3'H、LcUFGT 和 LcMYB1 可能在光照调控荔枝果实色泽形成中扮演更为重要的角色。

Jiang 等从荔枝果实中克隆了 13 个 NAC 基因，发现 LcNAC1 在果皮和果肉衰老过程中上调表达，且受外源 ABA 和过氧化氢诱导。LcNAC1 受 LcNAC2 转录因子正调控。LcNAC1 可以激活活性氧和能量代谢相关基因 LcAOX1α，而 LcWRKY1 则抑制其表达，此外，LcNAC1 可以和 LcWRKY1 在体外和体内互作。

（3）栽培与养分管理

徐杰等研究了龙眼园种植阳春砂对种植园生态条件以及作物产量的影响，总结了阳春砂-龙眼生态立体种植技术。姚丽贤等研究发现荔枝在末次梢老熟至开花初期主要累积 Ca、Zn、B，果实膨大期累积的 N、K、Ca、Zn、S 基本来自树体吸收，而 P、Mn、B、Mo 则部分来自第一次和第二次秋梢的养分转移。

（4）逆境胁迫

黄镜浩等以'福眼'龙眼老熟春梢为试材，模拟冻害（温度≥-5℃）处理，结果表明，冻害处理导致枝梢木薄壁细胞异常，木质部组织结构完整性丧失，茎内木质部水分的运输被阻断。高俊杰研究了外源一氧化氮（NO）对 5℃ 低温胁迫下龙眼幼苗生理特性的影响，发现喷施硝普钠（SNP）显著提高了龙眼幼苗的叶绿素、可溶性糖和蛋白质含量，提高净光合速率，增强 SOD、POD 和 CAT 活性，降低丙二醛含量和电解质渗透率，其中 150 微摩尔/升 SNP 处理提高龙眼的抗低温胁迫能力效果最好。

（5）病害防控及机理

曾令达等筛选了防治荔枝霜疫霉（*Peronophythora litchii*）的植物源抑菌活性物质，包括丁香酚、小檗碱及苦参碱。Xu 等在拟青霉属真菌（*Paecilomyces* sp. SC0924）培养物筛选了 4'-*hydroxymonocillin* IV 和 4'-*methoxymonocillin* IV，它们对荔枝霜疫霉均有抗菌活性。王荣波等发现，在离体条件下 10% 苯醚菌酯和 62.5% 霜霉威对荔枝霜疫霉菌丝的抑制效果最好，其 EC_{50} 值分别为 0.73 毫克/升和 0.85 毫克/升。习平根等开发了 LAMP 快速检测荔枝炭疽和霜疫霉的方法。Jiang 等研究表明，荔枝霜疫霉 *PlM*90 基因特异性调节有性孢子形成和无性孢子释放与休止。Sun 等进行荔枝霜疫霉不同阶段（菌丝、孢子囊和游动孢子）转录组分析，预测有 490 个蛋白可能参与到致病过程中。

（6）采后保鲜技术及生物学

吴一晶等用甜菜碱和海藻糖复合菌系发酵产物的上清液处理荔枝果实，果实感病指数降低了 77.78%，商品率提高了 22.07%。Liu 等发现 1，3，4-噻二唑-4-羧基己基酯可降低荔枝果实发病率和褐变指数，延长荔枝货架期。Wu 等用浓度 1.0×10^8 毫升的解淀粉芽孢杆菌悬浮液浸泡果实，延长了荔枝果实的贮藏期，Xu 等用植物乳杆菌（*Lactobacillus plantarum*）复合保鲜剂浸泡荔枝果实，获得较好的保鲜效果。Zhang 等提出茶籽精油用于降低荔枝果实采后褐变的安全方法。Wu 等指出拮抗菌 *Bacillus amyloliquefaciens* LY-1 可延长荔枝果实货架期。

Jiang 等发现 *MsrA* 和 *MsrB* 的下调表达加速 *LcCaM*1 氧化，增强转录因子 *LcNAC*13 和 *LcWRKY*1 的 DNA 结合能力，进一步激活或者抑制下游衰老相关基因的表达，因而可能参与荔枝果实的衰老进程。

针对焦腐病诱导采后龙眼果实果皮褐变和病害发生，Sun 等研究了其生理机制。紫外线+壳聚糖包膜处理抑制果皮褐变，而 H_2O_2 处理加速果皮褐变；DNP 和 ATP 处理加速或者延缓龙眼焦腐病的效应，是因不同能量水平可能调节了 EMP、TCA 和 PPP 途径中呼吸末端氧化酶的活力之故。

（荔枝龙眼产业技术体系首席科学家　陈厚彬　提供）

2017 年度天然橡胶产业技术发展报告

（国家天然橡胶产业技术体系）

一、世界天然橡胶生产及贸易概况

2018 年全球天然橡胶产能释放仍处于高峰期，在胶农割胶积极性提高且新增开割面积占比增加的基础上，预计世界天然橡胶产量仍会增加。国际橡胶研究小组（IRSG）、天然橡胶生产国联合会（ANRPC）等专业机构均预测 2018 年全球天然橡胶产能会继续增加。国际货币基金组织（IMF）最新预测：2017 年全球经济增长率为 3.6%，2018 年的增长率为 3.7%。在全球金融环境和发达经济体经济复苏的带动下，全球经济回升力度继续增强，明年天然橡胶的需求有望好转。国际橡胶研究组织（IRSG）2017 年 12 月发布的全球橡胶工业前景报告中预计，2018 年全球橡胶需求量将增长 3.3%，其中天然橡胶消费量将增长 2.4%。

在轮胎涨价、合成橡胶价格拉动和泰国南部洪灾造成减产的影响下，天然橡胶价格在 2 月中旬达到全年最高水平。尔后，受泰国抛储和合成橡胶价格下调的影响，价格开始振荡下跌，一直延续至 6 月底。7 月受原油价格回升、中国汽车销量增加等作用，价格有所回升。9 月，由于需求疲软，市场不活跃，价格又开始下跌。SMR20 年全年平均价格为 1 660 美元/吨，同比增长 19.7%；RSS3 年平均价格为 2 029 美元/吨，增长 23.0%。

二、中国天然橡胶生产及贸易概况

由于对天然橡胶产业还有期望和缺乏很好的替代作物选择，以及年初价格回升，中国天然橡胶种植面积略有增加，达到 1 760 万亩。产量方面，虽因白粉病导致开割期推迟，但受年初价格回升影响，部分胶园重新割胶，以及产能自然增长因素，全年产量出现回升。预计全年中国天然橡胶产量为 82 万吨，比上年增加 3.1 万吨。天然橡胶价格总体回升，根据全国三大天然橡胶产区市场日价格统计，2017 年国内全乳胶（含 SCR5）天然橡胶全年平均价格为 1.5 万元/吨，同比上升 18%。

初步测算全年中国天然橡胶消费量为 496 万吨，同比减少 0.6%。全年进口天然橡胶、复合橡胶和混合橡胶共 556.5 万吨（含胶乳，未折算为干胶），比上年的 448.4 万吨增加 108.1 万吨，增长 24.1%。其中进口天然橡胶 271.5 万吨，比上年增加 21.5 万吨；复合橡胶 12.1 万吨，比上年减少 3.8 万吨；混合橡胶大量进口，达 272.8 万吨，比上年增加 90.4 万吨。

大量国产全乳标准胶新胶进入期货市场套期保值，导致上海期货交易所天然橡胶期货库存不断增加，12 月底库存为 38.3 万吨，同比增加 31.16%。泰国政府抛售的库存天然橡胶以原胶和混合橡胶等形式陆续进入中国，加上内外贸易套利和贸易融资行为，青岛保税区的库存也有较快增加。到 12 月底，青岛保税区的库存为 13.5 万吨。加上下游原料库存，社会库存处于高位。

三、世界天然橡胶技术发展动态

1. 育种领域

印度尼西亚和泰国等均报道了目前选育品种的生长和产量情况。IRR307、IRR309、IRR318、IRR425、IRR429、RRIT251 和 RRIT408 等品种表现优秀。马来西亚橡胶研究所利用点、面光谱扫描方法研究了 RRIM2002、PB350、RRIM2025 和 RRIM3001 等 4 个品种叶片特性，认为面光谱扫描法可以有效区分这 4 个品种。

在橡胶树全基因组测序完成后，基因克隆以家族为单位，部分基因的功能得到进一步鉴定，研究的广度与深度有明显提升。除了分析这些基因的差异表达模式外，开展了转基因手段研究基因功能的工作。

橡胶粒子是天然橡胶合成和储存的场所，Yamashita 利用 DLS 技术成功对橡胶树大、小橡胶粒子进行了分离，并通过体外活性实验证明小橡胶粒子具有极高的催化活性，表明小橡胶粒子在天然橡胶合成中起主要作用；Brown 对橡胶粒子膜蛋白进行了深入研究，表明 CPT 定位于细胞质，而 REF、SRPP、HRPB 定位于内质网，并且 SRPP 可通过 HRBP 将 CPT 招募至内质网，深化了对橡胶粒子生物发生的认识。

2. 栽培土肥领域

针对大规模植胶对生态环境的影响，Kurniawan 等探讨了印度尼西亚占碑省典型高度风化土壤区土地利用变化（热带雨林转换为橡胶园和油棕园）对土壤养分流失和养分利用效率的影响，认为土壤质地控制着土壤养分和水量持有能力，并强调了土壤管理措施（施肥）对保持未施肥橡胶园土壤肥力的重要性。为防止死皮病（TPD）的发生，监测硫醇含量似乎是胶乳诊断中的一个关键因素。

3. 割胶领域

科特迪瓦在代谢活跃类型品种 IRCA130、中等代谢类型 GT1 品种和代谢缓慢类型品种 PB217 采用 d6 超低频技术割胶，2.5% 的刺激浓度，年刺激数分别为 10 次、12 次和 14 次，干胶产量分别比 IRCA130、GT1、PB217 采用 d3 割制 2.5% 刺激浓度，年刺激数为 4 次、6 次和 8 次的对照减少了 6%、24%、27%。但割胶劳动效率提高，降低了割胶劳动成本。采用该项技术可有效缓解了胶工短缺的难题并且增加了胶工收入。各植胶国都试图通过研发出机械化、自动化的割胶系统来代替传统的人工割胶操作。电动化、智能化割胶工具及自动割胶机器人的研究与推广得到了广泛的关注。

4. 病虫害防控领域

巴西 Marineide Rosa Vieira 等评价橡胶种质对橡胶树两种重要害螨 *Calacarus heveaeFeres*（Eriophyidae）and *Tenuipalpus heveae* Baker（*Tenuipalpidae*）的抗性；巴西 Elizeu B. C ASTRO 等，对橡胶重要害螨橡胶细须螨 *Tenuipalpus heveae* Baker 形态进行了重新描述；伊朗 Masoumeh K HANJANI 等对采集伊朗的多型种（*polymorphic species*）东方真叶螨的不同虫态进行了描述；Lin & Robert 等针对无性生殖的重要害虫种的界定问题，以橡副珠蜡蚧为对象进行了研究，采用线粒体和核基因联合分析方法和生态位模型等多种手段，评价了橡副珠蜡蚧种的地位问题。发现该种的研究样本至少包括 2 个对温度和湿度适应性产生分化的生态型。

5. 初加工领域

日本住友橡胶工业公司首次在试管内合成出天然橡胶，为实现天然橡胶的稳定供应提供了新的技术路线。巴西国家同步加速器实验室 Carvalho 团队发现天然橡胶具有显著的逆向压热效应，开辟了天然橡胶作为降温材料的应用潜能。哈佛大学和四川大学利用互相交联的随机支化聚合物，成功在分子尺度上将氢键和共价键"绑"在一起，研制出一种"自愈合"橡胶，可用于制造自修复轮胎。德国莱布尼高分子研究所 Das 开发出天然橡胶基应变响应材料，有望实现在人体健康监控、橡胶制品（轮胎、瓣膜、垫片等）传感器等方面的应用。澳大利亚绿色蒸馏技术公司（GDT）采用破坏性蒸馏技术将橡胶轮胎转化为生物油、碳和钢铁，首次实现了将轮胎转化为高需求原材料的目标。

6. 生态环境领域

橡胶林遥感提取区域主要集中在马来西亚、老挝和中国等地，马来西亚的 Razak 等利用橡胶林的物候特征和支持向量计算法，采用 29 景 LandsatTM/ETM+影像和决策树分类方法和 270 景 LandsatTM/ETM+时间序列数据和监测土地利用变化的算法估算马来西亚雪兰莪州和云南西双版纳橡胶林年龄信息。

7. 生产机械技术领域

在天然橡胶生产机械方面公开报道的不多，重点是机械化、自动化割胶工具研发，如固定式全自动智能化割胶机，但因重量大、成本高及关键技术难点未突破等原因仍处于改进试验阶段。

8. 产业经济领域

Aye Khin，Seethaletchumy Thambiah 研究了马来西亚天然橡胶市场的生产、消费和价格之间的相互关系，探索一个同时存在的供需和价格系统方程模型，对短期和长期未来价格进行预测。HT Media 分析了橡胶产业一系列产品，估算产量增长态势。Yuliana Kaneu-Teniwut，MariminMarimin 研究开发一种空间智能决策支持系统（SIDSS），旨在以绿色生产力（GP）方法提高橡胶产业的生产率。

四、国内天然橡胶技术发展动态

1. 育种领域

国内对 209 份橡胶树种质的乳管分化能力和橡胶合成效率进行了鉴定评价，继续利用抗寒梯度前哨苗圃鉴定橡胶树种质的抗寒性。姚行成研究组研究 PR107 接穗在热研 8813、海垦 2、大丰 99 的无性系砧木和实生砧上的表现，结果表明砧木显著影响接穗的蔗糖、无机磷和硫醇含量。

2. 栽培土肥领域

分析巴西橡胶树 RRIM600 不同旱害级别开割树和未开割树生理指标的变化规律，说明干旱条件下橡胶树表现出的特性是叶面积减小，渗透调节物质含量和抗氧化物酶活性增加，为建立橡胶树新干旱分级标准和筛选抗旱诊断指标奠定基础。以薄膜、生物材料、秸秆和农业废弃物筛选出适合幼龄橡胶园覆盖的材料，秸秆可在幼龄橡胶园中大力推广应用。间作有利于改善胶林土壤理化性质。证明死皮康复营养剂对橡胶树死皮具有较好防治效果，且具有一定的生产持续性。取得死皮康生产许可证。

3. 割胶领域

总结了海胶集团 7 个分公司老龄胶树上开展气刺割胶试验示范取得的成效与问题。割胶工具研究成为热点，先后设计出了不同样式的智能化自动化割胶工具或割收胶装置并申请了相关专利。橡胶所研发第一代 4GXJ-1 型便携式电动胶刀，建立了中国第一条电动胶刀生产线并实现量产。

4. 病虫害防控领域

对橡胶树病虫害室内毒力测定、田间药剂防治效果,在橡胶树炭疽病对药剂敏感性等方面有相应的研究结果。病害防控工作主要围绕橡胶树白粉菌、炭疽病菌和根病菌的发病机理与病害防控及新发现病害的报道;害虫防治方面,符悦冠团队在介壳虫天敌扩繁与释放技术方面有较好研究进展。

5. 初加工领域

主要开展高性能、高品质天然橡胶加工技术及低碳、绿色、高效加工技术与装备的研发。黄光速课题组指出蛋白质和磷脂是相互贯穿分布的,蛋白质的去除并不影响天然橡胶分子链弹性,但会使机械性能降低。北京万向新元科技股份有限公司开发出一种天然橡胶/白炭黑湿法混炼连续化生产线,在液态下实现天然胶与白炭黑均匀混合、絮凝。由青岛森麒麟轮胎股份有限公司和青岛华高墨烯科技股份有限公司共同研制的"石墨烯导静电轮胎"通过了中橡协组织的产品鉴定。陈玉坤实现了天然橡胶中甲基丙烯酸与氧化锌的原位反应,张新星等人开发了一种具有生物相容性、可再生的天然橡胶硫化剂。刘彦妮采用溶菌酶、碱性蛋白酶、木瓜蛋白酶凝固鲜胶乳,研究了不同类型凝固酶对天然橡胶性能的影响。采用 EGSB-BF 生物膜-混凝组合工艺、UASB-AO 生化-混凝沉淀过滤为主的工艺处理天然橡胶加工废水取得有效进展。

6. 生态环境领域

橡胶林碳汇研究方面,吴志祥研究组成果"海南省橡胶林碳汇研究"获得海南省科学技术进步奖二等奖,表明橡胶林是个巨大的碳汇,其碳汇效益强大。橡胶林生物多样性研究方面,兰国玉等研究表明近自然管理可以提高橡胶林植物群落的多样性,热带次生林或热带雨林转化为橡胶林土壤细菌群落的多样性会升高,真菌的多样性会降低;周玉杰等研究表明中龄橡胶林土壤微生物多样性高于幼龄林和成树林。植胶环境评价方面,孙瑞等研究表明,海南岛植胶区生态环境质量指数(EQI)呈微弱减小趋势,但均为良好等级,EQI 值变化范围为 62.38~64.65。海南橡胶林风灾评估方面,建立模型从橡胶树断、倒定量确定其临界风速条件,由风速表征的致灾因子强度以及风前降水、地形起伏度等指标构成的孕灾环境要素具有较好的解释力。

7. 生产机械技术领域

割胶机械方面,曹建华研究组研发了便携式电动割胶刀,大幅降低了技术难度;罗世巧研究组研发了便携式电动胶刀旋切式电动割胶刀,正在开展试割试验;海胶集团和青岛中创瀚维精工科技有限公司联合研制了固定式割胶机,实现了无人割胶。田间管理机械方面,邓怡国研究组正在研发胶园开沟施肥机、胶园除草机和胶园灭荒机等管理机械。初加工机械方面,海南信荣橡胶机械有限公司研制了天然橡胶自动化干燥和包装生产线,实现了装料—干燥—卸料—压包—称重—包装的自动化。

8. 产业经济领域

重视胶价变动对胶农生产行为的影响,闵师等研究表明,农户在预期橡胶价格变动幅度越大时选择生产调整行为的可能性越高,并且在预期价格上升时调整生产行为的概率显著大于下降时。齐介礼比较分析了农垦与民营胶农生产的技术效率和配置效率。刘锐金研究了人民币汇率对天然橡胶与合成橡胶现货价格、天然橡胶期货交易变量的影响。杨光比较分析了中国与马来西亚两国天然橡胶产业竞争力。全产业链信息监测网络基本构建。

五、国内天然橡胶产业发展的主要问题及技术建议

天然橡胶产业发展的主要问题是消费需求不活跃，价格长期在低位运行，生产要素投入成本不断增高，导致企业和胶农生产经营困难，要素投入减少，部分胶农弃割弃管。因亩产效益较低，地方政府、产业主体尝试进行产业结构调整，产业可持续发展存在危机。天然橡胶质量一致性较差，高端制品用胶严重依赖进口。科技是产业发展的关键力量，建议如下。

1. 积极为生产保护区划定与建设提供的技术支撑

围绕生产区划得准、建得好、管得住，提高地力和天然橡胶产能，在遥感、大数据、土肥、配套政策措施等方面发挥岗位的力量。发挥试验站在保护区划定与建设工作中的宣传和技术服务的作用，提高参与主体的认知度和主动性。

2. 加大节本增效技术特别是机械技术的研发

从注重株产、亩产转变为重视人产，加快新型省工高效技术研发、成果转化和推广示范，推广轻简化技术，探索合理生产管理措施。研发省工高效的植保机械及相配套的药剂剂型，包括无人机航空施药技术及配套施药剂型等。开展天然橡胶"生物合成—网络结构—特种性能—失效行为"间的"一条线"关系研究，着力建立相应的研究方法和仪器装备。熟化便携式电动割胶刀、胶园开沟施肥机和胶园除草机等生产管理机械，加速电动割胶刀推广。研制适合山地胶园的小型生产管理机械。

3. 加强生产与市场风险的防控

加强主要病虫害的监测预报，建设橡胶树病虫害专业化防治体系，鼓励从事植保的专业化防治队伍或机构来解决供需及技术问题。提升初加工产品品质，加强对初加工行业的整合力度，提升初加工产品的质量，加强与下游产业的合作。推动胶农的组织化建设，促进胶农与现代农业的有效衔接。加快天然橡胶监测预警体系建设，为引导产业健康发展提供信息服务。

（天然橡胶产业技术体系首席科学家　黄华孙　提供）

2017 年度牧草产业技术发展报告

(国家牧草产业技术体系)

一、国际牧草生产与贸易概况

1. 国际牧草生产

世界牧草收割面积小幅回升；美国牧草收割面积 2017 年有所上升。2011 年世界牧草收割面积 9 257 万公顷，2013 年增至 9 436 万公顷。2017 年，美国牧草收割面积 2 176 万公顷，同比增 0.58%；牧草产量 1.31 亿吨，同比降 2.24%。

2017 年美国牧草价格有所上涨。2017 年 11 月，美国牧草平均价格 138 美元/吨，同比涨 9.52%；苜蓿价格 148 美元/吨，同比涨 13.85%。

2. 国际牧草贸易

国际草产品市场需求缓慢增长，贸易价格持续走低。2016 年国际牧草贸易量为 932 万吨，同比增 3%；贸易价格为 275 美元/吨，同比跌 4%。苜蓿粗粉及颗粒的贸易量由 135 万吨减到 122 万吨，贸易价格由 239 美元/吨涨至 247 美元/吨；其他干草的贸易量由 772 万吨增至 810 万吨，贸易价格由 295 美元/吨降至 279 美元/吨。

国际草产品出口国主要集中在北美洲和欧洲，进口国主要集中在亚洲。美、澳、西、意、加是主要出口国，2016 年五国的出口量约占世界总量的 88%，美国出口量占比为 53%。日、中、韩是主要进口国，2016 年三国的进口量占比为 65% 左右，日本进口量占世界总量的 27%，中国进口量占比为 22%[①]。

二、国内牧草生产与贸易概况

1. 国内牧草生产

牧草种植面积保持增长，一年生牧草种植增速加快。2017 年，全国"粮改饲"试点面积扩大到 1 000 万亩以上。苜蓿种植规模增速放缓；燕麦草、高丹草等牧草种植比例增速加快。

启动"作物良种工程"项目，草种基地逐步发展。国家农业综合开发项目继续支持苜蓿种子生产，新增 7 500 亩种子田。内蒙古启动草种生产补助项目，每亩补贴 1 500 元。

牧草生产向干草、青贮以及全混合日粮发展，涉草收贮销企业增加。草产品呈多元化发展，专业化合作社或服务企业为代表的第三方专业化优质饲草料种收贮销企业增加。

部分区域开启草产品绿色通道，草产品市场流通加快。内蒙、甘肃、新疆取消牧草运输过路过桥费。新疆对远销疆外牧草补贴 500 元/吨；鼓励建设饲草料交易市场；甘肃支持设立收草点。

草业产学研深度融合发展，草产业协作创新加强。甘肃省草产业技术创新战略联盟、

---

① 资料来源：comtrade 数据库计算

草畜产业技术体系启动；山东省农牧循环产业联盟、黄河三角洲（滨州）草业科技创新联盟、畜牧兽医学会草业科技专业委员会成立。

2. 国内牧草贸易

牧草进口量小幅增长，燕麦草、天然牧草进口明显增加。2017 年，中国进口牧草产品 182 万吨，同比增 8%，其中苜蓿干草、燕麦草、天然牧草的进口量分别为 140 万吨（同比增 0.8%）、31 万吨（同比增 38%）、11 万吨（同比增 48%）（图）。

牧草出口量大幅减少，仅有少量苜蓿干草出口。2017 年，中国出口牧草产品（苜蓿干草）0.03 吨，同比减 99.9%。

与中亚国家牧草贸易增加。"一带一路"国际合作带动下，中方与哈萨克斯坦方签署"中哈年产 50 万吨反刍动物饲料"协议。

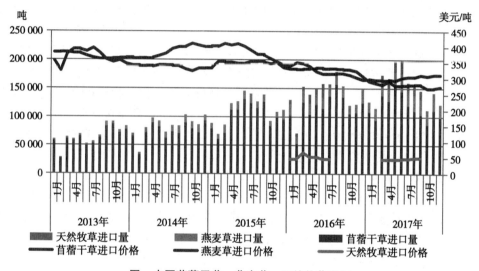

图　中国苜蓿干草、燕麦草、天然牧草进口

资料来源：海关信息网

三、国际牧草产业技术研发进展

1. 牧草资源、牧草育种、种子生产

牧草资源。截至 2017 年，美国国家基因库保存苜蓿、三叶草、披碱草、黑麦草、狼尾草、柱花草及雀麦属等主要栽培牧草种质共 1.92 万份，而俄罗斯国家库保存 1.05 万份，与中国牧草资源中心库保存数量基本持平。欧洲科学家开展牧草种质资源表型组学研究，开启牧草表型高通量精准鉴定。美国和意大利科学家研究揭示了 SNP 分子标记可准确鉴定苜蓿登记品种。

牧草育种。截至 2017 年，美洲、欧洲、澳洲共认定 13 000 余个牧草品种。其中，美国最多共有 2 068 个，法国 1 163 个，意大利、加拿大、荷兰 900 余个，澳大利亚 200 个，新西兰 151 个。2017 年仅美国就审定登记 54 个苜蓿新品种，远高于国内审定苜蓿品种的数量。

种子生产。草种主要产区美国俄勒冈州禾草种子田面积略有下降，豆科牧草种子田面积迅速增加，种子产量均达到较高水平。田间管理技术研究主要侧重于施肥、病虫害和杂草防控。种子单产明显提高，苜蓿种子平均产量 600～800 千克/公顷，远高于国内单产水平。

2. 牧草栽培及田间管理与草地稳产

在全球气候变化的背景下，草地农业系统中牧草栽培管理与草地稳产方面的基础理论与技术应用研究，既强调有机农业种植系统的技术与模式创新，同时更加重视景观等较大尺度上的生物多样性、生态系统碳库等生态功能研究。

适宜的牧草轮作制度可实现生产与生态功能的协调发展。Schipanski 等研究发现，一年生作物大豆与多年生牧草的轮作免耕有机农业种植系统，可在提高大豆籽粒产量的同时，实现杂草的控制及有益昆虫保护，并能保持土壤碳库的稳定。Cong W-F. 研究了黑麦草-红三叶草混播草地中增加菊苣、葛缕子、车前草等竞争性阔叶草，既可以提高生产力，同时不施肥比施肥能更有效地减缓混播草地的温室气体（N_2O）的释放。Paul Gosling 研究了欧洲高产的耕地转变为草地的碳贮存效果，17 年后草地 30 厘米土壤有机碳储量与耕地间没有差异，草地的土壤有机碳集中在 10 厘米，但草地土壤微生物生物量增加显著。

农业系统中异质性景观的构建和管理实践有利于生物多样性维持。通过控制灌木高度和遮荫度，可在草林免耕系统中优化牧草生产。最近的研究表明，在作物的配置中创造更多的组合，如作物与牧草之间的时空连续性对生物多样性有积极影响。研究发现，随着德国玉米种植面积的增加，减少土地利用时空异质性，草地鸟和非草地鸟数量和多样性急剧减少。Meyer 研究发现，改变草地刈割制度，如刈割次数和刈割时间，可以增加传粉媒介和作物害虫天敌的种群，维护生态系统服务结构和服务功能。

牧草田间管理的模型分析与科学评价更受重视。Lin H. -C. and K. -J. Hülsbergen 研究提出了一个根据草产品质量和功能与土壤、气候和社会经济条件的参考区域农场平均产量之间的关系，计算土地利用效率（LUE）的新方法。

3. 病虫草害防控技术

国外对牧草病虫的防治技术主要为选用抗病虫的品种，而极少采用农药。美国、加拿大等自 1989 年至 1994 年共 5 年中登记牧草品种 235 个，平均每年 39 个（至 2006 年，中国已审定通过牧草和饲料作物新品种 337 个，平均每年 6.4 个）。英国、美国、新西兰、澳大利亚等主要采用 3S、昆虫雷达以及计算机网络等技术监测害虫种群动态。国外对草地的杂草多采用播种前除草剂土壤处理，而在播种后不进行防治。

4. 牧草机械研发

国外发达国家在 20 世纪 60 年代基本完成了主要作业环节的机具与动力机械配备，达到了牧草机械发展的高峰期。目前，发达国家的牧草机械已形成一整套技术体系，牧草机械市场保有量达到了相当高的水平，不仅是国家研发机构，还有大量的企业参与到牧草机械的研发制造中来，更多的利用新兴技术实现牧草机械化的全面覆盖，重视交叉领域综合机械的发展，强调经济效益、生态效益和社会效益的协调发展，其发展趋势主要体现在以下几个方面：①机械技术与生物技术相结合，达到节约资源、循环利用的目的；②开发新型资源，扩大牧草产业种类与应用范围；③产品的成套性和系列化发展，保障作业质量，进一步满足国际市场需求；④大功率、高效、复合式作业机型的研制，以减少对草地碾压次数，提高作业效率和拖拉机利用率；⑤缩短收获周期，提高饲草质量，使机具在田间能够达到更高的作业生产率；⑥扩大和提高机具的通用性和适应性，充分提高机具的利用率；⑦大量采用电子、液压精确控制、GPS 定位等现代技术，提高产品的科技含量，达到畜牧业装备的智能化和信息化。

5. 牧草加工利用技术

牧草加工技术可以将牧草及农业废弃物转化为可用的反刍动物饲料。通过微生物种群检测，饲喂后动物的生理生化指标，代谢物检测，经济性评价等，研究人员发现牧草无论是鲜饲还是制作成干草、青贮饲料，对动物的健康或环境都不会造成不良影响。国外研究大部分针对牧草对反刍动物的生产性能、健康状况、产品品质及环境影响开展研究。主要研究开发对营养物质摄入、消化率、瘤胃环境、乳脂含量没有影响的牧草，探究牧草对动物排泄物中甲烷释放量的影响。并积极探索维持动物生理健康的牧草，如功能性富硒苜蓿干草。也有研究牧草在单胃动物上的应用效果，分析成本优势、育肥性能和胴体特征的影响。

四、国内牧草产业技术研发进展

1. 牧草资源、牧草育种、种子生产

牧草资源。2017 年，中国国家草种质资源库新增草种质材料 1 800 余份，累计保存种质资源 3.7 万份。从保存数量上，步入了草种质资源保存大国行列。全国牧草种质资源保种项目组完成抗旱、耐盐、抗病等抗性评价鉴定 513 份。

牧草育种。2017 年，中国草品种审定委员会共审定通过 23 个草品种。目前已累计审定草种 533 个，其中，禾本科 280 个，包括黑麦草属 31 个、高粱属 24 个、狼尾草属 15 个、披碱草属 15 个、鸭茅属 15 个等；豆科 204 个，包括苜蓿属 92 个、三叶草属 14 个、柱花草属 13 个、野豌豆属 12 个。

种子生产。2017 年中国草种总产量为 7.76 万吨，较去年下降 13.8%，其中紫花苜蓿种子单产仅为 239 千克/亩。围绕苜蓿、老芒麦、垂穗披碱草、无芒雀麦等主要草种开展播种、水肥耦合、授粉、收获以及种子包衣加工、种子质量检测技术等方面的研究。合理施肥、控制落粒损失是保持禾草种子高产稳产的重要环节。苜蓿授粉技术近年成为研究的新热点，对于种子增产作用显著。

2. 牧草栽培及田间管理与草地稳产

初步完成了东北、华北、西北、南方各区域种植业结构与生态条件（气候、土壤等）基础数据的收集与整理工作；完成"粮改饲"配套草种资源信息收集并建立"粮改饲"配套草种资源信息库（包括 1987—2017 年登记品种）；进一步完善和细化了青贮玉米种植分布区划并完成了各大区域"粮改饲"轮作模式方案的完善与修改；研制"三闲田"（春闲田、秋闲田、冬闲田）燕麦种植技术；集成了"干旱半干旱地区沙地紫花苜蓿高效灌溉技术"；研究提出了河西走廊玉米与苜蓿轮作高产的土壤养分最佳调控技术；提出了西北地区 4 个科技支撑牧草产业发展的模式，为西北草牧业发展提供指导。

3. 病虫草害防控技术

苜蓿病害在造成严重危害前采用提早刈割，可减少损失，但在种子田可采用化学药剂防治。苜蓿锈病：单一药剂药效不及复配剂，在复配剂中，嘧菌酯和戊唑醇复配与吡唑醚菌酯和苯醚甲环唑复配效果最好，防治效果分别达 93.24% 和 92.90%。苜蓿镰刀菌根腐病：用有效剂量 62.5 克/公顷的咯菌腈和有效剂量 62.5 克/公顷的戊唑醇防效最好。用绿僵菌粉剂防治苜蓿蓟马，田间防效达 70% 以上，用绿僵菌粉剂与白僵菌粉剂防治草原蝗

虫，30 天后防治效果为 90% 和 76%。

4. 牧草机械研发

为了进一步提高苜蓿生产全程机械化水平，2017 年牧草机械研发方面提出并完善了涵盖种子工程、土地整理、播种、田间管理、刈割收获、储藏运输和草产品加工 7 个环节 46 类机械设备的技术路线图。其中，研发的新型气力式牧草播种机，对牧草种子适应性好，可满足大功率拖拉机的配套和宽幅作业要求，作业速度可达 0~12 千米/小时，工作幅宽也可加大到 8~12 米以上；针对牧草打捆机打结器钳嘴合金材料的技术需要，提出了新型牧草打捆机打结器的制备方法，使该合金材料强韧兼备，突出了高强度、高韧性、耐磨等特点，硬度可达 HRC58，抗拉强度可达 1 617Mpa，冲击韧性可达 26.1 焦/平方厘米；围绕提高全株青贮玉米收获质量和饲喂效果的技术需求，优化了收获机械的籽粒破碎装置，使青贮玉米收储的综合损失减少 10% 左右。另外，在打捆机的喂入形式上，提出了螺旋喂入致密成型的新模式，可以降低功率消耗 15%；在干旱半干旱草地机械化改良方面，通过使用带有刃口的三角形铲柄的开沟器，改良后的机械可破除草地土壤复合体结构，并且该机械在 10~15 厘米作业深度下的牵引力降低了 9.09%，土层扰动截面积降低了 84.2%。

5. 牧草加工利用技术

牧草加工利用的关键是提高牧草加工效率，降低牧草生产与转化过程的养分损失，提高饲喂效益。为降低牧草干燥成本，快速实现牧草干燥，可采用牧草玻璃烘干房处理措施，这种方法能降低叶片损失，干燥时间可缩短至 1.5~2 天，且干燥过程不受天气影响。为提高苜蓿裹包青贮饲料品质，需将苜蓿原料水分调节至 65% 以下，按照 10^5 cfu/克添加乳酸菌菌剂，控制裹包膜层数在 4 层以上，可有效提高苜蓿裹包青贮调制的成功率和优质率。在肉牛中的饲喂试验中，全株玉米加菌青贮组每头牛均经济效益比无乳酸菌处理全株玉米青贮组提高 0.55%。目前，筛选既能改善青贮饲料品质、又能提高饲喂效益还能降低甲烷排放量的乳酸菌添加剂是青贮饲料理论和技术研究新热点。

（牧草产业技术体系首席科学家　张英俊　提供）

2017 年度生猪产业技术发展报告

（国家生猪产业技术体系）

一、国际生猪生产与贸易概况

1. 生产概况

2017 年全球猪肉总产量达 1.11 亿吨，同比上升 0.97%。2017 年欧盟和美国猪肉总产量 3 512 万吨，同比上升 0.8%，巴西猪肉产量达到 372.5 万吨，同比上升 0.68%。预计 2018 年全球猪肉产量比 2017 年增长 1.83%，达到 1.13 亿吨。

美国。根据美国农业部数据，2017 年生猪定点屠宰量累计 11 080.3 万头，同比增加 2.4%；猪肉产量 105 928 吨，同比下降 2.2%。

加拿大。根据美国农业部数据，2017 年加拿大猪肉产量为 196 万吨，同比上升 2.40%，年末生猪存栏为 1 376 万头，同比上升 1.36%，全年生猪出栏量 2 921.5 万头，同比上升 1.81%。

巴西。根据美国农业部数据，2017 年巴西生猪出栏量 4 000 万头，同比上升 0.92%，年末生猪存栏量 3 922 万头，同比下降 0.50%。

丹麦。根据欧盟委员会数据，2017 年 1—11 月丹麦生猪定点屠宰量累计 140 万吨，同比下降 0.34%；据丹麦中央统计局数据显示，年末生猪存栏量 1 269.5 万头，同比增长 2.9%。

德国。据欧盟委员会数据显示，2017 年 1—11 月德国生猪定点屠宰量累计 500.5 万吨，同比下降 1.65%。

2. 贸易概况

2017 年，全球猪肉进口总量 787.9 万吨，同比下降 1.18%，主要受中国猪肉进口量下降影响。日本猪肉进口总量为 144 万吨，墨西哥为 112.5 万吨。预计 2018 年全球猪肉进口量略有上升，达 804.8 万吨。全球猪肉出口总量 827 万吨，同比下降 0.59%。出口量最大地区是欧盟，为 280 万吨，同比下降 10.4%，其次为美国和加拿大的 258.9 万吨和 133 万吨。预计 2018 年全球猪肉出口总量为 848.4 万吨。

2017 年全球进口活猪为 568.9 万头，低于 2016 年的 571.5 万头。美国仍是全球进口活猪最多的国家，2017 年进口活猪 563.2 万头。中国活猪进口主要是种猪，2017 年进口活猪 10 527 头。预计 2018 年全球进口活猪量为 575.8 万头。当年全球出口活猪为 751.7 万头，同比下降了 1%。加拿大仍为活猪出口最多国家，2017 年出口活猪 565 万头，其次为中国的 150 万头和欧盟的 25 万头。预计 2018 年全球出口活猪数量为 764.5 万头。

二、国内生猪生产与贸易概况

1. 生产概况

2017 年生猪供给量总体恢复，全年生猪出栏量 68 861 万头，同比上升 0.52%，猪肉产量为 5 340 万吨，同比上升 0.77%，年末生猪存栏量为 43 325 万头，同比下降 0.41%。据农业部 10 月份 400 个监测县能繁母猪存栏同比下降 5.3%，至 3 487 万头。

2. 贸易概况

受 2017 年生猪价格回落影响，猪肉和猪杂碎进口量出现较大幅度下降，全年进口 121.7 万吨，同比下降 24.9%，平均进口价格为 1.82 美元/千克，同比下降 6.7%。猪杂碎进口量为 128.1 万吨，同比下降 14.1%。

三、国际生猪产业技术研发进展

1. 遗传改良

研发重点集中在整合猪表型自动测定记录、基因组选择遗传评定方法及繁殖技术加速猪遗传群体。随着猪基因组选择的应用成本不断降低，猪基因组选择的评估性状加入更多能通过运动感知、CT 等新的性能测定技术所记录的非常规性状，并将其用于对杂交群体表型预测等。在繁殖领域主要包括母猪定时输精技术、精子微胶囊技术。前者以 GnRH 为基础，结合 PMSG、HCG、FSH、LH 等激素的作用，使卵泡发育和排卵同步化，进而实施定时输精，显著缩短了母猪的非生产天数，提高母猪利用率。后者在保持精子正常生理代谢和授精能力同时，应用高分子聚合材料将原精液进行包裹，通过常规输精方式对母猪实施单次输精，不仅节约了一次性输精耗材，且减少操作次数。

2. 营养与饲料

母猪营养方面，除研究不同营养素对母猪繁殖性能、免疫功能和/或后代生长的影响，还对营养与母猪繁殖性能的关系进行了相应的研究。公猪营养方面，主要集中于抗热应激和精液抗氧化两个方面。生长肥育猪营养方面，主要涉及营养需要、肠道微生态、养分消化率、营养代谢、污染减排等。免疫系统活化会影响生长猪蛋白质沉积，增加苏氨酸需要量。含高纤维副产物饲粮添加植酸酶能改善生长猪养分消化率、生长性能和胴体性状。仔猪营养与肉品质调控方面，以营养手段实现调控肠道微生物菌群的技术，提高仔猪肠道健康和器官发育，改善机体抗氧化能力和养分消化吸收，增强其免疫力和疾病抵抗能力，改善肥育猪胴体性状、营养价值等。

3. 疾病防控

非洲猪瘟疫情频繁发生于东欧及其以外的 11 个国家，南美的乌拉圭和厄瓜多尔首次发生猪繁殖与呼吸综合征疫情。猪链球菌病在一些欧洲国家优势血清型由 2 型转变为 9 型，韩国以 2 型和 3 型为主，泰国以 23 型为主，韩国分离菌株对四环素和红霉素耐药，印度分离株对头孢氨苄、四环素和链霉素耐药。猪传染性胸膜肺炎在日本、英国和阿根廷多与猪繁殖与呼吸综合征病毒和猪圆环病毒 2 型混合发生。一些新出现病原（猪圆环病毒 3 型、塞内卡病毒、猪 δ 冠状病毒）及其相关疾病受到关注。

猪病新型疫苗的研究与开发包括基因缺失疫苗、基因重组疫苗、VLPs 亚单位疫苗和多联多价疫苗。非洲猪瘟强毒株 Benin97/1 缺失多基因家族蛋白 MCF360 和 505 的弱毒疫苗株、二价 H1N1 和 H3N2 截短的弱毒活疫苗、利用猪瘟病毒 E2 蛋白和猪 CD154 融合表达构建的亚单位疫苗等研究仍停留于实验室，尚未商业化生产和应用。针对重要猪病防控规划实施过程中发展的 ELISA、RT-PCR/PCR、免疫组化等常规诊断技术已成熟并商业化生产和应用。

4. 生产与环境控制

智能化养猪技术取得新突破，采用计算机视觉技术检测猪只攻击行为，识别中等攻击行为的准确性为 95.82%，识别高度攻击行为的准确性为 97.04%；自动成像技术检测猪只躺卧行为的检测精确度为 93%~95%，机器视觉技术可用于精准、快速检测科学研究或实际生产中猪只躺卧行为。

动物福利方面，研究环境丰富度对猪只福利水平影响。与环境丰富猪舍相比，环境贫瘠猪舍中猪只更倾向于有利选择，毛发中皮质醇水平较高，表明环境贫瘠猪舍中猪只更易紧张，压力更大；环境富集猪舍中猪只各项福利指标均优于对照组猪舍，包括猪只体增重、肢体损伤、探究、刻板行为等。

猪场废弃物处理利用方面研究集中在碳氮循环和畜禽粪便长期利用对环境影响方面；畜禽粪便中氨气、臭气、温室气体、挥发性有机物的排放特征和控制技术逐步受到关注。污水处理方面，发达国家在微滤、超滤、纳滤和反渗透等膜技术进行养分浓缩方面示范进一步加大。美国研究开发了畜禽粪便运输和施用设备、动物尸体堆肥处理技术及设备，基于畜禽粪便综合养分管理计划进行粪污还田利用。在德国，浅池粪坑系统及与之相配套自动刮粪技术得到快速推广应用，还开发了新型传感器。

5. 加工技术

在国际学术期刊上，发表猪肉质量安全相关文章 966 篇，其中中国学者发表 190 篇，位居第一位，涉及食品加工技术、肉品营养、食品生化、品质检测等。以"pork"为关键词，共检索到专利 37 条，涉及新产品、微生物检测等，其中产品的专利主要来自韩国，微生物检测主要来美国。在品质变化方面，应用蛋白质组学技术研究宰后鲜肉能量代谢与宰前应激有关的变化，揭示鲜肉品质变化的机制；研究肉制品加工过程中蛋白质分子结构的变化规律，探究加工对肉蛋白氧化及其营养价值的变化提供理论基础。在肉品加工方面，主要关注不同脂肪替代物添加对热凝胶形成的影响，为品质的调节和改善提供了一定的理论基础。在干腌火腿加工原理方面，利用核磁共振成像方法建模研究不同类型火腿的水分和盐分交替动态变化规律，干腌火腿中活性肽的分离、功能活性分析等。

6. 产业经济技术

在国际生猪产业经济技术领域，消费者对猪肉的选择意愿成为热门。随着猪肉消费市场的缓慢扩大，消费者对猪肉选择呈现多样化。各国相关政府部门对生猪福利、疫病管理、环境保护等也加大调控力度。

消费者对生猪福利、环境保护等设施完善的生猪生产条件下生产出来的猪肉有着比普通猪肉更高的支付意愿，改善生猪福利并保持或提高现有生猪生产效率成为研究热门。

Li 等实证了生猪行为可以作为衡量生猪福利的指标之一，高指标表示生猪攻击性行为（咬尾、咬耳）比较少、生猪健康程度比较高。Li et al. 研究发现在断奶仔猪分栏过程中通过对仔猪的性别、体重、同一母猪窝产与否，进行综合调整，可以减少生猪攻击性行为的发生、提高生猪的健康状态，最终达到提高生猪福利的目的。

四、国内生猪产业技术研发进展

1. 遗传改良

主要集中在猪全基因组选择及现代繁殖技术等领域。全国畜牧总站牵头与科研团队、企业共同启动了"猪全基因组选择平台"，将基因组选择育种技术运用到生猪育种实践中，提高选种准确率和加快世代进展及中国生猪核心种源水平。黄路生院士发布的基于家猪基因组全序列、具有完全自主知识产权的猪 SNP 芯片——"中芯一号"，在"华系种猪"育种实践中推广应用。

黑龙江省农科院刘娣团队的"民猪优异种质特性遗传机制、新品种培育及产业化"项目完成了民猪全基因组序列图谱的构建，首次在分子水平上揭示了民猪的起源与进化，获首例克隆民猪，打破克隆猪窝产仔数纪录，获国家科技进步二等奖。

2. 营养与饲料

营养需要量研究包括后备母猪适宜净能需要量，生长猪植物蛋白原料净能推测方程的构建及验证，生长猪对添加植酸酶蛋白原料钙磷的标准全肠道消化率等。完成了中国猪饲养标准的修订工作。

饲料营养价值方面，有大豆磷脂油等多种油脂、大麻壳和加工大麻壳等原料消化能、代谢能、净能测定，全脂大豆、豆粕、次粉和小麦筛余物的回肠末端氨基酸消化率测定等研究。饲料资源的开发与利用方面，白藜芦醇作为非常规饲料资源有效成分，通过改善畜禽的抗氧化能力提高肉品质。

种公猪营养研究集中在多种营养途径调控公猪精液品质以及实现公猪精液采集自动化两方面。母猪营养调控技术方面，开展了营养与免疫、营养与应激、营养与疾病、营养与防霉抗氧化的研究，集成组装了提高母猪生产效率的综合养殖技术，在规模化猪场推广应用。

3. 疾病防控

中国猪病流行与发生呈平稳态势。猪口蹄疫流行呈显著下降趋势，FMDV A/Sea-97/G2 毒株流行强度逐渐减弱，O/Mya98 仍为优势流行毒株。猪繁殖与呼吸综合征总体平稳，但疫苗演化而来的毒株越来越多，导致猪场生产成绩不稳定；PRRSV 类 NADC30 毒株继续流行，与中国毒株（包括疫苗毒株）的重组现象日益加剧，重组毒株不断出现。猪流行性腹泻已成为猪场冬、春常发疫病。出现一些与腹泻相关新病原，包括猪 δ 冠状病毒和猪 α 肠道冠状病毒。副猪嗜血杆菌病和链球菌病仍是规模化猪场中常见和危害最严重的两种细菌性疾病，猪支原体肺炎是生长后期和育肥阶段猪常见呼吸道疾病。

猪用疫苗研发仍是中国重要产业。猪口蹄疫 O 型 Mya98 毒株和 A 型 Sea-97/G2 毒株的单价或双价灭活疫苗已广泛应用。今年中国批准 2 个一类新兽药——"猪口蹄疫 O 型、A 型二价灭活疫苗（Re-O/MYA98/JSCZ/2013 株+Re-A/WH/09 株）"和"猪口蹄疫 O 型病毒 3A3B 表位缺失灭活疫苗（O/rV-1 株）"的生产应用。猪用基因工程疫苗研发是近年重要方向，涉及口蹄疫、猪瘟、猪繁殖与呼吸综合征、猪伪狂犬病、猪流行性腹泻等。研发的疫苗种类包括猪瘟 E2 蛋白重组亚单位疫苗、猪繁殖与呼吸综合征病毒标记活疫苗、猪伪狂犬病毒变异毒株 gE 基因缺失灭活疫苗等。

4. 生产与环境控制

猪场批次化生产技术和楼房式猪舍养殖得到普遍推广应用。母猪批次化生产管理可以减少母猪在繁殖过程中生理状态不同步的现象，有利于组织规模化生产，有助于猪群一定时间内达到同样繁殖、健康及免疫状态，提高猪只整齐度。扬翔集团、光华百斯特等建立多层楼房猪舍，提高土地使用效率。

福利养殖和设备研发重点在猪舍环境、饲料营养与猪只福利及福利设备开发等。地道通风类型猪舍能提高冬季猪舍环境温度，有利猪只生长；800 毫米宽度猪床有利于猪的躺卧，但与 600 毫米宽度猪床相比采食时攻击频次较多，高位次猪优先占据采食和躺卧有利资源。

智能化监测系统和物联网技术方面：李先锋等开发了一种自动调控猪舍环境、检测生猪行为的信息管理系统；朱燕等提出了一种基于移动协调节点路由算法的猪舍环境监控系统；张栖铭等设计基于支持向量机算法（SVM）的猪声音识别方法。

猪场粪污处理利用技术研发集中在源头减量、过程控制、末端利用、达标处理等几个方面。包括正在研发自动清粪机器人，研究堆肥挥发性有机物产生规律及有害气体减排，集中沼气化处理，猪粪堆肥过程碳、氮、磷等物质转化及减缓技术，猪粪养殖蚯蚓、蝇蛆、黑水虻等的饲料化。

5. 加工技术

国内期刊上发表论文 150 篇，主要为猪肉品质变化、加工工艺研究和微生物安全评价。研究不同冷冻方式（浸渍式冷冻和常规空气冷冻）和冻藏时间（1、31、61 和 91 天）对猪背最长肌品质变化的影响。结果表明，与常规空气冷冻相比，浸渍式冷冻可加速肉冻结的速度，在肌纤维之间形成更小和分布更均匀的冰晶。前者在冷冻储存期间对猪背最长肌的品质具有显著影响，与后者相比，具有较高的持水力和较大的剪切力。

6. 产业经济技术

2017 年国内的生猪产业经济研究重点围绕价格波动的形成和传导机制、各类影响因素及其与生产的相互作用展开。

赵全新研究指出影响生猪生产与价格周期波动的主要因素有市场机制、生物机制、内部结构和外部冲击，提出了六条破解"猪周期"的建议。蔡勋和陶建平研究表明，货币流动性对猪肉价格波动的贡献程度为 45%，是猪肉价格波动的主要原因。潘方卉和蔡玉秋研究表明收储政策加快了生猪价格正常波动时生猪产销价格系统恢复长期均衡关系的调整速度，但破坏了生猪价格过度波动时系统自我修复的能力和速度。

黄勇分析了猪肉供应链收益分配格局，表明在"家庭农场（大户）+龙头企业+超市"模式下，猪肉供应链中超市收益远高于屠宰加工企业和养殖大户。李文祥等分析了猪肉进口对中国生猪产业影响，提出鼓励适度进口，提高生猪养殖水平以及加强对猪肉质量安全监控的政策建议。王欢和乔娟的研究表明，生猪生产区域呈现出向东向北移动的演变趋势，生猪产业存在空间集聚现象；资源禀赋、技术水平、交通通达性直接效应对生猪生产起到促进作用，环境规制对本地区生猪生产有抑制作用。

（生猪产业技术体系首席科学家　陈瑶生　提供）

2017 年奶牛产业技术发展报告

（国家奶牛产业技术体系）

一、国际奶业生产与贸易发展

2017 年全球牛奶生产保持了较快增长。根据联合国粮农组织预测数据，2017 年全球原料奶产量约为 8.34 亿吨，较 2016 年 8.22 亿吨增长 1.4%，主要增产贡献来自亚洲，特别是印度；而大洋洲的原料奶产量有所下降。

预计 2017 年全球乳品贸易量按照原料奶计算为 7 160 万吨，较 2016 年 7 070 万吨增长 1.3%。从具体产品来看：①全球全脂奶粉贸易量为 240.8 万吨，较 2016 年 246.5 万吨下降 2.3%，主要原因在于中国的全脂奶粉进口量相对稳定，加之中东石油出口国经济不景气。其中，乌拉圭出口量为 10.8 万吨，较 2016 年 12.6 万吨下降了 14.6%。②全球脱脂奶粉贸易量为 233.3 万吨，较 2016 年的 218.7 万吨增长了 6.7%，其中，欧盟出口量为 69.7 万吨，较 2016 年 57.4 万吨增长了 21.4%；美国出口量为 64.3 万吨，较 2016 年 59.3 万吨增长了 8.4%。③全球黄油贸易量为 92.9 万吨，较 2016 年的 96.3 万吨下降了 3.5%，其主要原因在于欧盟奶酪需求增加挤占了黄油出口贸易量，其中欧盟出口量为 16.6 万吨，较 2016 年的 20.8 万吨下降了 19.9%。④全球奶酪贸易量为 257.3 万吨，较 2016 年的 247.8 万吨增长了 3.8%，主要受到澳大利亚、中国、日本、韩国、智利、墨西哥、沙特等国的需求放大。其中欧盟出口量为 84.8 万吨，较 2016 年的 80 万吨增长了 6%；美国出口量为 34.2 万吨，较 2016 年的 28.9 万吨增长了 18.2%。

二、国内奶业生产与贸易概况

根据美国农业部海外农业局公布数据，2017 年中国牛奶产量预测为 3 550 万吨，较 2016 年下降 1.4%。2016—2017 年国内牛奶产量下降主要原因在于 2014—2016 年奶牛养殖的利润不足导致牛群数量下降。

从原料奶价格运行来看，根据农业部监测数据，2017 年 1—11 月的原料奶收购价为 3.48 元/千克，与 2016 年基本持平。从鲜奶零售价来看，2017 年 1—11 月的鲜奶零售价为 2.62 元/千克，与 2016 年基本持平。

根据中国奶业贸易月报数据，2017 年 1—10 月中国进口各类乳制品共计 205.25 万吨，同比增加 13.9%。其中，进口干乳制品 149.37 万吨，同比增加 18.3%；进口液态奶 55.89 万吨，同比增加 3.6%。具体来看：①大包粉，1—10 月进口 63.61 万吨，同比增加 23.2%，价格 2 998 美元/吨，同比增长 24.6%，其中新西兰占 77%，欧盟占 12.1%。②乳清，1—10 月进口 43.56 万吨，同比增加 5.7%，价格 1 283 美元/吨，同比增长 44.5%，美国占 54.9%，欧盟占 34.9%。③鲜奶，1—10 月进口 53.21 万吨，同比增加 1.6%，价格 1 290 美元/吨，同比增长 27.2%，欧盟占 55.8%，新西兰占 31%，澳大利亚占 11.2%。④婴幼儿配方乳粉 1—10 月进口 22.91 万吨，同比增长 33.7%，总价 31.3 亿美元，同比增长 33.9%，全年进口预计近 30 万吨。由于黄油、奶酪等多元化的消费快速增长，中国乳品进口需求快速增长，但是中国干乳制品来源仍相对集中，与全球乳品贸易格局吻合。中国乳制品出口量很小，主要出口产品为广东供应香港的鲜奶。

三、国际奶业产业技术研发进展

1. 繁殖与育种技术进展

（1）利用组学（Omics）技术研究更多选育新性状。2017 年组学（Omics）技术发展迅速，奶牛基因组选择技术开始关注一些难度量的性状、表现晚的性状，如繁殖性状、长寿性、抗热应激、饲料转化效率、甲烷排放、肢蹄病抗性、免疫反应、细分乳成分（如脂肪酸）、乳凝结特性、繁殖技术相关性状（冲卵数和可移植胚胎数）等。

（2）奶牛同期发情与定时输精技术推广应用。关于人工授精技术（AI），2017 年学者们主要对激素配伍和输精时间等进行研究。德国学者 Borchardt 等比较 Ovsynch-56 和 Cosynch-56 的效果（均在注射 PGF2α 后 56h 第 2 次注射 GnRH），发现 Ovsynch-56 的情期受胎率（24.2%）高于 Cosynch-56 法（19.5%）；进一步研究发现鲜精输精的情期受胎率高于冻精。

2. 饲料与营养技术进展

（1）碳水化合物营养。2017 年主要聚焦于新型能量饲料开发。新产牛饲料中甜菜浆和玉米青贮代替部分谷物饲料，显著增加采食量和泌乳量。高淀粉日粮（29% vs. 23% 干物质）有降低牛奶乳脂率、增加乳蛋白含量的趋势。高粱青贮代替玉米青贮，泌乳量显著下降，乳脂率显著升高。

（2）蛋白质与氨基酸营养。Barros 等发现，乳中尿素氮的含量与 N 摄入量、乳蛋白产量和蛋白—校正乳的产量呈高度相关。给妊娠期奶牛补给甲基供体，如过瘤胃—蛋氨酸，能显著影响初生犊牛的基因表达谱。围产期奶牛每天补给 0.08% 的过瘤胃—蛋氨酸或 60 克/头/天的胆碱后，干物质摄入量、乳产量、乳脂量和乳蛋白量显著提高。

（3）脂肪营养。共轭亚油酸（CLA）可以改善奶牛的能量代谢、提高产奶量、改善初产母牛的妊娠率、降低低产奶牛和非泌乳期奶牛脂肪组织合成能力。CLA 异构体和亚油酸对 H_2O_2 引起的乳腺氧化损伤具有较好的抗氧化效应。

（4）奶牛营养与环境。提高氮、磷转化率，降低甲烷等的减排是该方向研究重点。在日粮中添加 β-甘露糖、过瘤胃氨基酸和蛋白、精油以及蒸汽压片玉米替代玉米可提高氮利用率。日粮中添加亚麻籽、亚各灵、单宁酸、辛酸环糊精复合物可降低甲烷排放。通过厌氧发酵、固液分离的方式可减少粪便中甲烷释放量。

（5）后备牛饲养。后备牛的营养对于泌乳期生产性能有重要意义。Duun 等发现，10% BW 初乳使犊牛 3 日龄血浆 IgG 浓度增加，肠炎发病率降低。Chapman 等发现，提高代乳粉的粗蛋白含量（26%）和饲喂量（>0.66 千克 DM），可以显著提高犊牛哺乳期日增重和饲料转化率。Imani 等发现，苜蓿草粉可以增加开食料采食量进而提高日增重，粗料添加水平 ≥10% 效果明显。

3. 奶牛常见病防控研究进展

（1）传染性疾病。快速、灵敏、准确的疫病检测方法一直是研究重点。2017 年研发的布病检测技术：包括基于 DNA 活化的胶体金纳米颗粒的可视化检测方法、基于噬菌体的单个细菌检测技术（Sergueev KV 等）。Falkenberg 等应用流式 RNA assay 方法改进了牛病毒性腹泻病毒（BVDV）的检出效率，是在单细胞水平 BVDV 原位检测的首次报道。Cortese 等发现减毒 BHV-1、BRSV、BPIV-3 免疫后可产生较高水平的干扰素与牛传染性鼻气管炎病毒（IBRV）IgA 抗体。

（2）常见普通病。为研究饲喂频率能否降低奶牛患亚急性瘤胃酸中毒的几率，K. Macmillan 等发现患有亚急性瘤胃酸中毒的奶牛尽管一天的采食量减少，但通过增加饲喂频率可以减少奶牛患亚急性瘤胃酸中毒的概率，同时增加牛奶乳脂率。

干奶期乳腺内接种乳酸菌可作为预防奶牛乳房炎的方法（M. Pellegrino）。治疗乳房炎时，72 小时的休药期可以消除阿莫西林（AMX）等 β-内酰胺类抗生素含量低于最大残留限定。

4. 牛奶质量监控和乳制品加工技术进展

（1）牛奶及奶制品药物残留检测技术。2017 年，国际奶及奶制品药物残留的研究热点主要包括抗菌药物、激素类、霉菌毒素以及环境污染物如重金属等。Naik 等开发了快速、半定量的胶体金侧流层析免疫分析方法（LFIA），可筛选牛奶样品中的土霉素残留物，检测在 5 分钟内完成，无须任何设备。Atanasova 等开发了一种灵敏而快速的基于磁性纳米粒子的荧光免疫分析法测定生奶中的黄曲霉毒素 M_1，检测限为 2.9 pg/毫升。Li D 等发现一种简单、高效的乳粉痕量污染物快检方法，以银纳米载体优化色谱与拉曼散射检测结合，得出乳粉中三聚氰胺、双氰胺和硫氰酸钠的最低检出限分别为 1 毫克/升、100 毫克/升和 10 毫克/升。

（2）液态奶及乳制品加工业进展。新产品和技术开发仍是液态奶及乳制品加工研究重点。Valsasina L 等研究了高达 400MPa 的动态超高压均质技术，与传统热处理相比，能耗低，保护环境。Tanguy G 等研发出了一种三串联薄膜旋转蒸发器取代传统的喷雾干燥，进行乳粉生产，干燥步骤比传统工艺节能高达 32%。

四、国内奶牛产业技术研发进展

1. 繁殖与育种技术进展

（1）奶牛生产性能测定体系进一步完善。2017 年奶牛生产性能测定项目运行 10 年，全国建设 DHI 中心 31 个，标准物质制备实验室和奶牛数据中心各 1 个；参测奶牛场 1 567 个、参测奶牛达到 112.8 万头；初步建立中国荷斯坦牛品种登记体系，累计完成 157 万头荷斯坦牛的品种登记，4.4 万头奶牛的体型鉴定；参测奶牛平均日产奶量 29 千克，比 2008 年提高 5.2 千克，体细胞数量每毫升 30 万个，乳蛋白率、乳脂率分别达到 3.32% 和 3.79%。

（2）奶牛繁殖性状全基因组关联分析研究。Qin C 等和 Liu S 等首次对中国荷斯坦牛种公牛的多个精液性状进行了全基因组关联分析，确定 ETNK1、PDE3A、PDGFRB、CSF1R、WT1、RUNX2、SOD1 和 DSCAML1 等 8 个新发现的基因可作为影响公牛精液性状的候选基因，该研究结果可作为深入研究中国荷斯坦牛种公牛精液性状的遗传机制及标记辅助选择的基础。Liu A 等 2017 年确定了 IL6R、SLC39A12 及 CACNB2 等 6 个荷斯坦牛繁殖性状的重要候选基因。

（3）奶牛同期发情—定时输精技术研究。人工授精程序仍是国内研究热点。于森等在石河子地区对规模化牛场 300 头奶牛用 5 种（GPG、PPGPG、PGGPG、P47GPG 和 P45GPG）同期发情—定时输精技术处理，结果发现 P47GPG 和 P45GPG 法的情期受胎率最高，分别为 45.3% 和 56.3%。丁志强等比较 GPG 和 PPGPG 用于奶牛同期发情和定时输精的效果，发现 PPGPG 的效果较佳，情期受胎率达 61.2%；GPG 法的效果较差，情期受胎率为 53.2%，但两种方法都比常规输精的情期受胎率（45.9%）显著提高。

2. 饲料与营养技术进展

（1）碳水化合物营养。碳水化合物主要集中于新饲料开发。甜高粱青贮代替玉米青贮，不影响泌乳后期牛奶乳成分，甜菜代替日粮中 15%～20% 的玉米，总肠道淀粉消化率不受影响。孔庆斌等发现控制玉米粉碎粒度在 800～1 300 微米，超过 2 000 微米的比例低于 5%～10%，能够有效改善淀粉消化率。

（2）蛋白质与氨基酸营养。孙菲菲等研究发现氯化胆碱和过瘤胃蛋氨酸显著提高围产期奶牛血浆中的各项抗氧化指标（MDA、GSH-Px、SOD 和维生素 E）和免疫因子含量（IL-2、IL-4、IL-6 和 TNF-α）。田雯等发现奶牛灌注氨基酸混合物后，乳汁中乳蛋白产量上升 7.14%；动脉血浆中异亮氨酸的浓度提高 31.5%。

（3）脂肪营养。脂肪研究主要聚焦于乳脂含量的提升。脂肪酸结合蛋白 5、氢化可的松、油酸均能促进奶牛乳腺上皮细胞乳脂肪的合成。赖氨酸（Lys）对乳脂肪合成具有促进效果，但高浓度的 Lys 抑制乳脂合成相关基因表达。适量黄花蒿乙醇提取物可以提高奶牛乳脂中 CLA 含量。脂肪酸制剂、过瘤胃脂肪粉+过瘤胃蛋氨酸均可提高奶牛乳脂率。

（4）奶牛营养与环境。2017 年在氮利用率和甲烷减排方面进行了研究。玉米秸秆或稻草替代苜蓿导致奶牛氮的利用效率降低。适量增加固体饲料饲喂量促进瘤胃微生物蛋白的合成，提高断奶后犊牛氮的生物学价值及氮利用率。牛舍放置吸附剂可减少甲烷排放。植物提取物皂苷、植物精油、单宁等活性成分具有抑制甲烷排放功能。

（5）后备牛饲养。饲喂酸化奶可显著提高犊牛日增重 19%，显著降低犊牛腹泻率 33.33%。Wang 等发现颗粒大小在 8～19 毫米的物理中性洗涤纤维（peNDF）能有效改善 8～10 月龄荷斯坦奶牛的咀嚼活动、瘤胃液体 pH 和瘤胃发酵参数，含量 18% 的 peNDF 对其生长发育最有利。

3. 奶牛常见病防控研究进展

（1）传染性疾病。"两病"及外来病研究依然是 2017 年重点。有研究发现中国牛结核病存在肺结核和肺外结核两种，该结果可解释检测阳性与肺部剖检病变结果不一致的困惑，也为结核病的诊治增加了难度。范伟兴等建立了一种准确便捷的布病野毒感染与疫苗免疫抗体鉴别的诊断方法。杨显超等发现，在结核病变态反应阴性牛中，仍然检出了部分 ELISA 阳性牛。因此，在高风险牛场增加皮内变态反应试验频率，随之实施抗体检测，更利于结核牛场的净化。Xu 等研制了一种 DNA 适体，其能通过阻止 IBRV 进入细胞从而有效的抑制 IBRV 感染。王红梅等研发了用于现场快速检测牛支原体的试剂盒。

（2）常见普通病。2017 年主要针对奶牛乳房炎诊断进行了研究。王旭荣等研究发现引起奶牛隐性乳房炎的凝固酶阴性葡萄球菌主要为施氏葡萄球菌、溶血葡萄球菌和松鼠葡萄球菌。杨丹等发现临床和亚临床酮病牛氧化应激指标丙二醛（MDA）显著高于健康奶牛。中国农业科学院兰州畜牧与兽药研究所发现造成犊牛腹泻的主要病毒性病原有 BRV、BVDV、BCV，检出率分别为 44.40%、15.09%、8.62%；主要细菌性病原有大肠杆菌、奇异变形杆菌，分离率为 90.52% 和 23.71%，而且混合感染严重。

氯芬酸钠是第二代强效非甾体抗炎药，在欧盟已被批准用于猪和牛。杨亚军等在奶牛试验表明，每天1次氯芬酸钠注射液，连续3天可治疗乳房炎，弃奶期为6天。中兽药在奶牛乳房炎中的应用较多，冯平等发现鱼腥草、黄连、连翘、金银花等对葡萄球菌有一定的抑菌作用。

4. 牛奶质量监控和乳制品加工技术进展

（1）牛奶及奶制品药物残留检测技术。乳品检测为质量安全监管提供了有效参考。Jiang 等开发了一种基于量子点的荧光免疫测定法，该方法对于黄曲霉毒素 M_1 的检测限为0.02微克/千克，螺旋霉素为0.5微克/千克，可用于快速检测。Chen 等采用简单灵敏的表面增强拉曼散射方法，对奶样中的青霉素 G 进行残留检测，残留检测限为0.85微克/千克，低于欧盟标准（4微克/千克）。孙晓东等提出固相萃取柱净化—超高效液相色谱串联质谱法可快速测定液态乳中14种真菌毒素。

（2）液态奶及干乳制品加工技术。2017年酸乳产品的开发是研究热点。配方设计方面，通过添加水果、谷物等原料制成具有保健功能的复合酸奶。发酵菌种方面，孙敏等从民族地区传统食品中筛选得到7株既能耐受人体胃肠道环境，又有优良发酵特性的益生乳酸菌。

乳干粉产业技术方面，婴幼儿配方乳粉的研究仍是重点。姜冬梅等通过参考母乳营养成分及脂肪酸模式、国家标准及中国居民膳食营养素参考摄入量，从脂肪酸角度模拟母乳。王枚博等建立石墨—微波消解法测定乳粉中的总砷、汞、铅和镉含量的分析方法，该方法简便，重现性良好，结果可靠；朱丽等首次建立反相液相色谱仪，同时测定乳粉中8种生育酚和生育三烯酚的检测方法。

（奶牛产业技术体系首席科学家　李胜利　提供）

2017 年度肉牛牦牛产业技术发展报告

（国家肉牛牦牛产业技术体系）

一、国际牛肉生产与贸易概况

1. 国际牛肉产量

2017 年全球牛肉折算胴体基础的总产量为 6 137.3 万吨，增产 93.0 万吨。产量超百万吨的国家（盟）是（万吨）：美国（1 210.9）、巴西（945.0）、欧盟（27 国，789.0）、中国（707.0）、印度（425.0）、阿根廷（276.0）、澳大利亚（212.5）、墨西哥（191.5）、巴基斯坦（178.0）、土耳其（151.5）、俄罗斯（131.5）。

2. 国际牛肉消费量

2017 年全球牛肉消费量 5 936.2 万吨，较 2016 年增长 64.8 万吨。牛肉消费量超百万吨的国家（盟）是（万吨）：美国（1 219.1）、欧盟（27 国，783.0）、巴西（774.5）、中国（798.5）、阿根廷（248.0）、印度（242.5）、墨西哥（184.0）、俄罗斯（182.4）、巴基斯坦（171.1）、土耳其（152.3）、日本（126.0）。

3. 国际牛肉贸易量

2017 年全球牛肉总贸易量 1 573.9 万吨，其中出口 979.1 万吨，进口 774.8 万吨。与 2016 年相比，牛肉总贸易量增加 42.6 万吨，出口量增加 36.9 万吨，进口量增加 5.7 万吨。

2017 年牛肉出口量超过 20 万吨的国家（盟）是（万吨）：印度（182.5）、巴西（176.0）、澳大利亚（145.0）、美国（128.5）、新西兰（57.0）、加拿大（47.5.0）、乌拉圭（43.2）、欧盟（27 国，40.0）、巴拉圭（38.0）、墨西哥（28.0）、阿根廷（28.0）。

2017 年牛肉进口量超过 20 万吨的国家（地区、盟）是（万吨）：美国（134.1）、中国（92.5）、日本（78.0）、韩国（55.0）、俄罗斯（52.0）、香港（42.5）、欧盟（27 国，34.0）、智利（29.0）、埃及（25.0）、加拿大（22.5）、墨西哥（20.5）。

二、国内牛肉生产与贸易概况

1. 国内肉牛生产与牛肉产量

2017 年屠宰肉牛头数约 2 000 万头，胴体总产量约为 578 万吨，净肉产量约 501 万吨。杂交牛胴体重平均约为 331 千克/头，中大体型本地黄牛胴体重平均 255.0 千克/头，南方本地小黄牛胴体重平均约 184 千克/头，全国平均胴体重 257 千克/头。肉牛产值约为 3 900 亿元。2017 年屠宰牦牛约 307 万头，胴体重平均 129 千克/头，胴体产量约为 43 万吨，净肉产量 35 万吨，牦牛产值估计为 231 亿元。（肉牛牦牛体系测算）

2. 国内牛肉贸易（截至 2017 年 11 月份数据）

牛肉进出口贸易量（不含牛下水等产品）合计约 62.15 万吨，比 2016 年同期增加 9.68 万吨，牛肉进出口贸易额合计 27.25 亿美元，贸易赤字 27.09 亿美元。牛肉净进口量（62.06 万吨）是 2016 年同期（52.47 万吨）的 1.18 倍，比 2016 年增加了 9.59 万吨。

2017 年进口牛肉 62.06 万吨，进口额 27.17 亿美元，进口均价 7 509.18 美元/吨。其中，冷鲜带骨牛肉 433.3 吨、618.7 万美元，冷鲜去骨牛肉 5 153.0 吨、5 774.1 万美元，冷冻带骨牛肉 113 259.6 吨、26 088.2 万美元，冷冻去骨牛肉 501 165.1 吨、239 083.4 万美元，冷冻胴体及半胴体 576.2 吨、149.8 万美元。

2017 年出口牛肉 876.5 吨，出口额 752.0 万美元，出口均价 8 808.87 美元/吨。其中，冷鲜去骨及冻整头及半头牛肉无出口；冷冻去骨牛肉出口 839.1 吨，出口额 65.69 万美元；冷冻带骨牛肉出口 33.6 吨，出口额 22.98 万美元；冷鲜带骨出口 3.7 吨，出口额 6.47 万美元。

2017 年进口牛肉的省（市）共 25 个，年进口量合计（吨）超过 1 000 吨的有 16 个，分别是天津（240 503.9）、上海（150 026.3）、辽宁（50 690.7）、山东（37 963.2）、江苏（33 284.7）、北京（28 708.1）、广东（25 089.5）、安徽（12 322.5）、湖南（10 470.4）、河南（8 466.6）、浙江（7 568.4）、福建（6 542.4）、四川（2 102.1）、重庆（1 711.4）、广西（1 108.4）、河北（1 093.2）。

2017 年出口牛肉的省（市）共 10 个，出口合计（吨）超过 100 吨的有 2 个，分别是湖南（427.4 吨）、辽宁（211.0 吨）。

三、国际肉牛产业技术研发进展

1. 遗传育种与繁殖领域

过去一年来，国际肉牛遗传改良领域的一个突出变化是选种技术的改变，越来越多地开始应用分子生物学技术进行选种，尤其是全基因组选择的应用和遗传性疾病基因的检测。由于分子技术的应用，过去性能测定站、后裔测定等选择公牛的主要方法正在逐步发生改变，基因组选择加田间测定正在变成公牛选择的主流技术。发达国家实施推广肉牛业育种技术的主体仍然是与其自身利益切实相关的育种者和生产者组成的品种协会。品种协会持续进行数据收集、遗传评估及其结果发布的工作。性能测定体系也在进一步完善，肉质及胴体性状记录仍在逐年增加，标志着对肉质和胴体性状的遗传评估准确度会增加。由于中国肉牛市场需求，澳大利亚、新西兰多国均加大了对中国肉牛种质市场的推销力度，同时促进了这些出口国家育种技术体系的进一步完善。胚胎生物技术作为优秀种子公母牛的扩繁手段仍在广泛应用，胚胎和冷冻精液等遗传物质的交换仍然是全球肉牛优良基因传播和利用的主要手段。在生产上，杂交优势得到较为充分的利用，应用杂交手段来生产商品牛进一步提高了肉牛产业的效率和效益。

2. 饲料营养领域

饲料营养价值的评定持续推进，以及《肉牛营养需要》（第八次修订版）推广应用，更加重视饲料满足肉牛营养需要能力的评估，重视品种、性别、生理阶段和饲养管理对养分需要的影响。加大对肉牛低成本饲料资源的开发利用，评定了甘油等副产物饲料的安全性，研究了 DDGS、甘油、黄棕松针、大豆皮等对瘤胃微生物、饲料消化率和生产性能的影响，通过日粮配制降低养殖成本。研发了蒸汽压片或添加缩合单宁的方式降低淀粉在瘤胃中的降解速率，提高有效能值。重视母牛营养与饲养管理，研究了基因组与母牛妊娠率、母体营养与胎盘中氨基酸转运载体间的关系，以及能量、蛋白、麦角生物碱、生长激素和硫酸锌等对小母牛繁殖器官发育，放牧密度对产犊性能的影响，由此支撑了国外家庭农场适宜规模母牛养殖模式。注重犊牛的饲养管理，研究了犊牛断奶前与断奶后血清中皮质醇含量与日增重之间的关系，饲料的供应时间对犊牛摄食行为的影响等，强化了育成牛的培育技术。加强了营养与牛肉品质的技术研究，研究了肉牛剩余采食量与脂肪酸组成以及肉的嫩度之间的关系，在育肥后期通过饲喂甜菜渣降低日粮中淀粉含量，降低瘤胃酸中毒的发生。注重水的供给，尤其水中钼含量与胴体中矿物元素沉积的关系。注重肌内脂肪的定向沉积调控，比较了不同部位肌内脂肪沉积相关基因表达，形成了肉质的营养调控技术。重视肉牛饲养福利以及环境减排技术，通过饲料类型、饲料配比、饲料添加剂（多不饱和脂肪酸、单宁酸、酶制剂、酵母菌等）等调控瘤胃微生物组成，提高营养物质消化率，减少甲烷排放。研发了肉牛场甲烷、二氧化碳排放量定量检测技术及对生态环境的评估技术，促进肉牛养殖与环境保护和谐发展。

3. 疾病控制领域

全球牛重大疫情依然严重，牛海绵状脑病在爱尔兰及坎塔布里亚发生；阿富汗、阿根廷、伊拉克、伊朗、美国、罗马尼亚及西班牙等共计 20 个国家报告了牛结核疫情；不丹、土耳其及中国报告了牛口蹄疫疫情。牛腹泻黏膜病病毒的持续性感染对牛的影响受到关注。多个肉牛源细菌基因组测序完成，为深入了解其致病机制及制定防治策略提供了理论基础。牛支原体气溶胶培养物模拟自然感染模型的建立，为牛支原体疫苗效力检测提供了有力保证；在治疗及检测方面，根据网–瘤胃温度监测及临床症状评分建立精准的药物治疗方案，能有效降低牛呼吸综合征的发生率。"寄生虫组学"依然是国际国内研究的热点，用于系统揭示重要寄生虫的病原生物学特性及致病抗病机理。国际上已经建立了环形泰勒虫、诺氏疟原虫及刚地弓形虫等重组酶聚合酶扩增（*Recombinase Polymerase Amplification*，RPA）检测方法。除中国外，2017 年中药及针灸治疗被报道用于牛病防控。

4. 设施与环境控制领域

在肉牛环境控制领域，国际上的研究焦点主要集中在动物福利、温室气体和粪污处理等方面。肉牛的福利养殖方面，国际上更加关注犊牛的饲养管理，研究影响犊牛生长的主要因素，并努力寻求防治牛呼吸道疾病（BRD）的方法。对于牛舍建设，研究焦点多集中在相应的设备设施配套上，夏季牛舍降温主要通过凉棚可减少 30% 的太阳辐射，或采用蒸发降温设备包括湿帘–风机、喷雾降温、洒水–风扇系统和洗浴池等；冬季牛舍多采取舍饲的方式来保护牛只。牛舍通风研究主要利用计算流体力学（CFD）的方法探究屋顶进风、檐下通风等不同的通风方式，通过对气流场进行数值模拟，从而对该系统优化与改进。空气污染物减排技术的研究成为欧美国家的研究热点，畜禽舍排出空气水洗技术、生物过滤技术、静电除尘技术等开始得到推广和应用。废弃物处理方面，牛粪仍然主要采用有机堆肥、种养结合的方式。加拿大学者通过石灰质黏壤土对牛粪堆肥中 N 和 P 的利用率进行量化，发现饲喂干酒糟的牛粪堆肥较传统围栏育肥的牛粪堆肥有更大的 P 利用率。此外，巴西学者对牛粪中的生物乙醇生产周期进行研究，发现可通过改变能源类型来改善其对外界环境的影响，牛粪的乙醇化利用成为生物质资源利用的新趋势。

5. 加工与品质控制领域

在牛肉品质方面，利用光谱等多种手段进行不同品质牛肉的快速判别仍是一个研究热点，同时开发多段式成熟方式、超长时间成熟及超声波、脉冲磁场、脉冲电场等方式提高牛肉品质。同时继续研究气调包装、真空贴体包装、植物提取物涂层包装对肉色及肉品质的影响；在牛肉安全方面，继续在肉牛宰前、宰后及牛肉制品中开展致病菌发生率调查，涵盖大肠杆菌、沙门氏菌、单增李斯特菌、产气荚膜梭菌、凝固酶阴性葡萄球菌、弯曲杆菌、不动杆菌等多个类别，但90%的研究以大肠杆菌为研究对象，涉及流行病学调查、耐药性、快速检测等方面，对应的，在屠宰线上采用热蒸汽、多种有机酸、热水对胴体进行减菌处理，对分切后的肉及肉制品多采用多种植物提取物质进行保鲜处理，并出现了冷等离子体和噬菌体抑菌方面的研究；牛肉营养方面主要评价了不同饲喂条件、不同部位肉的不饱和脂肪酸的组成，还涉及不同处理条件下牛肉中活性肽的变化；牛肉在不同肉制品中鉴别方面的研究，涉及多种快速检测手段，如高光谱成像等多种光谱技术和分子手段如线粒体基因的 PCR、四链体 PCR、无标记的蛋白质组方法等，此外还有一些研究涉及 TG 酶在重组肉中的检测；制品方面主要涉及牛肉干和牛肉汉堡中脂肪替代和抗氧化的研究，并利用一些研究植物源提取物降低制品中多环芳烃、二噁英、杂环胺的含量。肉质评定方面，很多国家开展对牛肉花纹的喜好调查、对地方特色牛肉品质喜好的调查、牛肉购买动机调查，并基于感官评定建立牛肉嫩度等级标准，将牛肉品质评定参考标准进入手机客户端等。

6. 产业经济领域

2017 年，国际肉牛产业经济研究主要集中于牛肉生产、消费及牛肉生产与环境之间关系的研究。在生产方面，重点关注不同地区肉牛生产管理特点、不同品种肉牛生产力提高的途径，偏远地区的肉牛产业经营的劳动力供应与经营对策，通过对架子牛生产的投入产出关系分析，确定肉牛生产中关于最优的出栏期；在牛肉消费方面，研究了消费者对牛肉产品的消费偏好、支付意愿、消费者对牛肉产品内在和外在属性的偏好、肉类市场和牛原皮市场的关系；在牛肉生产与环境之间关系方面，分析了肉牛生产对温室气体排放、土地占用使用变化的影响，利用生命周期评估法测算了加拿大草原牛肉生产系统农场温室气体强度、巴西中部地区肉牛的碳足迹和生命周期成本、日本有机和无机饲草牛肉生产生命周期、动物饲料绿色水足迹。

四、国内肉牛产业技术研发进展

1. 遗传育种与繁殖领域

2017 年在新资源的发掘上取得进展，雪多牦牛、类乌齐牦牛、环湖牦牛、夷陵牛等新资源通过了国家畜禽遗传资源委员会的审定。《全国肉牛遗传改良计划》继续推进，国家肉牛核心育种场增至 31 家。国家肉牛遗传评估中心的建设基本完成，已投入使用。发布了 2017 年中国种公牛遗传评估概要，首次使用核心育种场的数据进行遗传评估，提高了种牛选择准确度。初步组建了肉用品种西门塔尔、安格斯、秦川牛、云岭牛等品种的育种联合体，育种群规模进一步扩大，为解决中国肉牛育种工作中存在的组织不力的主要问题提供了样本。并出现了大型企业联合、"育种合作社+企业+农户"等高效组织形式。肉牛全基因组选择分子育种技术体于 2017 年推广至核心育种场进行种子母牛的遗传评估，应用范围逐步扩大，取得了可喜的研究成果和经济效益，对提升生产效率、种业国际竞争力起到了重要作用。肉牛后裔测定联盟各成员单位依照计划有序开展性能测定等工作，促进了中国肉用种公牛选择的准确度。现已初步获得 2016 年参测公牛后裔的早期数据，肉用种公牛选择的准确度提高了 20%~25%，实现国内联合育种并逐步与国际接轨。过去一年来，性别控制技术得到了一定程度的应用。鉴于国内养牛业的特殊形式，部分小规模奶牛场应用肉牛进行配种，以提高企业的风险抵抗力。国内提高肉牛、牦牛的繁殖成活率的综合配套技术体系研究取得可喜进展，一胎双犊技术取得实验阶段的成功，提高了母牛的繁殖效率和肉牛业整体效益。

2. 饲料营养领域

国家进一步推进粮改饲工作，加强了对青贮玉米、饲草玉米、饲草燕麦、以及区域性饲料资源如马铃薯秧、枸杞副产物、牧区不同季节牧草的营养价值评定，建立了粗饲料近红外快速检测模型和预测饲料有效能值的数学模型。开展了不同类型酒糟、青贮饲料、加工副产物的抗营养因子评定，提高了肉牛牦牛饲料的科学配制水平。优化集成了青贮技术，研究了收割时期、组织部位、青贮方式对有氧稳定性及青贮品质的影响，促进了全株玉米青贮、燕麦青贮、马铃薯秧青贮技术的推广和应用，推广了肉牛低成本饲养技术。重视营养需要研究，建立了锦江黄牛、湘中黑牛、奶公牛等不同品种牛不同生长阶段的能量和蛋白质需要模型，以及常量元素用于生长和维持的需要、功能性氨基酸如亮氨酸的需要量等。重点研究了育肥牛肌纤维发育、肌内脂肪沉积的机理及营养调控技术，支撑了夷陵黄牛等地方黄牛的差异化育肥技术。研究了饲粮纤维组成和水平、物理形态、饲喂模式，以及母牛妊娠后期营养水平对犊牛生产性能与机体抗氧化能力的影响，构建了母带犊饲养技术体系。随着对环保和动物福利的重视，研究了营养与减排，以及肉牛健康生长的光照、饮水、饲养密度等饲养管理技术。重视饲料添加剂的开发利用，研究了长链脂肪酸、酵母培养物、酶制剂、活性干酵母等对肉牛、奶公牛瘤胃微生物组成及胃肠道健康的影响，研发了调控瘤胃微生物进行甲烷减排技术。重视日粮不同蛋白来源和氮水平对牦牛生产性能的影响，研发了酒糟等低成本饲料对牦牛犊牛和淘汰母牦牛快速育肥出栏技术，进一步支撑了牧区放牧有效补饲、半农半牧区季节性舍饲错峰出栏养殖生产模式。

3. 疾病控制领域

已完成牛传染性鼻气管炎 gG ELISA 抗体检测试剂盒的实验室研制及特异性试验。开展并完成牛传染性鼻气管炎疫苗安全性实验、效力实验、生产性试验及免疫持续期试验。完成牛支原体弱毒疫苗安全性及效力评价，向农业部提交了牛支原体弱毒疫苗临床试验的申请。在寄生虫研究方面，从基因组、转录组及蛋白质组对日本血吸虫、旋毛虫和弓形虫等开展了系统研究，建立了检测环形泰勒虫、刚地弓形虫、日本血吸虫、肝片吸虫和棘球绦虫重组酶聚合酶扩增方法，该方法可作为一种有效的检测手段并可应用于临床检测环境。传统中兽医兽药在牛病防治方面具有较好效果，中兽医药在中国牛疾病防治方面的应用愈加广泛，传统中兽医兽药结合辩证论治，已广泛用于牛不孕症、咳嗽气喘等疾病，效果确切。牦牛口蹄疫已得到较好控制，牦牛寄生虫病、大肠杆菌病、巴氏杆菌病依然危害严重，亟须易于农牧民掌握的轻简化疫病防控技术，以及更大的疫苗药物的投放力度，确保跟上并满足牦牛疫病防控的需求。

4. 设施与环境控制领域

在牛舍环境控制方面，主要针对南方夏季与北方冬季牛舍环境进行控制。南方夏季降温研究主要探究了喷雾通风系统、喷淋系统等在不同形式牛舍的应用效果以及对肉牛生理产生的影响，同时利用 CFD 技术对湿帘风机系统牛舍进行环境数值模拟，并在此基础上对该系统进行改进与优化，实现了对夏季降温设备的进一步探究；北方冬季牛舍研究的关键在于寻找一个通风与保温的平衡点，通过设计新形式肉牛舍，改传统的南北朝向为东西朝向、增大舍内采光面积、提高肉牛体感温度，同时保证通风，该形式牛舍已在中国西北地区获得较好的饲养效果，缓解了因冬季过度保温造成舍内湿度大的问题。肉牛养殖福利方面，对肉牛生长的最佳饲养密度展开探究，发现182~282千克的牛适宜占地面积为3.6平方米/头，此时饲料转化率高，动物福利水平较好，利于农场取得较好经济效益。废弃物处理方面，目前国内养牛场对粪污的收集方式主要采用粪尿分离的干清粪工艺；发酵堆肥和生产沼气等是主要利用形式，种养结合、良性循环是主要饲养模式。

5. 加工与品质控制领域

国内对牛肉加工与品质控制方面更注重从点到线、从线到面的全方位控制。在原料肉方面：在不同来源牛肉的营养品质数据库进一步扩充的基础上，逐步形成了差异化屠宰与胴体整体优化剔骨分割技术、分割部位肉精细成熟品质提升技术；针对不同原料肉的差异化品质，开发低压电刺激、中压电刺激技术；利用拉曼光谱技术，使牛肉嫩度的快速预测得以实现；通过肌浆蛋白质组学研究获得了表征黑切牛肉的标志蛋白，阐明了黑切牛肉肉色的形成机制。在肉制品方面：不同来源牛肉的加工特性及加工技术数据库正在建立；针对不同牛肉的加工特性，实现牛排、涮制肉、菜肴肉、干制品、肉糜制品等牛肉制品的差异化处理，开发针对儿童、老人等不同人群的牛肉制品，并研究了高熟度餐饮菜肴与用肉品质检测评价技术，肉制品的品质评价体系正在建立；开发肉牛牦牛红白脏器的内容物脱除技术、不规则头蹄皮的脱毛技术包括热水浸烫—机械（松香甘油酯）联用法，浓碱液浸泡-刮刀辅助联用法，食用碱-生物酶-器械联用法等方法已在企业应用；针对不同肉牛牦牛副产物特性，研发牛红白脏器适宜加工烹饪条件，应用成型腌制、多元效应呈味等技术，开发了膨化牛皮、皮肉复合肉脯、牛杂复合肠、牛杂烤串和辣牛舌等产品。牛肉安全方面，开发了牛肉致病菌溯源技术，实现了单增李斯特菌的溯源分析。

6. 产业经济领域

2017年，国内肉牛产业经济研究领域主要集中于牛肉生产与产业发展、牛肉价格变动及市场流通、经济效益、扶持政策与补贴等方面的研究。在牛肉生产与产业发展方面，主要结合不同肉牛产区资源禀赋情况，研究分析肉牛产业发展现状、模式、适宜的养殖规模进行了经济学分析；在牛肉价格变动及市场流通方面，对世界牛肉生产消费贸易进行了分析与前景展望，研究了国内外牛肉市场价格的变动情况，分析了中国肉牛产业链主要环节价格非线性波动及其传递特征；在经济效益方面，分析了母牛饲养管理技术及养殖效益、"种草养牛"循环农业模式效益、提高不同地区肉牛养殖经济效益的对策建议；在扶持政策方面，从全国和地区的角度分析相关政策实施效果和存在问题。

（肉牛牦牛产业技术体系首席科学家　曹兵海　提供）

2017 年度肉羊产业技术发展报告

（国家现代肉羊产业技术体系）

一、国际肉羊贸易概况

2016 年中国羊肉进口量依然位居世界第一，进口总额仅次于美国，位居世界第二。根据联合国商品贸易统计数据库（UN Comtrade），2016 年，全世界羊肉进口总量为 111.21 万吨，进口总金额达到 57.12 亿美元；其中，中国的羊肉进口总量为 22 万吨，进口总额达到 5.74 亿美元，较 2015 年分别减少了 1.28% 和 21.39%。2016 年，中国羊肉出口总量为 4 060 吨，出口总额达到 3 526.7 万美元，较 2015 年分别增长了 8% 和 4.59%。尽管中国的羊肉进口量和进口额依然分别是出口量和出口额的 54.19 倍和 16.28 倍，但羊肉贸易逆差缩小，贸易数量逆差为 21.59 万吨，贸易金额逆差为 5.39 亿美元。

2017 年中国羊肉进口和出口均呈增长趋势，根据海关总署统计数据①，2017 年中国前三季度，羊肉进口总量为 18.78 万吨，进口总额达到 43.67 万人民币元，比去年同期分别累计增长 2.9% 和 42%；出口羊肉总量为 1 878 吨，出口总额达到 10 468 元人民币，比去年同期分别累计增长 49.9% 和 53.6%，增速较快。从具体月份来看，2017 年 1—11 月（12 月数据统计未公示），中国羊肉进口量为 22.1 万吨，进口总额达到 76 411 万美元，同比 2016 年 1—11 月、2015 年 1—11 月，进口量增加了 8.3% 和 8.7%，进口总额（换算成人民币）对比来看，2017 年 1—11 月羊肉进口金额平均为 23 114 元/吨，2016 年 1—11 月羊肉进口金额平均为 17 322 元/吨，每吨价格上升了 5 792 元，其主要原因是进口羊肉中羔羊肉的占比增加。

中国羊肉进口的集中化趋势非常明显，2015 年中国羊肉全部从新西兰、澳大利亚、乌拉圭和智利进口，2016 年中国的羊肉进口国新增了蒙古国，来自这五个国家的羊肉进口数量分别为 13.67 万吨、7.99 万吨、0.21 万吨、0.13 万吨和 176 吨，羊肉进口金额分别达到 3.90 亿美元、1.74 亿美元、4.96 百万美元、3.95 百万美元和 27.1 万美元。2016 年，中国从新西兰和澳大利亚两个国家进口羊肉的数量和金额都有所下降，2017 年很可能继续保持下降的趋势，但二者的进口总量仍占中国羊肉进口总量的 98% 以上，其次是乌拉圭、智利等国，未来还有可能增加新的羊肉进口来源国或增加从小国进口羊肉的数量。

中国羊肉出口不仅数量少，而且比较分散，主要出口到中国的香港和澳门地区，以及约旦、科威特、阿联酋等中东地区和吉尔吉斯斯坦、塔吉克斯坦等中亚国家。

---

① 海关统计数据 http：//www. customs. gov. cn/customs/302249/302274/302277/index. html

二、国内肉羊生产与贸易概况

(一) 羊存栏量下降，羊肉产量却保持平稳增长

2016年底，中国羊存栏量为30 112.0万只，比2015年减少了987.7万只，减少了3.18%。其中，绵羊存栏量为16 135.1万只，比2015年减少了71.1万只，减少了0.44%；山羊存栏量为13 976.9万只，比2015年的减少了916.5万只，减少了6.15%。2016年，全国羊肉产量459.4万吨，比2015年增产了18.6万吨，增长了4.21%。

(二) 全国羊肉价格止跌回升，区域间羊肉价格变动差异大

2017年上半年，全国羊肉月平均价格（下文简称羊肉价格）在2016年基础上继续下滑，但下降速度不断减小；下半年，羊肉价格开始回升，尤其从8月份开始，增速加快。根据农业部畜牧业司数据，2017年中国羊肉价格经历了三阶段"N"形波动：第一阶段（1月至2月），羊肉价格从56.11元/千克上升至56.17元/千克，但仅上升了0.10%；第二阶段（2月至6月），羊肉价格从56.17元/千克下滑至54.30元/千克，下降了3.33%；第三阶段（6月至12月），羊肉价格开始回升，12月羊肉价格涨至59.96元/千克，比6月增长了10.42%。总体来看，与2016年的羊肉价格相比，2017年1—8月的羊肉价格低于2016年同期价格，9—12月的羊肉价格则高于2016年同期价格，2017年12月的羊肉价格比2016年同期价格高了8.56%。因此，虽然2017年前期的羊肉价格延续了2016的低迷状态，但下半年明显回升，羊肉价格持续增长趋势明显。

不同区域之间的羊肉价格变动差异较大，主产省（区）的羊肉价格回升幅度普遍大于非主产省（区）。根据农业部畜牧业司数据，2017年中国羊肉主产省（区）（河北、内蒙古、山东、河南和新疆等）的羊肉价格经历了三阶段"N"形波动：第一阶段（1月至2月），羊肉价格从52.29元/千克上升至52.61元/千克，上升了0.61%；第二阶段（2月至4月），羊肉价格从52.61元/千克下降至51.88元/千克，下降了1.39%；第三阶段（4月至12月），羊肉价格持续上升，从51.88元/千克增长至57.99元/千克，增长了11.78%。总体来看，2017年1—12月，主产省（区）的羊肉价格从52.29元/千克增长到57.99元/千克，增长了10.90%；并且，各月的羊肉价格均高于2016年的同期价格。2017年12月，主产省（区）的羊肉价格比2016年同期高了13.60%，价格回升幅度大。

而非主产省（区）（上海、浙江、福建、江西和广东等）的羊肉价格则经历了两阶段"V"形波动：第一阶段（1月至8月），羊肉价格从64.45元/千克下降至60.35元/千克，下降了6.36%；第二阶段（8月至12月），羊肉价格从60.35元/千克上升至65.17元/千克，增长了7.99%。总体来看，虽然2017年1—12月，非主产省（区）的羊肉价格也呈上升趋势，从64.45元/千克增长到65.17元/千克，但仅增长了1.11%，增长幅度远远小于主产省（区）。

三、国际肉羊产业技术研发进展

1. 国际肉羊育种技术研发进展

2017年国际肉羊育种技术研发的进展主要表现在以下4个方面。

（1）国际肉羊选育以放牧型肉羊品种为主，并以澳大利亚、新西兰、美国、德国、法国等国为代表。

（2）选种目标性状基本稳定，各性状权重略有调整。其终端父本指数（terminal sire

indexes）由 3 个性状构成，分别为生长（TSG）、成活率（TSS）和肉产量（TSM），TSG：TSM：TSS＝72：21：7，其中生长（TSG）调低了 1%，TSM 调高了 1%，更加强调出肉率。其母系指数（Maternal indexes）由 5 个性状构成，分别为生长（DPG），产羔数（DPA），成年重（DPR），毛量（DPW），成活率（DPS），DPG：DPA：DPR：DPW：DPS＝50：-2：28：7：13，其中生长（DPG）调低了 2%，DPA、DPR 和 DPS 各调高了 1%，旨在增加母羊产羔数和生活力。

（3）继续探索现代繁育新技术在育种中的应用。方法主要包括：BLUP 法、遗传标记辅助选择、QTL、全基因组选择、MOET、体外授精技术、胚胎移植技术与性别控制技术等。技术主要指快速扩繁和提高育种效率，目前仍处于技术探索阶段，尚未达到大规模产业化利用的程度。

（4）抗内寄生等抗病开始应用。开展遗传育种从遗传本质上提高肉羊对疾病的抵抗力，已经逐渐成为研究热点。

2. 国际肉羊营养与饲料技术研发进展

2017 年国际肉羊营养与饲料技术研发主要表现在以下 4 个方面。

（1）对瘤胃微生物区系变化与生产性能变化之间相关关系的研究。如结合基于高通量测序的宏基因组、宏转录组技术，精确研究不同饲粮处理（包括高、低剩余采食量的比较研究、适度限饲的补偿效果）对肉羊瘤胃微生物区系变化以及生产性能的影响，为精细调控肉羊生产性能提供依据。

（2）对肉羊甲烷排放及减排机理的研究。通过建立多元回归方程，结合 Meta 等分析手段，提出放牧或舍饲条件下，肉羊甲烷排放的预测模型。此外，利用微生物组学技术，探索添加剂对肉羊产甲烷相关微生物（产甲烷菌、原虫）在属水平上的变化情况，揭示添加剂调控肉羊甲烷排放的微生物学机理。

（3）对肉羊生长代谢相关机理的研究。如饲粮高锌饲粮的血液转录组学、高淀粉向高糖饲粮过渡对瘤胃固相菌和液相菌群落变化的影响、添加亚麻油对断奶羔羊瘤胃微生物长效效应以及饲粮理化特性对肉羊瘤胃上皮形态和转录组的影响，上述研究大多深入到分子水平，详细揭示了肉羊营养代谢的相关机理。

（4）对饲料资源的开发使用或添加剂研究。主要包括添加亚麻油对断奶羔羊瘤胃微生物长效效应、废弃蘑菇青贮发酵物对肉羊甲烷排放的影响、辛酸和环糊精添加对体外体内肉羊消化率和甲烷排放的影响等。上述研究报道为提高肉羊生产性能、增效减排提供了重要参考依据。

3. 国际肉羊疾病防治技术研发进展

（1）在羊病防控技术层面。国际上除了注重关键技术（检测新方法、疫苗和防治药物等）的研究外，更注重技术集成、技术标准化与防控技术体系的建设，此外还不断探索前瞻性技术（如疫情预警技术、发热预警监测技术等）的研究。如目前针对羊痘病毒 P32 蛋白的 VHH 单域抗体的制备和应用研究已取得一定进展。利用 PPRV 病毒 F、H 蛋白的单抗，基于免疫磁珠技术的 PPR 早期感染诊断的 ELISA 抗原检测技术已经建立。基于亚类抗体检测的羊布鲁氏菌病感染与免疫鉴别诊断技术的研究已取得一定进展。在梨形虫、无浆体诊断方面也建立了基于基因分型技术的 PCR 方法。此外，国外还研究了诸如热应激对绵羊子宫内膜上皮细胞前列腺素，离子和代谢含量的影响以及急性期蛋白血清水平的变化对羊的急性瘤胃酸中毒在临床上辅助诊断和评估作用。在疫苗和药物研发方面重点关注新型疫苗（如羊痘-小反刍兽疫活载体疫苗、球虫疫苗和羊细粒棘球蚴基因工程苗等）、保健药物和绿色药物的开发，重点研制和筛选植物药、替代抗生素药物及微生物制剂等新药以及给药新技术。

（2）病种研究方面。国外重点关注烈性疫病、新发疫病、群发病、人畜共患病和常见病的防控研究。在研究内容上，不仅以诊断检测方法、疫苗免疫技术为主，还涉及病原学、感染与免疫机制、流行病学等方面。在发达国家，羊寄生虫病的研究较多地集中在包虫病、弓形虫病等人兽共患寄生虫病，以及某些重要寄生虫病的病原学、分子生物学及蛋白质组学等方面；在欠发达或以放牧为主的养羊国家，一些危害严重的土源性寄生虫如捻转血毛线虫等流行动态及综合防控技术的研究仍然是重点。目前的研究热点主要集中在某些危害严重的寄生性原虫，如泰勒虫、巴贝斯虫、无浆体等的流行病学调查、分子生物学检测、遗传特性分析、比较蛋白组学和生物信息学分析、病原入侵机制等方面。

（3）动物疫病防控理念方面。欧洲、南美、澳洲等畜牧业发达地区国家对羊病防治手段的研究不单单局限于技术层面，更侧重于防控政策、策略以及社会效益、经济效益、生态效益和动物福利的考量。如探索技术示范与养殖场生物安全隔离区建设，重视无疫区或生物安全隔离区建设，强调规模场疫病净化和防控技术体系建设的必要性。

4. 国际肉羊屠宰与羊肉加工技术研发进展

2017 年国际肉羊屠宰与羊肉加工技术研发主要表现在以下 4 个方面。

（1）开展了基于蛋白质组学的羊肉品质评价新技术研究，通过识别特定蛋白，在分子水平上反映肉品营养价值及食用品质的差异，精确评价肉品品质。

（2）开展了羊肉无损检测智能化技术研究，利用 CT、高光谱成像技术等，实现了肉羊胴体无损智能化分级、羊肉食用品质无损智能化检测。

（3）开展了羊肉嫩化新技术的开发研究，发明了 Smart Stretch 羊肉嫩化技术，实现了宰后肌肉快速嫩化，缩短了宰后成熟时间。

（4）开展了羊肉包装新材料新技术的开发研究，发明了可食膜抗菌包装、高阻隔包装等活性包装材料，开发了数字识别智能化包装技术，实现了高品质产品的信息辨识。

5. 国际肉羊生产与环境控制研发进展

家畜饲养与环境、羊舍建设以及粪污处理直接影响家畜的生产性能、繁殖性能，同时还影响了家畜对养分的摄食水平和家畜的发情、胚胎成活率、产仔数及泌乳量等。近年来，一些具有国际影响力的研究机构和学术组织，均发表了许多覆盖家畜营养需要、饲养管理等领域的科研成果，一些发达国家的养殖业已达到标准化、规模化、精细化、批量化和常态化水平。

2017 年国际肉羊营养与饲料技术研发主要表现在以下 3 个方面。

（1）环境应激调控方面。开展了通过营养补饲（柚苷、甜菜碱、发酵谷物、功能性微生物或矿物质等）、增加通风、搭建遮阳设施、改饲喂模式等手段对环境应激（热应激、寒冷应激）等缓解效应的研究，通过对比机体抗氧化应激能力，筛选适宜的抗氧化应激方案，为规模化羊场环境应激综合治理提供可行性方案和对策。

（2）粪污处理及设施设备方面。针对规模化羊场粪污来源系统开展了好氧堆肥（如 EM 菌剂）和相关设施设备（如 BACKHUS 公司生产的翻抛机）及工艺优化等领域的研究，特别是在有关堆肥产品高附加值资源化利用（如生物肥料化、生物基质化）方面，开展了通过好氧（堆肥）或厌氧发酵（生产沼气）等方式实现废弃物处理和资源化利用等方面的研究，对规模化羊场粪污处理具有重要指导意义。

（3）羊舍环境因子监测方面。针对羊舍内部环境分别报道了以日、月和季度不同监测周期内的的甲烷、氨气、二氧化碳等有害或温室气体的排放规律，通过对规模化羊场圈舍有害气体的季节性变化规律的研究，为圈舍内及周边环境治理方案的制定提供了理论依据。

四、国内肉羊产业技术研发进展

1. 国内肉羊育种技术研发进展

在饲草饲料资源、生态环境和市场需求等各要素的持续作用下，中国肉羊产业向规模标准化方向转型，产地由北向南转移，产品向羔羊肉和肥羔肉转变。2017 年国内肉羊遗传改良呈现以下 3 个特点。

（1）多羔绵羊品种崛起，一方面更广泛使用小尾寒羊和湖羊，另一方面，培养舍饲高繁殖力新品种，开展新品种培育项目有 9 个，大约可以降低 30% 的肉羊繁殖成本。

（2）山羊遗传改良面临选育滞后的困难，引进品种退化了，本地品种搞杂了。在这种情况下，建立本地品种保种场开展保种工作，建立引进品种资源场对引进品种进行持续选育迫在眉睫，更需要利用现在的杂种群体开展新品种选育。肉羊产业技术体系开展了山羊新品种（系）选育项目，包括云南黑山羊、云岭黄羊、清江山羊、安徽白山羊等。

（3）生产模式渐渐明朗，"分散繁殖，集中育肥"的生产模式逐渐形成，"粮改饲"和"互联网+羊场"的发展促进了产业链成熟。并且，为了适应和促进肉羊产业发展，培育舍饲、高繁殖力的新品种是关键，针对全舍饲、高繁殖力集成现代繁育新技术是技术支撑保障。

2. 国内肉羊营养与饲料技术研发进展

2017 年，国内肉羊产业有了一定的好转，肉羊交易价格明显回升，营养与饲料领域研究方面也取得了重要进展，研究成果不断得到国际上的关注和认可，主要表现在以下 3 个方面。

（1）肉羊营养需要量及饲养标准的验证与完善，开展了大群体的验证试验研究，证明基于国家肉羊产业技术体系研究得出的营养需要量更符合中国肉羊育肥期的营养需要；此外开展了肉用脂溶性维生素需要量的研究，丰富了中国肉羊营养需要量的内容。

（2）深入研究肉羊甲烷排放的相关预测模型。中国肉羊数量居世界首位，肉羊甲烷排放量占整个畜牧业甲烷排放的比重较大，但目前中国尚未建立针对本国肉羊品种的甲烷排放预测模型，因此将先前开展的肉羊甲烷排放测定的相关试验结果进行了汇总，开展逐步建立适用于中国肉羊品种的甲烷排放模型，对于合理利用饲料资源，减低甲烷排放，排放养殖效益具有重要意义。

（3）肉羊营养调控类微生态制剂的研究。使用抗生素造成的抗药性是畜禽养殖需要面对的重要问题，微生态制剂具有替代抗生素的良好潜力，包括酵母、芽孢杆菌等在内的微生物制剂能够提高肉羊的日增重、消化率等指标；尤其是使用复合微生态制剂时，能够显著改善肉羊瘤胃代谢，优化脂肪酸组成，减少代谢疾病，最终提高肉羊的生产性能及饲料效率。

3. 国内肉羊疾病防治技术研发进展

目前，国内在肉羊疾病防治技术研究方面发展迅猛，尽管与国外有一定差距，但研究内容和发展步伐明显高于国外同期水平，具体进展包括以下 6 个方面。

（1）建立了羊痘的 PCR 及环介导等温扩增技术，并获得相关发明专利 3 项，开展了针对羊痘病毒 P32 蛋白的 VHH 单域抗体的研制和应用研究，获得相关专利 1 项，这些诊断技术可用于临床羊痘快速诊断。羊痘-小反刍兽疫二联弱毒疫苗、羊痘-羊口疮二联细胞弱毒疫苗已在国家"十三五"重点研发计划项目的支持下取得了较大进展。

（2）利用绵羊肺炎支原体 P71 蛋白部分片段（P71-3）、重组溶血素蛋白分别建立了间接 ELISA 抗体检测方法。研制的绵羊肺炎支原体和山羊支原体山羊肺炎亚种二联灭活疫苗已获得新兽药证书。在分子疫苗的研究方面，评价了一些蛋白的免疫原性，可望作为后续研究的靶标。有关羊支原体病的防控技术研究获得发明专利 4 个，涉及疫苗生产制备（3 个）、抗体检测试纸条（1 个）等方面。山传染性胸膜肺炎诊断技术、无乳支原体 PCR 检测方法这两个国标已通过审查，即将颁布。

（3）开展了产气荚膜梭菌外毒素基因与相关疫苗的研究。对产气荚膜梭菌 β2 蛋白进行高效可溶性表达及其基因工程亚单位疫苗的制备研究；开展了羊三联四防蜂胶灭活苗免疫效果试验及推广应用。

（4）建立了可鉴别诊断羊泰勒虫和巴贝斯虫不同种的 ELISA、PCR、金标试纸条等方法，并应用这些检测方法，在中国不同地域开展了该病的流行病学调查工作，同时也对这些方法进行了验证。

（5）目前，制约营养代谢病的防控关键是缺乏适用于田间一线的快速诊断、检测、监测技术和产品，收集有关疾病的亚临床状态阈值数据，研发针对性的简易快速检测技术，建立疾病监测预警技术系统已愈显十分重要。国家肉羊体系营养代谢病防控岗位率先开展了不同地区，不同饲养方式水平，不同品种肉羊不同生理期与酮病、妊娠毒血症、尿结石症、瘤胃酸中毒为重要常见群发性代谢病相关的特征性生化指标变化数据收集和相关数据库的构建；开展酮病、瘤胃酸中毒代谢组学研究，挖掘诊断标识；开展基于胶体金技术的绵羊妊娠毒血症和瘤胃酸中毒早期快速检测方法的构建；针对肉羊瘤胃酸中毒及应激综合征、尿结石症研制相应的防控药物及新剂型，精准给药；正在构建肉羊冷、热、长途运输应激模型，为肉羊多发性应激综合症的致病机理研究，防控技术产品开发奠立基础。

（6）建立了嗜吞噬细胞无浆体 SYBR Green I 荧光定量 PCR 检测方法并初步应用，结果表明具有良好的特异性、敏感性和重复性，为嗜吞噬细胞无浆体临床检测和定量分析病原感染程度提供了技术支撑。研制出了伊维菌素长效透皮吸收剂，开展了球虫病检测和药物防治技术的示范推广。

2017 年疾病防控研究室代表性成果：羊布鲁氏菌病血清抗体检测技术，包括：①布病血清总抗体检测阻断 ELISA（定性检测，用于抗体阴阳性初筛）；②亚类抗体 IgG 检测双抗体竞争 ELISA（定量检测，用于免疫抗体效价评估）；③亚类抗体 IgM 检测双抗原夹心 ELISA（定量检测，用于免疫或感染早期出现抗体的检测）。

4. 国内肉羊屠宰与羊肉加工技术研发进展

2017 年国内肉羊屠宰与羊肉加工技术研发进展表现在以下 4 个方面。

一是开展了蛋白质磷酸化调控羊肉品质理论研究，初步明确了蛋白质磷酸化通过影响

μ-钙蛋白酶活性、肌原纤维蛋白降解以及糖酵解代谢等途径负向调控羊肉品质（嫩度、色泽）的机制。二是开展了中式传统羊肉菜肴的工业化加工技术研究，建立了传统烤羊肉制品绿色加工工艺。三是深入开展了羊肉及其制品中掺假动物源性成分数字 PCR 技术精准定量研究，建立了基于微滴式数字 PCR 技术的两种肉制品中物种成分含量分析方法，实现了羊肉中多种掺假物种的定性筛查、单一掺假成分的精准定量检测以及多种动物源性成分同时精准定量检测，初步建立了羊肉质量检测的表征属性识别技术体系。四是开展了副干酪乳杆菌发酵提高羊骨酶解液体外抗氧化活性的研究，建立了副干酪乳杆菌发酵羊骨酶解液标准方法，实现了畜骨的高值化利用。

2017 年加工研究室代表性成果包括以下 6 个方面：①针对羊肉货架期短、贮藏损耗高的问题，开展了基于蛋白质磷酸化的羊肉冰温保鲜技术理论与应用研究，建立了基于蛋白质磷酸化的羊肉品质调控新理论，开发了羊肉冰温保鲜技术；②针对中国肉羊品种多而杂、烤制加工适宜性不明确、工业化烤制技术缺乏、产品危害物含量高等问题，开展了基于羊肉加工适宜性的羊肉绿色烤制技术研发与应用工作，建立了基于风干和烤制的羊肉加工适宜性评价方法，开发了工业化烤羊肉产品；③针对现有脱毛设备脱毛效率低、皮张破损率高等问题，研发试制了鲜羊皮脱毛机设备，每张羊皮实现增值 20~30 元；④开展了羊肉嫩度以及肉色的日粮调控技术及机理研究，建立了不同生产模式下不同营养调控技术，实现了羊肉品质的改善；⑤针对肉羊宰前应激评判指标不明确、宰后肌肉品质差异大等问题，开展了活羊运输关键微环境因素分析研究，建立了肉羊应激反应监测方法，实现了活羊运输应激的关键参数辨析；⑥开展了羊骨粉的酶解、发酵及骨粉咀嚼片加工工艺研究，开发出发酵羊骨咀嚼片。

5. 国内肉羊生产与环境控制研发进展

近一年中，生产与环境控制领域研究方面取得了重要进展，研究成果不断得到国际上的关注和认可，主要表现在以下 4 个方面。

（1）羊舍环境测控系统研发方面。羊舍环境测控系统实现了养羊业集约化、数字化和智能化管理，保证羊舍环境参数的实时采集，例如基于物联网的羊舍环境监控系统，可以实时监控，节省了人力，提高了工作效率。

（2）羊舍设施设备方面。根据羊舍的气候环境特点，研发了轨道式移动清粪羊舍、羊运动自动驱赶装置和羊人工授精的保定装置等，可明显改善肉羊的生长环境，保持运动场清洁环保，促进肉羊生产。

（3）羊舍有害气体监控方面。针对中国中原地区封闭式羊舍冬春季节有害气体产生情况，测定了冬季和春季连续 5d 内羊舍环境参数以及不同饲养阶段羊舍（育肥羊和基础母羊舍）的 NH_3 浓度和 CO_2 浓度含量变化，为羊舍环境的改善及标准参数的制订提供参考依据。

（4）其他方面。由于目前低温对家畜的影响的研究多集中在生产性能或生理生化反应方面，对其产羔性能的影响尚不清楚，以研究冬春季暖棚舍饲对母羊体重损失及产羔性能的影响为目的，对比"暖棚+舍饲和传统棚+放牧"对冬春季母羊体重及产羔性能的影响，得出冬春季暖棚舍饲可显著减少母羊越冬体重损失，并提高产羔力，还能保护退化草地免遭冷季放牧破坏，同时为提高母畜生产力和优化冷季放牧管理提供指导。

2017 年生产与环境控制研究室代表性成果包括以下 3 个方面：①饲养管理与圈舍环

境岗位,《长三角区域肉羊规模化高效精准养殖关键技术集成与应用》项目获 2016—2017 年度神农中华农业科技奖科研成果二等奖（第一完成人：王锋）；获批地方标准《羊全混合日粮制作与饲喂技术规程；DB32T/3204—2017》1 项；授权国家实用新型专利（一种羔羊组装式保温补料装置；201720197102.6）等 3 项，已提交申请国家实用新型专利 1 项（一种复合益生菌发酵杏鲍菇菌糠饲料及其生产方法；201710278553.7）；申请软件著作权（肉羊饲养智能决策系统；2017SR352168）1 项；②粪污处理与利用岗位研发了轨道式移动清粪羊舍，羊舍主体为"隧道式"钢架结构，只提供羊的休息场所。配套的设施包括子母限位栏、自动饮水设备、太阳能供电、漏粪地板、自动喂料系统、雨污分流系统、可移动式轨道、清粪通道、运动场等。羊舍夏季通风良好，舍内空气质量佳，可用空间大，成本低。本设计主要适用于舍饲+放牧的饲养模式，每栋可供 150 只左右羊休息、生活。轨道式移动清粪羊舍的研发有效地解决了南方气候炎热、湿润、多蚊虫等对肉羊养殖的困扰；获批国内专利 2 项（一种动物饲喂系统及控制方法，ZL201610331161.8；便携式大气采样装置，201510100768.0）；③羊舍设计与设施设备岗位，编写完成《轻钢结构卷帘羊舍建设技术规范》地方标准审报稿；获批国家实用新型专利（一种用于母羊人工授精的保定装置，ZL201620924876.X）1 项；研制的羊运动自动驱赶装置已申报国家实用新型专利；鲁西黑头羊通过了国家畜禽遗传资源委员会新品种审定；鲁西黑头羊品种标准通过了由山东省畜牧业标准化技术委员会组织的专家审定，并上报省质量技术监督局；编制完成鲁西黑头羊饲养管理技术规程申报稿；羊场标准化生产管理系统获国家版权局计算机软件著作权证书（2017SR379516）。

五、中国肉羊产业发展的对策建议

1. 促进中国肉羊育种技术研发进展的对策建议

在饲草饲料资源、生态环境和市场需求等各要素的持续作用下，中国肉羊产业向规模标准化方向转型，产地由北向南转移，产品向羔羊肉和肥羔肉转向。为了适应肉羊产业发展需要，提出以下 3 条建议。

（1）支持育种场开展绵羊多羔新品种选育。建议立项支持各地育种场选育多羔新品种（系）。中国肉羊产业正在转型，主要表现为"三个转向"，生产方式由放牧向规模标准化舍饲方向转型，产地由北向南转移，产品由大羊肉向羔羊肉（肥羔肉）转向。多羔新品种培育是肉羊产业由放牧向舍饲成功转型的关键。

（2）支持核心育种场开展引进品种持续选育。核心育种场是肉羊产业的关键单位，引进肉羊品种是核心种质资源。引进品种作父本，与本地品种杂交，可以快速提高生产性能和生产效益。长期以来"重引进轻选育"，多数引进品种退化严重。例如，湖北省的波尔羊种羊场等种羊场以前一直是省畜牧局直接管理，对于良种扩繁和推广具有系统和健全的组织基础。现在这个场转给湖北省粮油公司，整个繁育体系就基本上依靠市场维持和本地化，运作难度很大很困难。建议立项对波尔山羊、努比山羊进行选育。

（3）集成繁殖新技术开展规模化肥羔生产示范推广。在中国山羊肥羔生产受到市场欢迎，生产者的效益也很好。在一定区域内开展适度规模的肥羔生产，充分利用目前中国南方农区的耕作制度、分散的草山草坡和丰富的农作物副产品，推广统一的生产标准和疫病防控措施，可以显著提升南方肉羊的生产力和市场竞争力。应该鼓励饲养繁殖母羊，最好对种公羊和繁殖母羊给以与猪相当的政府补贴，100～200 元/头比较合适。否则，不能有效的组织起肥羔生产。同时，将同期发情、人工授精、频密产羔、超排和胚胎移植等繁殖新技术按需集成，在规模化羊场推广使用。这种产业化推广，对于各项技术将在规模化生产背景得到实用性评价，特别是技术成本、实际效果和技术切换成本，最终将技术组合优化为产业认同的技术模式。

2. 促进中国肉羊营养与饲料技术研发进展的对策建议

中国肉羊产业在 2014 年到 2016 年处于低谷，养羊的经济效益大幅度下滑，导致羊只存栏数急剧减少，初步估计减少幅度在 10%～20%。目前处于"买羊难"的局面，因此就产业发展提出以下 4 条建议。

（1）探索建立不同区域的肉羊养殖模式。结合中国农区、牧区、半农半牧区的特点，探索适应不同区域特点的规模化养殖模式、家庭牧场养殖模式，为肉羊产业的发展提出指导性的模式。

（2）建立稳定的饲草料供给体系。养羊的成本 60% 以上来自饲草料，饲料的质量和稳定供给决定了肉羊产业的市场竞争力。针对不同的区域建立稳定的牧草、农业副产品及饲料全年均衡体系。

（3）建立羔羊后备羊培育体系。羔羊好几后备羊的培育对于成年羊至关重要，决定了成年羊的生产性能、繁殖性能，从幼龄阶段入手进行培育，建立一套培育体系，将对整个肉羊产业有保障作用。

（4）长期的稳定的发展政策。肉羊的发展也存在着"锯齿形"的起伏，淘汰一些饲养和管理不合格的养殖场或个体户。但对于产业的发展，特别是对中国特有的品种，比如小尾寒羊、湖羊的品种进行保护和重点保护，列出专项给予支持。

3. 促进中国肉羊疾病防治技术研发进展的对策建议

加强动物疫病的防控是保障肉羊安全养殖的头等任务，根据当前国内羊病流行情况，应该做好以下 5 方面的工作。

（1）动物重大疫病（如口蹄疫、小反刍兽疫、布鲁氏菌病等）的防控应该坚持区域化管理和无疫区建设的策略。行业主管部门和各级政府应出台扶持性、激励性政策来倡导养殖企业积极主动地进行"无主要动物疫病示范场或无主要动物疫病创建场，简称两场"建设与申报。

（2）肉羊烈性疫病的防控在加强疫苗免疫措施的同时，更应注重采取疫病监测与净化措施。因此，要尽快研发出相关疫病早期快速诊断（如小反刍兽疫、羊痘等）、疫苗免疫与野毒感染（如布鲁氏菌病、口蹄疫等）鉴别诊断以及高通量筛查技术。

（3）应该进一步加强肉羊疫病流行病学调查，包括在边境地区开展野羊疫病的监测，与周边邻国加强疫情信息、防控经验等方面的交流与共享，以防范新发疫病的入侵。

（4）基于食品安全和环境生态的考虑，羊病防治药物不应过分依赖抗生素、抗菌药，而应重视研制植物药以及微生物制剂等绿色新药以及给药新技术。

（5）应该加强检测技术的标准制订与示范推广工作，重视技术的轻简化与实用性改造。

（6）即便是在布鲁氏菌病防控的一类地区，在通常情况下，应该慎用布病疫苗免疫措施，并严格做好从业人员的自身防护工作。

4. 促进中国肉羊屠宰与羊肉加工技术研发进展的对策建议

一是充分发挥龙头企业的带动作用，打造羊肉先进加工技术集成示范基地，推动羊肉加工实现标准化、智能化、高值化，优化现代肉羊全产业链模式，实现肉羊产业提质增效。二是鼓励肉羊屠宰加工企业提高机械化、自动化程度，降低人工成本。三是引导企业以市场为导向，开发调理羊肉、菜肴类羊肉制品以及羊骨粉等高附加值产品，提高企业经济效益。四是加大羊肉绿色加工技术推广与宣传，推动企业进行生产加工技术的绿色升级改造，提高羊肉产品安全性，降低能耗。五是政府立足地方特色羊肉，完善地方特色羊肉品质评价标准，培育地理标志保护产品，建立健全地方特色羊肉质量安全监管体系，打造地方优质羊肉品牌。

5. 促进中国肉羊生产与环境控制研发进展的对策建议

（1）加强政策支持，强化支撑保障。将畜禽良种补贴政策纳入全市现代农业产业发展项目管理：对符合条件的场点采取"以奖代补"的形式进行扶持。综上，政府应该加以专项政策资金，支持和引导生产主体建设污染治理设施，发展生态循环农业，促进畜禽废弃物无害化处理和资源化利用。

（2）深入推进规模化、标准化养殖。肉羊标准化生产有助于推进肉羊长夜的现代化、提高良种化率，饲草料利用率、生产生活环境和疫病防控水平等，因此，推行标准化养殖是加速肉羊产业发展必经之路。在推行的过程中，一方面要引导非禁养区小散养殖户有序退出，也鼓励经济基础较好、技术水平较高的小规模养殖户扩规模；另一方面，以生态化和标准化为引导方向，鼓励和扶持大中型畜禽规模养殖场普及自动喂料和自动饮水，自动清粪以及远程视频监控系统等，推广应用智能化环境控制等物联网设施和技术，实行精准生产、科学管理。

（3）强力推进畜禽养殖污染治理。一方面，开展全面调查，列出两个清单。根据环保部、农业部印发的《畜禽养殖禁养区划定技术指南》要求，以饮用水水源保护区、生态红线保护区域等为重点，进一步修订和完善禁养区的划定。按照养殖场的位置，规模、数量等等级进行分类，经全面调查，形成养殖户电子档案，排出禁养区确需管壁搬迁的养殖清单，列出非禁养区规模养殖治理计划表。另一方面，坚持目标倒闭，强力推进禁养区养殖场关停拆除。为防止出现重关停，轻后续管理、补偿不能及时到位等问题，组织对禁养区内已关停养殖场进行回头看，明确强化政策引导扶持、做好转产指导服务、建立日常巡查体系等长效管理机制。

（4）加强疫病防控、保障产品质量安全。大力开展肉羊重大疫病和常见病的诊断、检测技术与防治方法的研究和推广，通过国家财政和金融政策，调动科研单位、兽药生产企业研制和生产新疫苗、新兽药的积极性，满足市场对羊用疫苗及诊断试剂和专用药物的需求，为羊病防控提供技术和物资保障。

（肉羊产业技术体系首席科学家 金 海 提供）

2017 年度绒毛用羊产业技术发展报告

（国家绒毛用羊产业技术体系）

一、国际绒毛用羊生产与贸易概况

1. 2017 年国际绵、山羊存栏数稳中有增

目前，世界绵羊、山羊存栏量约为 21 亿只，其中绵羊 11 亿只、山羊 10 亿只。中国绵羊、山羊存栏量 3.1 亿只，居世界第 1 位，其次分别是印度 2.4 亿只、苏丹 0.97 亿只、尼日利亚 0.96 亿只、巴基斯坦 0.91 亿只，以及澳大利亚、新西兰和阿根廷合计为 1.0 亿只左右，国际上绵羊、山羊存栏数总体呈稳中有增。

2. 2017 年世界羊毛产量与 2016 年相比小幅上升

根据 2017 年国际毛纺织组织（IWTO）年会公布的数据资料，2017 年世界羊毛（净毛，下同）产量预计为 117.07 万吨，同 2016 年相比增加 2.41%。2017 年世界羊毛产量增加主要得益于澳大利亚羊毛增产，根据 IWTO 相关资料数据，2017 年澳大利亚羊毛产量增加量对世界羊毛产量增加量的贡献率达 60.73%。除此之外，在世界其他主要的羊毛生产国中，中国、印度、南非、蒙古国、乌拉圭等国羊毛产量较 2016 年预计均有不同程度的增长，阿根廷和英国的羊毛产量预计均与 2016 年持平，而新西兰的羊毛产量较 2016 年预计有所下降。各国羊毛产量变化原因有所不同。

受 2017 年世界细支杂交羊毛价格上涨的影响，澳大利亚绵羊存栏量增加，推动澳大利亚羊毛产量的提升，此外，澳大利亚主要绵羊养殖地区气候条件较好，使得澳大利亚平均套毛重量高于 2016 年水平，进一步促进了澳大利亚羊毛产量的提升；2017 年中国羊毛产量同比增长主要是由于中国羊毛市场行情较 2016 年有所好转，再加上中国相关产业政策的扶持，使得绵羊的养殖规模有所扩大，从而推动羊毛产量小幅增长；印度、南非和乌拉圭等国羊毛产量预计增加主要是受羊毛市场行情利好的影响，农牧民绵羊养殖积极性较高，带动相应各国羊毛产量出现不同幅度的上涨；蒙古国羊毛产量预计上升则主要得益于良好的气候条件，自然灾害较少，促进了绵羊存栏量增加，推动羊毛产量增加；2017 年世界粗支杂交羊毛价格整体疲软，新西兰农牧民养殖绵羊的积极性受挫，再加上羊肉价格维持在高位，绵羊屠宰量上升，进一步导致羊毛产量下降。

3. 2017 年世界羊绒产量预计同比小幅增加

主要原因有两方面：一方面作为世界最大的羊绒生产国，中国羊绒产量同比有所增加。根据国家绒毛用羊产业技术体系 2017 年的调研数据，绒山羊调研县（岢岚县、岚县、凤城市、盖州市和温宿县）羊绒总产量为 718.21 吨，较 2016 年小幅增长了 2.77%；另一方面，作为世界第二大羊绒生产国蒙古国，2017 年羊绒产量预计将达到 9 000 吨，较 2016 年增长 10%。中国和蒙古国的羊绒产量合计占世界羊绒总产量的 90% 以上，两国羊绒预计增产将带动世界羊绒产量的提升。

4. 2017 年世界羊毛贸易量较 2016 年预计将有所上升

根据国际贸易中心（ITC）的相关数据，2017 年 1—9 月，世界羊毛贸易量较 2016 年同期增长 5.76%。2017 年 1—9 月，在世界羊毛主要出口国中，澳大利亚、南非、英国和乌拉圭等国的羊毛出口量同比均表现出增长态势，涨幅分别为 4.54%、3.19%、5.78% 和 7.42%；而新西兰和阿根廷的羊毛出口量同比均出现下降，降幅分别为 9.11% 和 41.86%。在世界主要羊毛进口国中，中国自澳大利亚、乌拉圭和英国的羊毛进口量同比均上升；捷克自南非和英国的羊毛进口量同比均增长；印度自新西兰和南非的羊毛进口量同比均增加；意大利自澳大利亚和南非的羊毛进口量同比均提升；德国自乌拉圭的羊毛进口量同比均上涨；保加利亚自乌拉圭和阿根廷的羊毛进口量同比均增多。

5. 2017 年世界羊绒贸易量预计将小幅上升

由于中国集中了全世界 75% 以上的羊绒原料，羊绒加工量占全球 90% 以上，所以根据中国羊绒贸易量的增减可预测世界羊绒贸易量的变化。2017 年 1—11 月中国羊绒累计进口量 6 986.64 吨，同比增加 4.79%，累计出口量虽较少（为 0.10 吨），但仍高于去年同期，故预计 2017 年世界羊绒贸易量同比将会上升。

6. 2017 年世界羊毛价格总体表现为同比上升

2017 年 1—11 月世界最大的羊毛生产国中国的羊毛月平均价格为 79.09 元/千克（64S 国毛条和 66S 国毛条平均），与 2016 年同期的 69.98 元/千克相比，上升了 13.03%；澳大利亚东部、北部、南部、西部市场的羊毛年均综合价格指数同比上涨了 17.83%，南非市场的羊毛（细度 21 微米净毛）年均价格同比上涨了 3.16%；而新西兰市场的羊毛（细度 36~39 微米粗支杂交毛）年均价格同比下降了 36.83%。

7. 2017 年世界羊绒价格同比下降

根据中国畜产品流通协会提供的数据，2017 年 1—11 月世界最大的羊绒生产国中国羊绒（细度：15.5 微米，长度：30~32 毫米白色无毛绒）平均价格为 572.14 元/千克，较 2016 年同期下降了 3.22%，预计 2017 年全年中国羊绒平均价格同比下降，进而推断 2017 年世界羊绒价格也同比下降。

二、国内绒毛用羊生产与贸易概况

1. 2017 年中国细毛羊和半细毛羊存栏量增加，绒山羊存栏量略有下降

当前，中国绵羊、山羊存栏量 3.1 亿只，其中绒毛用羊占总存栏量的 70%。根据国家绒毛用羊产业技术体系对内蒙古、辽宁、山西、新疆和四川 5 省份 11 个旗县的绒毛用羊生产形势的调研结果，2017 年细毛羊调研旗县（敖汉旗、克什克腾旗、温宿县和拜城县）细毛羊存栏量为 109.64 万只，同比增加 0.80%；半细毛羊调研县（越西县、喜德县和普格县）半细毛羊存栏量为 23.50 万只，同比增加 1.03%；绒山羊调研县（岢岚县、岚县、凤城市、盖州市和温宿县）绒山羊存栏量为 108.18 万只，同比微降 0.72%。

2. 2017 年中国细羊毛、半细羊毛和羊绒产量均上升

上述调研数据显示，2017 年细毛羊调研旗县（敖汉旗、克什克腾旗、温宿县和拜城县）细羊毛总产量为 3 618.25 吨，较 2016 年增长了 5.17%；半细毛羊调研县（越西县、喜德县和普格县）半细羊毛产量为 764 吨，较 2016 年小幅增长了 0.13%；绒山羊调研县（岢岚县、岚县、凤城市、盖州市和温宿县）羊绒总产量为 718.21 吨，较 2016 年小幅增长了 2.77%。

3. 2017 年中国羊毛价格上升，羊绒价格下降

2017 年 1—11 月南京羊毛市场国产羊毛（64S 国毛条和 66S 国毛条平均）月平均价格为 79.09 元/千克，较 2016 年同期上升了 13.03%。年内国产羊毛月平均价格先由年初 1 月的 73.65 元/千克下降到 5 月的 72.48 元/千克，再上升至 8 月的 86.30 元/千克，此后羊毛月平均价格又有所下降，11 月收至 83.50 元/千克，与 2016 年同期的 70.75 元/千克相比，上升了 18.02%。根据中国畜产品流通协会提供的数据，2017 年 1—11 月中国羊绒（细度：15.5 微米，长度：30~32 毫米白色无毛绒）平均价格为 572.14 元/千克，较 2016 年同期下降了 3.22%。年内羊绒月平均价格先由年初 1 月的 591.5 元/千克上升到 3 月的 599 元/千克，再波动下降至 9 月的 550 元/千克，此后羊绒价格略有回升，11 月收至 581.5 元/千克，与 2016 年同期的 587 元/千克相比，下降了 0.94%。

4. 2017 年中国羊毛、羊绒进口同比均增加，羊毛出口同比减少、羊绒出口同比微增

据中国海关统计数据，2017 年 1—11 月，中国羊毛累计进口量为 31.30 万吨，比去年同期增加 7.76%；累计进口额为 24.65 亿美元，比去年同期增加 16.90%。2017 年 1—11 月，中国羊毛累计出口量为 0.96 万吨，比去年同期减少 28.51%；累计出口额为 0.45 亿美元，比去年同期减少 26.48%。2017 年 1—11 月，羊毛贸易逆差为 24.20 亿美元，比去年同期增加 18.19%。2017 年 1—11 月，中国羊绒累计进口量为 6 986.64 吨，同比增加 4.79%；羊绒累计进口额为 12 736.99 万美元，同比增加 7.57%。2017 年 1—11 月，中国羊绒累计出口量为 0.10 吨，累计出口额为 0.60 万美元，而去年同期均为零。2017 年 1—11 月，羊绒贸易逆差累计为 12 736.39 万美元，比去年同期增加 7.57%。

三、国际绒毛用羊产业技术研发进展

当前，国际绒毛用羊产业技术研究方向主要体现在以下 5 个方面。

1. 常规育种与现代生物技术的创新融合有效促进遗传改良及其产业化发展进程

羊毛、羊绒产量及品质性状的高遗传力水平和微效多基因控制的复杂性，决定了绒毛用羊分子育种面临的新挑战。2017 年，澳大利亚通过修订美利奴羊的选优、淘汰标准，对全群母羊进行评估；重视提高母羊繁殖率，并深入开展母羊、羯羊的选育试验，实现了美利奴羊羔羊断奶成活率提高 7%，母羊死亡率平均降低 30%。

根据美国农业部动物基因组最新数据库统计，当前最新绵羊参考基因组为 4.0 版本，共收录 239 个不同性状的 1 932 个 QTL，其中 2017 年共收录 QTL 596 个。最新山羊基因组 ARS1 版本由 Bickhart DM 等于 2017 年 4 月发表于 *Nature Genetics*，与之前山羊基因组组装版本（CHIR_ 1.0 和 CHIR_ 2.0）相比较，ARS1 更好的覆盖了超过 1kb 的重复序列，并且成功地组装出免疫基因区和大部分重复序列家族。

随着种质资源遗传改良技术的不断升级与创新利用，优质种用绒毛用羊选育、基于高通量测序检测单核苷酸多态性（SNP）的分子标记辅助育种、基因聚合效应、转基因、全基因组选择、以 *CRISPR/Cas*9 为代表的基因编辑、农业物联网中的 RFID 技术作为一种非接触的快速识别等技术全面应用于国际绒毛用羊育种领域，这些将常规育种与现代分子生物技术有效结合的创新利用研究，实现育种信息与电子智能化技术应用于绒毛用羊遗传评估，提高了育种的管理水平和数据处理能力；绒毛产量、品质与品种资源高效利用同步改良成为满足精细化、多元化育种目标，全面加速了国际绒毛用羊遗传改良及其产业化进程。

2. 饲料安全和资源高效利用技术的有机结合推动了产业绿色、健康发展

营养和管理对绒毛用羊生长影响较大，而营养受限是除气候条件之外最重要的造成绒毛用羊妊娠后期流产、羔羊体质差、死亡的原因，尤其是在牧区，营养因素引起的流产等问题更为严重。2017 年，国际上数篇报道显示，营养处理会影响羊毛、羊绒皮质层的分化，营养水平较高的绒毛用羊较限制性营养处理的毛绒较优，皮质细胞较大。另外，大量研究表明，微量元素的平衡摄入是确保绒毛用羊健康和最佳生长所必需的，绒毛品质与锌、硫和血清铜等含量显著相关，这将有助于指导配制营养型饲料，以期生产最佳毛绒质量的绒毛用羊。

在绒毛用羊饲料资源开发方面，发达国家大多有丰富的饲料谷物和油料资源，或者拥有丰富的牧草，机械化和产业化程度均很高，而对秸秆等粗饲料的开发利用主要是青贮；发展中国家多数都有着缺粮食或缺优质牧草的现状，牲畜饲料对秸秆等非常规饲料依赖性较大。澳大利亚的草食家畜非常发达，尤其以生产"澳毛"的细毛羊闻名全球，畜牧业90% 以上依赖牧草，而且相当注意保持生态环境，农牧区建设成花园式庄园。

从技术发展来看，国际上饲料资源与营养技术发展呈现的主要趋势有两个方面：一是饲料安全和资源高效利用成为饲料资源科学研究的热点问题；二是以生物技术、干燥技术为代表的高新技术在饲料资源开发中所发挥的作用越来越大。

3. 重大疫病监测与综合防治相结合有效保障健康养羊

基于 ScienceDirect 数据库的文献跟踪，2017 年度关键词为 "Sheep Disease" 或 "Goat Disease" 的文献共 1 778 篇，较 2016 年相比数量上略有上升。从研究内容上来看，主要包括羊的细菌和病毒性传染病、寄生虫病、媒介传播疾病以及生殖和营养代谢性疾病，而对羊细菌病的研究，主要集中于对炭疽、副结核、节瘤偶蹄菌、衣原体和致肠毒血梭菌上。巴基斯坦对土壤、羊毛、羊绒中炭疽杆菌芽孢的污染程度进行研究，结果表明：土壤是炭疽芽孢的主要来源，而山羊绒比绵羊毛有更多的芽孢。印度对伪结核的研究发现，印度绵羊群副结核阳性率达 100%。国际上有研究对不同品系绵羊的易感性进行了比较，通过口服接种副结核分枝杆菌，发现美利奴羊感染发病率最高达 42%，其次是美利奴与萨福克杂交一代羊发病率为 36%、博德莱斯特羊发病率为 12%、无角陶赛特羊发病率为 11%。

2017 年疫病研究中进展较快的仍然是适合大批量、低成本检测的血清学和分子生物学诊断等方法；疫苗研究则趋向于安全高效的新型基因工程疫苗、标记疫苗及多价疫苗研制，弱毒疫苗和灭活疫苗研究主要以提高安全性和免疫效果为主；此外，新型疫苗佐剂和免疫增强剂的研究成为热点。

通过采取有效的控制、净化措施，烈性传染病特别是人兽共患病发生几率较低，因而在疫病防控方面较为主动，防控主要以疫病动态监测和危险性评估预测为主；诊断技术研究向提高敏感性、高通量方向发展，较多关注影响公共卫生安全的人兽共患病和降低生产性能的疫病。发展中国家研究基础相对落后，疫病防控水平较低，因而在疫病流行病学和病原学研究方面投入较多；发达国家在羊重要疫病的诊断、控制及净化技术与方法等方面的研究处于领先地位，高度重视重大羊病的控制和消灭，从而有效保障健康养羊。

4. 重视粪污无害化处理与利用，加强圈舍及设施设备专门化设计，有效推动福利养羊

羊粪因其高热值及高含量营养成分而成为一项具有极大开发潜能的二次生物资源，基于此，中国与德国合作建立农业生物质废弃物的水热转化利用研究平台。绒毛用羊的粪便

可作为优质的有机肥料，具有干燥、轻小、易与收集等特点，并根据其含有的有机化合物和有益微生物，制成燃料、发酵沼气、堆腐施肥等用途。因此，探索切实可行的废弃物无害化处理和资源循环利用技术和模式对改善生态环境具有举足轻重的作用。

随着规模化标准养殖场的建立，国内养羊企业多数从单一的种羊饲养向集产、供、销一体的全产业链经营模式发展。对于羊舍设计的要求也从单纯的羊舍设计转变为对整个养殖场区的整体规划设计、相应配套设施的完善、大中小型生产设备与羊场整体建筑的配套。舍饲养殖中，由于地面空间和饲槽空间对羔羊采食、生长和应激生理都有一定的影响，那么，在羊舍设计上要求建设通风通光，冬暖夏凉的圈舍，推进福利养羊，生态养羊，设施设备的需求也从原来对养殖设施的需求逐渐发展为对全产业链溯源、跟踪、服务的需求。在运输和加工环节如何实现设施设备的智能化、自动化，完善及优化羊生产从生产、包装、储存、运输，到销售各环节中设施设备的优化是未来发展的方向。

5. 以重创新、严标准实现提质增效，促进供给侧改革，提升产品与技术的国际竞争力

羊毛、羊绒主产国具有健全和完善的繁育体系，品种优良，生产性能较好，产量较高，且有规范的交易市场秩序，建立了完善的拍卖制度，具有健全的市场交易规则，完善的质量监督管理体系，具有专业的质量检测机构，并制定了严格的质量等级标准，促进羊毛羊绒质量的提高。按照国际通行的公开，公正、公平的拍卖交易规则，在主要集散地建立拍卖中心，采用批次抽检的方法确定等级和价格，切实实现了优质优价。

针对目前国际绒毛消费高端市场的新趋势，绒毛加工产品转向功能性、高档化方向发展，对绒毛原料的细度、长度、强度、色泽等指标要求越来越高。在欧美市场，世界绿色环保组织发起对绒毛生产原产地绿色证书；在绒毛加工过程中，不得使用对人体有害的化学品，如洗涤、染色、后整理等工序必须符合欧盟产品的安全环保标准。而加拿大正在探索建立"碳交易市场"的管理模式。新西兰羊毛产业新技术多集中在羊毛抗皱缩性能研究，提高羊毛耐磨性、强度，改善羊毛的光泽度，以及建立新西兰羊毛产品的可追溯系统、羊毛制品回收等羊毛制品质量控制方面。

四、国内绒毛用羊产业技术研发进展

1. 优质、高产毛绒羊品种与种质资源高效利用的创新繁育技术不断得到强化

毛囊发生发育机制研究成为新重点，基于基因组、转录组、蛋白质组以及表观遗传学等不同组学的绒毛调控分子机制研究系统又深入，现代生物技术应用于绒毛用羊育种得到进一步发展、推广范围进一步扩大，明显加速了育种进程，已成为许多育种单位和企业的常规技术。利用分子标记辅助选择育种技术加速培育高产稳产、优质专用、安全高效、环境友好的新品种正逐步成为中国绒毛用羊育种的核心技术。

绒毛用羊多胎性能成为研究成为新热点，调整育种方向、目标和技术路线，培育和推广毛绒量高产、品质优、繁育多胎、适宜标准化养殖的新品种已成为绒毛用羊育种和生产的发展方向，也是绒毛用羊产业发展的核心。2017 年，中国选育了综合性状优良的新品种（系），新建一批绒毛品质优良和高效繁育的核心群。高产、质优的苏博美利奴、高山美利奴羊和布鲁拉等推广数量仍持续扩大，发挥了重要的增产作用。

2. 饲草料资源及轻简化效率形成机制与调控技术更加科学

随着各地近年来为保护生态环境做出的努力，可持续发展的观念深入人心，绒毛用羊的生产将更加注重草地生态的保护及利用，根据各地的生态状况将会形成多元化的养殖模式。在新型饲料原料和农副产品资源的开发领域，重视农副产品资源的深度开发和糟渣类农副产品加工下脚料的综合利用，运用现代的储藏技术、散运等运输技术、防霉技术、包装技术等新型技术得以充分发挥，以实现饲料资源的保质和有效降低流通成本，研究起点高、技术领先，同时达到环保的目的。

通过调查中国饲料资源存量，集成绒毛用羊常规能量和非常规饲料资源开发利用的关键技术成果，提高中国新型饲料资源开发与产业化水平，增加饲料资源供给，缓解饲料资源短缺的现状。利用微生物和基因工程等生物技术手段，筛选脱出有毒有害物质，提高消化利用率，建立节能型发酵工艺和设备，生产新型饲料；开发高效节能的新饲料资源防霉技术，研制成套设备，攻克各种资源储藏技术的应用难题。

3. 依靠生物控害技术提高绒毛用羊重大疫病综合防治水平

国内 CNKI（http://epub.cnki.net/）收录的数据显示：2016 年度国内中文期刊发表与山羊和绵羊相关的研究论文共有 236 篇，其中与绵羊或山羊疾病相关文献 115 篇，论文总数与 2016 年（337 篇）相比稍有降低，总体来说研究水平有所提高。主要研究内容为绵羊、山羊细菌和病毒病的诊断与防治，以及寄生虫和普通病的诊断和防控方法。

随着畜牧业转型升级，半舍饲、全舍饲养殖成为主要饲养方式，舍饲疫病防控/治技术研究成为主攻方向。2017 年在国家发布的"十三五"科技计划项目中涉及羊病防控研究和示范的课题增多，这将极大的推动中国羊病防控技术的发展。国内利用基因重组方法研制了多种多价疫苗和标记疫苗；研发了多种简便、快速和灵敏的诊断检测技术和方法。按照国家的中长期动物疫病防治规划，重大动物疫病控制和消灭计划开始全面实施，兽医工作从疫病防控向疫病防控和动物产品安全监管并重全面转变。

4. 大力发展以无害化和自动化为核心的集约化环境控制技术

资源化循环模式方面，目前农业部已将中国分成七大区域，因地制宜地选择九大模式对畜禽养殖废弃物资源化利用进行整县制推进。绒毛用羊规模化养殖以沼气和生物天然气为主要处理方向，以农用有机肥和农村能源为主要利用途径，全面提升畜禽养殖与粪污管理水平。利用农作物秸秆、饲草、尾菜渣等进行饲料加工，以本企业自身羊场和分散的羊场，收集的羊粪、沼渣、秸秆、尾菜榨汁等原料进行高温堆肥生产有机肥和沼气生产，利用生产的沼气用于锅炉、办公及附近居民用气。沼液和有机肥再用于当地特色农业种植施肥，构建了"高效农业种植+饲料加工+畜禽养殖+食品加工+有机肥生产+沼气集中供气+尾菜加工"产业链和循环农业模式。从源头减量、无害处理、资源利用三个重点环节入手，重点推广"种养结合""清洁回用"等技术模式，推动中国绒毛用羊养殖产业健康发展。

对高床漏缝式羊舍、塑料暖棚的设计、粪污处理以及饲养管理等所需的养殖设施、设备等进行了总结，为养殖者提供了羊舍设计的参考。随着计算机、通信、网络、物联网和云计算技术的发展和应用，中国的传统养羊业将改造为"专业化生产、标准化管理和规模化经营"的现代养羊产业，借助一些新兴的技术来帮助羊场管理。养羊生产的自动化程度不断提高，自动化生产关键技术及配套技术成果集中应用较多，规模化养殖场多能实现自动通风、自动清粪、自动饮水、自动消毒、自动控温、智能监控，采用全混合日粮技术和机械化上料技术。

5. 绒毛加工领域新技术继续得到规模化应用

中国是羊毛和羊绒生产大国与进口大国，同时还是羊毛制品和羊绒制品的消费大国与出口大国。在中国，毛纺工业高度市场化且产业链完整，能生产加工不同质量、各种品类的产品；随着毛纺行业日趋市场化和工业化，中国毛纺工业已经发展形成毛条、毛纱线、面料、毛毯、地毯、毛梭织、针织服装、羊毛被、毡制品等多品类、上下游产业链配套齐全的生产加工体系，其中 75% 以上的羊毛用于服装类产品。山羊绒作为中国唯一出口世界市场的畜产品，羊绒及制品主要出口欧洲、美国、日本及东南亚国家，约占同类产品的80% 以上。目前，以羊绒集团为龙头的大企业开始加速品牌国际化推广进程，形成了以内蒙古为主要羊绒原料和羊绒深加工基地，辐射宁夏同心、灵武，河北清河，浙江、广东、新疆和北京的羊绒产业格局。经过多年发展，产业链从单一的羊绒衫加工，发展到现在的全系列羊绒制品及服装加工，形成了完整的产业链条。

随着国家环保力度的不断加强，纺织行业更加注重绿色清洁化生产，而羊绒加工是纺织行业开展绿色产品评价体系的先行者和倡导者，2017 年 10 月，《绿色设计产品评价技术规范羊绒针织品》标准的发布，成为国家工信部开展的绿色制造体系建设工作中纺织类绿色设计产品系列标准中的试点示范。另外，纺织加工企业联合相关研究机构自主研发全自动新型羊绒分梳设备，与传统分梳设备技术相比，在加工同等数量羊绒原料情况下，人工成本可节省 60%，能源消耗降低 35%，综合经济效益提高 30% 以上。除此之外，建立专业研究机构致力于解决羊绒从分梳，纺纱到成品各个阶段的共性技术问题，将创新融入到羊绒产业链的各个环节。

（绒毛用羊产业技术体系首席科学家　田可川　提供）

2017 年度蛋鸡产业技术发展报告

（国家蛋鸡产业技术体系）

一、国际生产与贸易概况

1. 国际生产情况

美国蛋鸡存栏量继续保持增长态势，生产成本小幅降低。至 2017 年 11 月，美国蛋鸡存栏量达 3.1 亿只，同比增加 8.5%；1—11 月鸡蛋平均生产成本为每打 59.87 美分，同比减少 1.3%。1—11 月白鸡蛋平均零售价格为每打 57.6 美分，同比提高 8.6%。

欧盟鸡蛋产量略增，蛋价提高。据欧盟预测，2017 年欧盟鸡蛋产量约为 770.2 万吨，同比增加 0.5%；2017 年 1—11 月欧盟鸡蛋价格比上年同期提高了 43.1%。

日本蛋鸡养殖规模进一步扩大，鸡蛋批发价格提高。2017 年 2 月，日本蛋鸡存栏量达 1.361 亿只，同比增加 1.1%；养殖规模在 10 万只以上的农户占蛋鸡养殖总户数比例为 16.1%，比上年提高了 2.5%；2017 年 4—10 月日本鸡蛋平均批发价格为 203 日元/千克，同比提高 2.5%。

2. 国际贸易情况

美国加工蛋品出口量大幅增长，国内鸡蛋消费小幅增加。1—9 月美国蛋品出口量同比增加 26.7%，其中，加工蛋品出口量同比增加 73.3%，壳蛋出口量减少了 9.5%；人均鸡蛋消费比上年增长 1%。

欧盟鸡蛋出口量大幅减少。由于受到禽流感和毒鸡蛋事件的影响，欧盟鸡蛋消费量比上年减少 0.1%；1—9 月欧盟蛋品进口量为 15 779 吨，同比减少了 6.6%；蛋品出口量为 162 491 吨，同比减少 11.2%。

日本家庭鸡蛋消费量和进出口量均增加。2017 年 4—9 月，日本家庭鸡蛋消费量同比增加了 0.9%；1—10 月，日本鸡蛋和蛋黄进口量同比增长 6.6%，液体蛋进口量增长 6.1%，美国仍是日本第一大蛋品进口来源国；另一方面，日本蛋品出口额同比增加 13.9%，出口量同比增加 16.9%，达到 3 214 吨。

二、国内生产与贸易概况

1. 国内生产情况

2017 年是全面落实"十三五"规划的关键一年，蛋鸡行业努力克服年后蛋品消费疲软、H7N9 流感冲击等不利因素影响，加快产业结构调整，推动转型升级。全年蛋鸡产能加快调减，蛋价低位反弹，总体形势趋稳。

生产方面，中国蛋种鸡自主育种实力增强，种源供应有保障。2017 年 1—11 月中国在产祖代种鸡平均存栏同比增加 5.2%，在产父母代种鸡平均存栏同比增加 3.1%，蛋种鸡产能仍然维持过剩状态。由于 2017 年上半年鸡蛋价格大幅下跌，商品代蛋鸡存栏据此做出相应调整。1—11 月商品代蛋鸡平均总存栏同比减少 9.0%；虽然只鸡平均单产维持较高水平，但累计鸡蛋产量同比下降 6.9%。

市场方面，2017 年中国鸡蛋价格上半年断崖式下跌，下半年回升维稳。据农业农村部定点监测，蛋价于 2016 年中秋、国庆之后便开始持续回落，尤其是春节过后由于存栏过多、种蛋转商蛋、环保政策等因素影响呈现断崖式下跌，创下近 20 年新低，至 8 月蛋价才逐步回升，之后随着中秋、国庆双节临近，价格有所攀升，但节日拉动效应有限，随后蛋价有所下降，但维持在相对较高价位。

成本与收益方面，饲料价格和饲养成本保持较低价位，但只鸡盈利下降。据农业农村部定点监测，2017 年 1—11 月平均饲料成本和养殖成本同比均小幅下降 2.1%；由于前 7 个月蛋价断崖式下跌，持续亏损，全年只鸡盈利创下近 5 年历史新低，1—11 月累计只鸡盈利远远低于去年同期水平。

2. 蛋品贸易情况

中国蛋品贸易较上一年度呈现出蛋品贸易总量有所增加而总额略减的局面，蛋品出口额小幅减少，进口额小幅增加。2017 年 1—10 月蛋品贸易总额 1.554 亿美元，比 2016 年同期减少 0.12%，其中，蛋品出口额 1.552 亿美元，占蛋品贸易总额的 99.87%，比 2016 年同期减少了 0.25%；蛋品进口额为 114 442 美元，比 2016 年同期增加了 0.75%。

三、国际蛋鸡产业技术研发进展

1. 蛋鸡遗传改良技术研究

国际蛋鸡育种研究主要进展集中在以下三个方面。一是分子遗传学研究，主要涉及鸡全基因组研究和选育、优势基因挖掘与应用，抗病育种、基于 DNA 分析的公鸡早期选择方法等。二是福利养殖政策下蛋鸡育种新思路，如通过选育和环境控制技术延长蛋鸡饲养期，使其达到"100 周龄产 500 个蛋"；提高蛋鸡后期产蛋量和蛋品质；蛋鸡对产蛋箱和散养的适应性；如何通过选育降低蛋鸡啄羽或啄癖倾向等。三是遗传机制解析和表观遗传学研究，主要涉及鸡乌肤、横斑羽色相关基因的研究；表观修饰作用调控鸡胚胎期骨骼肌生长发育的遗传机制研究等。

2. 蛋鸡营养与饲料技术研究

目前，国际上相关领域的主要进展集中体现在两个方面。一是研究调节和改善动物营养代谢过程，从而增强动物自身的抗病力。以针对肠道微生物的功能及与营养代谢关系研究为主，研究认为肠道微生物与动物的脂肪代谢、免疫机能发育、营养物质吸收均有密切的关系；通过调节肠道微生物区系变化可以实现对相关机能的调节；能够有效调节肠道微生物的技术手段主要有植物提取物、益生菌、寡糖和酶制剂等，如何稳定植物提取物产品的质量和应用效果，以及明确益生菌的确切功能是目前的研究重点。二是以生态安全为目标研究利用营养平衡原理，减少或降低配合饲料中某一种或几种营养成分含量，以实现降低环境污染和节约资源的目的。主要针对 N、P、Zn、Cu 等元素的超量排放开展多方面的研究，欧盟首先提出了对 Zn、Cu 限量使用的标准，比以往要降低 20% 以上。

3. 蛋鸡疾病防控技术研究

目前，世界范围内的禽流感疫情形势依然严峻。根据世界动物卫生组织（OIE）提供的最新疫情报告，本年度共有 23 个国家报告了高致病性禽流感疫情，其中非洲和亚太地区分别有 8 个国家，欧洲有 7 个国家；H5N6 是亚太地区流行的最主要的血清型，而 H5N8 为欧洲流行的最主要的血清型。研究表明，野禽的迁徙是导致病毒传播和流行的主要因素，而不同血清型病毒之间通过基因片段交换产生新的重组病毒是病毒进化的最常见方式。

鸡传染性支气管炎病毒 QX 型毒株自 1996 年首次在中国青岛被发现以来，很快蔓延至全国甚至迅速传播到世界各地，目前 QX 型毒株在欧洲大部分国家已经成为危害最严重的基因型，其比例达 70%左右。

4. 蛋鸡生产与环境控制技术研究

蛋鸡福利型养殖系统是 2017 年美国和澳大利亚等国的主要研究热点之一。欧洲在福利型养殖装备的研发方面领先全球，目前已经实现福利养殖模式的蛋鸡生产性能普遍超过全套笼养水平，养殖栋舍规模不断扩大，正在从目前的每栋 8 万~10 万只发展到每栋 35 万只的大规模生产水平。蛋鸡行为和福利、养殖过程智能监控技术与产品追溯技术等是近年来欧美国家的研究热点。2017 年，精准畜牧技术、物联网和大数据技术等在蛋鸡养殖领域的应用又取得了较大进步。

粪便处理方面，欧美国家养殖场开始越来越多利用舍内排出空气进行鸡粪烘干，再结合自然发酵或制粒，生产有机肥。欧洲还出现了焚烧鸡粪的发电技术。此外，欧美国家在氮足迹、水足迹以及鸡粪抗生素和重金属处理技术等方面研究较多。

5. 鸡蛋加工技术研究

受消费习惯、消费结构等因素的影响，国际上许多国家在鸡蛋加工产品以及蛋鸡副产物利用方法等方面都与中国存在较大差异。欧美消费者已形成了消费冷藏包装的巴氏杀菌液态蛋的习惯，巴氏杀菌液体蛋制品在澳大利亚、欧洲、日本和美国已经占鸡蛋产量的 30%~40%，各种液态蛋产品的市场日臻成熟。除了液蛋外，国外还研究了用不同配料调制的液蛋产品，专门供烹调和焙烤使用。此外，国外还商业化生产了速冻全蛋液产品，已形成自动化液蛋加工流水线，如荷兰 MOBA 公司、丹麦 SANOVO 公司、法国 ACTINI 公司、美国 DIAMOND 公司、日本 NABEL 公司等，通过其鸡蛋清洁设备、高效灭菌技术、无菌灌装系统、冷链运输，能够使液蛋的贮藏期达到 10~12 周，广泛应用于保健食品、医药、食品行业。

6. 产业经济

当前，国际上蛋鸡产业经济研究重点主要集中在蛋鸡饲养模式评价研究、蛋鸡营销研究、蛋品安全性研究等方面。蛋鸡饲养模式评价研究，从利润、环境和人三个维度进行分析。利润方面，分别对传统养殖、大笼养殖、棚舍养殖、散养和有机养殖的投入与产出利润进行了比较；环境方面，研究了这些养殖模式的二氧化碳排放情况；以人为切入点的研究，主要从动物福利、食品安全和工人安全等进行了分析。研究认为最可持续的养殖方式是大笼养殖；开放蛋鸡养殖场能够消除消费者之前对养殖场的怀疑态度，有利于营造生产者和消费者双赢的状态，与消费者开放式的交流对于保持养殖场可持续发展非常重要。

四、国内蛋鸡产业技术研发进展

1. 蛋鸡遗传改良技术研究

国内蛋鸡遗传改良技术发展主要集中体现在地方遗传资源利用、品种创新与持续选育、优势基因挖掘三个方面。地方遗传资源利用方面，对藏鸡、茶花鸡、鲁西斗鸡等地方鸡遗传资源进行保护和开发利用，获得了丰富的育种素材；品种创新与持续选育方面，将蛋品质、饲料转化率、产蛋持续性等性状作为选育重点；分子育种技术方面，应用

GWAS、全基因组重测序、转录组测序等技术，筛选出与饲料转化率、卵泡数、冠色、黑色素生成、生长发育、精子活力等重要经济性状显著相关的候选基因，并将其运用到育种工作中；同时，开展了生产关键技术研究集成与推广，对蛋鸡育种和遗传改良工作起到了重要的推进作用。

2. 蛋鸡营养与饲料技术研究

蛋鸡养殖模式的改变带动了相应支撑技术需求的更新，营养与饲料技术的发展主要表现为三个方面：一是环境友好型饲料技术的需求趋势更加明显；二是更加需要精准的营养技术和在线饲料配制技术；三是鸡蛋品质需要不断改善。在环境友好型饲料技术的需求方面，首先，受耐药性普遍攀升问题的影响，中国对饲用抗生素禁用的态度日趋明确，研究有效的替代产品或技术成为今年广泛关注的焦点。其次，养殖场也开始主动选择饲用抗生素替代技术，并将"无抗养殖"作为自己的主要亮点。在精准营养与饲料技术方面，饲料营养价值的在线检测，并以此为基础开展精准饲料配制技术已经成为养殖场和饲料企业增加盈利的重要手段之一。在鸡蛋品质改善方面，目前关注较多的包括营养成分、货架寿命、蛋黄颜色、蛋壳质量等。其中最为重要的是蛋壳质量，另外，鸡蛋销售商开始关注功能鸡蛋，如富硒鸡蛋，DHA 鸡蛋等。

3. 蛋鸡疾病防控技术研究

2017 年国内高致病性禽流感疫情相对平稳，随着下半年开始 H7 亚型疫苗的投入使用，疫情得到有效控制，包括弱毒株的流行比例也大幅度下降，感染人的风险大大降低。针对国内流行的传染性支气管炎病毒的疫苗已经通过农业农村部兽药评审中心复核，即将取得新兽药注册证书。目前，滑液囊支原体感染在国内造成严重危害。研究表明，通过加强生物安全和合理用药可以大幅度降低鸡群感染阳性率，疫苗免疫的效果仍需要通过更长时间进行检验。

当前中国蛋鸡疫病的防控过分依赖于疫苗，使用疫苗的种类多、免疫次数频繁，严重影响了蛋鸡的生产性能和养殖效益。随着中国蛋鸡养殖的规模化、标准化水平提高，鸡场生物安全意识和生物安全措施得到了明显增强，推进"免疫减负"的条件已经成熟，且十分必要。

4. 蛋鸡生产与环境控制技术研究

2017 年，中国蛋鸡养殖设施装备技术水平得到了较大提高，在提高建筑的保温隔热性能和密闭性、蛋种鸡本交笼设备、优化湿帘降温系统、研发智能装备和控制技术、建设大数据信息采集平台和生物安全体系等方面都取得了实质性进展。中国自主研发的蛋鸡福利型网上立体散养技术与装备在总结前期工作的基础上进行优化升级，形成了第三代养殖系统。

越来越多的养殖企业开始关注养殖场的臭气问题，采用过滤、水洗等技术处理效果并不理想，经济、有效的除臭技术需求迫切。

鸡粪罐体发酵处理技术发展迅速，河北、山东、四川等地用户数量增长较快。该技术的主要技术"瓶颈"是鸡粪需要添加辅料降低含水率，而辅料的来源和成本问题限制了该技术的应用。

5. 鸡蛋加工技术研究

中国鸡蛋加工技术尚处于开发与创新阶段。首先，随着消费者对鸡蛋营养价值认识的加深，对高品质鲜蛋的消费需求和消费能力不断提高。其次是再制蛋，如卤蛋、白煮蛋、松花蛋、咸蛋、糟蛋等企业标准化生产及加工水平不断提升。另外，蛋中含有的生物活性成分如溶菌酶、卵磷脂、蛋黄油、卵黄抗体（IgY）等既可以作为医药工业原料、第三代保健食品的原料及功能因子、食品添加剂，也可以用作生物化工产品，经济效益增加。

随着鸡蛋加工设备和技术的不断引进，蛋品加工企业数量和技术水平不断提高，蛋液、蛋粉、冰蛋、蛋干产量逐年增加。利用现代蛋制品的品质质量提升与安全控制新技术，开发适合不同食品加工过程及终端消费的多元化系列蛋粉，研制高值功能性新型蛋制品，开发适合人群特点功能化和休闲化蛋制品是蛋品加工的主攻方向。

6. 产业经济

伴随着中国居民消费升级，蛋鸡产业进入加速转型升级期，国内学者对蛋鸡产业经济的研究越来越多，其主要集中在供需平衡与价格预测、技术应用评估与效率提升、国家政策实施与产业发展等方面。在中国环保政策越来越严苛的条件下，对蛋鸡产业来说既是机遇又是挑战，应从追求经济效益为主过渡到以追求经济效益和生态效益并重的发展模式上，未来蛋鸡产业的约束性政策将不断增强、扶持性政策更加系统化，蛋鸡产业进入加速转型升级期。

（蛋鸡产业技术体系首席科学家　杨　宁　提供）

2017 年度肉鸡产业技术发展报告

（国家肉鸡产业技术体系）

一、国际肉鸡生产与贸易概况

2017 年全球鸡肉产量呈现显著增长的态势，扭转了 2016 年下滑的局面。鸡肉产量可能达到 9 018 万吨，增长率 1.21%。但增长放缓，低于 2010—2015 年平均增长水平（2.60%）。预计 2018 年全球鸡肉产量基本维持低增长的态势，生产量有可能达到 9 128 万吨，增长率 1.22% 左右。

全球鸡肉生产仍以美国、巴西、欧盟和中国产量最高，分别为 1 859 万、1 325 万、1 170 万和 1 160 万吨。新兴经济体国家印度、俄罗斯和墨西哥增长最为强劲，分别达到了 440 万、387 万和 340 万吨。中国下降至 1 160 万吨，比上年下降 5.69%，下滑趋势仍很显著。泰国、印度、墨西哥和俄罗斯保持较高的增长态势，分别达到了 6.74%、4.76%、3.82% 和 3.75%。美国和巴西增长率也分别达到了 1.83% 和 2.63%。欧盟增长了 1.45%。

鸡肉进出口贸易虽然表现为同步增长，但增长明显放缓。全球鸡肉出口量将达到 1 108 万吨，比去年同期增长 3.69%，出口增长明显放缓。巴西、美国、欧盟和泰国成为出口大国，分别为 400 万、309 万、125 万和 77 万吨。预计 2018 年全球肉鸡出口还会保持增长，预计达到 1 144 万吨，增长率达到 3.29%。鸡肉进口量会达到 905 万吨，比去年同期增长了 1.24%。与同期全球鸡肉出口增长放缓相对应，鸡肉进口增长与出口保持同步，进口增长明显放缓。预计 2018 年鸡肉进口量可能达到 927 万吨，增长率为 2.48%，显著低于 2016 年 4.04% 的增长幅度。

乌克兰、土耳其、阿根廷和泰国出口增长最快，增长率分别达到 27%、22%、17%、12%。巴西仍是出口增长最高的国家，增长 2.85%。其次为美国，达到 2.55%。

鸡肉进口增长最快的国家和地区为古巴、阿拉伯联合酋长国和中国香港，增长率分别为 29%、15% 和 13%。同年中国肉鸡进口增长较快，增长率达到了 4.65%。进口肉鸡最多的国家仍为日本、墨西哥和沙特阿拉伯，分别为 100 万、75 万和 78 万吨。亚洲仍然是肉鸡进口最多的地区，约占全球肉鸡贸易量的 39.39%。

二、国内肉鸡生产与贸易概况

2017 年中国鸡肉产量又下了一个台阶，为 1 160 万吨，比上年同期下降了 5.69%。预计 2018 年中国肉鸡生产还会持续减少，但下降幅度将会有所收敛，产量可能会下降到 1 100 万吨，预计比上年下降 5.17%。消费量 1 165 万吨，比上年同期减少 5.62%。预计 2018 年中国鸡肉消费还将呈现下降趋势，预计 1 110 万吨，预计下降 4.76%。

2017 年中国鸡肉出口 40 万吨，比 2016 年增长 3.63%。预计 2018 年肉鸡出口 39 万吨，下降 3.75%。肉鸡进口 45 万吨，比去年同期增加 4.65%。预计 2018 年肉鸡进口可能会达到 48 万吨，增长 6.67%。

三、国际肉鸡产业技术研发进展

1. 遗传资源与育种

（1）遗传资源。利用下一代测序和基因分型阵列技术，意大利学者对 7 个地方鸡遗传变异和群体结构进行了对比分析。通过分析美国六个群体的 21 个微卫星标记，发现不同群体间具有较高的遗传相似性。芬兰学者构建了一种新型 SNP 微阵列，对 12 个品种 MHC-B 区域的 90 个 SNP 位点进行检测，发现不同品种间 MHC-B 区域存在高度多态性。

（2）育种技术。基因芯片技术在育种实践中的应用越来越广泛，基因组选择对加快遗传进展起到了积极的促进作用，常规统计学、标记辅助选择等方法继续发挥基础性作用，重要经济性状遗传基础研究仍是热点。统计计算方法在肉鸡育种上得到了深入研究和应用。提出一种基于实验数据的时间函数作为描述生长进展的正弦函数；采用熵值分析法对染色体数据进行分析；分析肉鸡品系的高密度 SNP 数据以检测已实施选择的基因组区域特征；基于信息学理论中的数据压缩概念，使用 gzip 软件估计了标准化的压缩距离（NCD），并构建了关系矩阵（CRM）；提出一种预测杂种表现的基因组育种值估计的可靠性预测方程；对肉鸡饲料转化率的基因组预测准确性进行了估计；进行了包含非加性遗传效应的全基因组关联分析；比较了基于连锁分析（LA）和连锁不平衡（LD）的两种不同基因组相关矩阵（GRM）在育种值估计和模型准确性方面的表现。此外，表型测定技术，以及基因组学方法在重要经济性状的遗传基础研究上也得到了广泛应用。

2. 营养与饲料

（1）非营养性添加剂。植物提取物、多糖、寡糖、益生菌、酶制剂等的研发，仍是国际热点。日粮中添加睡茄提取物，可缓解肉鸡炎症性肠病，提高绒毛宽度；添加葡萄籽提取物能增加还原型谷胱甘肽含量降低鸡肉组织中丙二醛含量。在益生菌方面，日粮中添加植物乳杆菌可增加肠道绒毛高度；添加植物乳杆菌、嗜酸乳杆菌、芽孢杆菌制剂等能改善肉鸡的肠道微生物组成。在酶制剂方面，单品种酶的应用研究主要集中在木聚糖酶、植酸酶和蛋白酶的在肉鸡中的应用效果及其机理。而复合酶的应用研究主要关注植酸酶与 NSP 降解酶等的配合使用，以及复合碳水化合物酶及其与蛋白酶的配合使用对肉鸡的生长和饲料原料的利用等的效果。

（2）营养性添加剂。矿物质元素营养方面，添加适宜水平的锌和锰可提高注射脂多糖肉鸡的抗氧化和免疫功能；添加纳米硒可缓解肉鸡肺动脉高血压综合征的发生；有机硒、铬和锌的添加可降低 HSP-70 mRNA 的表达；吡啶甲酸铬和纳米铬均可改善生长后期热应激肉鸡的生长和体液免疫功能。另外，高水平非植酸磷可对后期肉鸡的磷利用产生不利影响。α 和 γ 生育酚分别参与肝脏脂质体和胆固醇代谢，以及机体的炎症与免疫功能的调节。合成的和天然的维生素 E 均能提高环磷酰胺诱导的免疫抑制肉鸡抗氧化功能。添加 α-硫辛酸可减少氨气毒性，改善机体抗氧化系统及异生物质代谢能力，恢复肉鸡生产性能。

3. 生产与环境

（1）环境因子。研究探讨环境因子，包括温度、湿度、光照和有害气体等，从生理生化和基因表达水平影响肉鸡健康的机制。通过日粮补充酶处理的青蒿，缓解热应激导致的肉鸡肠道炎症反应，提高肠道黏膜屏障功能；添加抗菌肽减轻肠道损伤，保持肠道正常结构，吸收功能和黏膜免疫功能，有效缓解热应激对肉鸡的不良反应。规模化商品代肉鸡舍内选择暖白光 LED 灯更节能，并能提高肉鸡的免疫功能；每天 23 小时蓝光和绿光条件下可以提高肉鸡的生长性能和福利，减轻压力和恐惧反应；日粮添加 300 毫克/千克 α 硫辛酸，可以通过维持抗氧化系统、异生素代谢和代谢通路，提高抗氧化能力，缓解氨气毒性应激。鸡舍环境监测主要集中于氨气、甲烷等有害气体。

（2）废弃物处理和节能减排技术。2017 年国外在废弃物处理和节能减排的研究主要集中在以下四方面：①对肉鸡养殖臭气和排泄物中重金属的风险评估；②饲料减排技术，运用氨基酸平衡原理减少饲料粗蛋白水平、应用饲料添加剂如植酸酶、益生菌、吸附型矿物添加剂和有机微量元素等，通过提高养分利用率，减少使用量从而达到减排效果；③养殖过程减排技术，利用新型除臭措施、垫料除臭剂（磷酸盐、喷洒酶制剂和脱硫石膏）等，通过抑制排泄物中氨氮分解菌或脲酶活力，增加鸡粪氮、硫的固载量，减少氨气和硫化氢等臭气的排放；④养殖末端废弃物处理技术，通过堆肥及其优化技术，鸡粪与污水的循环处理利用技术，粪污与其他工业废弃物生产生物柴油和沼气等，从而减少废弃物的排放。

4. 疾病防控

（1）病毒性和细菌性疾病。据 OIE 报道，2017 年世界各地已经有 58 个国家和地区的家禽或野鸟发生了 H5 亚型禽流感疫情，覆盖 17 个国家或地区，病毒类型主要为 H5Ny（N1、N2、N3、N5、N6、N8 和 N9）等。H7 亚型禽流感主要出现了 H7N9、H7N3 和 H7N1 亚型，H7Ny 疫情涉及（N3、N6 和 N9），共计 9 起涉及 5 个国家，其中 H7N9 亚型流感对中国造成了巨大影响，美国也发现了 H7N9 亚型流感，而阿尔及利亚发现了 H7N1 亚型禽流感，墨西哥发现了 H7N3 亚型禽流感。

通过突变分析研究发现 H7 HA 获得人型受体特性是由于三个氨基酸的突变，赋予了类似于 2009 人 H1 大流行病毒特异性的人型受体的特异性开关，并促进了对人气管上皮细胞的结合；通过研究野鸟分离的 H7 病毒致病潜力，发现 H7 型 LPAIV 能够在未经事先适应的情况下感染和导致哺乳动物致病，从而造成潜在的公共健康风险。沙门氏菌、空肠弯曲菌、李斯特菌等仍是引起人类细菌性腹泻的主要病原，鸡肉制品是食源性细菌病病原的重要存储器。抗菌素耐药性（AMR）已经成为了世界性的健康问题。减少、甚至不用抗生素，降低药物残留、降低细菌耐药性，已成为世界肉鸡细菌病防控和研究的主要趋势。

（2）禽病防控技术和策略。诊断手段是预防禽病重要的环节，目前除了应用广泛的 ELISA 和各种 PCR 等方法以外，许多新技术例如微阵列和生物传感器等纷纷尝试用于诊断病毒性疾病，主要发展趋势是以高通量、快速、高特异性为主要方向。由于疫苗免疫是防控禽病最有效的手段，不论是新发传染病还是"旧病新发"，方向都是研发安全稳定的新型疫苗和安全高效新型佐剂技术。

5. 鸡肉加工

世界鸡肉加工业不断采用新理念和新技术，更加注重安全控制。研究发现，类 PSE 鸡胸肉具有 29 种差异表达的蛋白质；木质化鸡胸肉的糖酵解酶、盐溶蛋白含量含量显著降低；自由水含量升高，表层部分蛋白粒径增大。肌原纤维凝胶特性有差异；超高压条件下热处理能显著改善鸡肉肉糜的保水性和质构特性。鸡汤中主要的滋味呈味是氯化物、IMP 和一些寡肽类等滋味物质，主要的气味物质是醛类、醇类和呋喃类。此外，对物理和化学处理如何改善鸡肉品质也进行了研究，如电击晕频率及电流波形处理、近红外光谱可用于鸡肉品质快速分级、食盐添加量、低压高频、结合高压低频处理、激光光谱技术，傅里叶变换红外光谱结合拉曼光谱，以及质子转移反应质谱等。

四、国内肉鸡产业技术研发进展

1. 遗传资源与育种

建成了国家家禽遗传资源动态监测管理平台，举办了全国畜禽遗传资源动态监测培训班。采用微卫星标记、mtDNA D-loop 区序列、重测序技术分别对中国地方鸡种进行了遗传多样性、群体基因组学和系统进化研究。研制出中国首款鸡 55KSNP 芯片，已成功应用于白羽肉鸡饲料报酬等重要经济性状 GWAS 分析；开展了表型组学技术和方法用于肉鸡新品种（配套系）选育的研究，并已将表型组学技术方法应用于优质肉鸡育种实践中。

2. 营养与饲料

在营养性和非营养性添加成分对肉鸡性能的影响方面，添加益生菌和益生素、氨基酸、复合有机酸钙、酵母硒、维生素 E 等效果同国际研究进展；在饲料资源的开发与其营养价值评定方面，对高粱和玉米；混合油脂、酒糟和菜籽粕等的饲用价值进行了评价。继续对中国黄羽肉鸡或地方品种的营养需要深入开展研究。

3. 生产与环境

同国际研究同步，开展肉鸡养殖最适环境因子参数、抗应激及改善环境的添加剂的研究。确定日粮中蛋白质、磷含量及微量元素的最佳用量，实现从源头减排；通过采用鸡舍氨气净化设备及最新除臭技术，提高鸡舍内外环境质量；通过对排泄物中氨氮分解菌进行筛选，在堆肥中加调理剂减排臭气，在堆肥过程使用钝化剂减排重金属，超高温堆肥或湿热预处理优化堆肥工艺，减少氮损失，实现鸡粪肥料化。

4. 疾病防控

中国在禽流感致病机制和诊断方法方面取得重要进展。发现人 H5N6 感染的流行病学特点和严重程度与 H5N1 的基本一致，而 H7N9 的感染程度较轻，持续的人感染 A 型流感病毒仍然是大流行性流感重要风险；华南农业大学等在 *Journal of Virology* 发表的文章，揭示了新型高致病性 H7N9 亚型流感病毒的起源和演化过程，并对变异毒株对家禽和哺乳动物的致病性进行了细致研究。检测高致病性 H7N9 的荧光 RT-PCR 试剂盒于 2017 年 1 月研发成功，重组禽流感病毒（H5+H7）二价灭活疫苗已广泛应用。免疫抑制病病毒机制方面，国内团队首次发现了 J 亚群禽白血病病毒感染宿主的细胞受体。

5. 鸡肉加工

国内鸡肉加工业强化转型升级、质量提升和出口力度。2017 年，鸡肉品质的基础研究和技术动态蓬勃发展，研究了木质化鸡胸肉生肉及熟肉肉质分析的特征参量；黄羽肉鸡新鲜度评价标准，以及不同加工工艺对鸡肉品质的影响等。

（肉鸡产业技术体系首席科学家　文　杰　提供）

2017 年度水禽产业技术发展报告

（国家水禽产业技术体系）

一、国外水禽生产与贸易概况

依据中国畜牧业协会与世界粮农组织（FAO）提供的数据分析及国家水禽产业技术体系的统计，2017 年世界肉鸭出栏量约 46.8 亿只。其中，亚洲占 84%，欧洲占 12%，美洲与非洲占 4%，而中国肉鸭出栏量约占全球总量的 74.2%。全世界肉鸭出栏量排名前 10 位的国家依次是中国、越南、缅甸、法国、泰国、马来西亚、孟加拉国、印度尼西亚、韩国和埃及。2017 年世界肉鹅出栏量维持在 6.2 亿只左右。其中，亚洲占 95.1%，欧洲占 2.8%，美洲与非洲占 2.1%。根据联合国粮农组织数据推算，中国的肉鹅出栏量占全球的 93.2%。其次是埃及和匈牙利。目前，全球禁止生产鹅肥肝的国家包括：阿根廷、捷克、丹麦、芬兰、德国、爱尔兰、以色列、意大利、卢森堡、荷兰、挪威、波兰、瑞典、瑞士和英国。这些国家只禁止生产，并不禁止销售。而印度是全球唯一全面禁止鹅肥肝生产和销售的国家。

根据 FAO 和海关总署的数据估算鸭鹅肉产品的进、出口情况，2017 年主要进口国鸭肉及鸭肝进口总量为 29.2 万吨，鹅肉及相关产品进口总量 6.5 万吨，进口活鸭约 4 900 万只。中国是世界鸭肉进口量最大的国家，进口量达 4 万吨以上，其次是德国、萨特阿拉伯、法国、英国、捷克、丹麦、俄罗斯、西班牙、比利时和日本。鹅肉进口量前 10 个国家有德国、中国、法国、俄罗斯、捷克、奥地利、贝林、丹麦、斯洛伐克和意大利。

主要进口国在 2017 年同时出口的鸭肉和鸭肝总量为 37.4 万吨，鹅肉及相关产品出口总量 6.5 万吨，出口活鸭 2 900 万只左右。中国是世界鸭肉出口量最大的国家，其次是匈牙利和法国。鹅肉出口量最大的国家是波兰，其次是匈牙利和中国。活鸭出口量最多的国家是捷克，其次是马来西亚和法国。

疫病对水禽产品贸易影响极大。2017 年 1 月法国西南部家禽养殖遭遇到了新一轮的 H5N8 禽流感袭击，当地的鹅肝酱销量几乎全部停滞。2017 年 10 月韩国禽流感疫情爆发，11 月德国下萨克森州发生 H5N2 低致病性禽流感疫情。2017 年年初至今，意大利全国范围共爆发 76 次禽流感，疫情疫病的发生，导致这些国家的水禽农产品进出口贸易受到严重阻滞。2017 年美国由于禽流感爆发，中国禁止了从美国进口禽肉。

二、国内水禽生产与贸易概况

中国水禽产业在 2017 年出现较大震荡，政府出台严格的限养政策，强行拆除了大量不合格养鸭棚舍，导致了当年肉鸭出栏量大幅缩减。但是此举促进了养鸭业转型升级，并在健康养殖、标准化与生态养殖方面取得了显著成效。在消费方面，饲养周期长、肉品质好、安全系数高的水禽产品日益受到消费者的青睐。

根据对全国 22 个水禽主产省（区、市）2017 年水禽生产情况的调查统计，全年商品肉鸭出栏 31.78 亿只，较 2016 年减少 1.46%；肉鸭总产值 880.25 亿元，较 2016 年提高 18.05%。在出栏的商品肉鸭中包括白羽肉鸭 25.24 亿只、麻羽肉鸭 3.71 亿只、番鸭与半番鸭 1.83 亿只、淘汰蛋鸭 0.995 亿只；鸭蛋产量为 319.04 万吨，较 2016 年下降 18.30%；蛋鸭总产值 307.57 亿元，较 2016 年下降 24.61%。商品鹅出栏 5.44 亿只，比 2016 年增长 4.99%，肉鹅产值 447.21 亿元，比 2016 年增长 22.82%。水禽产业总产值 1 422.80 亿元，较 2016 年下降 6.25%。受政府严格控制环境措施的影响，2017 年肉鸭出栏量和鸭蛋产量显著下降；肉鹅出栏量与产值双增。相对而言，肉鹅产业规模具有较大的上升空间。

从水禽产品价格来看，鸭肉产品的价格在 2017 年上半年异常低迷，商品代白羽肉鸭雏的供应量为 16.13 亿只，平均价格为 1.45 元/只，同比下降 33.05%，而种鸭场的雏鸭生产成本一般为 2 元/只，行业亏损严重。从第三季度开始，价格回升迅速，并持续上涨，需求旺盛。7 月份市场鸭苗价 2.17 元/只，8 月份 3.16 元/只，直到 12 月底，雏鸭价格一直维持 3.5 元/只以上，导致种鸭场全年盈利。毛鸭价格在 2017 年上半年非常低迷，均价 5.93 元/千克，同比降低 8.06%，而 2016 年毛鸭盈亏平衡点为 7.2 元/千克。2017 年下半年大量养殖户的鸭舍被地方政府强拆，产业迅速萎缩，导致鸭分割产品综合售价达到 10 179 元/吨，时隔五年再度突破万元大关。

根据海关总署的数据，2017 年中国出口鸭肉和鸭肝 10.56 万吨，出口鹅肉 1.96 万吨。中国水禽产品出口量的 70%~90% 面向中国香港和澳门地区、日本、韩国市场，对欧美出口较少。鹅肉的主要出口对象是中国的香港和澳门。鸭绒、鹅绒的出口量近年增长较快，2017 年，中国出口原毛 47 332 吨，出口额 5.23 亿美元；羽绒及制品出口总额 32.91 亿美元。中国羽绒主要出口对象是欧洲、美国、日本、韩国和中国的台湾地区。2017 年世贸组织认定欧盟对鸭肉产品采用的关税配额分配方法违反世贸规则，限制了鸭肉产品的自由贸易。

在国际市场上，中国不仅是世界水禽第一生产大国，同时也是水禽产品的第一消费大国。中国每年从美国和韩国进口少量鸭肉，从匈牙利和波兰进口少量鹅肉。由于法国 H5N1 禽流感的侵袭，中国已禁止从法国进口鹅肝。2017 年，按照国家质检总局要求，中国暂停进口波兰和智利的禽产品，禽肉的进口量下降。以天津口岸为例，2017 年 5 月份的禽肉产品进口量下降到 370 吨，月均进口量约为 700 吨。而 2016 年月均进口量将近 3 000 吨，单月进口量 2 次突破 5 000 吨。多米尼加共和国 2017 年 10 月爆发低致病性 H5N2 禽流感，香港食物环境卫生署食物安全中心及时暂停从该国进口禽肉及禽类产品。

三、国外水禽产业技术研发进展

畜禽遗传资源保护与利用技术、基因定位与功能鉴定、提高家禽的生产性能与抗病性能一直是遗传育种领域的重要课题。发达国家的育种技术研发、新品种培育研究已经从大学、科研单位转向企业。企业是畜禽品种选育的主体。但是，家禽育种技术进展缓慢，由常规育种向"全基因组选择"遇到了无适宜性状可选的"障碍"。基因组学、转录组学和蛋白组学是研究热点，而有理论与实际应用价值的成果鲜见。

在疫病防控方面，世界上第一款家禽基因芯片在新加坡问世，可同时检测 9 种主要家禽疾病。Cherry etal 研究发现，调节炎症细胞因子的表达能降低鸭感染鸭疫里默氏杆菌（*Riemerellaanatipestifer*，简称 RA）。因此认为，炎性细胞因子与鸭子的 RA 杆菌感染有密切的联系。

在养殖技术方面，美国研发了家禽养殖设施与通风系统，叠层笼养最高可以达到 12 层，每个禽舍都有大型通风设备，在禽笼之间有小的管道送风，环境控制系统实现了智能化；福利养殖在欧洲发展迅速。包括欧盟的蛋禽栖架饲养模式，荷兰家庭牧场蛋禽散养模式等。

在养殖环境控制方面，国外已经实现了在家禽舍严格控制光照、温度和粉尘。最新研究表明，间歇光照可能比 16 小时持续光照效果更好。国外禽舍内温度波动一般不超过 2℃，以降低家禽的应激反应和发病率。空气环境净化与高效消毒技术对家禽健康十分重要，发达国家开发了"新型微酸性电解水"高效消毒工艺与设备。以自来水为主要原料，加稀盐酸电解使用，设备制造和生产运行成本低，生产效率高。新型微酸性电解水高效、广谱、杀菌效果稳定，且杀菌后还原为普通水，无任何残留和污染，属于绿色环保杀菌消毒剂。

四、国内水禽产业技术研发重要成果

在遗传育种方面取得的成果包括：①采用重测序技术，研究了肉鸭的饲料转化率和胸肌重、蛋鸭的饲料转化率和青壳性状、肉鹅就巢性、脂肪沉积、豁眼性状等性状的主效基因，发现了多个与上述性状相关的候选基因或致因突变位点。同时开展了基因功能研究，揭示了水禽在生长发育、脂肪代谢、羽绒生长等方面的遗传特性。②探明了鸭蛋壳超微结构与蛋壳强度的关系，建立了蛋鸭抗逆、肉鹅肉品质等性状多指标评价模型。③建立了 4 个瘦肉型北京鸭配套系、2 个肉脂型北京鸭配套系、4 个小体型肉鸭配套系、2 个蛋鸭配套系、3 个肉鹅配套系、3 个番鸭与半番鸭配套系，并在全国主要水禽产区进行中试推广。

营养与饲料技术方面：①开展了 20 多种饲料营养价值评价和利用技术研究；评估了酶水解能与鹅、鸭代谢能的关系，建立了酶解能仿生消化测定方法和测定技术规程，测定了鹅常用 10 种饲料原料酶水解能，为水禽酶解能数据库的建立打下了良好的基础。②开展了麻鸭、番鸭代谢能和蛋白质需要量研究；评价了商品代北京鸭胆碱和赖氨酸需要量，比较了鸭 DL-蛋氨酸与 L-蛋氨酸的相对生物学效价；研究了能量摄入量对种鸭育成期生长性能及卵巢发育的影响。③初步研究了成年蛋公鸭能量、氨基酸、钙和磷利用率；开展了鹅烟酸、VK3、碘和亚油酸营养需要量研究；制定了《商品肉鹅营养需要量》地方标准。

在疫病防控方面：①明确了各疾病病原的血清型或基因型分布情况和病原变异情况，形成了中国肉鸭、蛋鸭和肉鹅疫病流行趋势和防控技术建议报告，充实了《水禽疫病病原与流行数据库》。②制备了坦布苏病毒、鸭甲肝病毒、鸭星状病毒的单抗，研制了坦布苏病毒的胶体金试纸条及抗体间接酶联免疫吸附测定（enzyme linked immunosorbent assay, ELISA）诊断试剂盒，建立了鹅细小病毒的胶体金检测方法、新型鹅细小病毒的 ELISA 检测方法。③构建了坦布苏病毒和细小病毒的感染性克隆，分析了突变的生物学效应。

在环境控制技术方面：①创新了肉鸭舍卷帘通风和管道通风系统。建立了蛋鸭规模笼养、网上养殖、全网床圈养技术和鹅集约化生产关键技术；②研究了杂粕酶、混合糠、椰子粕、植酸酶和青贮苎麻使用技术。③观察了笼养条件下蛋鸭的生理反应和生产性能。④开展了鹅繁殖调控技术研究，实现了扬州鹅和浙东白鹅繁殖季节的同步化。

加工技术方面：①探索了咸蛋盐分改良、破损蛋腌制咸蛋黄、咸蛋腌制液净化、鸭蛋

孵化副产物发酵利用等工艺技术方案与参数，鉴定分析了皮蛋松花成分与结构，开发了咸鸭蛋系列饼干和方便皮蛋肉糜粥等新产品。②研发出 4℃ 下保质期可达 10~12 天的冰鲜鸭肉和鹅肉，开发出鸭鹅肉新产品 10 余种，建立了自主知识产权加工工艺与配方，使产品保有良好的色香味食用品质，同时又显著降低了亚硝酸盐等有害物质的含量、抑制了组胺等有害物质的产生及大肠杆菌的生长繁殖。

（水禽产业技术体系首席科学家　侯水生　提供）

2017 年度兔产业技术发展报告

（国家兔产业技术体系）

一、国际兔生产与贸易概况

1. 国际兔业生产概况

根据联合国粮农组织数据库最新统计数据，2016 年全球兔存栏 31 668.60万只，比上年增长 4.05%。预计 2017 年存栏量为 32 935.30万只左右，增速约为 4.00%；2016 年全球兔屠宰量（出栏量）为 98 078.50万只，同比增长 3.84%，预计 2017 年兔出栏量约为 101 805.50万只，增速约为 3.90%；2016 年世界兔肉产量为 142.81 万吨，增长 4.29%，预计 2017 年兔肉产量约为 148.52 万吨，增速为 4.00%。

全球兔业主要分布在亚洲和欧洲地区。

（1）存栏量。2016 年全球兔存栏量中，亚洲 26 305万只，占 83.06%，欧洲 3 283万只，占 10.37%，非洲 1 482万只，占 4.68%，美洲 598 万只，占 1.89%。从国家来看，存栏量最多的依次为中国、朝鲜、捷克、意大利、乌克兰，分别占世界兔存栏量的 71.43%、11.35%、1.91%、1.82%、1.59%。

（2）出栏量。2016 年全球兔出栏量中，亚洲 69 827.9万只，占 71.20%，欧洲 18 329万只，占 18.69%，非洲 8 556万只，占 8.72%，美洲 1 367万只，占 1.39%。

（3）兔肉产量。2016 年全球兔肉产量，亚洲 102.55 万吨，占 71.81%，欧洲和非洲分别占 20.30% 和 6.72%。从国别来看，中国、朝鲜、埃及、意大利和西班牙是世界五大兔肉生产国，合计占全世界兔肉产量的 83.49%。中国兔肉产量占全世界的 59.46%。

从各大洲的变动趋势来看，非洲兔业近年来增速放缓，亚洲和欧洲兔业则增长较快。亚洲地区兔业的兴起主要集中在东亚地区（特别是中国和朝鲜）。2016 年东亚兔存栏量已占全球存栏量的 82.84%。

毛兔和獭兔的养殖主要在中国，中国兔毛产量占全球的 90% 以上，2017 年兔毛产量预计 1.0 万吨，比上年有所增长。除中国外，法国、匈牙利、智利、阿根廷等国也生产一定量兔毛，但其产毛量合计不足 1 000吨。免皮生产方面，獭兔皮的生产国主要有：中国、法国、德国等。据估计，2017 年中国獭兔出栏量达到 0.8 亿~1.0 亿只，占世界总产量的 95% 以上，基本维持上年水平。

2. 国际兔产品贸易概况

兔肉贸易方面，据世界银行 WITS 数据库统计，2016 年世界有 37 个国家和地区出口兔肉，有 65 个国家和地区进口兔肉。世界总出口量 3.63 万吨，出口贸易额 1.61 亿美元，主要出口国有西班牙、法国、中国、匈牙利、比利时，分别占世界兔肉出口量的 19.50%、18.82%、15.98%、14.35%、12.82%。德国、比利时、葡萄牙、法国、意大利为进口量的前五位，占进口总量的 61.97% 和贸易额的 58.39%。比利时和法国不仅进口，也出口兔肉。

近年来受国际主要用毛服装企业抵制和皮草市场的疲软影响，全球兔毛和兔皮的贸易大幅度降低。兔毛出口一年仅仅几百吨。国际兔皮的贸易主要是肉兔皮，从欧洲兔主产国向中国等发展中国家出口，经过鞣制后，再加工成皮毛制品出口。但在环保高压下，肉兔皮进口受到很大抑制，但中国国内市场对兔皮加工品的开发在不断扩大。

二、国内兔业生产与贸易概况

1. 国内兔业生产概况

根据《中国畜牧兽医年鉴（2017）》的统计，2016 年年末中国兔存栏量为 20 277.0 万只，兔出栏量为 53 689.0 万只，兔肉产量为 86.9 万吨。据国家兔产业技术体系产业经济岗位估计，2017 年兔的存栏和出栏将分别达到 21 339 万只和 55 367 万只，分别增长 5.24% 和 3.13%。

从兔养殖的品种结构来看，依然是肉兔占据举足轻重的地位，其次是獭兔。根据兔产业体系产业经济岗位的调研估计，兔出栏量中，肉兔、獭兔和毛兔分别约占 80%、19% 和 1%。年末存栏中肉兔、獭兔和毛兔约分别占 75%、15% 和 10%。

从区域结构来看，中国肉兔养殖依然主要集中在四川、重庆等西南地区和山东、河南等地，獭兔则主要在山东、河北、河南和山西等中部和北部区域，毛兔主要在鲁浙苏皖等地。近年来西北地区（陕西、甘肃和内蒙古等地）的家兔养殖也得到较快发展。

从国内市场来看，中国兔肉消费的主要区域为四川、重庆、广东和福建等省市，近年来北方一些省市的兔肉消费也在增加，包括北京、内蒙古等地。山东、河南、江苏、河北等兔肉生产大省生产的兔肉除外销、本地销售外，主要运往四川、重庆等省市。

毛兔的养殖传统地区为山东、江浙、安徽以及川渝地区，兔毛的加工主要在山东和江浙等沿海地区。但近年来随着"东兔西移"，兔毛的加工和养殖企业也逐步向中西部转移。兔毛产品的销售则遍布南北方各地，特别是网上销售比较火爆。兔皮产品的加工比较复杂，獭兔的养殖主要在河北、川渝和山东的部分地区，兔皮的鞣制主要在河北，四川等地也有部分鞣制企业，兔皮产品的加工设计则在浙江、广东和四川等地较多，兔皮产品的销售和兔毛产品类似。

2. 中国兔产品贸易概况

（1）兔肉贸易。据中国海关信息网统计，2017 年中国兔肉出口量较上年回升。2017 年 1—10 月出口 5 970.69 吨，同比上涨 21.50%，预计 2017 年全年出口 7 022.63 吨，比上年上涨 21.00%。

中国兔肉的主要出口目的地为比利时、德国、俄罗斯、捷克和美国，出口量分别占 30.87%、27.02%、14.18%、11.91% 和 10.63%，合计 94.61%；出口额分别占 31.67%、28.65%、11.74%、12.06% 和 10.41%，合计 94.53%。

据国家质量监督检验检疫总局网站 2017 年 5 月发布，目前全国共有出口兔肉备案企业 13 家，备案养兔场 101 个；其中备案企业山东 8 家，四川、河北、山西、吉林、重庆各 1 家。

（2）兔毛和兔皮贸易。2017 年 1—10 月兔毛共出口 247.61 吨，同比下降 33.10%，预计全年出口 351.83 吨，同比下降 21.15%。兔毛制品（HS 编码 61101920，包括兔毛制针织钩编套头衫、开襟衫、外穿背心等）2017 年 1—10 月共出口 25.56 万件，同比下降 55.2%，预计全年出口 29.08 万件，同比下降 53.94%。

兔皮贸易则主要是以进口整张兔皮（海关 HS 编码 43018010）为主，同时出口少量未缝制整张兔皮（海关 HS 编码 43021920）。2017 年 1—10 月进口 1.68 万吨，同比下降 5.5%，预计全年进口 1.96 万吨，同比下降 7.55%。从出口来看，2017 年明显上升，1—10 月份共出口 45.92 吨，同比上涨 88.1%，预计全年出口 51.11 吨，同比上涨 77.10%。

总体看，2017 年兔肉、未缝制整张兔皮的出口量有所上涨，表明国际经济出现好转，但兔毛和兔毛制品的出口仍然继续下滑。

三、国际兔产业技术研发进展

1. 遗传育种与繁殖

（1）遗传育种。传统育种方面的主要进展有：发现肌肉生化组成的品系差异主要来自母系直接遗传效应；肝脏脂类代谢影响家兔 IMF 和胴体脂肪沉积；如果以年—季作为固定效应，近交对产仔数有正效应，而环境效应为负，年—季为随机效应时，近交对产仔数有负效应，而环境效应减小。同时还研究了一种多性状模型，用于评估家兔多个胎次的产仔数和初生重，并验证了其有效性。

在分子育种方面，发现黑皮素基因（*MC4R*）多态性与家兔体重、性欲行为和家兔采食量存在显著相关；瘦素基因（*LEP*）可以作为肉质选育的分子标记；家兔矮小症是 *HM-GAS* 基因沉默突变与多个基因选择的共同结果；对自然感染出血性病毒（RHDV）存活或死亡的家兔进行了全基因组测序分析；对捷克本地家兔，以及其他 7 个品种，利用微卫星进行遗传多样性及遗传相关研究。

（2）繁殖技术。研究主要集中于冷冻精液和提高母兔繁殖力两个方面。在冷冻精液方面，研究表明鲜精精子活力测定可保证有效评估冻精精子质量；家兔精液最佳冷冻稀释液为基础冷冻液添加 7% 的 DMSO 和 17% 蛋黄，同时葡萄糖和蔗糖终浓度均为 25mM；日增重选择可能改变精子抗冻性。在母兔繁殖力研究方面，发现姜黄可促进初级卵泡产生或刺激各级卵泡生长，显著改善仔兔成活率，从而提高家兔繁殖力；HT-2 毒素对兔卵巢类固醇生成有直接影响，从而影响到卵巢的生殖功能。

2. 营养与饲料

2017 年国际刊物发表的有关家兔营养文章 40 多篇。主要涉及饲料资源开发与利用、饲料添加剂和饲养管理等。在饲料资源开发方面，研究发现饲喂辣木或银合欢不影响家兔生长性能，可降低饲料成本，最高限量为 30%；发芽葫芦巴籽对断奶兔健康风险及生长性能没有显著影响；豆粕可以部分或完全被菜籽粕、白羽扇豆种子和豌豆种子的混合物所取代。

饲料添加剂方面，研究发现生长兔的日粮中添加干啤酒糟可以提高经济效益而不影响家兔的生产性能；嗜酸乳杆菌单独或与枯草芽孢杆菌组合一半剂量的添加可以增加家兔肠道有益菌群的数量、营养物质消化率、盲肠发酵、饲料效率和生长性能；饲料添加 400g/吨益生素可显著提高屠宰率和血红蛋白等，而降低胆固醇含量。

饲养管理方面，研究发现基础日粮的组成对饲料利用和盲肠发酵的影响比饲料形态对其的影响更大；自由采食提高了饲料效能而限饲改善了 N、P 平衡。

3. 疾病防控

本年度，国际上关于家兔疾病防控方面的研究主要集中在兔病毒性出血症（RHD）和寄生虫病。研究发现，兔病毒性出血症病毒（RHDV）进化可以通过实验操作来选择不同表型的病毒变体；细胞因子表达水平依赖于 RHD 的进程；采用泰山刺槐多糖为佐剂制备的 RHDV 灭活疫苗能有效改善 RHDV 感染兔的存活率；RHDV2 型随着时间的推移，基因在不断的变异，且病毒的致病性越来越强。

兔寄生虫病方面，发现艾美尔球虫卵囊最为常见，检出率达 27%；伊佛菌素给药 28 天后，家兔病变程度减弱，螨虫数量降至零，治疗效果要优于皮下注射多拉菌素。

此外，对意大利患病家兔的多杀性巴氏杆菌的分子流行病学做了详细的研究；凤眼蓝、黄连和枣树叶的甲醇提取物能有效抗从兔中分离得到的金黄色葡萄球菌；还对兔子感染炭疽杆菌的组织病理学变化进行了研究。

4. 生产与环境控制

2017 年，研究主要集中在通风系统的设计、热应激对母兔的影响、富集型兔笼养殖等方面，发现降低进气口的位置能够大大降低兔舍内的温度和氨气的浓度；母兔妊娠期的热应激不影响仔兔出生后生长，但泌乳期的热应激会导致仔兔生长速度的下降；比较了厚垫料兔笼和金属丝兔笼对肉兔生长速率的影响。养殖设施方面，法国家兔养殖设备生产商 Materlap 公司设计了一种多功能兔笼，该兔笼为母仔一体笼结构，可以方便的在母兔笼和育肥笼之间转换，便于兔舍做到"全进全出"和防疫消毒；法国 Chabeauti 公司设计了具有两个刮铲的刮板清粪机，相当于在清粪机的一次移动过程中进行了两次刮粪作业，可以有效提高清粪机的刮净度。

5. 加工技术

兔肉研究方面，发现加工过程中添加姜末可以显著提高兔肉制品中 n-3 和 n-6 脂肪酸，抗氧化能力显著提高；初春时希腊野兔的 n-3 脂肪酸的营养价值最高，含量最为丰富；多酚类物质的添加对兔肉的品质有一定的改善作用；此外，比较了不同品种兔肉的营养与理化特性的差别。兔皮研究方面，比较了几个埃及家兔品种的兔皮质量，结果表明不同品种家兔的兔皮在重量、总厚度等方面存在一定程度差异。

6. 产业经济

2017 年国际研究主要集中在生产环节、动物福利方面。在传统和集约化生产系统中，对比了不同表型兔子在不同时期的平均产仔数量及死亡率等指标；通过模型重点计算了兔子在繁殖期间所需要的冷热温度、兔笼硬件设施等福利情况，认为兔产业对青年农民来说是一个增加收入的机会；从食品价值链模型出发分析研究西班牙兔肉经营者，表明基于传统分销策略的屠宰场可能会比那些集中在大规模分销上的企业获得更高的利润率，但其增长是有限的。

四、国内兔产业技术研发进展

1. 遗传育种与繁殖

（1）遗传育种。2017 年，国内在传统育种研究方面有明显进展。首先，川白獭兔选育取得了显著进展；发现川白獭兔适应性较强，适合全国推广；获得较佳杂交组合两个，伊高乐×本地组，齐卡×本地组；获得拟合兔毛生长的 Logistic 曲线模型；获得康大肉兔配套系 7 个品系繁殖性状遗传和表型特征；采用 REML 方法评估发现海狸色獭兔各性状间均具有较高遗传正相关；研究发现福建黄兔断奶窝重与总产仔数、产活仔数、断奶活仔数以及断奶平均个体重呈线性相关。

分子育种方面，检测了 AANAT（五羟色胺-N-乙酰基转移酶）基因编码区多态性和天府黑兔、伊拉兔、新西兰兔生长性状的关联性；研究表明 *Myh*6 基因表达与肌纤维类型和肌纤维的生长发育密切相关；利用 PCR 技术扩增获得德国巨型白兔 *ESR*1 基因编码区序列，预测蛋白包括 4 个功能区域和 5 个保守的磷酸化位点；检测分析了 TYK2 基因与新西兰兔肠炎关系，发现 C 等位基因增加了肠炎的易感性，而等位基因 T 可能抑制了肠炎的发生。

（2）繁殖技术。研究发现冷冻稀释液中添加半胱氨酸、海藻糖（100mM）可使精子在冷冻保存和解冻过程中避免氧化伤害，从而改善冷冻精子质量；低强度光（60~100lx）对繁殖性状及相关基因表达均无影响，而改变了 *GHR* 基因和 GH 蛋白表达，影响了增重。

2. 营养与饲料

2017 年国内刊物发表的有关家兔营养的文章 40 余篇，饲料资源开发涉及的饲料原料有新麦 0208、良星 66、杂交谷子、红花粕、水飞蓟粕、固态发酵菜籽粕、发酵豆粕、牡丹籽饼、发酵玉米秸秆、玉米芯和菜籽粕混合物、乡土草、大黑山薏苡全株、金针菇菌糠、鲜桑叶等；研究发现张家口杂交谷子可以作为家兔的能量饲料，添加水平 25% 最佳；评定了红花粕和水飞蓟粕在生长獭兔上的营养价值；饲粮中玉米芯和菜籽粕混合物建议添加量不超过 16%。

饲料添加剂开发方面，研究表明饮水中添加转内切葡聚糖酶基因植物乳杆菌可提高平均日增重，显著降低断奶獭兔料重比；獭兔日粮中黄芪多糖适宜添加量为 0.15%；饲粮中添加葡萄糖氧化酶（GOD）可提高肠道消化酶活性，建议添加量为 0.4%（60U/千克）；中草药生产中可替代抗生素饲喂断奶仔兔。

此外，氨基酸、粗纤维、微量元素、矿物质、维生素需要量研究，依旧是当前研究的热点。研究指出，肉兔饲粮中谷氨酰胺适宜添加水平为 0.8%；初产母兔饲喂 16% 纤维水平日粮，其繁殖性能、胚胎发育以及仔兔生产性能表现最佳；断奶至 3 月龄獭兔饲粮钴适宜添加水平为 0.4~1.6 毫克/千克；60~90 日龄新西兰肉兔饲粮中适宜的铁添加水平为 50~100 毫克/千克；3~5 月龄生长獭兔饲粮烟酸适宜添加水平为 50~100 毫克/千克。

3. 疾病防控

兔病毒性出血症方面，建立了 RHDV 可视化 RT-LAMP 检测方法；筛选获得一种中药复方，可以显著降低 RHDV 感染引起的家兔死亡，减轻肝脏病理变化和肝损伤程度；克隆了 RHDV YM 株衣壳蛋白基因，并进行了中国分离株的遗传变异分析。

波氏杆菌病方面，建立了兔波氏杆菌 PCR 诊断方法，该方法仅对波氏杆菌有特异性的扩增；药敏试验显示波氏杆菌对环丙沙星、复方新诺明、四环素、阿米卡新、氧氟沙星高度敏感。

兔寄生虫病方面，国内学者首次用 PCR 技术对中国 6 个省份共 68 个獭兔来源（陕西、河北、河南和湖北）和肉兔来源（山东和四川）痒螨虫株的线粒体细胞色素氧化酶 b（cytb）基因全序列进行扩增，测序后分析遗传变异情况；确定了丙硫苯咪唑以 20 毫克/千克 为最佳驱治兔蛲虫剂量；评估了转基因兔球虫作为重组疫苗载体的可行性。

此外，对肉兔场疾病综合防控方案进行了综合阐述；了解了泰安地区兔养殖场大肠杆菌的流行情况与耐药性；发现仔兔皮肤真菌病和体表脓包发病率具有相关性。

4. 生产与环境控制

2017 年国内研究围绕着热回收通风系统、变频风机纵向通风系统、笼具及设备等方面开展。如优化板式热交换芯体与轴流风机的参数配比后，可满足畜舍大通风量及节能的需求；在冬季气候较为温和的青岛地区，湿帘-风机纵向通风系统的进风口导流改造和采用变频风机调节换气量，可有效缓解冬季进风端温度过低问题，温湿度和气流分布均匀；研究了不同饲养方式对断奶幼兔健康及生长发育的影响；适合獭兔生长的最佳温度为15~25℃；设计了一种肉兔福利养殖笼具；开发了一种兔用传送带式自动喂料机；发明了一种新型输送带式清粪机和一种家兔标准化养殖智能监控系统。

5. 加工与综合技术

兔肉方面，研究发现了 pH 调节法提取兔肉分离蛋白的最佳酸溶解条件；研究了复合添加物在腌制过程中对兔肉肌原纤维蛋白的影响；甘草提取物对兔肉脂肪氧化具有较好的抑制作用；超高压技术增大了兔肉香肠的产出率和多汁性；超细微兔骨的最佳球磨工艺；响应面法对纳米兔骨粉的制备工艺进行优化；研究了烤兔肉和手撕兔肉的工艺技术，取得了较好的市场效果；

兔毛方面，开发出高比例高支兔毛混纺纱；整理后的兔毛织物的抗菌性优于未整理的；兔毛角蛋白作为一种紫外防护功能添加剂应用于化妆品领域前景良好；兔毛与羊绒有相似的性能，羊绒能够达到的效果兔毛也可以达到。兔皮方面，添加40毫克/千克褪黑激素，獭兔臀部、肩部、腹部的皮张厚度均显著或极显著降低。

6. 产业经济

研究认为中国毛兔产业的高效养殖技术亟须进一步提高；对中国 2016—2025 年兔产业发展战略进行了分析并提出政策思考；进行了獭兔产业发展现状研究；兔场、种兔、合作社或农技部门的服务以及地区差异等对养殖户种兔需求和种兔引入数量都有影响；阐述了中国县级行政区域适合发展兔养殖及兔产业应当具备的条件；介绍欧洲兔产业的发展现状，分析了其特点和趋势。

（兔产业技术体系首席科学家　秦应和　提供）

2017 年度蜂产业技术发展报告

（国家蜂产业技术体系）

一、国际蜂业生产与贸易概况

根据 FAO 统计，全球蜂群数量稳步提高，预计 2017 年将达到 8 500 万群，蜂蜜出口数量持续增加。土耳其、阿根廷、美国、乌克兰、俄罗斯、墨西哥、印度、埃塞俄比亚、伊朗等国是世界拥有蜂群数量较多的国家，蜂蜜产量也较高。其中，土耳其拥有蜂群约710 万群、印度 1 200 万群、埃塞俄比亚 600 万群、伊朗 350 万群。中国蜂群达到了 910 万群，约占世界蜂群总数的 10%。2016 年 7 月至 2017 年 6 月，世界蜂蜜出口均价下跌了6%，世界三大蜂蜜出口国阿根廷、墨西哥和加拿大的出口均价明显下跌，与去年同期相比分别下降了 42%、10% 和 30%。与往年相比，中国与世界其他主要蜂蜜出口国出口均价价差减小，为 2 155 美元每吨，是世界出口均价的 64%。

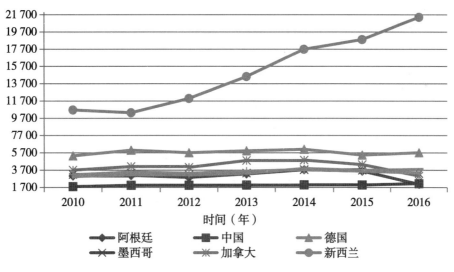

图 1 世界主要蜂蜜出口国单价比较

从全球范围看，主要出口国的市场集中度近 3 年变化不大（见表 1），阿根廷、巴西和墨西哥的出口市场集中度较高。2016 年 7 月至 2017 年 6 月，阿根廷蜂蜜 40% 以上都出口到美国，其次是德国；而巴西蜂蜜出口经历了 21 世纪初美国市场份额锐减后，自 2014 年开始逐步恢复。现今，美国市场已占据了巴西 82% 的出口份额，少量出口加拿大和德国。墨西哥蜂蜜也大量销往德国、美国和英国。根据全球蜂蜜出口市场集中度可以看出，德国、美国、意大利、英国、日本、比利时、法国、西班牙、荷兰是世界主要的蜂蜜消费国，韩国、泰国、南非、摩洛哥、阿拉伯联合酋长国等国的进口和消费量也在快速增长。

表 1　主要蜂蜜出口国市场集中度变化情况

年份	2014	2014	2014	小计	2015	2015	2015	小计	2016	2016	2016	小计
阿根廷	美国	德国	日本		美国	德国	日本		美国	德国	日本	
	66%	11%	5%	82%	60%	15%	9%	84%	42%	24%	6%	72%
巴西	美国	德国	加拿大		美国	德国	加拿大		美国	加拿大	德国	
	75%	7%	6%	88%	70%	10%	7%	87%	82%	6%	5%	94%
墨西哥	德国	美国	比利时		德国	美国	英国		德国	美国	英国	
	42%	19%	13%	74%	49%	14%	10%	73%	46%	25%	10%	81%

资料来源：UNCOMTRADE

二、国内蜂业生产与贸易概况

中国蜂蜜产量和出口量一直位居世界第一。据联合国粮农组织统计，预计 2017 年中国蜂蜜产量为 50 万吨，出口蜂蜜 13 万~14 万吨（估计），出口比例较上年下降；蜂王浆产量约 3 600 吨，出口量为 30%~40%；每年生产约 500 吨蜂胶产品基本用于内销。2017年，蜂业生产属于中等年份，各类蜂产品产量与往年持平。从 2016 年开始，甘肃、贵州、四川、青海、山西、湖北等省大批蜂业扶贫项目上马，推动了山区等贫困地区蜂业发展。根据蜂产业体系经济岗固定观察点数据，近两年新加入蜂农数量提升，蜂农群体中出现了"80 后、90 后"群体。国内消费的热度不减，蜂农生产蜂产品仍然不愁卖。加之近年来物联网和互联网发展迅速，蜂农通过微信、淘宝等平台自销蜂产品的比例逐步提高，且从业时间越长的蜂农自销蜂产品比例越高。

根据海关统计，2016 年 7 月至 2017 年 6 月中国出口鲜王浆约 800 多吨，比上一年同期上升了 12.6%；出口蜂蜜约 13 万吨，比上一年同期下降了 11.3%；出口蜂花粉约 2 000吨，比上一年下降了 9.5%；出口蜂蜡 9 000 多吨，比上一年同期下降了 11.5%。虽然蜂蜜、花粉、蜂蜡出口总量有所下降，但出口均价比上一年分别上升了 8.5%、16.7%、2.1%。从蜂蜜出口集中度来看，中国蜂蜜出口市场仍集中在日本、比利时和英国，且出口到日本、德国、新加坡、中国香港地区和马来西亚的均价略高，出口到英国、波兰、阿拉伯联合酋长国、摩洛哥的均价略低。

表 2　2013—2017 年中国蜂蜜常规市场变化情况　（%）

年份	日本 CI	比利时 CI	英国 CI	合计 CI
2013	0.29	0.16	0.16	0.60
2014	0.23	0.18	0.14	0.55
2015	0.20	0.16	0.16	0.52
2016	0.34	0.09	0.22	0.63
2017（1—8）	0.27	0.08	0.20	0.56

资料来源：中国海关

三、国际蜂产业技术研发进展

2017 年，国际上对蜜蜂及其产品的研究热度不减，并且采用了很多生物学的前沿方法，在基因层面上对蜜蜂的健康、抗病能力、行为学、组学等进行研究，相关的论文共计 339 篇。而有关蜂产品的研究也非常丰富，相关的文章超过 2 000 篇。

有关蜜蜂与农药的论文共计 48 篇，特别是关注新烟碱类农药对蜜蜂的影响，其中有两篇在 *Science* 文章的研究结果均表明新烟碱类农药处理后的作物会对蜜蜂造成严重打击。还有，抗生素对蜜蜂的影响同样不可忽视。Raymann 等人的研究工作表明抗生素会扰乱蜜蜂的肠道菌群，提高蜜蜂的死亡率。

蜜蜂病虫害方面的研究论文有 82 篇，其中，利用射频识别跟踪技术研究了隐性的残翅病毒（*Deformed Wing Virus*，DWV）感染对成年西方蜜蜂的寿命和采集行为的影响。研究也发现基因型 B 残翅病毒较之原始的基因型 A 残翅病毒具有更强的毒力。从乌干达蜜蜂体内鉴定出一种新的微孢子虫：*Nosema neumanni n. sp.*，分子克隆结果显示该微孢子虫与蜜蜂微孢子虫具有 97% 的一致性。

对蜜蜂组学的相关研究热度较去年有所下降，发表论文 25 篇。高通量测序已成为组学数据的挖掘工具和关键基因的筛选手段，在 2017 年的组学研究方面的亮点。但只有一篇有关蜜蜂非编码 RNA 的研究，即结合比较基因组学、质谱技术和表达谱技术对蜜蜂的 piRNA 进行研究，结果显示蜜蜂拥有保守的 piRNA 系统，蜂王的 piRNA 的含量和表达水平均高于工蜂。随着高通量测序技术的持续革新和非编码 RNA 功能研究手段的不断成熟，蜜蜂非编码 RNA 必将成为下一个研究热点。

蜜蜂行为学和生态学方面的研究主要集中在蜜蜂的神经系统、学习行为、蜜蜂的适应性进化等方面。代表性的行为学文章是对采集蜂和哺育蜂在味觉反应、相关的学习行为和日常工作的差异进行了深入研究，发现酪胺及其两个受体在这些方面发挥重要作用。虚拟现实技术的引入和应用是一大亮点，运用虚拟现实场景技术和差异化训练流程对蜜蜂的学习行为进行研究，发现多数蜜蜂仅需要 6 次训练程序就能够学习视觉刺激，研究结果揭示了视觉信息在蜜蜂大脑中的加工过程。蜜蜂的适应性进化仍是生态学主流研究方向，通过对巴西各地区共 32 份非洲化蜜蜂样品的全基因组重测序深入研究了迁移与杂交对基因组多样性的影响，研究结果表明上述样品中有 84% 为非洲血统，16% 为西方蜜蜂的欧洲种群血统。

蜜蜂生理学方面共有论文 79 篇。例如，利用线性规划模型对蜂群如何选择生产雄蜂以最大化生殖成功进行了研究，研究结果表明生殖时间的选择并非仅由能量交易单独决定，而是由蜂群间生产的协调决定的。还有，植物的 miR162a 可以靶向调控蜜蜂工蜂的 *amTOR* 基因。

在查阅到的 36 篇外文文献中发现，国外在蜜蜂传粉方面主要集中于生态保护和授粉应用方面研究。研究表明，人类活动正在以前所未有的规模和速度威胁生物多样性，因此影响生态系统服务，包括昆虫授粉，昆虫传粉者对陆地生态系统、全球的生态稳定和粮食安全发挥重要的作用。科学家们的研究热点仍然集中在新烟碱类杀虫剂对蜜蜂健康方面的影响上。

2017 年，国际上对蜂产品的研究更加丰富，而蜂产品的溯源分析依然是研究的热点。例如，利用 DNA 高通量测序技术可以对蜂蜜的昆虫和植物源进行快速的鉴定；利用色谱、同位素等方法独立或者相互结合，可以更加有效的对不同蜜源植物的蜂蜜进行区分。蜂产品的活性研究方面更加深入，例如油菜、茶花和荷花三种花粉的脂质提取物具有良好的体外抗炎活性，其抗炎活性可能与蜂花粉脂质提取物中富含的磷脂和不饱和脂肪酸有关；研究表明，巴西红蜂胶提取物对 Hep-2 癌细胞具有很好地抑制作用。另外，还有一部分的研究集中在蜂产品中的药物残留分析，包括新的农药残留、新的分离方法，或者多种方法互相结合用于多种药物混合残留的提取和分析。例如，利用二硫化钼纳米涂层复合碳纳米管可以对蜂蜜中的氯霉素进行快速、灵敏的鉴定；利用 QuEChERS 法结合多级液相质谱-串联质谱可以对蜂蜜和蜂王浆中的药物残留进行快速和准确的鉴定。除此之外，新的食品加工方法也为蜂产品的应用提供帮助。例如改进的喷雾干燥方法可以为蜂胶的封装提供更好的技术支持，经过该方法处理的蜂胶胶囊活性成分含量更高、口感更好。

2017 年，国际对于蜂业经济的研究主要集中在对于授粉的经济效益的评价，以及授粉对于大田作物产量、收益、生态的影响评价。对于蜂产品的贸易影响因素的研究等也有少量的文献。

四、国内蜂产业技术研发进展

蜜蜂生物学。2017 年共发表各类文章 38 篇，其研究方法主要以分子生物学为主，研究内容丰富，文章的质量高。代表性的研究有：利用 RNA seq 技术对中华蜜蜂幼虫肠道参考转录组进行 de novo 组装，并进行功能及代谢通路注释，进而利用该转录组数据进行中蜂幼虫的 SSR 分子标记鉴定。澜沧江流域北部中华蜜蜂食源和营养生态位随海拔梯度的变化特征、中华蜜蜂化学感受蛋白 CSP1 的功能模式分析及亚细胞定位。

蜜蜂遗传育种。2017 年依然采用常规的遗传标记如微卫星、线粒体等研究地方蜂种质资源，共发表各类文章 44 篇。代表性的研究有：移虫日龄对蜂王生长发育的影响和基于微卫星标记的西方蜜蜂抗螨蜂种群体遗传多态性分析、不同人工育王方式对工蜂的形态差异影响。其他文章的质量依旧不高，主要还是一线生产者的工作经验或总结。

2017 年，经乌鲁木齐综合试验站、新疆维吾尔自治区蜂业技术管理总站等单位的努力，西域黑蜂已通过国家畜禽资源委员会的最终审定。现已开始将西域黑蜂列入国家畜禽资源保护名录的申报工作。

蜜蜂饲养管理。2017 年共发表各类文章 263 篇，代表性的研究有：《天然蜂粮生产技术研究与应用》中已研究设计出天然蜂粮生产器，可以生产天然蜂粮，值得在养蜂生产中推广应用。《云南地区小蜜蜂的饲养方法》一文中通过对小蜜蜂饲养方法的探索，明确了云南地区小蜜蜂饲养过程中的筑巢高度及科学合理的蜂蜜生产、蜂群越冬方法。还有《不同越冬饲料对蜜蜂中肠消化酶活性、组织发育状态以及抗氧化酶基因表达的影响》。其他文章大多是养蜂生产一线从业人员的工作经验总结。另外，根据东方蜜蜂分蜂前的巢温变化规律，发明了一种分蜂预警装置的专利，可以提前采取技术措施控制分蜂发生。

在养蜂生产上，2017 年，北京试验站成功开展自流蜜巢脾及配套技术的试验和推广，蜂蜜产量提高 20%，同时降低蜂农 80% 以上劳动强度及蜜蜂的劳动强度。而且利用自流蜜巢脾生产的蜂蜜，口感远好于分离式取蜜的口感、颜色，菌落指标更少更安全。2017 年，江西省养蜂研究所发明的诱杀巢虫技术获得江西省农牧渔业技术改进奖，该技术对防治巢虫的有效率达 93.3% 以上。另外，小规模生产王浆使用免移虫生产技术，大规模生产蜂王浆应用机械化生产蜂王浆技术，使中国蜂王浆生产技术得到转型升级。

蜜蜂保护。共发表各类文章 138 篇，涉及蜜蜂主要的病虫敌害，研究方法主要以分子生物学为主。代表性的研究有：转地蜂群病原微生物及肠道共生菌的变化、胁迫意大利蜜蜂幼虫肠道的球囊菌的转录组分析和中华蜜蜂幼虫肠道响应球囊菌早期胁迫的转录组学、多菌灵亚致死剂量对意大利蜜蜂幼虫生长发育和解毒酶系活性的影响。研究重点明确、研究方法先进、研究内容丰富，发表的文章质量高。

2017 年，发表在 Science 两篇文章的研究结果均表明新烟碱类农药处理后的作物会对蜜蜂造成严重打击，这引起全世界的高度关注。欧盟食品安全局专门开辟专版强调新烟碱类农药对蜜蜂健康及生态环境可能带来的巨大风险，并决定于 2018 年安排专项资金重新启动新烟碱类农药对蜜蜂健康影响风险调查和评估工作计划。2017 年年底，陈宗懋院士就茶叶中新烟碱类农药吡虫啉和啶虫脒风险及有关情况向农业部农产品质量安全监管局进行了详细汇报和反映，其中就提到了新烟碱类农药对蜜蜂健康产生的影响问题。而这将是 2018 年及今后几年的研究和工作热点。

另外，除了对中蜂囊状幼虫病等几种病毒病的检测和防治较为关注外，还在蜜蜂消毒剂和蜜蜂免疫增强组合物上的研究上也有所进展。

蜂产品。共发表各类文章 152 篇，其中研究蜂胶 14 篇、蜂王浆 19 篇，蜂花粉 5 篇、蜂蜡 3 篇。浙江大学的研究人员全面阐述了 2016 年国内外对蜂胶和蜂王浆的研究新进展。而在蜂蜜方面，主要研究蜂蜜品种种类的辨别、蜂蜜的真实性检验、农兽药残留、重金属残留等。研究的热点、方法、仪器与国外几乎同步。代表性的研究有：《氢核磁共振结合正交偏最小二乘法对油菜蜜中果葡糖浆掺假的判别分析》表明油菜蜜和果葡糖浆掺假蜂蜜样品在 OPLS 得分图中能明显区分，该方法是基于对蜂蜜成分的整体分析，避免了仅仅分析个别成分指标的检验方法中存在的缺陷。但国外在这一方面研发较早，已经建好蜂蜜的数据库。而国内相关的检验检疫机构也已着手开始建立中国蜂蜜的数据库。《高效液相色谱—电化学检测指纹图谱鉴别 3 种单花种蜂蜜花源》指出，HPLCECD 指纹图谱技术应用主成分分析和系统聚类分析可以作为一种快速、准确、绿色的判别蜂蜜花源的方法。

目前，在中国蜂蜜市场上，中蜂蜜的价格是意蜂蜜价格的好几倍，因此意蜂蜜假冒中蜂蜜的现象屡见不鲜。浙江大学动科科学院胡福良教授团队已研究出蛋白的特异性条带差异和烷烃成分上存在差异的两种鉴别方法。而且方法简单，仪器常见，费用低廉，鉴别准确。同时，该团队的研究表明蜂王浆可用于阿尔茨海默病（AD）的神经保护与预防。2017 年 11 月，由该团队牵头制定的《蜂胶中杨树胶的检测方法—反相高效液相色谱法》国家标准（GB/T 34782—2017）颁布，并将于 2018 年 5 月 1 日开始实施。

蜜源植物和蜜蜂授粉：共发表各类文章 91 篇，但依然集中在各种蜜蜂对果树、蔬菜等的授粉效果以及经济效益的评价，代表性的研究有《滇东南南瓜传粉昆虫密度对生境丧失的差异性响应》。还有学者对当地蜜粉源植物调查情况的报告，如《福建省有毒蜜源植物雷公藤初步调查》等。

2017 年 5 月，山西省农业科学院园艺研究所主持承担的公益性行业科研专项"蜜蜂授粉增产技术集成与示范"（201203080）通过验收，该项目实现了蜜蜂授粉产业增产技术集成与示范总体目标。同时，在 2017 年，四川、山西、山东等省也开展枇杷、油菜、梨树、蔬菜等蜜蜂授粉与绿色防控增产技术集成与应用。

蜂业经济与蜂业现状。共发表各类文章 40 篇，其中报道各地蜂业的现状有文章 27

篇。蜂业经济的有13篇，研究主要集中在蜂蜜价格、出口贸易和蜜蜂授粉经济效益评价等。代表性的研究有《蜜蜂有偿授粉在梨生产中推广的阻碍与对策》《中国蜂蜜出口欧盟的影响因素研究》。

专利。通过国家知识产权局综合服务平台的数据，按有效专利的公开日进行搜索。搜索2017年1月1日至2017年12月6日与蜜蜂、蜂蜜、蜂王浆、蜂花粉、蜂胶、蜂蜡、蜂毒有关的专利966项，其中发明专利562项，实用新型专利404项。

产业补贴政策。2016年国家财政部、农业部责成山东省财政厅、农业厅从农机补贴经费中拿出1 000万元，对养蜂机械进行专项补贴。经多方努力，补贴试点范围由山东省扩展到了全国17个省（市、自治区）。补贴品种也由养蜂移动平台，扩展到取浆机、电动摇蜜机、蜂箱等，补贴额度的上限为全价的30%。补贴工作在2017年9月全部完成。

（蜂产业技术体系首席科学家　吴　杰　提供）

2017 年度大宗淡水鱼产业技术发展报告

（国家大宗淡水鱼产业技术体系）

一、国际大宗淡水鱼生产与贸易概况

据联合国粮农组织最新统计①，2015 年世界淡水养殖产量为 4 786.12 万吨，产值 890.85 亿美元。世界淡水鱼（Freshwater Fishes）养殖产量 4 404.60 万吨，产值为 674.59 亿美元；鲤科鱼类养殖产量为 2 912.10 万吨，产值 409.46 亿美元，分别占世界养殖淡水鱼的 66.11% 和 60.70%。其中，大宗淡水鱼（青鱼、草鱼、鲢鱼、鳙鱼、鲤鱼、鲫鱼②、鳊鱼）的养殖产量为 2 298.80 万吨，产值 303.98 亿美元，分别占世界养殖淡水鱼的 52.19% 和 45.06%，占世界养殖鲤科鱼类的 78.94% 和 74.24%。在世界大宗淡水鱼类中，草鱼的养殖产量最高，为 582.29 万吨，鲢的养殖产量其次，达到 512.55 万吨；再次是鲤和鳙，分别为 432.81 万吨和 340.29 万吨，鲫产量为 291.55 万吨，鳊和青鱼产量分别为 79.68 万吨和 59.62 万吨。2015 年，中国大宗淡水鱼的养殖产量为 2 105.35 万吨，占世界大宗淡水鱼养殖产量的 91.58%。

在世界水产品贸易中，大宗淡水鱼等鲤科鱼类的进出口相对较少，而中国是贸易量较大的国家之一。据联合国商品贸易统计数据库统计③，2016 年世界鲤科鱼类进出口总量为 11.84 万吨，出口量为 5.88 万吨，进口量为 5.96 万吨，贸易额为 33 388.54 万美元，出口额为 16 913.21 万美元，进口额为 16 475.33 万美元。根据出口额排名，前五位的出口国分别是中国、捷克、匈牙利、埃及和克罗地亚，出口额分别为 12 125.52 万美元、2 574.91 万美元、694.49 万美元、635.46 万美元和 279.02 万美元。根据进口额排名，前五位的进口国和地区分别是中国香港、中国澳门、韩国、波兰和德国，进口额分别为 12 695.15 万美元、823.77 万美元、553.75 万美元、490.78 万美元和 368.58 万美元。

二、国内大宗淡水鱼生产与贸易概况

2016 年中国大宗淡水鱼养殖产量达 2 184.67 万吨，比 2015 年增长 3.77%，增速较上年低约 1%，大宗淡水鱼类养殖产量占淡水养殖总产量的比重为 68.72%。中国淡水养殖以鱼类为主，2016 年淡水鱼类养殖产量 2 815.54 万吨，占淡水养殖产量的 88.56%。淡水

---

① 数据来源：联合国粮食及农业组织（FAO）渔业和水产养殖部（Fisheries and Aquaculture Department），世界淡水养殖产量统计数据（Global Aquaculture Production），数据截至 2015 年.

② 2016 年起 FAO 渔业统计调整了对鲫鱼的分类，本文中鲫鱼应包括数据库中的 Crucian carp 和 Carassius spp 两类.

③ 数据来源：该数据库的水产品进出口统计中，反映鲤科鱼类进出口情况的商品分类编号为 030193，数据截至 2016 年.

养殖鱼类中，大宗淡水鱼仍然是养殖的主要品种，占淡水鱼类养殖产量的77.59%，与上年基本持平。淡水养殖鱼类中，草鱼、鲢、鲤、鳙、鲫的产量均在300万吨以上。其中，草鱼的产量最大，为589.88万吨，鲢其次，为450.66万吨，鲤和鳙产量分别为349.80万吨和348.02万吨，鲫产量为300.52万吨，鳊和青鱼产量分别为82.62万吨和63.18万吨。

据对中国农业信息网监测品种数据统计，2017年1—11月中国大宗淡水鱼品种价格平均价为每千克12.61元，同比涨6.77%，成交总量83.58万吨，同比减18.74%。受取消江河湖库"围网围栏"养殖及自然灾害等因素影响，2017年起大宗淡水鱼价格连续多月涨势，处于近几年来的高位。

鲤科鱼类出口方面，据海关统计，2017年1—10月中国鲤科鱼类出口量32 744.42吨，出口额10 632.55万美元，同比分别降低17.3%和22.43%。从出口类别看，其他活鲤科鱼，鲜、冷鲤科鱼，冻鲤科鱼，鲜、冷鲤科鱼片和鲤科鱼苗的出口量分别为23 005.39吨、8 782.00吨、40.08吨、320.37吨、596.58吨和0.003吨，出口额分别为7 364.68万美元、2 937.00万美元、12.03万美元、100.57万美元、218.12万美元和0.15万美元。

从国内鲤科鱼类的出口流向来看，中国香港是最大的出口市场，2017年1—10月，输港产品占鲤科鱼类出口总量的78.70%，其次是中国澳门和韩国，出口量分别为25 769.55吨、3 359.99吨和2 757.70吨，出口额分别为8 339.80万美元、1 172.79万美元和823.56万美元。其中，对中国香港的出口量和出口额同比下降24.31%和30.14%；对中国澳门的出口量和出口额同比增长39.59%和38.20%；对韩国的出口量下降4.09%，出口额增长0.40%。主要出口来源为广东、辽宁、天津、广西、山东、江苏、福建等省市，1—10月出口量依次是29 177.46吨、1 194.65吨、670.44吨、553.96吨、453.70吨、422.70吨和249.90吨，出口额依次是9 538.88万美元、330.34万美元、229.07万美元、200.81万美元、120.01万美元、138.50万美元和67.47万美元。

三、国际大宗淡水鱼产业技术研发进展

1. 育种与繁育技术

伊斯兰自由大学Hadiseh Dadras等研究了年龄对鳙雌、雄性的繁殖性能的影响，包括受精、孵化和幼鱼的存活率。结果表明3~4龄的雄性鳙在精子活力、密度和精子比容等方面无显著差异，但在P^+、K^+、C_a^{2+}、磷酸酶等方面有显著差异；4~5龄的雌性鳙在卵粒数、卵粒重量和相对繁殖力等数量性状方面有显著差异（$P<0.05$），而在形态方面无显著差异。美国Heather L.等分析了北美地区引进的鲢、鳙的系统地理学和群体遗传学，采用微卫星分析鲢、鳙的遗传结构和遗传多样性，采用线粒体基因组序列研究鲢鳙的系统地理学。在鲤、草鱼、鲫辅助育种方面，2017年国外学者主要集中在免疫相关基因克隆和多态性挖掘方面。在新品种培育方面国外未见报道。

2. 饲料营养与投喂技术

国外对大宗淡水鱼的研究较少，仅3篇报道。奥地利兽医大学（University of Veterinary Medicine）研究发现投喂添加香蕉和玉米叶对草鱼抗嗜水气单胞菌没有明显的预防效果，但玉米叶的添加可以改善皮肤受损而提高市场价值。伊朗Shahed大学研究了草鱼对6种水生和陆生植物的喜好度，发现浮萍、微齿眼子菜是草鱼更好的饲料。伊朗University of Kurdistan研究了饲料中的百里香（Thymus vulgaris）对暴露于纳米银颗粒中的

异育银鲫血清胁迫标志物、酶活、血液学指标的影响，发现饲料添加百里香可降低其氧化胁迫。国际上的研究仍然注重于营养需求数据的积累、替代蛋白源等，环境因素对营养代谢影响更加重要，各种组学技术的应用更深入地探讨营养素利用的生物学机制，应用方面更关注营养素与鱼类健康。

3. 病害防控技术

围绕鱼类的重大疾病，如草鱼出血病、鲤疱疹病毒病、鲤春病毒血症和鲤鱼水肿病，开展了流行病学、病原学、诊断技术、防治技术与免疫应答机理等方面的研究。寄生虫病方面，进行了重要寄生虫的离体培养技术、室内标准化传代体系构建，利用组学大数据的整合来探讨其进化生物学问题和池塘中疾病的监测。另外，开发高效、灵敏的早期检测技术、单细胞组学测序技术及用于病原监测的智能水下无人机的研制也是技术发展的趋势。在渔药研发方面，主要集中在抗病毒病与抗细菌病的疫苗开发上，化学药物中集中关注抗生素残留引起的耐药性问题以及抗寄生虫药物的生物安全性问题，对抗菌肽制剂和植物来源的有机化合物的基础与应用研究是其中一个研究热点。

4. 养殖与环境修复技术

2017 年，发达国家更加重视养殖业的精益化管理和可持续健康发展，重视水产养殖设备设施的研发与应用。精益养殖方面，西方发达国家的 AquaSmart 计划通过使用大数据挖掘等技术协助公司将数据转化为知识，以提高效率，增加盈利，促进渔业可持续健康发展。AquaSmart 可以制定决策，提高生产关键绩效指标（KPI），比如 FCR、死亡率、增长率、生产时间、健康状况等，帮助水产养殖公司使用地方数据挖掘技术获取可操作结果。创新性养殖方面，以色列 BioFishency 公司的即插即用式水产养殖水处理系统成功克服了水产养殖中水资源有限以及有害的氨在养殖水体中的积聚这两大挑战。其推出的小型 RAS（循环水养殖系统）可以减少养殖者的用水量高达 85%，而养殖产量可达原来的 2.5 倍。

5. 加工技术

在保鲜与贮运领域，研究了高压静电场（HVEF）技术对鲤鱼质量变化和冷冻鱼片微生物群落的影响；研究了鲤鱼片在冷冻和冷藏过程中蛋白质氧化对鱼片质构和持水性的影响。在精深加工技术方面，比较了 Washing 处理和 pH-shift 法处理对鳙鱼蛋白凝胶的作用；分析了经 pH-Shift 技术处理的鲤鱼肌肉中蛋白质的营养和消化特性；证实了超高压（UHP）技术不仅能在加工过程中保持原物料的原始风味，而且还能提高鱼糜凝胶的质量。在质量安全与营养品质评价方面，开发了高光谱预测模型，用于研究真空冷冻草鱼片的脱水和复水过程中的质量变化；并采用了电化学阻抗光谱（EIS）评估鲤鱼的新鲜度，采用了 Vis-NIR 光谱成像系统（400~1 000纳米）测定草鱼片中的水分含量。在副产物综合利用技术方面，研究了混合曲对淡水鱼副产品制成的快速发酵鱼酱的物理化学和感官特性的影响；证实了草鱼鱼皮酶水解产物能促进链球菌的增殖，产生的生物活性肽对血压有益。

四、国内大宗淡水鱼产业技术研发进展

1. 育种与繁育技术

运用 illumina 高通量测序技术对青鱼抗病群体和易感群体进行转录组测序分析，获得了 12 对多态性高、易扩增的青鱼微卫星标记，建立了青鱼的亲子鉴定技术。利用 GWAS

筛选的 4 个标记在 F_3 抗病品系上具有较强相关性；利用候选基因法，根据脊椎动物脂肪合成和代谢通路的现有研究，共选择 11 个候选基因，筛选出 18 个潜在的微卫星分子标记，鉴定到 1 个与鲤肌内脂肪含量相关的 SNP 标记。初步筛选到银鲫 2 条雄性特异的标签序列和 9 条雌性特异的标签序列，1 个性别特异的 SNP 位点。在团头鲂染色体上筛选了与两个性状密切关联的 SNP 位点区域，结果发现染色体 06 与 11 存在 SNP-Index 值差异显著区域。2017 年培育出团头鲂'华海 1 号'新品种，异育银鲫'中科 5 号'、福瑞鲤 2 号通过国家审定，镜鲤抗病育种研究取得明显进展。

2. 饲料营养与投喂技术

营养需求数据包括蛋白质、氨基酸、维生素、无机盐等，涉及不同生长阶段的鱼类和不同养殖模式下；饲料蛋白源利用方面包括豆粕、棉粕、菜粕、藻粉、蚕豆粉、水解羽毛粉、黑水虻等。添加剂涉及的范围较广，包括营养素、酶类、多糖类、菌类、中草药等。免疫、抗氧化和抗病方面的研究较多，包括营养素和添加剂的作用效果。鱼类消化道健康包括微生物区系、组织结构、酶活。投喂管理方面包括饥饿后再投喂、颗粒料和膨化料投喂率比较、投喂频率、高温季节投喂模式等。生物絮团的应用可有效改善水质、提高生长。加工工艺方面较弱，仅研究了饲料粒径对幼鱼生长性能的影响。分子营养学方面深入到营养素水平对代谢调控、信号通路及其相关基因表达等。

3. 病害防控技术

研制了 I 型草鱼呼肠孤病毒 VP7 衣壳蛋白 DNA 疫苗，改进了 II 型草鱼呼肠孤病毒灭活疫苗生产工艺，利用碳纳米管投递抗病毒药物，实现草鱼有效免疫保护。构建的嗜水气单胞菌菌蜕疫苗，能明显提高鲤鱼的血清抗体水平，研究了维氏气单胞菌强毒株的高表达蛋白以及基因组中的特有功能基因簇可能是其重要致病因子，构建了维氏气单胞菌 OmpAI 基因的重组乳杆菌疫苗，评价了其保护率。利用组学技术研究重要寄生虫的进化、致病机理、与宿主间的互作机制，挖掘其特异性的防治靶标是当前研究的技术热点。筛选环境友好的绿色药物是发展趋势，其中，从传统药用植物中提取有效成分和创制新药具有广阔的发展空间。水体及鱼体的药物残留和禁用药物的快速检测是国内优先考虑的问题。

4. 养殖与环境修复技术

在发展现代渔业这一理念的指导下，国内渔业在水产养殖设备智能化、池塘工厂化生态养殖等方面取得了较大进步。在池塘工厂化生态养殖方面，江苏大力推进池塘工厂化养殖设施建设。浙江嘉兴"跑道"养鱼，在池塘里建多条养鱼槽，利用推水设备，使整个池塘形成"回"字形水流，借助增氧设备，在流水槽内形成高密度养殖。在生态化养殖模式方面，江西新余实施"碳汇渔业开发"工程，利用生物食物链原理，消耗水中会释放二氧化碳、氮、磷的藻类等富营养化物质，从而进一步净化水质，减少碳排放。在智能化水产养殖方面，辽宁沈阳试验基地的智能化养殖管理系统通过在线监测，随时查看池塘及养殖情况，实现在线监测预警、增氧机按需增氧和投料机智能精准投饵等。

5. 加工技术

在保鲜与贮运领域，研究了鳙鱼肉低温贮藏过程中蛋白氧化、组织蛋白酶活性与品质变化规律，以及草鱼和鲢鱼鱼片冷藏过程中生物胺的动态变化规律；对比研究了液体快速冻结与气体冻结对鳙鱼品质的影响，开发了一种基于液体快速冻结的低温保鲜技术。在加工技术与产品开发方面，开展了腌制处理、鱼糜凝胶质构调控技术对产品品质的影响研究，采用酶解技术研究了草鱼多肽的营养价值，开发了鱼松、鱼蛋白面包等营养产品；研究了酸鱼发酵过程中脂质和蛋白质代谢对风味形成的影响，开发了快速安全发酵阶段控温技术。在副产物综合利用方面，运用发酵技术开展了淡水鱼加工副产物新鲜度对速酿鱼露品质的影响研究，以及利用酶解和发酵技术开展了从淡水鱼副产物中提取多肽和多肽螯合钙的研究；以鲫鱼鱼鳞为原料开发出一种新型抗菌肽。

（大宗淡水鱼产业技术体系首席科学家　戈贤平　提供）

2017 年度虾蟹产业技术发展报告

（国家虾蟹产业技术体系）

一、国际虾蟹养殖生产情况

2017 年全球养殖对虾产量约 430 万吨，较 2016 年增长约 1%，其中中国（大陆）对虾养殖产量约 136 万吨，印度尼西亚约 60 万吨，越南约 50 万吨，印度约 45 万吨，厄瓜多尔约 45 万吨，泰国约 30 万吨。罗氏沼虾全球养殖产量约 23 万吨，中国大陆产量约 14 万吨。日本沼虾 28 万吨，中国是唯一养殖生产国。克氏原螯虾养殖产量约 130 万吨，中国为主要养殖生产国，产量预计超过 100 万吨。中华绒螯蟹年产量约 81 万吨。三疣梭子蟹养殖产量约 13 万吨，中国是唯一养殖生产国。青蟹（包括 4 种青蟹，中国主要为拟穴青蟹）养殖产量约 23 万吨，中国（大陆）青蟹养殖产量约 14.9 万吨。

二、国内虾蟹生产情况

对虾是中国海水养殖产业中重要的养殖种类，2017 年中国对虾养殖产量约 136 万吨，对虾养殖产值达到 630 亿元，产值同比增长约 5%；中国主要养殖凡纳滨对虾、中国明对虾、斑节对虾、日本囊对虾，凡纳滨对虾仍是目前最主要养殖品种，养殖产量占中国对虾养殖产量 91%。2017 年罗氏沼虾预计养殖产量在 14 万吨，江苏、广东、浙江等省为主要养殖地区。日本沼虾 2017 年养殖产量约 28 万吨，产值约 150 亿元，比 2016 年略有增长。克氏原螯虾养殖产量增加显著，由 2016 年养殖产量 85.23 万吨增加到 2017 年 100 万吨。中华绒螯蟹 2017 年中国总产量 81 万吨，同比降低 1.36%。2017 年中国三疣梭子蟹养殖产量约 13 万吨，产值约 100 亿元。拟穴青蟹 2017 年产量约 14.9 万吨，比 2015 年 14.1 万吨增长 5.6%。

三、国际虾蟹产业技术研发进展

1. 遗传育种研究

2017 年，国外学者在虾蟹遗传育种领域发表科技论文 102 篇，没有大的突破性的进展，比较而言较好的研究进展包括：Gabriel 等评估了凡纳滨对虾的体重（BW）、尾重（TW）和尾比例（TP）的遗传力分别为 0.15±0.08，0.16±0.08 和 0.12±0.04，在 BW 和 TW 之间的遗传和表型相关性约为 1；与 BW 和 TP 为选择标准的经济选择指数相比，仅使用体重的选择响应分别为 99.5% 和 96.6%。Lidia 等发现高强度的近交会引起凡纳滨对虾繁殖性能下降。Visudtiphole 等发现钙离子信号相关基因的表达可作为监测斑节对虾早期免疫变化的潜在分子标记。Vrinda 等将 GIH 融合蛋白注射到斑节对虾体内，发现 72h 内可以显著降低卵黄蛋白和卵黄蛋白原 31.55%。Kotaka 等发现日本囊对虾 *MajCFSH* 基因在雌性和雄性日本囊对虾眼柄中均有表达，表明 *Maj-CFSH* 并非雌虾特有。Koiwa 等分离出日本囊对虾两类血细胞，发掘了两类血细胞间的 16 个差异表达基因。Chiu 等发现雄性日本沼虾暴露于异源雌激素环境内可诱导产生卵黄蛋白原（VTG）。Thanh 等发现快速生长选育对目前的罗氏沼虾群体的存活率无明显影响。Alam 等对孟加拉国 4 个河流的罗氏沼虾群体进行了遗传变异和群体结构分析。Li 等敲降了克氏原螯虾 CHH 家族基因，检测到肌肉和肝胰腺中的代谢指标发生显著改变。Girish 等发现血清素能直接促进锯缘青蟹蜕皮激素的合成，间接促进甲基法尼酯水平的升高。Hill 等证实雌性蓝蟹不仅可以同多个雄性蓝蟹交配，还可以在一次产卵过程中产出多个父本的子代。

2. 健康养殖与环境研究

2017 年国际上虾蟹健康养殖与环境研究进展不大，主要涉及益生菌和益生素在水产方面的利用、生物絮团以及生物絮团在工厂化循环水养殖方面的作用。真正涉及的养殖技术研究的论文比较少，其中包括对虾的循环水工厂化对虾养殖技术、稻虾综合种养（在湄公河沿岸进行水稻和草虾及南美白对虾的养殖），以及单性养殖技术探讨方面的工作。另外养殖方面还涉及生态混养模式如虾—蟹，海蜇—贝类—鱼—虾等的碳氮磷的变化，在巴西还有探索海马与虾及牡蛎混养，提高养殖效益的报道。此外，从 2017 年的文献报道来看，世界上虾蟹养殖发展比较活跃的地区还是集中在东南亚地区。

3. 病害控制研究

2017 年在 Web of Science 上收录的虾蟹病害防控相关论文 500 余篇，主要涉及虾蟹流行性病学、宿主免疫防御、虾蟹病害防治等方向。比较突出的进展包括：Phiwsaiya 等发现一株副溶血弧菌（V. parahaemolyticus isolate XN87），不携带毒力因子 PirAVp 和 PirBVp，也不诱发急性肝胰腺损害，但对虾感染后仍会导致约 50% 的死亡；Orth 等发现副溶血弧菌 V. parahaemolyticus 具备一套多种功效的 VI 型抗菌分泌系统；Aranguren 等发现肝肠胞虫 EPH 的存在增加了对虾急性肝胰腺坏死症 AHPND 和感染性肝胰腺坏死 SHPN 的发病风险；Imjongjirak 等在青蟹中发现一种与 bactenecin7 具有较高相似性的富含脯氨酸抗菌肽，具有广泛的抗菌活性；Jaturontakul 等发现斑节对虾的病毒响应蛋白 PmVRP15 参与 WSSV 在宿主细胞内的核运输过程。

4. 营养与饲料研究

2017 年发表对虾营养与饲料研究 SCI 文章 109 篇。其中饲料营养免疫与健康文章 37 篇占比最多，主要涉及益生菌、有机酸、精油和中草药等与对虾健康免疫的关系；饲料原料开发及利用研究文章 23 篇，主要涉及藻类等新原料的开发；饲料蛋白类研究文章 22 篇，主要涉及蛋白源和蛋白水平、氨基酸、鱼粉替代等；另外还有生物絮团、铜和锌等饲料矿物质、不同糖源及其消化吸收率以及花生四烯酸等研究。淡水虾营养与饲料研究方面 SCI 文章约 35 篇，主要集中在功能性添加剂开发、营养免疫调控、原料开发以及营养素需求等领域。其中，功能性添加剂研究所占比重最大，主要涉及植物提取物、低聚寡糖和植酸酶等对机体免疫力和生理代谢的影响；营养免疫主要涉及植物提取物、藻类、寡糖的免疫增强作用；原料开发主要为 DDGS、向日葵饼等蛋白源的开发；另外还包括蛋白、脂肪、糖等营养素需求的研究、开口料研究、摄食生理研究和生物絮团研究。

中华绒螯蟹方面研究论文 72 篇，其中 SCI 文章 63 篇，营养与饲料方面的研究共有 15 篇。其中，营养生理与代谢调控方面的研究文章 6 篇，主要涉及葡萄糖内稳态调节、蛋白酶与营养物沉积的关系、功能性添加剂对生理状态的调节等；免疫健康文章 5 篇，主要涉及低聚果糖、黄芪多糖、宿主防御肽等与河蟹免疫的关系；营养需求与原料利用研究 4 篇，主要涉及脂肪源、矿物质需要量和氮能比等方面的研究。海水蟹营养与饲料研究方面，*Web of Science* 中收录论文有 35 篇，主要涉及亮氨酸和色氨酸等营养元素需要量、饲料原料开发及利用、DHA 和 EPA 等脂肪酸功能、固醇类激素等与卵黄发育关系、饲料营养与免疫健康研究等内容。

5. 虾蟹加工研究

通过 ISI Web of Knowledge 数据库检索，2017 年共检索到虾/蟹保鲜与加工学术论文 401 篇，会议论文 4 篇。研究主要集中在 3 个方面：①基础研究方面，国内研究了在体外消化过程中，丙二醛处理对对虾原肌球蛋白 lgE 亲和能力的影响、对虾的主要风味成分 2.5-二甲基吡嗪嵌入纳米级羟丙基-环糊精作用关系；泰国学者研究了 Kapi 虾酱在盐渍和发酵过程中脂质含量的变化；②虾蟹保鲜方面，西班牙学者研究了超高压处理对蓝蟹蟹肉保鲜作用及对肌原纤维蛋白的影响；印度学者研究了蓝梭子蟹在储藏过程中生物胺的变化规律；③在虾蟹废弃物利用方面，伊朗学者研究了利用丙酮和葵花籽油的混合物从蓝蟹和对虾废弃物中提取类胡萝卜素，巴西学者使用胚芽乳杆菌发酵法从虾壳中提取甲壳素；丹麦学者使用绿色溶剂提取法从虾副产物中提取虾青素。

6. 虾蟹产业经济

虾蟹产业经济方面，以对虾/成本、对虾/收益、对虾/经济、河蟹/成本、河蟹/收益、河蟹/经济为关键词，2017 年检索到学术论文 4 篇。研究视角主要聚焦于对虾养殖业与气候和环境的关系以及对虾养殖业的可持续发展。Alam 等从对虾产业可持续发展的视角，对孟加拉国对虾养殖过程与《多边环境协议》的契合度进行了分析，并根据该协定提出了对虾养殖过程中需要改进的问题。Westers 等建立了同时基于内容和基于系统的可持续发展评估指标体系，并基于此对斯里兰卡两个省小规模对虾养殖场的可持续发展水平进行了比较分析。Van Quach 等运用越南 100 户对虾养殖场的调查数据，分析了养殖收入对气候变化和灾害的抵御能力，指出集约化养殖场在抵御气候变化和灾害的抵御能力高于粗放型养殖和混养模式。

四、国内虾产业技术研发进展

1. 遗传育种研究

国内学者 2017 年在虾蟹遗传育种领域发表研究论文 186 篇，授权发明专利 11 件。凡纳滨对虾构建了生长和抗病等性状 eQTL 图谱，完成高产耐寒品种 9 个世代的耐低温选育，平均生长速度 0.132 克/天；育成'广泰 1 号'新品种 1 个，生长速度平均提高 16%；育成'海兴农 2 号'新品种 1 个，生长速度提高 11% 以上。斑节对虾选育耐氨氮和生长性状综合高育种值家系 6 个，生长速度提高 19.09%；培育耐低盐和生长性状综合高育种值家系 5 个，生长速度提高 12.76%；育成'南海 2 号'新品种 1 个，生长速度提高 26%~27%。中国对虾选育耐高 pH 新品系 1 个，养殖成活率提高 23.0%；开展了中国明对虾配套系育种，获得 2 个抗逆能力强的家系组合；构建小头虾核心育种群，选育指标提高 10%。收集日本囊对虾种质资源 9 个，培育耐高温家系 38 个，养殖成活率提高 17.0%。发现日本囊对虾基因组大小约为 2.28Gb，组装获得 1.94Gb 的 scaffolds（N50 = 937 bp）。罗氏沼虾经过 2 代选育，新品系体重遗传进展达到 8%~10%。通过刺激罗氏沼虾雄虾变性为伪雌虾，伪雌虾与雄虾杂交，获得全雄性种虾，成功率近 100%。完成了日本沼虾全基因组的测序，构建了高密度遗传连锁图谱，育种'太湖 2 号'日本沼虾新品种，生长速度提高 17.73%；发现日本沼虾东亚种群遗传结构分化明显。克氏原螯虾收集 6 个不同地理群体的种质资源，完成了遗传多样性评价。中华绒螯蟹收集 6 个不同地理群体的种质资源，建立家系 100 个，完成不同蜕皮时期的转录组测序与表皮蛋白基因挖掘。育成"诺亚 1 号"新品种 1 个，生长速度提高 19.9%~20.7%。拟穴青蟹收集 15 个不同地理群体的种质资源，开展了甲基法尼酯合成、降解等通路研究，构建家系 15 个。三疣梭子蟹构建了高密度遗传连锁图谱 1 个，精确定位 10 个生长性状 QTL，克隆抗逆、生殖相关功能基因 8 个；完成耐低盐品系生长对比测试，生长速度提高 19.20%；建立 SPF 群体 1 个，筛选快速生长优异特性种质 1 个。

2. 健康养殖与环境研究

2017 年健康养殖与环境科学技术研究主要涉及有水环境调控、养殖品质、优质苗种生长性能比较、技术模式（稻虾稻蟹综合种养模式，工厂化循环水养殖模式，多品种立体式生态混养模式）等研究。其中克氏原螯虾包括稻虾综合种养的研究文章占到整个论文的 20% 以上，这与中国小龙虾（稻虾养殖）产业迅猛发展有很大关系；微生态制剂及水质调控的文章大概有 15% 以上。

3. 病害控制研究

开展了以 EPH、AHPND、SHIV、CMNV 为代表的新发疫病病原和以 WSSV、IHHNV 为代表的重要疫病病原的对虾流行病学研究，阳性检出率分别达 26.1%、14.9%、10.8%、3.4%、10.7% 和 2.7%；发现 EPH 中度感染影响对虾生长和抗逆能力，重度感染引起病毒和细菌的并发感染死亡；发现市售克氏原螯虾 WSSV 携带率高达 80% 以上；预测了一种新型 CQIV 疫病的发生和流行趋势，并完成了其全基因组测定；开展了虾蟹主产地的寄生虫病的发病种类、发病地区、发病的流行季节、造成的经济损失等研究，发现虾蟹寄生虫病主要集中在固着类纤毛虫病和微孢子虫病两大类；开展了益生菌的筛选及益生菌组合在凡纳滨对虾苗种培育中的应用评价；建立了脱氮益生菌联合生物絮团技术养殖对虾的技术；找到了凡纳滨对虾主要病害肝胰腺坏死症和白便综合症发生的主要原因，细化了其生态防控技术规程；前沿探索性研究主要开展了虾蟹抗细菌抗病毒的免疫信号通路研究、环境胁迫影响虾蟹免疫防御能力的研究及虾蟹微生物组相关研究工作。

4. 饲料与营养研究

研究了对虾苗期饲料中基础营养素（蛋白、脂肪、碳水化合物）虾苗健康相关的物质（雨生红球藻、裂壶藻粉、虾青素等）的需要量，开发了对虾苗期饲料；完善了蟹类基础营养素需求量，如三疣梭子蟹的脂肪需要量，以及拟穴青蟹的脂肪需要量、蛋白需要量和糖脂比适宜水平；研究了蛋氨酸、胆汁酸、卵磷脂、胆碱、脂肪酸（亚油酸、亚麻酸、花生四烯酸）、矿物元素（锌、镁和硒）和维生素（维生素 C、维生素 E）等营养素对虾蟹生理代谢和健康免疫的影响；研究了益生元、益生菌、免疫增强剂（虾青素、水飞蓟素和硫辛酸等）、酵母培养物和复方中草药等对虾蟹生长和免疫及抗应激能力影响；开展了河蟹对 10 中常见饲料蛋白源表观消化率的研究，罗氏沼虾对 8 种主要饲料原料消化率的研究；评估了豆粕、发酵豆粕、南极磷虾粉、辣木、构树、桑树、丰年虫和水解鱼蛋白等原料在虾蟹饲料中应用价值；比较了鱼油、豆油、棕榈油、亚麻籽油等不同脂肪源对三疣梭子蟹和中华绒螯蟹生长和脂肪代谢的影响；开展了克氏原螯虾和中华绒螯蟹摄食生理和投喂技术的研究；开展了虾蟹低鱼粉饲料的研究；开展了罗氏沼虾和三疣梭子蟹营养与繁殖性能的研究。

5. 虾蟹加工研究

通过中国知网和万方数据库检索，2017 年共检索到虾/蟹保鲜与加工的期刊论文 79 篇，学位论文 23 篇，申请专利 72 件。研究内容主要分为 5 个方面：①虾蟹产品加工方面，研究常温流通的脆虾产品加工技术，并实现了产业化；开发了以有机含硫化合物为主的新型虾类保鲜剂。②基础研究方面，研究了葡萄糖对快速发酵虾头酱中组胺的抑制作用、多酚氧化酶分离纯化与生物信息学、中华绒螯蟹加工过程中呈味核苷酸变化规律以及超高压处理对三疣梭子蟹感官及其肌原纤维蛋白生化特性的影响。③在虾蟹保鲜方面，研究了低温下三疣梭子蟹的品质变化，建立了冰温贮藏对梭子蟹品质影响及其货架期模型。④加工器械方面，研发出虾诱导休眠装备、蟹类产品滚轴挤压、皮带挤压、真空吸滤等加工设备。⑤废弃物利用方面，研究了应用虾头快速发酵法制备虾酱，"双菌协同发酵法""微生物发酵—催化转化耦合法"及"微生物发酵—有机酸提取耦合法"等从虾副产物中提取甲壳素、蛋白质和钙质元素的关键技术。

6. 产业经济研究

根据中国期刊网（CNKI）数据库和维普数据库检索，以对虾/成本、对虾/收益、对虾/经济、河蟹/成本、河蟹/收益、河蟹/经济为关键词，2017 年检索到学术论文和产业发展报告 7 篇，另有内部参考资料 3 篇，主要研究内容集中在 4 个方面。

（1）对不同养殖模式的经济效益进行了分析与比较。对江苏省涟水县青虾与沙塘鳢以三种不同密度套养的经济效益的比较，每亩虾塘分别放养沙塘鳢 400 尾、700 尾、1 000 尾，结果表明放养密度适中的套养方式平均产量和平均利润都最高；江苏芜湖的试验表明，实行日本沼虾双季养殖模式可以提高经济效益；基于对虾主产区广东省、山东省和江苏省的样本数据，对南美白对虾养殖成本效益的对比分析结果表明，不同区域南美白对虾养殖的经济效益表现出一定的异质性。广东省的单位面积获利最高，山东省的成本利润率和销售利润率最高；对池塘养殖和工厂化养殖的成本效益的比较分析表明，尽管工厂化养殖与高位池养殖效益的差异不是非常大，但工厂化养殖对市场风险的抵御能力明显高于池塘养殖。以江苏扬州一带的河蟹养殖为例，对河蟹雌雄分池单养、雌蟹与罗氏沼虾混养、雌雄蟹与罗氏沼虾同池分隔养殖和雌雄蟹同池养殖等几种养殖模式的经济效益进行比较分析，结果表明套养罗氏沼虾后，对河蟹的成活率、产量和成蟹的规格均有一定影响，相对于河蟹单养模式，套养罗氏沼虾后的经济效益低于河蟹单养模式。

（2）对产业发展规模和产业发展趋势的研究。对湖北荆州市小龙虾产业的规模经济问题的探讨表明，政府应鼓励小龙虾养殖企业的兼并和充足，实行规模经济效益；《中国小龙虾产业发展报告》从产业规模、产业布局、产业拓展、市场消费、品牌建设、产业扶持、产业技术几个方面对中国小龙虾产业存在的问题进行了分析，认为中国小龙虾产业进一步发展的政策环境向好，而且产业基础成熟，因此发展潜力较大，尤其是发展旅游经济，培育新的消费热点和经济增长点值得期待。

（3）对对虾市场价格波动规律的初步分析。通过水产批发商和水产品消费者两个维度综合考察对虾销售与消费价格的变化关系，线上、线下收集全国 24 个地区消费市场信息，指出对虾市场价格不仅表现出明显的地区差价，还表现出明显的季节差价和品种差价。

（4）中国对虾出口竞争力分析。通过运用 RCA、NTB、NEPR 等指标，对印度、印度尼西亚、厄瓜多尔、越南、泰国等主要对虾出口国竞争力的分析，指出中国对虾出口虽然有一定的国际竞争力，但与其他出口国的差距还较大，而且加工产品的国际竞争力不稳定，冷冻虾的国际竞争力在下降，中国对虾出口从长期来看面临极大挑战。

（虾蟹产业技术体系首席科学家　何建国　提供）

2017 年度贝类产业技术发展报告

(国家贝类产业技术体系)

一、国际贝类生产与贸易概况

1. 国际贝类生产

联合国粮农组织最新统计数据显示，2015 年全球贝类总产量达到 1 853.28 万吨，其中海水贝类养殖产量占 87.13%（1 614.76 万吨）。表 1 显示：蛤类、牡蛎、扇贝、贻贝和鲍螺等五大主要贝类产量（除 2008 年略低外）和产值近 10 年来呈持续的增长趋势。贝类养殖活动主要集中在亚洲、欧洲和美洲，2015 年对全球贝类养殖产量的贡献分别为 87.28%、4.89% 和 7.06%。

表 1　世界海水贝类养殖产量、产值变动趋势（万吨、亿美元）

种类	类别	2006	2007	2008	2009	2010	2011	2012	2013	2014	2015（年）
蛤类	产量	390.38	420.21	436.50	445.41	488.53	492.67	498.94	515.66	535.44	539.23
	产值	37.63	39.79	42.66	43.62	47.72	49.25	48.89	51.78	53.26	53.08
牡蛎	产量	431.22	440.26	414.44	430.93	447.36	449.83	472.53	495.31	514.71	532.17
	产值	29.65	29.63	32.72	33.42	36.24	38.18	38.77	40.92	41.89	40.94
扇贝	产量	130.63	146.42	141.09	158.36	172.71	151.96	165.14	186.83	191.47	208.16
	产值	20.05	22.22	23.45	25.00	30.18	28.31	26.68	33.70	33.54	32.41
贻贝	产量	165.91	159.83	158.53	172.94	180.01	186.81	181.46	173.62	187.57	187.85
	产值	11.95	16.28	16.29	15.17	15.82	22.87	21.78	32.88	39.99	30.89
鲍螺	产量	25.97	29.06	26.58	25.53	27.49	28.97	31.47	33.42	36.11	38.49
	产值	4.18	4.84	5.44	5.93	6.91	8.00	9.16	10.30	11.41	11.76
其他	产量	97.64	84.98	98.30	92.77	63.02	99.00	109.14	114.43	113.46	108.92
	产值	5.87	5.31	6.40	6.05	4.08	6.26	6.79	7.29	7.26	7.07
合计	产量	1 241.76	1 280.76	1 275.43	1 325.94	1 379.13	1 409.24	1 458.68	1 519.26	1 578.74	1 614.82
	产值	109.33	118.06	126.97	129.18	140.94	152.88	152.07	176.86	187.36	176.15

数据来源：Fish Stat J, 2017.

2006—2015 年，世界海水贝类养殖主产国产量呈如下特点：①中国主要贝类养殖产量总体呈上升态势，同类别养殖产量排名稳居世界首位，年均增长率 3.24% ~ 6.94%；②韩国的鲍螺和牡蛎产量总体呈上升趋势；③泰国的蛤类产量 2015 年显著下降并被美国超越，美国成为第二位；④日本的扇贝和牡蛎产量在同类别排名中虽然分别稳居第二位和第四位，但总体上呈下降趋势；⑤智利的贻贝产量总体呈增长态势，西班牙的产量总体稳定但略有下降，而泰国的产量则呈下降趋势。

2. 国际贝类贸易

近年来世界牡蛎、扇贝及贻贝进出口量、进出口额和进出口均价总体上呈长期增长的基本态势，具体数据见表 2。

表 2　2008—2016 年世界主要贝类品种进出口情况（万吨、亿美元、美元/千克）

年份	种类	进口			出口		
		进口量	进口额	均价	出口量	出口额	均价
2008	牡蛎	3.65	1.95	5.34	3.90	2.03	5.22
	扇贝	11.15	10.84	9.73	10.77	9.31	8.64
	贻贝	18.90	4.99	2.64	19.88	5.05	2.54
2009	牡蛎	4.13	2.07	5.01	4.15	2.03	4.88
	扇贝	38.42	11.00	2.86	10.61	9.40	8.87
	贻贝	18.94	4.69	2.47	20.78	4.65	2.24
2010	牡蛎	4.60	2.74	5.95	5.03	2.51	4.99
	扇贝	12.35	12.93	10.47	12.65	11.62	9.19
	贻贝	19.81	4.34	2.19	21.33	4.65	2.18
2011	牡蛎	4.75	3.14	6.61	4.68	3.03	6.48
	扇贝	12.52	15.30	12.22	12.74	14.36	11.28
	贻贝	22.00	5.77	2.62	22.62	5.93	2.62
2012	牡蛎	4.28	2.81	6.57	4.08	2.75	6.75
	扇贝	11.52	13.58	11.79	9.53	11.11	11.66
	贻贝	23.09	5.47	2.37	21.32	5.08	2.38
2013	牡蛎	4.31	3.24	7.51	4.61	3.34	7.24
	扇贝	16.91	18.90	11.18	9.96	12.95	13.00
	贻贝	43.91	11.73	2.67	23.91	5.92	2.48
2014	牡蛎	4.70	3.51	7.48	4.35	3.06	7.05
	扇贝	14.50	16.38	11.30	10.65	14.73	13.83
	贻贝	21.64	5.85	2.70	22.11	6.65	3.01
2015	牡蛎	5.35	3.56	6.66	4.76	3.11	6.53
	扇贝	16.34	16.41	10.04	9.47	13.81	14.57
	贻贝	21.54	4.85	2.25	23.76	5.36	2.26

（续表）

年份	种类	进口			出口		
		进口量	进口额	均价	出口量	出口额	均价
2016	牡蛎	5.84	3.65	6.25	5.07	3.14	6.19
	扇贝	14.95	17.21	11.51	9.55	13.96	14.62
	贻贝	23.54	5.24	2.23	25.91	5.88	2.27

数据来源：UN Comtrade, 2017.

表 1 和表 2 显示，与巨大的养殖产量相比，中国海水贝类进入国际市场的份额几乎可以忽略不计。这表明，贝类的国际市场空间非常有限，试图通过扩大出口来增加国产贝类销售显然并不具备现实可行性。

二、国内贝类生产与贸易概况

1. 全国贝类生产

2015 年，中国对世界贝类养殖产量的贡献率高达 87.98%，稳居首位。2016 年，中国海水贝类养殖产量达到 1 420.75 万吨，比 2015 年增长了 62.37 万吨，增幅 4.59%，2007—2016 年，国内海水贝类养殖产量保持着总体增长的基本态势（表 3）。

表 3　中国海水贝类养殖产量变动趋势（万吨）

种类	年份									
	2007 年	2008 年	2009 年	2010 年	2011 年	2012 年	2013 年	2014 年	2015 年	2016 年
蛤类	390.39	409.03	415.30	456.37	465.13	474.91	492.85	477.14	482.14	501.48
牡蛎	350.89	335.44	350.38	364.28	375.63	394.88	421.86	435.21	457.34	483.45
扇贝	117.74	114.82	129.21	143.84	133.63	142.00	160.82	164.94	178.53	186.05
贻贝	44.87	47.99	63.74	70.22	70.74	76.44	74.71	80.56	84.50	87.88
鲍螺	36.82	35.16	34.52	37.48	38.53	30.50	32.32	34.82	37.10	38.36
其他	61.54	75.01	69.80	47.08	81.23	89.71	90.24	123.89	118.77	123.53
合计	1 002.25	1 017.45	1 062.95	1 119.27	1 164.89	1 208.44	1 272.80	1 316.55	1 358.38	1 420.75

数据来源：FishStat J, 2016；中国渔业统计年鉴, 2017.

2. 贝类进出口贸易

已有数据表明 2016 年中国牡蛎、扇贝和贻贝进、出口量之和分别为 51 396.36 吨和 32 741.21 吨，进、出口额之和分别为 24 676.15 万美元和 46 253.81 万美元，进、出口均价分别为 4.80 美元/千克和 14.13 美元/千克。海关数据显示，2017 年上半年，中国贝类出口量和出口额分别达到 12.62 万吨和 6.14 亿美元，同比下降 5.90% 和 13.36%，对一般贸易出口额的贡献率为 8.38%，仅次于头足类的 20.39% 和对虾的 10.63%。

3. 国内贝类市场

国内主要水产品批发市场价格监测数据显示，2017 年牡蛎和扇贝均价增长较快，同比分别上升 53.27% 和 23.28%；蛏类均价稳中有升，涨幅 8.18%；蛤仔均价较为平稳；

鲍均价下跌，同比下降 5.34%。

三、国际贝类产业技术研发进展

1. 贝类遗传和育种技术

国际上学者们应用各种组学技术包括基因组、转录组、蛋白质组等开展了大量遗传研究。破译并发表了皱纹盘鲍全基因组草图及首次组装的菲律宾蛤仔基因组，为选择育种和疾病防控提供基础数据。此外，贝类对各种环境因子胁迫的响应成为新的研究热点，探究贝类应激及环境适应机制为开展抗逆育种提供依据。

种质资源评价方面，报道了深海蛤蜊的基因流，菲律宾蛤仔群体的历史起源，大扇贝群体遗传学分析及扇贝壳型和壳色的可塑性的探讨。

基于大数据计算的动物模型 GBLUP 和 GWAS 相结合的方法，以及结合全基因组位点编辑技术，是当前国际上重要的育种技术发展方向。通过模拟全基因组位点编辑技术增加动物育种群体中的有利等位基因频率，能够在短时间内大幅增加子代的遗传进展，该动物育种模型具有巨大的应用潜力。

2. 贝类营养与饲料

双壳贝类营养研发集中在投喂策略、摄食消化生理、环境-营养互作等方面。研究发现欧洲牡蛎亲贝投食量为 6% 时其繁殖性能达到最佳；贻贝对微藻的摄食选择与微藻表面可湿性相关，而牡蛎与微藻表面电荷相关；微藻饵料中脂肪酸组成对牡蛎生长具有重要作用；微藻饵料中添加 0.15% 湿重的玉米淀粉能促进扇贝繁殖性能。

在腹足类营养与饲料研究中，发现日粮中添加少量海带可提高南非鲍的生产性能、增强肠道菌群稳定；日粮中用真海鞘裙边粉替代饲料海带能提高皱纹盘鲍的生产性能；琼脂束缚微粒日粮能够提高苗期驴耳鲍存活率和壳长。调查分析了几种腹足类生物的天然饵料种类和摄食量以及水晶凤凰螺个体发育不同阶段天然饵料的组成。这些研究为优化鲍螺食物选择、从营养与饲料角度提高其生产性能提供了基础数据。

3. 贝类病害控制技术

2017 年国际贝类免疫防御机制方面解析了贝类的免疫致敏机制及血淋巴细胞的免疫功能，筛选并鉴定了一些重要免疫识别受体及免疫通路调控元件，探究了贝类对高温、酸化等环境胁迫的耐受及应答机制。病原体方面，对本年度全球贝类养殖业影响较大的病毒是牡蛎疱疹病毒（*Ostreid herpesvirus* 1，OsHV-1）和鲍疱疹病毒（*Haliotis herpesvirus* 1，AbHV），以及它们的变异株；相关文献报道了一种对 AbHV 具有高抗病力的新西兰鲍，为鲍抗病机制的解析和抗逆品种的培育提供了宝贵素材；寄生虫领域，主要研究了才女虫分类、地理分布及理化因子对其生长和感染的影响。病害防控方面，Wang 等报道了噬菌体对鲍哈维弧菌病的良好防控效果，为贝类生态友好型抗菌剂的研发提供了数据支持；从贝类养殖模式入手，可通过对亲本进行环境胁迫驯化来提升后代的环境耐受性，此外还可通过控制养殖密度及室内养殖时间来控制病毒感染以及大规模死亡的发生。

4. 贝类养殖模式与养殖环境

以多营养层次综合养殖为代表的生态系统水平的海水养殖模式依然是国际上关注的热点。对滤食性贝类在多营养层次综合养殖系统中的生态作用由定性描述向定量解读转变，更加重视基于生态系统动力学模型来揭示多营养层次综合养殖系统中不同类型生物功能群间的互利关系及生态转化效率。在加拿大、挪威等国家，滤食性贝类作为工具种来减轻大西洋鲑养殖的负面环境效应的效果已经显现,多营养层次综合养殖正在产业化。陆基集约化多营养层次综合养殖模式与技术方面的研发进展迅速,如南非、澳大利亚的鲍陆基循环水养殖系统中,引入石莼吸收鲍养殖过程排泄的氨氮,降低养殖对环境的负面效应,同时石莼又可作为鲍的饵料,实现了养殖与环境的双赢,系统高效、稳定运行。

在养殖环境控制方面,基于物联网技术的综合养殖智能化管理系统来辅助养殖决策日益受到关注,并已纳入 2017 年度欧盟地平线 2020 项目资助领域。微塑料等新型环境污染物在海洋环境中的行为及其对养殖贝类的毒性效应受到国际社会的高度关注。贝类质量安全和风险评估的新方法和新手段被建立和开发,如利用蛋白质组学评估贝类养殖环境毒性及其贝类质量和安全问题。Shimada 等基于生物海洋学手段预测了北海道鄂霍次克海沿岸麻痹性贝类毒素发生。

5. 贝类流通与加工技术

欧美日等发达国家严格执行食品卫生安全法规,如日本当地政府对放射性铯超标的贝类禁止销售。在营养与安全方面,国外目前可精准鉴定肇事藻并实现溯源,通过研究,建立了 30 种贝毒代谢产物的检测与结构鉴定技术;新型持久性的贝类有机污染物 POPs 近年来在国际上备受关注;靶向代谢组学技术在贝类营养品质评价上的应用渐多。

在贝类加工利用方面,国外亦存在以冷冻加工为主、精深加工的产品相对较少的问题。在贝类功能保健产品的开发方面,开发的产品主要有改善生殖系统功能相关的系列产品。在贝类加工技术方面,国外的研究主要集中于新鲜贝肉的品质保持技术开发、贝类蛋白功能特性、活性肽、活性多糖等的研究。在高新技术应用方面,一些国家使用微胶囊化、超细微粉碎等高新技术,把贝类副产物开发为新型贝类加工产品。

四、国内贝类产业技术研发进展

1. 贝类遗传和育种技术

国内在贝类遗传理论研究方面取得较大进展。在国际上首次完成了扇贝基因组精细图谱绘制,为理解动物早期起源和演化以及贝类适应性进化提供了关键线索;完成了海湾扇贝基因组草图的绘制并筛查了扇贝积累类胡萝卜素的相关位点;完成马氏珠母贝全基因组测序,为珍珠贝的遗传育种研究提供丰富的基因资源。另外,对贝类在环境胁迫条件下的生理生化和基因表达模式方面、贝类免疫与生长发育相关基因方面也开展了大量研究等。种质资源评估方面,开展了文蛤、鲍、三角帆蚌、牡蛎等经济贝类群体遗传学研究。

在分子育种技术方面,开发的 HD-marker 微阵列杂交分型技术成本低廉,可替代商业化芯片,为开展非模式生物特别是海洋生物分子育种工作提供了关键技术。另外,建立了逐步回归混合线性模型(StepLMM),有效解决了运算时间长和运算量大的问题,而且增加了 GWAS 的精确性和 GS 的准确性。在贝类新品种培育方面,2017 年 12 月水产原种和良种委员会审批了 4 个贝类新品种,包括文蛤'万里 2 号'、缢蛏'申浙 1 号'、扇贝'青农 2 号'、虾夷扇贝'象牙白'。

2. 贝类营养与饲料

国内双壳类营养与饲料研究方面,研究发现小球藻粉、螺旋藻粉、酵母粉、大豆蛋白粉等蛋白源能提高珍珠贝免疫力和抗氧化活性;假微型海链藻比角毛藻更适合在阴雨天扩繁。一种定量 PCR 技术已经用于双壳贝类幼体优质微藻饵料的筛选,开发了贝类微藻饵料中鞘脂、甜菜碱酯、挥发性组成及岩基糖苷色谱质谱分析方法,为建立全面的微藻营养代谢数据库打下了基础。

在腹足类营养与饲料研究方面，研究发现缢蛏汁对管角螺幼螺有很好的促生长作用；金藻/小球藻/扁藻（1/1/1）混合饲料可促进脉红螺幼虫生长并提高存活率。

3. 贝类病害控制技术

2017 年国内贝类病害控制技术的研究在免疫防御机制方面，开展了贝类神经内分泌免疫调节、免疫致敏以及免疫代谢等领域的研究；解析了长牡蛎内源性细胞凋亡的分子调控机制，鉴定了牡蛎天然免疫基因的多态性位点，阐释了牡蛎适应潮间带复杂生境的组学机制；解析了金属 Zn、Cd 对牡蛎的毒害机制。流行病学调查方面，掌握了山东省主要贝类养殖区贝类弧菌的流行特点及规律；发现环境气候异常和新发疫病病原是导致牡蛎大规模死亡的主要原因；另外初步探讨了皱纹盘鲍度夏期间的死亡原因。病害预警预报方面，启动了北黄海筏养虾夷扇贝病害预警预报体系的构建；基于层次分析法建立了牡蛎养殖过程中副溶血弧菌感染风险的评估模型，并对该模型进行了验证。

4. 贝类养殖模式与养殖环境

"提质增效、绿色发展"的海水养殖可持续发展理念越来越深入人心，养殖容量、生态容量评估的重要性日益受到重视，基于不同数据需求的评估方法逐步构建与完善，以养殖容量为基础的生态系统水平的海水养殖模式得到了进一步推广。通过充分发挥滤食性贝类在养殖生态调控方面的生物学优势，形成了浅海筏式/底播、池塘、滩涂、工厂化等多种类型的高效、生态健康养殖模式，经济、生态、社会效益显著。但养殖的结构、布局、品种搭配等尚有待于进一步优化，单位面积的生产效率尚存在一定程度的提升空间。

在养殖环境控制等方面，一些贝类体内污染物的检测新技术得到开发，如利用免疫亲和净化—液相色谱—串联质谱法测定贝类中腹泻性贝类毒素。建立了贝类养殖信息管理系统，实现贝类养殖企业查询、养殖环境查询、贝毒预警、产地溯源、交易信息发布等功能，为加强贝类养殖生产区的有效监控和提高贝类产品质量与安全监管效率进行了有益的探索。

5. 贝类流通与加工技术

开发了一种适用于贝类运输的保鲜剂制造技术以及一种贝类保活运输车海水循环喷淋系统，促进了贝类产品保活和保鲜流通技术的提升。贝类毒素的质谱定性定量检测技术方法已建立完善，发现贝类体内具有重金属积累、贮存和解毒的特殊机制，而不同品种、不同海区的贝类具有补充的重金属富集暴露风险，受油污染的海湾扇贝体内多环芳烃以 2~3 环为主，大部分贝类样品检出的致病菌为副溶血性弧菌。

在贝类加工技术方面，主要集中于贝类蛋白活性肽、蛋白多糖等活性成分的开发利用研究，利用贝类可食部、酶解产物或提取物研发贝类海鲜调味品。在副产物利用方面，利用贝壳制成贝壳粉、珍珠层粉、贝扣及贝雕等产品；以鲍鱼加工副产物内脏为原料获得高纯度、高活力纤维素酶。在产业化方面，贝类体系资助的海洋贝类预防化学性肝损伤营养食品在深圳市企业进行了产业化中试。

（贝类产业技术体系首席科学家　张国范　提供）

2017 年度特色淡水鱼产业技术发展报告

(国家特色淡水鱼产业技术体系)

一、国际特色淡水鱼生产与贸易概况

1. 国际特色淡水鱼生产

全球特色淡水鱼主要生产国家和地区有：罗非鱼 142 个、鲴 14 个、鳗 34 个、淡水鲈 8 个、鳜 1 个、鳜 1 个、黄鳝 4 个、泥鳅 3 个、黄颡鱼 1 个、鲑 19 个、鳟 79 个和鲟 34 个。据联合国粮农组织（FAO）数据库（www.fao.org）最新数据，截至 2015 年，全球罗非鱼产量 631 万吨，其中中国占 31.38%；鲴 41.34 万吨，中国占 63.34%；鳗 31.87 万吨，中国占 84.92%；淡水鲈 35.56 万吨，中国占 59.26%；黄鳝 36.92 万吨，中国占 99.98%；泥鳅 36.89 万吨，中国占 99.72%；鲑 356.16 万吨，挪威占 50.27%，中国占 0.55%；鳟 79.61 万吨，伊朗占 17.85%，中国 3.47%；鲟 10.51 万吨，中国占 86.42%。鳜、鳜和黄颡鱼等仅中国生产，产量分别为 49.56 万、35.57 万、29.81 万吨。

2017 年全球特色淡水鱼产量预计为：罗非鱼 664 万吨，鲴 42 万吨，鳗 33 万吨，淡水鲈 55 万吨，鳜 37 万吨，鳜 27 万吨，黄鳝 41 万吨，泥鳅 44 万吨，黄颡鱼 43 万吨，鲑 395 万吨，鳟 90 万吨和鲟 13 万吨。

2. 国际特色淡水鱼贸易

特色淡水鱼主要国际贸易品种有罗非鱼、鲴、鳗、鲑、鳟和鲟等。据联合国商品贸易统计数据库（un comtrade）最新数据，2016 年全球特色淡水鱼进出口总量 823.72 万吨，进出口总额 481.68 亿美元，综合各方面因素推测 2017 年进出口总量预计为 836.38 万吨，同比增长 1.54%；其中，罗非鱼进出口总量 196.66 万吨，进出口总额 80.64 亿美元，2017 年总量预计为 194.46 万吨，同比减少 1.12%；鲴进出口总量 170.91 万吨，进出口总额 54.57 亿美元，2017 年总量预计为 178.95 万吨，同比增加 4.70%；鳗进出口总量 19.17 万吨，进出口总额 25.26 亿美元，2017 年总量预计为 19.82 万吨，同比增加 3.39%；鲑进出口总量 454.83 万吨，进出口总额 308.85 亿美元，2017 年总量预计为 463.78 万吨，同比增加 1.97%；鳟进出口总量 48.47 万吨，进出口总额 33.51 亿美元，2017 年总量预计为 49.05 万吨，同比增加 1.20%；鲟进出口总量 28.37 万吨，进出口总额 22.52 亿美元，2017 年总量预计为 25.32 万吨，同比减少 10.75%。

2016 年冻罗非鱼片平均价格 3.69 美元/千克，2017 年预计 3.58 美元/千克，同比下降 2.97%；2016 年冻鲴鱼片 2.33 美元/千克，2017 年预计 2.21 美元/千克，同比下降 5.13%；2016 年制作或保藏的鳗 18.67 美元/千克，2017 年预计 17.69 美元/千克，同比下降 5.23%；2016 年冰鲜鲑 7.74 美元/千克，2017 年预计 7.96 美元/千克，同比上升 7.87%；2016 年鲜或冷鳟 5.85 美元/千克，2017 年预计 5.61 美元/千克，同比下降 4.08%；2016 年鲟鱼子酱 45.99 美元/千克，2017 年预计 44.84 美元/千克，同比下降 2.55%。

二、中国特色淡水鱼生产与贸易概况

1. 中国特色淡水鱼生产

据中国渔业年鉴最新统计，2016 年中国特色淡水鱼总产量 492.8 万吨。其中，罗非鱼主产区为广东、海南、广西、云南和福建等省区，产量为 186.6 万吨；鮰为四川、湖北、湖南、江西和广东等，产量 28.54 万吨；鳗为广东、福建、江西、江苏和浙江，产量 24.48 万吨；淡水鲈为广东、江苏、浙江、江西、四川等，产量 37.43 万吨；鳢为广东、山东、江西、湖南和浙江等，产量 51.79 万吨；鳜为广东、江西、湖北、安徽和江苏等，产量 30.49 万吨；黄鳝为湖北、江西、安徽、湖南和四川等，产量 38.61 万吨；泥鳅为江西、江苏、湖北、安徽和四川等，产量 40.02 万吨；黄颡鱼为湖北、浙江、江西、广东和安徽等，产量 41.73 万吨；鲑为辽宁、四川、云南、甘肃和江西等，产量 0.34 万吨；鳟为青海、辽宁、云南、新疆和河北等，产量 3.82 万吨；鲟为山东、云南、湖北、贵州和湖南等，产量 8.98 万吨。

2017 年中国特色淡水鱼总产量预计为 441 万吨，其中，罗非鱼 188 万吨、鮰 29 万吨、鳗 25 万吨、淡水鲈 38 万吨、鳢 37 万吨、鳜 27 万吨、黄鳝 40 万吨、泥鳅 43 万吨、黄颡鱼 43 万吨、鲑 0.86 万吨、鳟 4 万吨和鲟 9 万吨。

2. 中国特色淡水鱼贸易与市场

罗非鱼、鮰和鳗是中国特色淡水鱼的主要出口品种。2017 年 1—10 月罗非鱼总出口量 33.28 万吨，同比增加 4.11%，其中冻罗非鱼片作为主要出口产品，出口价格 3.35 美元/千克，同比下降 3.82%；2017 年出口量的增长，带动国内市场回暖，罗非鱼塘口价在 7.80 元/千克左右，同比增长 3.75%。2017 年 1—10 月鮰总出口量 5 035 吨，同比增加 28.05%，其中主要出口产品冻鮰鱼片出口价格 7.51 美元/千克，同比下降近 10%，平均出口价跌落主要原因是受国际市场的影响，出口量波动很大，国内收购价格从 3 月连续下跌至低谷期 9 月，10 月又回升至 2016 年底的最高水平，为 26~42 元/千克。2017 年鳗 1—10 月出口总量 3.77 万吨，同比减少 6.56%，日本是最大的出口目的国，中国对日本出口量为 2.10 万吨，同比减少 0.91%，其中主要出口产品制作或保藏的鳗均价 21.10 美元/千克，同比减少 1.20%。

鳜、淡水鲈、鳢、黄鳝、泥鳅和黄颡鱼产品主要以鲜活产品的形式供应国内市场。2017 年鳜塘口价 48~55 元/千克，同比上涨 5% 左右；淡水鲈塘口价 20~25 元/千克，上涨 10% 左右；鳢塘口价 15~26 元/千克，上涨 3% 左右；黄鳝塘口价 4~10 元/千克，下降 3% 左右；泥鳅塘口价 4~10 元/千克，上涨 7% 左右；黄颡鱼塘口价 16~26 元/千克，与去年相比略有下降。

鲑鳟类消费以鲜活为主，约占养殖产量的 80%。鲑鳟类加工产品以来料加工为主，有冻品、鲜冷、熏制等产品。2017 年 1—10 月鲑进口总量为 2.84 万吨，同比减少 1.66%，其中鲜或冷鲑平均进口价 9.78 美元/千克，下降 1.24%。2017 年鲑平均塘口价 75 元/千克，增长 1.63%。2017 年 1—10 月鳟进口总量 3 346 吨，下降 33.73%，出口总量 2 172 吨，下降 10.38%，主要出口品种冻鳟鱼片价位 15.73 美元/千克，增加 21.47%。鲑鳟国内市场价格随着季节变动和区域不同出现较大差异，平均价格总体变动不大，维持在 26~38 元/千克。鲟消费以小规格鲜活鱼为主，大规格成鱼除生产鱼子酱外，主要用于加工其他产品。2017 年 1—10 月鱼子酱出口总量 47.8 吨，同比增长 10.4%，出口总额 1 304

万美元，增长 2.5%，出口均价 279.3 美元/千克，下降 7.1%。

三、国际特色淡水鱼产业技术研发进展

1. 种质资源与遗传改良

美国高度关注鮰鱼的野生资源，对内布拉斯加州普拉特河下游水域斑点叉尾鮰种群的数量、存活率、个体规格和生长开展的资源评估表明，幼鱼生长与流量正相关，东伊利诺伊大学利用微卫星标记研究了沃巴什和俄亥俄河不同河段的斑点叉尾鮰群体后发现遗传变异和地理距离显著正相关，水坝拦截会降低遗传多样性。遗传图谱研究方面，新加坡建立耐盐性杂交罗非鱼遗传连锁图谱；奥本大学建立斑点叉尾鮰高密度遗传图谱，并定位鮰肠道败血症等多项数量性状；加拿大纽布伦斯威克大学为美洲鳗绘制了基因组草图。

2. 养殖技术

美国阿拉巴马州的"池塘水槽养殖系统"利用放养滤食性鱼类来摄食废弃物和藻类，通过构建微生态系统，降解养殖对象的代谢产物，该模式下斑点叉尾鮰成活率大于 90%，产量达 20 540 千克/公顷，比传统池塘增产 273.5%～356.4%，增氧能耗下降 50%。应用紫苏净化罗非鱼养殖尾水，应用生菜及甘蓝净化虹鳟养殖尾水，净化效果明显。

3. 营养与饲料

美国、巴西等国学者分别建立了罗非鱼、鲟鱼、乌鳢对必需氨基酸、维生素、矿物质等最适需求量。印度尼西亚、挪威等国学者开发了橡胶籽饼粉、昆虫粉、虾溶胶提取物、南极磷虾粉等新饲料蛋白原料。意大利、埃及等国学者开发出三七、姜黄、丝兰等植物提取物产品，显著提高罗非鱼、鲑鳟等的生长性能和免疫力。韩国、挪威等国学者通过投喂胚芽乳酸杆菌、枯草芽孢杆菌等益生菌改善鲟、鳗、鲑鳟等的肠道消化功能和健康水平。

4. 病害防控

联合国粮农组织发布罗非鱼湖病毒（*Tilapia Lake Virus*，TilV）警报，该病最先在以色列爆发，现已在三大洲五个国家得到确认，检测方法有组织病理学和 RT-PCR 方法，泰国玛希隆大学建立了半巢式 RT-PCR 检测方法。黄鳝感染棘鄂口线虫（*Gnathostoma spinigenim*）和虹鳟感染鲑苔藓四囊虫（*Tetracapsuloides bryosalmonae*）后引起的肾增生病引起关注。以色列学者研制出湖病毒弱毒疫苗并申请专利，腹腔注射免疫对罗非鱼湖病毒病的免疫保护效果约为 68%。

5. 加工技术

巴西学者发现迷迭香提取物的抗氧化作用可延长罗非鱼鱼糜制品的货架期，研发了采用壳聚糖涂膜增加液熏罗非鱼片保质期的工艺技术。埃塞俄比亚学者发现干腌法结合太阳能干燥与传统的日晒干燥相比，得到的鱼品具有更好的色泽、风味和质地。美国学者发现控制擂溃温度和时间是得到高凝胶强度鱼糜的重要条件。日本学者从鲟鱼提取的胶原蛋白，可作为骨缺损修复材体的材料。

四、国内特色淡水鱼产业技术研发进展

1. 种质资源与遗传改良

对长江和珠江流域 9 个大眼鳜野生群体的遗传分析表明，长江流域群体遗传变异程度显著高于珠江流域群体，说明长江流域大眼鳜种质资源更为丰富。鳜高密度遗传连锁图谱构建成功，乌鳢性别标记获得开发。斑点叉尾鮰和黄颡鱼良种规模化繁育、斑鳜批量人工

繁育、加州鲈早繁早育和秋繁等产业关键技术获得突破。

2. 养殖技术

养殖正向设施化和绿色化的方向发展，研发了池塘流水工程化养殖、集装箱循环水养殖模式等一批安全高效养殖新模式，如上海地区开展了循环水分割池塘进行黄颡鱼养殖；浙江湖州开展加州鲈跑道式循环水养殖。以"稻鳅共作"为主推模式的云南哈尼梯田"稻渔共作"形成了区域特色和规模优势。养殖水环境控制研究主要集中于用有益菌净化泥鳅养殖水质，用空心菜等净化罗非鱼养殖水质，用斜管重力沉淀等装置净化鲟鱼工厂化养殖水质等。

3. 营养与饲料

鲈鳢鳜全人工配合饲料替代冰鲜鱼和活饵技术获重大突破，初步解决了原有养殖方式带来的环境和产品质量问题。国内学者建立了罗非鱼、鳗、淡水鲈等对维生素、矿物质、糖类、脂肪以及蛋白的最适需求量。筛选出肉骨粉、鸡肉粉等新蛋白源，降低了鱼粉使用比例；开发出蚕蛹油、橡胶籽油等新脂肪源，以替代鱼油。西南大学通过开发益生菌、多糖、复方中草药等产品，改善罗非鱼、鳗、鲟等生长性能、消化水平和免疫力；广东、江苏等地水产饲料企业开发植酸酶、甲壳素酶、表面活性素等活性蛋白产品，提高乌鳢、泥鳅、鳗等消化率和苗种成活率。

4. 病害防控

中国也对罗非鱼湖病毒进行积极监测，已在广东、广西发现了湖病毒。翁少萍等（2017）在广东发现一种感染鳜的新病原—蛙虹彩病毒（*Mandarin Rana Virus*，MRV），建立了常规 PCR 检测方法和能同时检测鳜传染性脾肾坏死病毒（*Infectious Spleen and Kidney Necrosis Virus*，ISKNV）和 MRV 的双重 PCR 检测方法，并申请了专利；华中农业大学从黄颡鱼上分离鉴定两种新的寄生虫——似吴李碘泡虫（*Myxobolus physophilus n. sp.*）新种和武汉累枝虫（*Epistyliswuhanunensis n. sp.*）。中山大学开发出鳜传染性脾肾坏死病全细胞灭活疫苗，保护率 90% 以上，目前已完成临床试验工作。华中农业大学初步建立了多子小瓜虫（*Ichthyophthirius multifiliis*）病害防控技术，苗种期小瓜虫的发病率可降低 10%。

5. 加工技术

国内学者研发了基于低温和增氧的保活技术，如低温有氧麻醉技术，CO_2 麻醉辅助无水保活。保鲜方面，研发了低温冻结技术—液体浸渍冷冻技术，0.3% 茶多酚处理结合微冻或 4℃ 保藏、竹叶抗氧化物结合真空包装或气调包装处理等技术均可延长鱼品货架期。加工技术和工艺方面，开发了罗非鱼片渗透-真空微波干燥技术。副产物综合利用方面，主要集中在如何提高胶原蛋白的制备和利用，酶法制备技术是目前胶原蛋白肽生产主流方法；海南大学采用酶解法和稀碱水解法分别提取罗非鱼鱼油，发现稀碱水解法的提油率略高于酶解法，鱼油 ω-3 不饱和脂肪酸含量较高。

（特色淡水鱼产业技术体系首席科学家 杨 弘 提供）

2017 年度海水鱼产业技术发展报告

（国家海水鱼产业技术体系）

一、国际海水鱼生产与贸易概况

1. 捕捞及养殖情况

据 2017 年联合国粮农组织（Food and Agriculture Organization，FAO）数据，2015 年，世界海洋捕捞总产量为 8 116.46 万吨，其中，海水鱼类捕捞产量为 7 804.47 万吨，占海洋捕捞总产量的 96.15%；世界海水养殖总产量为 2 784.06 万吨，其中，海水鱼类养殖产量为 681.01 万吨，占海水养殖总产量的 24.46%。海水鱼类养殖在世界各区域的分布：亚洲 385.59 万吨，欧洲 186.31 万吨，美洲 100.32 万吨，大洋洲 7.28 万吨，非洲 1.51 万吨。2015 年，中国海水鱼类养殖产量为 130.76 万吨（中国渔业统计年鉴，2016），占世界海水鱼类养殖总产量的 19.2%。目前，全球海水鱼养殖种类达 100 多种，养殖规模较大的主要有大西洋鲑、海鲈、鰤鱼、大黄鱼、鲆鲽类等，其中，单一种类产量最大的为大西洋鲑（为商品名"三文鱼"的最主要一种），2015 年全球养殖产量 238.09 万吨，主要生产国为挪威、智利、英国和加拿大等。

2. 贸易情况

2017 年前三季度，冰岛鲆鲽类出口规模萎缩，出口额同比下降 42.8%，出口均价总体下跌，格陵兰庸鲽出口价格下跌 10.4%，跌至近 7 年最低值。韩国大黄鱼进口规模显著缩小，价格下降，进口额为 5 674.5 万美元，同比下降 22.8%。美国石斑鱼进口规模显著增加，进口量为 4 253.6 吨，主要来自墨西哥和巴拿马，但墨西哥市场的石斑鱼价格呈下降态势。印度尼西亚是第一大石斑鱼供应国，占全球总量的 62%。2016 年，意大利、美国、英国、西班牙和法国的海鲈进口量位列前 5 位，分别占世界总量的 29.1%、9.4%、8.3%、7.5% 和 7.1%。其中，意大利海鲈前三季度总集散量同比下滑 10%，价格波动较大。2016 年全球军曹鱼进口量为 2 170.6 吨，主要进口国为美国、荷兰和泰国，美国占 62.9%；巴拿马为最大供应国，占 67.9%。挪威是大西洋鲑的第一大出口国，占该品种全球出口的 50% 以上，2017 年其出口金额达 647 亿克朗，较 2016 年增加 5%，出口量达到 100 万吨，较 2016 年增长 2.8%。2017 年度，中国大西洋鲑进口 3.78 万吨，进口额 3.56 亿美元，占中国水产品进口总量的 0.77%，进口总额的 3.14%。

二、国内海水鱼生产与贸易概况

1. 养殖生产情况

根据 2017 年国家海水鱼产业技术体系调查数据，主要示范区县海水鱼养殖面积：工厂化 764 公顷，普通网箱 1 411 公顷，深水网箱 817.39 万立方米，池塘 17 733 公顷，围网 196 公顷。2017 年，海水鱼主养品种总产量为 50.00 万吨，其中，大菱鲆 4.77 万吨，牙鲆 0.71 万吨，半滑舌鳎 1.32 万吨，石斑鱼 4.98 万吨，海鲈 9.84 万吨，大黄鱼 17.05 万吨，卵形鲳鲹 6.07 万吨，军曹鱼 0.29 万吨，河鲀 0.80 万吨，其他海水鱼 4.17 万吨。苗种总产量为 10.95 亿尾，其中，大菱鲆 2.32 亿尾，半滑舌鳎 0.55 亿尾，牙鲆 0.75 亿尾，大黄鱼 1.2 亿尾，河鲀 1.24 亿尾，石斑鱼 0.56 亿尾，军曹鱼 0.2 亿尾，卵形鲳鲹 3.21 亿尾，其他海水鱼 0.92 亿尾。

2. 贸易情况

中国养殖大黄鱼主要出口韩国（冻品）和香港地区（冰鲜品），2017 年，大黄鱼价格震荡下行，年底前反弹；墨西哥石斑鱼价格呈下降趋势；意大利海鲈集散量下降，价格波动较大；卵形鲳鲹价格在墨西哥市场总体震荡上升，香港地区市场呈下降态势；鲆鲽类产品市场价格随品种而异，韩国鹭梁津水产品市场销量波动较大；日本下关市场是世界河鲀鱼的主要集散地，2015 年因养殖红鳍东方鲀上市量锐减，价格翻倍，从 2 600 日元/千克上涨至 5 000 日元/千克。2010—2015 年，中国台湾地区军曹鱼的销量逐年减少，出口日本以小规格整条及去头整条为主。

三、国际海水鱼产业技术研发进展

1. 海水鱼遗传改良技术

2017 年，国外对海水鱼类的遗传改良，主要在大菱鲆、海鲈、河鲀、军曹鱼、牙鲆、石斑鱼等品种研究方面取得了一定进展。西班牙和英国学者采用转录组测序技术，开展了快速和慢速生长大菱鲆的转录组学研究。韩国学者采用线粒体序列分析和微卫星标记，进行了海鲈形态学和分子检测分析。印度学者开展了军曹鱼遗传变异和种群结构研究。日本学者利用石斑鱼杂交子一代群体构建了生长性状相关的数量性状基因座（QTL）图谱并开发了 18 个波纹石斑鱼高多态性微卫星标记，为开展石斑鱼分子选育提供基础。日本学者利用生殖细胞移植技术，以三倍体星点东方鲀为受体，生产了红鳍东方鲀的卵子和精子。葡萄牙学者开展了乌鳍石斑鱼的精子超低温冷冻保存研究，获得较好的冷冻保存效果。韩国学者分析了红鳍东方鲀生长激素释放激素的表达情况，为今后红鳍东方鲀的遗传改良提供了参考。

2. 海水鱼养殖与环境控制技术

（1）工厂化养殖。聚焦于工厂化水处理技术，研发了生物膜反应和诱变选育高效菌株处理及共代谢技术，并改进了硝化反硝化、厌氧氨氧化与亚硝化工艺相结合的脱氮、活性炭吸附、臭氧氧化与灭活等水处理方法。研究了循环水系统中硝酸盐含量对鱼类生长及健康的影响，乳酸杆菌对养殖水体中的微生物环境的改善作用。

（2）网箱养殖。挪威完成了世界首座、规模最大的半潜式智能"海洋渔场"建造，并投入养殖生产。该智能渔场设有中央控制室、自动旋转门和 2 万多个传感器，可实现鱼苗投放、自动投饵、实时监控及渔网清洗、死鱼收集等功能。一个养殖季可养殖大西洋鲑 150 万尾，产量 8 000 吨。荷兰 De Maas SMC 公司推出一种"单桩式半潜式深海渔场"装备，养殖水体为 10 万~50 万立方米，可抗 17 级台风。

（3）池塘养殖。美国开始推广工程化池塘循环水养殖模式，该模式利用池塘养殖面积的 2%~5% 作为养殖区，剩余为净化区，有效提高了池塘养殖水体的利用效率和产出，荷兰学者提出了通过生境要素循环利用从而增强食物网的稳定性的"池塘养殖营养池"概念。

（4）养殖装备。挪威设计提出了采用声波遥测技术监测饲养对象行为的方法，日本研发了一种利用葡萄糖氧化物作为分子识别元件的生物传感器，可根据酶反应情况实时反馈鱼类葡萄糖水平，掌握鱼类的应激反应。

3. 海水鱼疾病防控技术

（1）免疫防御机制。国际上探究了神经坏死病毒（*Viral Nervous Necrosis*，VNN）、虹彩病毒（*Iridovirus*）、传染性胰腺坏死病毒（*Infectious Pancreatic Necrosis Virus*，IPNV）、病毒性出血性败血症病毒（*Viral Hemorrhagic Septicemia*，VHS）、鲑立克次氏体（*Rickettsia*）、杀鲑气单胞菌（*Aeromonas salmonicida*）、美人鱼发光杆菌杀鱼亚种（*Photobacterium damselae* subsp. *piscicida*）等病毒和细菌的致病机制以及海水鱼对病毒和细菌的免疫防控策略，查明了低氧、低水温等环境胁迫因子对海水鱼类的生长、发育、代谢及免疫过程的影响以及鱼类对环境胁迫的适应机制。

（2）鱼病防治。基于免疫疗法的防控技术是研究的重点领域，亚单位疫苗和 DNA 疫苗的口服免疫及以免疫增强剂等新型水产药物依然是国际病毒病、细菌病免疫防控的研究热点。

4. 海水鱼营养与饲料技术

2017 年，国外关于海水鱼营养研究的重点主要涉及营养需求研究、鱼粉鱼油替代、饲料添加剂开发。总体来看，海水鱼营养研究从以宏观为主开始向微观化、整体化、系统化方向发展。同时，部分营养学研究已经开始与品系选育、养殖模式结合起来，向精准化营养研究发展。

（1）营养需求。海水鱼营养需求研究除关注生长、饲料利用等性能外，部分研究着眼于鱼体免疫力、营养素代谢等分子调控机理。

（2）鱼粉鱼油替代及饲料添加剂开发。研究内容与当前世界范围内鱼粉、鱼油资源紧张、价格攀升关系紧密，主要着力于水产新型蛋白源、脂肪源的开发，探究更高效、更安全的替代策略，同时，应用转录组学、蛋白组学等从分子水平评估替代引起的代谢差异，并研究开发饲料添加剂降低鱼油鱼粉替代引起的应激反应。

5. 海水鱼产品质量安全控制与加工技术

（1）质量安全控制。以噬菌体作为新型生物抑菌剂，以多种噬菌体制备混合制剂及噬菌体内溶素进行抑菌性产品研发，用以作为水体改良剂应用于水产养殖中；无损检测技术能够有效解决大宗水产品生产过程中品质安全快速检测技术缺乏的难题，如基于近红外高光谱成像对鱼肉腐败菌菌落总数的快速检测方法，实现了冷藏过程中鱼肉腐败菌菌落总数实时可视化监控。

（2）鱼品加工保鲜技术。研究者将壳聚糖和乳酸链球菌素制备的微胶囊用于保鲜小黄鱼，能显著降低微生物对脂肪和蛋白的降解，产品货架期从 6 天延长到 9 天。从欧洲鲈鱼中分离到植物乳杆菌 O1（*Lactobacillus plantarum* O1），发现该菌有很好的抗菌效果，应用于鲈鱼、牡蛎、贻贝中，能起到很好的保鲜效果。

四、国内海水鱼产业技术研发进展

1. 海水鱼遗传改良技术

2017 年，国内海水鱼遗传改良的研究主要集中在良种培育。在选择育种方面，开展了花鲈、卵形鲳鲹不同群体的遗传多样性分析，利用统计学和数量遗传学方法进行了优质、高产大菱鲆最佳杂交组合的筛选和大菱鲆生长相关性状遗传参数的评估，选育出牙鲆抗淋巴囊肿新品种并进入中试阶段。利用分子育种技术，开展了半滑舌鳎抗病、高雌、高产家系选育、哈维氏弧菌（*Vibrio harveyi*）抗病相关的 QTL 精细定位研究，红鳍东方鲀生长性状及家系系谱研究；开发了高效低成本的全基因组选择育种技术，完成大黄鱼基因组测序、分子标记挖掘和育种标记筛选；利用基因组编辑技术阐明了半滑舌鳎性别决定和分化机制，实现了海水养殖鱼类基因组编辑技术的突破；开展了军曹鱼染色体组型分析、红鳍东方鲀冷休克诱导雄核发育单倍体研究，发明了牙鲆雌核发育四倍体诱导技术，为海水鱼多倍体育种奠定了基础。在杂交育种方面，开展了多个石斑鱼杂交组合育种实验，培育出"虎龙杂交斑""云龙斑"等优良品种。

2. 海水鱼养殖与环境控制技术

（1）工厂化养殖。聚焦工厂化养殖水处理技术，改进了红鳍东方鲀工厂化养殖技术，在饲养 180 天后可达到养殖密度 31.2 千克/立方米，成活率为 95%；评估了不同养殖模式下大黄鱼的营养成分，结果表明，工厂化养殖模式可以生产出肉质营养结构和风味优于传统网箱养殖的大黄鱼。

（2）网箱、围栏养殖。研发出可替代传统木质港湾渔排的绿色环保新型网箱，每个新型网箱相当于传统木质网箱 60~80 个，在养殖水体相同条件下，可大幅减少网箱布设数量，减轻近海环境压力；设计建造大型生态养殖围栏，养殖水体达 15.7 万立方米，配套 2 个大型海洋牧场多功能平台和 6 个小型平台，具备规模化立体养殖功能。

（3）深远海养殖。完成 1 艘 3 000 吨级养殖工船改装并投入黄海冷水团养殖，进行了 20 万吨和 8 万吨级的养殖工船船舱改装设计；国内首次在南沙美济礁建造浮绳式围网和金属网箱，并开展了黄鳍金枪鱼、尖吻鲈、鳃棘鲈等养殖试验和示范。此外，设计养殖水体达 5 万~15 万立方米的升降式、半潜式、单桩式等大型深远海养殖装备，相继在山东日照、长岛及福建宁德、广东珠海等地开工建造。

（4）池塘养殖。开发了分隔式循环水池塘养殖系统，由 20% 水面的肉食性和 80% 水面的滤杂食性鱼类养殖区构成，配置过水堰、螺旋桨式和水车式推流装置，集污和吸污装置等养殖系统设施和装备，可实现养殖水体 50% 日交换量，解决了池塘养殖净化能力不足和排污效果差等问题。

（5）养殖装备。完成了小型化旋转式鱼类分级机的样机试制，研发并示范推广了导轨式自动投饲系统并通过了国家渔业机械仪器质量监督检验中心的质量和性能检测。

3. 海水鱼疾病防控技术

（1）免疫防御机制。主要研究了石斑鱼免疫基因的抗病毒病功能机制以及神经坏死病毒与细胞的相互作用，探究了卵形鲳鲹和蓝子鱼抗寄生虫感染的免疫机制，建立了刺激隐核虫抗原基因筛选和四膜虫的表达体系，查明了在正常和环境胁迫状态下的海水鱼生理生化指标，建立了疾病检测方法和检测标准。

（2）疾病防治。基于全基因组测序技术设计了大菱鲆杀鱼爱德华氏菌（*Edwardsiella piscicida*）病的新疫苗；针对石斑鱼虹彩病毒，制备了灭活疫苗和亚单位疫苗；申报通过了大菱鲆鳗弧菌基因工程活疫苗并拓展到红鳍东方鲀中，完成了初步临床前实验评价；示范并推广了中国首例大菱鲆腹水病弱毒活疫苗；开发了刺激隐核虫幼虫灭活疫苗，初步建立了亚单位虫疫苗技术体系。

4. 海水鱼营养与饲料技术

2017 年，国内海水鱼营养学研究主要集中于营养素需求、水产饲料新蛋白源开发、功能性添加剂研发等 3 个方面，与国际海水鱼营养与饲料研究相似。但是，中国海水鱼营养研究的重点还主要集中于营养素需求研究上。中国海水鱼主养品种营养素需求框架基本建立，但不同养殖模式、不同养殖阶段、不同生理条件下的特异性营养需求研究比较零散。在新蛋白源开发方面，部分研究已经成功开发出可替代鲆鲽类、海鲈等饲料中高比率鱼类的新型蛋白源，达到国际领先水平。但部分养殖品种仍然存在配合饲料普及率较低，相关基础营养学参数不够完善等问题。

5. 海水鱼产品质量安全控制与加工技术

（1）质量安全控制。国内研究了渔药残留、重金属、持续性环境污染物等危害因子，研究其在水产品全链条中的迁移转化规律、消减消除方法和安全控制技术；研究开发了适应于养殖现场的前处理方法，实现了药物残留的现场快速检测。

（2）鱼品加工。国内研究主要集中于新产品、新技术和新工艺的开发，如开发即食调味河鲀鱼片、新型调味大菱鲆鱼片等产品，研究卵形鲳鲹内脏提取酸生蛋白酶和脂肪酶的技术、碱法提取大黄鱼鱼卵蛋白技术等。

（3）保鲜与贮运。研究了水产品物流过程品质劣变规律，提出了新型冰保鲜技术，集成多项保鲜贮运技术，显著延长货架期；探索了鱼类低温无水保活过程的应激反应过程，揭示低温无水保活机制，提出了鱼类无水保活工艺及商品化销售的装置。

（海水鱼产业技术体系首席科学家　关长涛　提供）

2017 年度藻类产业技术发展报告

（国家藻类产业技术体系）

一、国际藻类生产与贸易概况

1. 生产概况

FAO 数据显示，2015 年全球藻类产量约 2 850 万吨，较 2014 年增长 6.3%。其中主要国家生产情况如下：印度尼西亚产量 1 126 万吨、产值 8.4 亿美元，较上年增长 11.8%；日本产量 39 万吨、产值 7.8 亿美元，较上年增长 8.9%；韩国产量 119 万吨、产值 4.3 亿美元，较上年增长 10.3%；菲律宾产量 157 万吨、产值 1.8 亿美元，较上年增长 1.1%。

2. 贸易概况

UNcomtrade 数据库的数据显示，2012—2016 年可供食用的海藻类产品（海关编码121221）世界出口额基本维持在 4 亿~4.5 亿美元，从 2012 年的 4.4 亿美元下降到 2016年的 4.1 亿美元。日本、中国、美国等是藻类主要进口国。韩国、印度尼西亚、中国等是藻类主要出口国。2016 年日本进口额排名第一，为 2.1 亿美元，中国进口额为 1.2 亿美元，美国排名第三，为 0.6 亿美元。泰国、澳大利亚、韩国、马来西亚和英国 2016 年藻类进口额均超过 0.1 亿美元。从出口额来看，韩国出口额最多，为 1.9 亿美元，其余国家出口额均低于 1 亿美元。印度尼西亚和中国出口额分别排名第二和第三，为 0.7 亿美元和0.6 亿美元。

二、国内藻类生产与贸易概况

1. 生产概况

根据 2017 年渔业统计年鉴，2016 年中国藻类海水养殖总产量达 216.93 万吨，福建、山东和辽宁藻类海水养殖产量位居全国前三，分别为 97.95 万吨，67.3 万吨，32.56 万吨。其中，福建海带、紫菜、江蓠海水养殖产量分别为 69.35 万吨、6.64 万吨、17.32 万吨，位居全国第一；辽宁裙带菜产量为 10.69 万吨，位居全国第一；海南麒麟菜产量为0.31 万吨，居全国第一；浙江羊栖菜、苔菜产量 0.93 万吨、371 吨，位居全国第一。2016 年国内藻类总产量达 220.24 万吨，较上一年度增长了 3.68%，其中养殖产量 217.81万吨，捕捞产量 2.43 万吨。2017 年预计国内藻类总产量 229.05 万吨。

2. 贸易概况

中国藻类总产量不断上升，藻类出口量不断下降，出口所占比重不断降低，从 2012年的 1.20%下降到 2016 年的 0.67%，下降了 0.53%。2017 年预计下降 0.5%。2016 年，中国藻类出口额为 5 516.35 万美元，世界藻类总出口额为 5.99 亿美元，中国藻类出口占世界总出口的比重为 9.20%。中国藻类进口量呈现稳定上升趋势，中国藻类进口量由2012 年的 7 万吨上升到 2016 年的 15 万吨，翻了一倍。

三、国际藻类产业技术研发进展

1. 遗传育种研究

2017 年 *Web of Science* 中收录与藻类遗传育种相关的论文有 50 余篇。通过海带雌雄配子体的 3 代耐高温选育，获得的选育品系生长期延长 3 个月，平均长度和生物量均高于对照。将日本形态差异较大的两个裙带菜品系的自交后代放在同样的栽培环境中培养，发现二者在形态上存在明显差异，同时 SSR 位点的基因型也有区别，表明这两个品系的形态差异主要受遗传控制。在相同培养条件下，日本南北不同地点的多个裙带菜品系的形态也存在明显差异，适合开展选择育种。采用重能离子束辐照技术获得条斑紫菜绿色突变体，与野生型杂交尝试进行条斑紫菜的多倍体育种。不同江蓠细胞器基因组与转录组的研究，将可望促进其遗传改良。微藻日益被视为可替代蛋白质和食物成分的可持续来源，及新型药用产品的生产平台。

2. 病害和有害藻类防控研究

2017 年 *Web of Science* 收录相关论文 215 篇。紫菜拟油壶菌病的两种拟油壶菌和赤腐病的两种腐霉得到鉴定，推测紫菜腐霉来源于养殖区的陆地环境。分析了患漂白病的海洋红藻 *Delisea pulchra* 的微生物菌群结构和功能基因，指出疾病的发生是多种条件致病菌联合作用的结果。组合使用凝结剂（聚合氯化铝）和压载物（改性膨润土、红土或砂砾）去除热带浅水的有害蓝藻，且不会促进藻毒素的释放。建立了用卫星遥感技术研究蓝藻藻华时空变化的方法。

3. 养殖与环境控制研究

2017 年 *Web of Science* 中收录论文有 173 篇，主要涉及有养殖技术模式、藻类生长、环境调控和养殖经济效益等。

在中国台湾南部通过开展遮目鱼、牡蛎、江蓠等物种综合养殖实验表明，多营养层次的综合养殖可以显著提高养殖藻类的生物量，并可达到净化水质的效果。通过对比大西洋鲑单养，大西洋鲑、紫贻贝和海带的三物种综合养殖，大西洋鲑、紫贻贝、海带和海胆四物种的综合养殖，研究发现三物种综合养殖效果最佳。对附有条斑紫菜幼苗的网帘进行冷冻复苏处理，发现冷冻处理 47 天的幼苗光合作用可在自然海水中迅速得到恢复，与未经冷冻处理的藻体无差别，认为目前生产上运用的幼苗冷藏网技术不会对条斑紫菜生产产生不利影响。在北海道海藻场修复区添加富含铁元素的物质有助于海藻的生长，在富含铁元素的物质中添加有机物，也有助于铁元素在海藻场中的溶解。

4. 藻类加工研究

2017 年 *Web of Science* 收录相关论文 408 篇。内容主要包括以下 4 个方面：①藻类活性物质的活性作用研究。海藻提取物作为益生菌对人体肠道菌群及免疫的调节作用、抗炎作用以及在蛋白冷冻贮藏过程中的抗氧化和抗菌性能等，特别是海藻多糖的活性作用研究较多。②藻类活性物质的制备与结构分析。研究了微波、超声波辅助提取以及脱臭方法等过程对褐藻活性成分分离提取的影响，并通过核磁共振技术对活性物质结构进行了表征分析；研究了江蓠琼胶、琼胶糖制备技术与江蓠/麒麟菜乙醇的制备技术。③藻类质量安全方面，研究了藻类对生物体内重金属的拮抗效应，藻类对水中金属离子的吸附以及对致病菌的灭活和毒素的吸附作用。④藻类干燥技术方面，研究了干燥工艺对海藻品质的影响，设计探索了用于干燥海藻的太阳能干燥机。

四、国内藻类产业技术研发进展

1. 遗传育种研究

海带的育种研究已从传统单纯的杂交育种、选择育种向回交育种或多种手段相结合的育种路线发展。在发现裙带菜雌雄同体配子体的基础上，获得"雄性"孢子体纯系，由此完成了裙带菜完整的"雄性"生活史；与孤雌生殖相结合，建立了利用"雌雄游孢子杂交"进行育种的新方法。江苏省海洋水产研究所研发了适应当前气候条件，稳产高产的条斑紫菜'苏研1号'。集美大学选育的坛紫菜抗逆优质新品系'闽丰2号'在福建和江苏沿海进行了大规模中试，抗逆性和产量显著高于同海区栽培的传统养殖品种。"基于精准快选的龙须菜良种培育与产业化推广"获得了教育部科技进步奖，该项目在育种技术方面获得了一些突破，新品种推广产生了显著的经济效益。微藻培养技术及产品下游加工技术迅速突起，成为推动微藻产业化的重要支撑。

2. 病害和有害藻类防控研究

2017年CNKI收录相关论文38篇。分析了海带夏季育苗期褐藻酸降解菌的数量组成，指出高活性褐藻酸降解菌是育苗后期海带幼苗柄部病烂或脱苗的重要影响因素，部分高活性褐藻酸降解菌为交替单胞菌属和假交替单胞菌属的细菌，可作为疾病的生物监测指标。建立了紫菜腐霉PacBio全基因组测序DNA样品纯化新方法。分析了条斑紫菜苗期健康和发病水体的优势菌群和环境因子，指出特征性的细菌和环境因子可作为病害监测指标。提高一种改性黏土的铝离子含量、增加改性黏土浓度，可提高有害藻华去除效率。pH 1.0的酸处理30秒或pH 2.0的酸处理3分钟均可杀死浒苔，不影响条斑紫菜的生长。构建了表面改性增效理论，提出了用大分子改性剂提高藻华消除效率的方法。用遥感技术分析了江苏马尾藻的分布与浅滩紫菜养殖区致灾情况，预测今冬"金潮"规模总体比过去三年同期要大。

3. 养殖与环境控制研究

2017年CNKI收录相关论文28篇，国家知识产权局中公布相关专利9条。明确了绿色低碳"碳汇渔业"发展新理念和"高效、优质、生态、健康、安全"的水产健康养殖发展目标，提出了建设环境友好型水产养殖业和发展以养殖容量为基础的生态系统水平的水产养殖管理的重要举措。紫菜栽培模式的改进，主要采用翻板式—酸处理—全浮流综合栽培方式，将条斑紫菜栽培生产空间从潮间带推向深水区。孔石莼、缘管浒苔、小珊瑚藻和石花菜等4种海藻中，孔石莼和缘管浒苔分别是去除磷酸盐和硝酸盐的最佳大型海藻。龙须菜可通过和浮游植物竞争营养盐从而抑制其生长，进而影响有害藻华的发生。牡蛎与大型海藻混养有助于减弱重金属在牡蛎体内的富集。

4. 藻类加工研究

2017年CNKI收录相关论文283篇，专利申请100项，主要有以下4个方面：①海藻活性物质的研究，主要包括海藻多糖与海藻胶的高效提取与分析、海藻活性物质的功能作用。对海藻多糖、海藻胶、海藻胶寡糖、海藻多酚、岩藻黄素的生物活性作用及作用机制进行了研究。②海藻胶、褐藻多糖硫酸酯的降解途径与方法，以及琼胶提取和生化级琼胶糖制备技术。研究了新型褐藻胶降解酶的发掘，褐藻胶降解菌的筛选与产酶条件优化，利用酸法降解海带褐藻多糖硫酸酯制备岩藻寡糖；研究了羧甲基修饰技术制备江蓠琼脂糖、微波法提取龙须菜琼胶和碱法预处理法提取琼枝麒麟菜卡拉胶。③藻类质量安全方面，主要包括重金属对海藻的影响，海藻对重金属的富集作用以及海藻中重金属的分析检测技术等。④加工机械方面，设计了高效率的海藻自动化加工、干燥设备，例如坛紫菜从养殖至加工的一体化设备、海苔烘干制备设备等。

5. 产业经济研究

从世界藻类产业经济发展态势、中国藻类产业经济发展态势、藻类消费调查、中国藻类产业 SWOT 分析等 4 方面对藻类产业经济进行动态监测。第一，分析了历年世界主要国家的藻类养殖、捕捞的品种与产量。通过藻类产品的海关编码的分类检索，监测藻类全球贸易情况。第二，追踪了中国藻类产业经济的基本数据，分析了 1999—2016 年各藻类品种的养殖面积、产量、价格、产值的长期波动情况，以及各省产地对各个品种的养殖情况。对中国藻类价格情况——生产者价格指数进行了动态监测。第三，通过大规模的消费者问卷调查，对其藻类产品知识、态度、偏好、对藻类产品评价等进行了分析，发现在供给侧结构性改革的背景下，消费者对藻类产品存在巨大的潜在需求，藻类产品进一步推广的市场空间很可观。第四，运用"SWOT 理论模型"结合相关数据对中国藻类产业进行了 SWOT 分析，总结得出了藻类产业的优势、劣势、机会和存在的威胁。

五、结论

2017 年中国藻类生产量、生产物种数量、贸易值基本呈现稳定的局面，藻类产品预计出口有所下降，进口持续上升，表明国内对藻类产品的需求在增加。2017 年度，藻类没有国家级新品种产生，多个具有优良性状的栽培品系正在规模化生产测试中，有望在未来进入主力栽培品种的行列。几大经济藻类（海带、裙带菜、条斑紫菜、坛紫菜、龙须菜）的种苗生产情况稳定，但是养殖生产不同程度地出现了一些问题，最引人注意的是坛紫菜和条斑紫菜苗网下海养殖的时机选择问题，海区水温升高导致的烂菜问题，以及由此带来的坛紫菜养殖区从传统的福建、广东部分北移至江苏海区，而条斑紫菜从传统的江苏北移至山东沿海（乳山、文登地区）等生产现象。一个栽培物种规模化移植养殖对新地区的生态环境和当地物种的影响，有待深入评估。裙带菜幼苗在海区暂养过程中出现较为严重的敌害生物问题（树枝螅，多管藻等），以及由于养殖密度不均衡带来的成体菜烂尖问题，值得生产和水产管理部门重视和调研。整体来看，由于气候变化导致的海区水温上升对栽培藻类的影响有待深入研究。针对不同物种，需要采取不同的应对策略。各个藻类物种生产过程中对提高机械化程度、降低对人力依赖的呼声和要求与日俱增，藻类产业必须要从劳动力密集型的产业向机械化生产的方式做出转变。东、黄海漂浮藻类浒苔和铜藻继续出现，对漂移路径上的水产生产和生态环境造成危害。规模化出现的漂浮藻类的原因和防止方法研究在持续，获得阶段性结果。褐藻类粗加工过程产生的废水的安全排放问题，引起社会关注，急需制定和颁布使用相关的标准。中国内地人民对藻类产品的认识需要加强，企业生产者、科研人员以及政府部门都肩负着加强宣传藻类产品有益于身体健康的责任。

中国自南至北沿海 14 万公顷的栽培藻类每年将海水中的富营养化营养盐转化成 200多万吨的生物量，对于维护中国近海良好的海水质量，持续做出了实质性的贡献。藻类栽培事业的稳定发展和存在，对于持续提供给中国人民健康的海洋食品和维护中国海洋生态环境健康变得越来越重要，我们的认识也必然会越来越深刻。

（藻类产业技术体系首席科学家　逄少军　提供）